Datenverarbeitung für Bauingenieure

Von Dipl.-Math. J. Becker, Dipl.-Ing. W. Burghardt, Dr. W. Haacke, Dipl.-Ing. W. Haselbach, Dipl.-Ing. F.-J. Kevekordes, Dr. O. Meltzow, Dipl.-Math. R. Nabert, Dr. G. Patzelt, Dr. U. Schatz, Dipl.-Ing. M. Thomsing, Dipl.-Ing. E. Weiper

Herausgegeben von Dr. W. Haacke

1973. Mit 238 Bildern und Tafeln und zahlreichen Beispielen

Springer Fachmedien Wiesbaden GmbH

Verfasser:

Dipl.-Ing. Werner H a s e l b a c h
Dipl.-Ing. Martin T h o m s i n g
Hochschullehrer an der
Fachhochschule Darmstadt

Dipl.-Ing. Will B u r g h a r d t
Dr. Ulrich S c h a t z
Hochschullehrer an der
Fachhochschule Frankfurt am Main

Dipl.-Math. Jürgen B e c k e r
Dr. rer. nat. Wolfhart H a a c k e
Dipl.-Ing. Franz-Josef K e v e k o r d e s
Dr. rer. nat. Otto M e l t z o w
Dipl.-Math. Rudolf N a b e r t
Dr. math. Gerhard P a t z e l t
Hochschullehrer an der
Gesamthochschule Paderborn

Dipl.-Ing. Erich W e i p e r
Hochschullehrer an der
Gesamthochschule Siegen

ISBN 978-3-519-05229-6 ISBN 978-3-663-10244-1 (eBook)
DOI 10.1007/978-3-663-10244-1

Ursprünglich erschienin bei B. G. Teubner, Stuttgart in 1973

Satz: H. Aschenbroich, Stuttgart

Umschlaggestaltung: W. Koch, Stuttgart

Vorwort

Die Datenverarbeitung hat sich in wenigen Jahren vom Spezialfach zu einem Grundlagenfach für alle Fachrichtungen des Ingenieurwesens entwickelt; daher muß jeder Ingenieur während seines Studiums in dieses Gebiet eingeführt werden.

Dieses Lehrbuch ist eine Einführung in die Datenverarbeitung als Grundlagenfach für Ingenieurstudenten und Ingenieure der Praxis. Weiterführend entwickelt das Buch die für Bauingenieure wichtigen Grundsätze der anwendungsorientierten Ingenieur-Informatik, es kann deshalb als Grundriß für den entsprechenden Studiengang Ingenieur-Informatik dienen.

Um den Erfordernissen der Fachrichtungen innerhalb des Bauingenieurwesens, in denen die Datenverarbeitung benötigt wird, zu genügen, wirkten mehrere Verfasser an der Darstellung mit. Das Buch entstand in enger Zusammenarbeit zwischen einer Arbeitsgruppe, die seit 1965 in Paderborn eine Ingenieur-Informatik-Ausbildung aufgebaut hat, und mehreren Autoren aus den Fachbereichen Bauingenieur- und Vermessungswesen verschiedener Fachhochschulen, die sich besonders mit dem Einsatz der Datenverarbeitung befassen.

Nach einer knapp gehaltenen Einführung, in der vorwiegend Begriffe bereitgestellt werden, folgt eine Beschreibung der Hardware in dem Maße, wie es für die Ingenieure, die vor allem an einer Darstellung der Software interessiert sind, notwendig ist. Schwerpunkt des Lehrbuchs ist das Programmieren im weitesten Sinn.

Nach grundlegenden Ausführungen über Programmiersprachen und Programmieren wird ein Einblick in die Maschinen- und Assemblierersprachen gegeben. Das 3. Kapitel trägt die problemorientierten Sprachen FORTRAN, ALGOL und PL/I so weit vor, wie es im allgemeinen während eines Programmierkurses geschieht. Die drei Sprachen werden vom Aufbau her ähnlich vorgestellt, zum Teil sind die gleichen Beispiele behandelt, so daß derjenige Leser, der sich bislang nur mit einer dieser Sprachen befaßt hat, einen Überblick über Aufbau und Struktur der beiden anderen Sprachen gewinnt und dadurch in die Lage versetzt wird, diese Sprachen, sobald sie ihm begegnen, hinreichend zu verstehen.

Die Programmierfertigkeiten werden in drei Abschnitten des 4. Kapitels zunächst an einfachen Beispielen geübt. Nach kurzer Einführung im folgenden Kapitel geht das Buch im 6. Kapitel zu einer ausführlichen Behandlung größerer Probleme über, die für das Bauingenieurwesen typisch sind. Dabei wurden die Fachbereiche ausgewählt, deren Aufgaben in besonderem Maß den Einsatz der Datenverarbeitung erfordern: Statik, Spannbeton, Straßenbau, Vermessungswesen und Netzplantechnik. Für jeden Fachbereich werden die technischen Grundlagen vermittelt, sodann die Programme dargestellt und erläutert sowie die Programmbeispiele mit ihren Ausdrucken angeführt. Dadurch vermag der Lernende an größeren Programmen seine Kenntnisse zu prüfen.

Eine Angleichung der einzelnen Abschnitte erfolgte so weit, wie es im Interesse des Lesers erforderlich schien. Ausgangspunkt dieser Koordination waren die Normen DIN 44 300, 66 001 und 40 700 Blatt 14. Gewisse unterschiedliche Darstellungsgewohnheiten in Einzelfällen (z. B. 1 und L nebeneinander) wurden beibehalten.

Der gewählte Schreibsatz bedingt, daß die einzelnen Zeichen räumlich von ihrer Darstellung auf einer Lochkarte oder durch einen Schnelldrucker abweichen. Daher konnten die in den Programmen angegebenen Positionen in den Wiedergaben der Ausdrucke nur angenähert eingehalten werden.

Die Autoren bitten alle Leser, insbesondere ihre Fachkollegen, um Hinweise und Anregungen für die Weiterentwicklung des Werks. Dem Verlag sei Dank gesagt für Geduld und Eingehen auf z. T. recht unterschiedliche Wünsche.

Frühjahr 1973 Die Verfasser

Inhalt

[1]) Abschn. 2.4.2. ist z. T. von Herrn Dr. Schatz verfaßt.

[1]) Die Einführung zu Abschn. 6 wurde verfaßt von Dipl.-Ing. Haselbach, die zu Abschn. 6.2 von Dipl.-Ing. Weiper.

DIN-Ausgaben (Auswahl)

1333	Bl. 1. Zahlenangaben. Dezimalschreibweise
	Bl. 2. Zahlenangaben. Runden
5474	Zeichen der mathematischen Logik
19 226	Regelungstechnik und Steuerungstechnik. Begriffe und Benennungen
19 233	Automatik und verwandte Begriffe
40 700	Bl. 14. Schaltzeichen. Digitale Informationsverarbeitung
	Bl. 18. Schaltzeichen. Analogrechentechnik
44 300	Informationsverarbeitung. Begriffe
44 301	Informationsverarbeitung. Begriffe
44 302	Datenübertragung. Begriffe
44 302	Bl. 11. Datenübertragung. Begriffe
66 000	Mathematische Zeichen der Schaltalgebra
66 001	Informationsverarbeitung. Sinnbilder für Datenfluß- und Programmablaufpläne
66 025	Bl. 1. Programmaufbau für numerisch gesteuerte Arbeitsmaschinen. Allgemeines
	Bl. 2. Programmaufbau für numerisch gesteuerte Arbeitsmaschinen. Wegbedingungen und Zusatzfunktionen
	Bl. 3. Programmaufbau für numerisch gesteuerte Arbeitsmaschinen. Vorschübe und Spindeldrehzahlen
	Bl. 4. Programmaufbau für numerisch gesteuerte Arbeitsmaschinen. Beschreibung der numerisch gesteuerten Arbeitsmaschine
66 026	Informationsverarbeitung. Programmiersprache ALGOL
66 027	Informationsverarbeitung. Programmiersprache FORTRAN
66 201	Prozeßrechensysteme. Begriffe
66 900	Netzplantechnik. Begriffe

1. Einführung

1.1. Zielsetzungen der Datenverarbeitung

In allen Gebieten der Technik, der Betriebs- und der Volkswirtschaft hat sich der forschende Mensch mit immer komplizierteren Problemen auseinanderzusetzen. Ziel ist, die Gesetzmäßigkeiten dieser Probleme zu erfassen, um darauf Vorhersagen, Planungen und Entwicklungen aufzubauen. Es gibt u. a. zwei Möglichkeiten, ein komplexes Problem zu lösen:

1. durch Erprobung konkreter Modelle.
2. durch Abbildung auf abstrakte Modelle.

So kann man z. B. Prototypen von Kraftfahrzeugen bauen und dann diese unter unterschiedlichen Anforderungen erproben. Diese Untersuchungen am konkreten Modell werden mit wachsender Größe der Probleme immer teurer und zeitaufwendiger.

Daher werden mit Hilfe der Gesetze der Physik bzw. der Soziologie abstrakte Modelle geschaffen. Zur Lösung dieser Modelle, die häufig in Gestalt von Gleichungen, Differential- oder Integralgleichungen dargestellt sind, müssen nun geeignete mathematische Methoden zu ihrer Lösung gewählt oder entwickelt werden. Bis zur Schaffung von Datenverarbeitungsanlagen (DVA) bevorzugte man analytische Methoden, die es erlaubten, die Lösung in geschlossenen Formeln anzugeben. In diese Formeln können dann z. B. die technischen Größen eingesetzt und in ihnen variiert werden. Der wesentliche Nachteil der analytischen Methoden ist, daß die überwiegende Anzahl der gestellten Aufgaben sich mit diesen Methoden gar nicht oder nur sehr schwierig lösen läßt. Daher haben die numerischen Methoden immer größere Bedeutung gewonnen. Mit diesen Methoden werden zwar die Lösungen nur angenähert, sie können aber meist mit jeder vorgebbaren Genauigkeit ermittelt werden. Der Rechenaufwand ist jedoch sehr erheblich, so daß er vor der Entwicklung von DVA bei größeren Problemen nicht bewältigt werden konnte.

In einer Problemanalyse wird entschieden, welche numerische Methode jeweils zweckmäßig und welche Genauigkeit zu fordern ist.

Nach dieser Analyse wird ein Algorithmus aufgestellt, der angibt, wie diese numerische Rechnung in einzelne Schritte aufgelöst werden kann. Besonders wichtig sind dabei Rechengänge, die mit unterschiedlichen Zahlen mehrfach durchlaufen werden (Schleifen). Hieraus entsteht dann ein Programmablaufplan, der die Grundlage für das Programm bildet. Die Einzelheiten werden in diesem Buch ausführlich entwickelt. Wenn man sich ein fehlerfreies Programm durch die erforderlichen Tests erarbeitet hat, ist man dann in der Lage, mit einer DVA das gestellte Problem zu lösen und damit das abstrakte Modell zu prüfen.

1.2. Grundbegriffe der Informationsverarbeitung

In diesem Abschnitt werden in enger Anlehnung an das Normblatt DIN 44 300 (Informationsverarbeitung, Begriffe) die Grundbegriffe der Informationsverarbeitung zusammengestellt.

Unter einer Information versteht man eine Angabe, Nachricht oder Unterlage, die den Empfänger zu einem bestimmten Verhalten, insbesondere Denkverhalten veranlaßt. In der Informationsverarbeitung werden physikalische Größen, Signale genannt, zur Darstellung von Informationen benutzt. Die Kenngröße des Signals, die die Information trägt, heißt Signalparameter. Man unterscheidet analoge und digitale Signale. Bei analogen Signalen wird ein kontinuierlicher Bereich des Signalparameters als Information benutzt. Die der physikalischen Größe analoge Größe ist meist eine elektrische Spannung oder ein Strom. Dieser Darstellung der Information begegnet man beim Analogrechner (s. Abschn. 9) wie auch beim Prozeßrechner (s. Abschn. 8). Bei einem digitalen Signal nimmt der Signalparameter nur eine endliche Anzahl von Werten an. Fast immer werden nur zwei Werte angenommen, da diese Darstellung sich technisch besonders einfach und fehlerfrei realisieren läßt. Dann spricht man von einem Binärsignal.
Die der DVA zur Verarbeitung zugeleiteten Informationen bestehen in der Regel aus einer größeren Anzahl Zeichen, meist sind es die 26 Buchstaben, die zehn Dezimalziffern sowie eine Anzahl Sonderzeichen. Die geordnete Reihenfolge aller für eine DVA zugelassenen Zeichen heißen das Alphabet für diese Anlage.

Die ersten DVA konnten nur Ziffern verarbeiten. Treten zu diesen Ziffern noch mindestens die Buchstaben hinzu, so spricht man von einem alphanumerischen Zeichenvorrat.

Da die intern in der DVA übertragenen und verarbeiteten Signale binär sind, muß eine Zuordnung zwischen dem Alphabet und den internen Binärzeichenfolgen vorgegeben werden. Eine solche eindeutige Zuordnung (Abbildung) heißt ein Code.

Ein Bit ist die kleinste Darstellungsform für Binärzeichenfolgen. Jedes einzelne Binärzeichen kann die Werte 0 oder 1 annehmen. bit kleingeschrieben ist zugleich die Zähleinheit, die angibt, wieviel Binärzeichen gleichzeitig in einem Speicher aufgenommen werden können. Zeichenfolgen, die Informationen beinhalten, heißen Daten. Dabei bleibt es offen, wieviele Zeichen zur Darstellung einer Date jeweils erforderlich sind.

1.3. Zahlensysteme und -darstellungen

Zur Darstellung von Zahlen benötigt man Ziffern. Die Anzahl der benötigten Ziffern hängt von der Basis des verwendeten Zahlensystems ab. So benötigt man bei Darstellungen im Dezimalsystem insgesamt 10 Ziffern. Die Schreibweise 457 ist eine Abkürzung für die ausführliche (Polynom-) Darstellung

$$4 \cdot 10^2 + 5 \cdot 10^1 + 7 \cdot 10^0$$

Die übliche Kurzdarstellung 457 heißt Radixschreibweise. Die gleiche Zahl 457 kann man auch in einem Zweiersystem, dem Dualsystem, schreiben. Bei diesem System sind nur zwei Ziffern 0 und 1[1]) erforderlich. Bei gleichzeitiger Verwendung mehrerer Zahlensysteme kennzeichnet man das jeweils verwandte System durch einen Index, man schreibt also z. B. 457_{10}. Es ist

$$\begin{aligned} 457_{10} &= 256 + 128 + 64 + 8 + 1 \\ &= 1 \cdot 2^8 + 1 \cdot 2^7 + 1 \cdot 2^6 + 0 \cdot 2^5 + 0 \cdot 2^4 \\ &\quad + 1 \cdot 2^3 + 0 \cdot 2^2 + 0 \cdot 2^1 + 1 \cdot 2^0 \\ &= 111001001_2 \end{aligned}$$

[1]) Zur Dualdarstellung werden häufig auch die Zeichen O und L verwandt, s. z. B. Abschn. 2.

Der Vorteil des Dualsystems ist seine leichte technische Darstellung, da es nur aus zwei Ziffern besteht. Dafür muß aber der Nachteil in Kauf genommen werden, daß die Anzahl der benötigten Stellen groß ist.

Die Umrechnung einer ganzen Zahl vom Dualsystem in das Dezimalsystem kann mit dem Horner-Schema vorgenommen werden

	1	1	1	0	0	1	0	0	1
x = 2		2	6	14	28	56	114	228	456
	1	3	7	14	28	57	114	228	457

Eine Umrechnung vom Dezimalsystem zum Dualsystem erfolgt durch laufende Division durch 2; das bedeutet eine Umkehrung des Horner-Schemas

457 : 2 = 228	Rest 1
228 : 2 = 114	0
114 : 2 = 57	0
57 : 2 = 28	1
28 : 2 = 14	0
14 : 2 = 7	0
7 : 2 = 3	1
3 : 2 = 1	1
1 : 2 = 0	1

Als zweckmäßige Schreibweise empfiehlt sich von rechts nach links gerechnet

$$\begin{array}{cccccccccc} 0 & 1 & 3 & 7 & 14 & 28 & 57 & 114 & 228 & 457_{10} \\ & 1 & 1 & 1 & 0 & 0 & 1 & 0 & 0 & 1_2 \end{array}$$

Diese Umrechnungen werden von den DVA mit einem Hilfsprogramm (utility) durchgeführt, falls intern mit Dualzahlen gerechnet wird.

Die Arithmetik im Dualsystem baut auf folgenden Grundoperationen auf:

$$\begin{array}{ll} 0 + 0 = 0 & 0 \cdot 0 = 0 \\ 0 + 1 = 1 + 0 = 1 & 0 \cdot 1 = 1 \cdot 0 = 0 \\ 1 + 1 = 10 & 1 \cdot 1 = 1 \end{array}$$

Als Beispiel wird jetzt $23_{10} + 47_{10}$, $23_{10} \cdot 47_{10}$ und $91_{10} : 13_{10}$ im Dualen gerechnet. Es ist $23_{10} = 10111_2$, $47_{10} = 101111_2$, $91_{10} = 1011011_2$ und $13_{10} = 1101$.

$$\begin{array}{r} 10111 \\ +\ 101111 \\ \hline 1000110_2 = 70_{10} \end{array} \qquad \begin{array}{l} \underline{10111 \cdot 101111} \\ 10111 \\ \quad 10111 \\ \qquad 10111 \\ \qquad\quad 10111 \\ \qquad\qquad \underline{10111} \\ 10000111001_2 = 1081_{10} \end{array} \qquad \begin{array}{l} 1011011 : 1101 = 111 \\ \underline{1101} \\ 010011 \\ \quad \underline{1101} \\ \quad 001101 \\ \qquad \underline{1101} \\ \qquad 0000 \end{array}$$

Bisher wurden nur ganze Zahlen betrachtet. Bei gebrochenen Zahlen wird in der Datenverarbeitung (DV) der gebrochene Teil (in allen Zahlensystemen) durch einen Punkt, den Radixpunkt, abgetrennt. So ist z. B. $3.5_{10} = 11.1_2$.

Bei Zahlenumwandlungen werden der ganzzahlige und der gebrochene Anteil getrennt behandelt.

Den Dualbruch 0.11001_2 kann man mit Hilfe des Horner-Schemas in einen Dezimalbruch umwandeln. Dazu sind die Ziffern von hinten beginnend in die erste Zeile zu schreiben, wobei auch die führende Null berücksichtigt werden muß

	1	0	0	1	1	0
x = 0,5		0,5	0,25	0,125	0,5625	0,78125
	1	0,5	0,25	1,125	1,5625	0,78125

Es ist also $0.11001_2 = 0.78125_{10}$. Bei der Umwandlung der Dezimalzahl 0.13_{10} in einen Dualbruch wird jeweils mit 2 multipliziert und der ganzzahlige Teil abgetrennt

$0,13 \cdot 2 = 0,26$	0
$0,26 \cdot 2 = 0,52$	0
$0,52 \cdot 2 = 1,04$	1
$0,04 \cdot 2 = 0,08$	0
$0,08 \cdot 2 = 0,16$	0
$0,16 \cdot 2 = 0,32$	0
$0,32 \cdot 2 = 0,64$	0
$0,64 \cdot 2 = 1,28$	1
$0,28 \cdot 2 = 0,56$	0
$0,56 \cdot 2 = 1,12$	1

Man erhält den nichtabbrechenden Dualbruch $0.0010000101\ldots_2 = 0.13_{10}$.

Oben wurde bereits darauf hingewiesen, daß Dualzahlen sehr viele Stellen beanspruchen. Aus diesem Grunde faßt der Mensch jeweils Dreier- oder Vierergruppen von Dualziffern zusammen. So erhält man das Oktal- (Basis 8) oder das Sedezimalsystem (Basis 16). Das Oktalsystem besteht aus den 8 Ziffern von 0 bis 7. Faßt man vom Radixpunkt einer Dualzahl ausgehend jeweils Dreiergruppen zusammen, so erhält man unmittelbar die Oktaldarstellung

$$457_{10} = 111|001|001_2 = 711_8$$

Das Sedezimalsystem benötigt 16 Ziffern. Die meisten DVA verwenden bei Ausgabe von Zahlen in diesem System außer den Ziffern 0 bis 9 noch zusätzlich als weitere Ziffern die Buchstaben A bis F. So ist z. B.

$$3E9_{16} = 3 \cdot 16^2 + 14 \cdot 16^1 + 9 \cdot 16^0 = 1001_{10}$$

Vom Dualsystem gelangt man unmittelbar zum Sedezimalsystem, indem man jeweils Vierergruppen zusammenfaßt:

$$457_{10} = 1|1100|1001_2 = 1C9_{16}$$

Dezimalzahlen werden bei kommerziell orientierten Anlagen vorwiegend so codiert, daß jede Dezimalziffer einzeln in eine binäre Darstellung abgebildet wird. Hierzu sind mindestens 4 bit (eine T e t r a d e) erforderlich. Im folgenden werden zwei solcher Abbildungen dargestellt, die beide häufig verwandt wurden.

Im allgemeinen werden 6 verschiedene derartige Codes verwandt, die unterschiedliche Vor- und Nachteile bei ihrer technischen Realisierung haben.

Dezimalziffer	Reiner Dual-Code (8–4–2–1–Code)	Exzeß-3-Code
0	0000	0011
1	0001	0100
2	0010	0101
3	0011	0110
4	0100	0111
5	0101	1000
6	0110	1001
7	0111	1010
8	1000	1011
9	1001	1100

Heute sind vorwiegend DVA mit zwei Arten interner Zahlenverarbeitung auf dem Markt.
1. Es wird jede Dezimalzahl in die gleichwertige Dualzahl verwandelt und in der Anlage intern rein dual gerechnet. Das gilt besonders für technisch-wissenschaftliche Anlagen.
2. Es werden jeweils in der kleinsten in diesen Rechnern ansprechbaren (adressierbaren) Einheit von 8 bit (genannt 1 *byte*) zwei Dezimalziffern gespeichert.

In jedes Byte können anstelle der Zahlen bis 99 auch alphanumerische Zeichen gespeichert werden. Hierfür haben sich zwei Codes durchgesetzt, der EBCDI- und der ASCII-Code[1]). Bei diesen Codes ist auch eine Unterscheidung zwischen Klein- und Großbuchstaben möglich. Weiter können anstelle von Zeichen des Alphabets auch Steuerinformationen für die DVA gespeichert werden. In einem Byte (8 bit) können insgesamt 256 unterschiedliche Zeichen codiert werden.

Zahlen werden in zwei unterschiedlichen Darstellungsformen in einen Rechner eingegeben, verarbeitet und ausgegeben: in der *Festpunkt-* und in der *Gleitpunktform*.

Bei der Festpunktform ist jede Zahl in der Radixschreibweise gegeben, die den Radixpunkt an einem festen Punkt bzgl. dem Zahlenanfang oder dem Zahlenende unterstellt. Meist wird der feste Platz bzgl. dem Zahlenende festgelegt.

Es sei eine Radixschreibweise für Dezimalzahlen mit drei Ziffern rechts des Radixpunktes festgelegt. Dann gilt

$$\begin{aligned} 0.341 &+ 0.294 = 0.635 \\ 0.341 &- 0.294 = 0.047 \\ 12.413 &\cdot 0.677 = 8.403 \\ 0.038 &: 40.318 = 0.000 \end{aligned}$$

Ergeben sich z. B. bei Multiplikationen oder Divisionen mehr Ziffern rechts vom Radixpunkt, so werden diese abgeschnitten. Die Festpunktform ist die für die DVA einfachere, damit also schneller zu verarbeitende Form. In vielen kommerziellen Anlagen gibt es nur diese Zahlendarstellung.

Die Gleitpunktform beschreibt die Zahl in einer sogenannten halblogarithmischen Form

$$z = x \cdot b^y$$

Hierbei heißt x die Mantisse, b die Basis und y der Exponent. Es ist im allgemeinen $|x| < 1$. Der Exponent y ist ganzzahlig, sowohl positiv als auch negativ. Die Gleitpunktform z ist durch

[1]) Siehe hierzu DIN 66003, die sich auf einen analogen 7-Bit-Code bezieht.

die beiden Zahlen x und y repräsentiert. Beide Zahlen werden in Radixschreibweise gegeben, wobei der gedachte Radixpunkt bei x meist vor der ersten (von Null verschiedenen) Ziffer steht, bei y immer nach der letzten Ziffer. DVA, die intern dezimal rechnen, haben meist die Basis b = 10, neuerdings auch b = 100. Bei intern dual rechnenden Anlagen werden neben b = 2 auch b = 16 oder b = 256 benutzt.
Es sei eine Gleitpunktrechnung mit b = 10, x und y als Dezimalzahlen festgelegt, die Mantisse x habe 4 Ziffern. Weiter sei

$$z_1 = 0.3145 \cdot 10^3 \qquad z_2 = 0.2162 \cdot 10^{-1}$$

Eine Multiplikation (bzw. Division) kann unmittelbar vorgenommen werden

$$z_1 \cdot z_2 = 0.3145 \cdot 0.2162 \cdot 10^{3-1} = 0.06799490 \cdot 10^2$$

Dieses Ergebnis entspricht nicht mehr der Forderung, daß bei der Mantisse rechts des Radixpunktes eine von Null verschiedene Ziffer stehen muß. Diese Zahl wird daher vor der Speicherung normalisiert

$$z_1 \cdot z_2 = 0.6799 \cdot 10^1$$

Eine Addition von Gleitpunktzahlen ist nur möglich, wenn beide Exponenten gleich sind. Es sei

$$z_3 = 0.9922 \cdot 10^{-2} \qquad z_4 = 0.9261 \cdot 10^{-4}$$

Unter Verlust von Ziffern wird zunächst z_4 umgeformt

$$z_4 = 0.0092 \cdot 10^{-2}$$

Damit ergibt sich die Summe

$$z_3 + z_4 = 1.0014 \cdot 10^{-2} = 0.1001 \cdot 10^{-1}$$

Zum Schluß muß die Zahl wiederum normalisiert werden.

1.4. Programmiersprachen

Zur Abfassung von Programmen bedient man sich spezieller Sprachen. Unter einem Programm versteht man eine Folge von Anweisungen zur Lösung einer Aufgabe mit Hilfe einer DVA. Anweisungen, die in der benutzten Sprache nicht mehr in elementarere Anweisungen zerlegt werden können, heißen Befehle. Wichtige Anweisungen sind

1. Arithmetische Anweisungen
2. Logische (boolesche)[1]) Anweisungen
3. Verzweigungsanweisungen
4. Sprunganweisungen
5. Transportanweisungen

Die Anweisungen können in einer beliebigen Programmiersprache abgefaßt sein. Man unterscheidet folgende Arten

1. Problemorientierte Sprachen. Eine problemorientierte Sprache gestattet es, Programme unabhängig von einer bestimmten DVA abzufassen. Man bedient sich dabei weitgehend der im jeweiligen Anwendungsgebiet üblichen Schreibweise.

[1]) G. Boole, engl. Mathematiker, 1815–1864.

So sind z. B. ALGOL, FORTRAN und PL/I für technisch-wissenschaftliche Berechnungen (s. Abschnitt 4), COBOL und PL/I für kommerzielle Probleme angemessene Sprachen; EXAPT ist eine speziell für numerische Steuerungen von Werkzeugmaschinen zweckmäßige Sprache (s. Abschn. 7).

2. Maschinenorientierte Sprachen. Hierbei handelt es sich um Sprachen, die eine ähnliche oder gleiche Struktur haben wie die Anweisungen einer speziellen Anlage. Diese Sprachen enthalten aber zahlreiche für den Programmierer nützliche Erleichterungen gegenüber den Maschinensprachen (s. Abschn. 3.2.2).

3. Maschinensprache. Diese Sprache läßt nur die der speziellen DVA eignen Anweisungen zu (s. Abschn. 3.2.1).

Jede DVA kann nur Programme bearbeiten, die in ihrer Maschinensprache abgefaßt sind. Daher müssen Übersetzer zur Verfügung stehen, die das Ursprungsprogramm in ein elementareres Zielprogramm mit Hilfe der DVA umwandeln: Übersetzer von problemorientierten Sprachen in maschinenorientierte Sprachen (oder direkt in die Maschinensprache) nennt man Kompilierer, Übersetzer von maschinenorientierten Sprachen in Maschinensprachen heißen Assemblierer.

1.5. Historischer Rückblick

Bereits im 17. Jahrhundert wurden von Schickard, Pascal und Leibniz Rechenmaschinen entworfen, doch erst 100 Jahre später war es der mechanischen Fertigung möglich, eine wirklich brauchbare Maschine herzustellen (Hahn 1770). Nach Weiterentwicklung waren diese Maschinen in der Lage, die vier Grundrechenarten durchzuführen sowie Zwischenergebnisse zu speichern. Bei diesen Maschinen werden die einzelnen Ziffern der Dezimalzahlen durch Wege von Zahnrädern bzw. Zahnstangen dargestellt. Sie wurden zunächst von Hand betrieben, später erfolgte der Antrieb durch einen Elektromotor. Seit 1961 gewinnen elektronische (anzeigende bzw. druckende) Tischrechner rasch an Bedeutung und haben heute bereits die elektromechanischen Anlagen fast völlig verdrängt. In elektronischen Tischrechnern werden die einzelnen Rechenoperationen elektronisch, also ohne mechanische Bewegungen, im Prinzip wie in einer DVA durchgeführt.

Programmgesteuerte Rechenanlagen haben Vorläufer in einem lochkartengesteuerten Webstuhl (Jacquard 1801 bis 1808) und in einem mit mechanischen Rechenspeichern ausgestatteten lochkartengesteuerten Modell (Babbage, Difference engine 1823, Analytical engine 1833). Ein weiterer Vorläufer ist die Lochkartenmaschine (Hollerith 1882). Erste theoretische Grundlagen der Programmsteuerung stammen von Couffignal (1938). Sie fanden aber keine Beachtung. Eine umfassende Theorie schuf J. von Neumann (1946). Die erste funktionsfähige programmgesteuerte Rechenanlage war die relaisgesteuerte Z 3 von Zuse (1941). Unabhängig von Zuse entwickelte Aiken (1944) eine Relaismaschine MARK 1, 1946 entstand die erste Röhrenmaschine ENIAC. Hiermit begann die Zeit der 1. Generation. Die Röhrenmaschinen waren noch sehr ausfall- und temperaturempfindlich. Mit den mit Transistoren bestückten Anlagen (z. B. Siemens 2002 und Telefunken TR4) begann 1958 die Zeit der 2. Rechnergeneration. Mit der Kleinstbauweise (Monolith) ab 1966 entstand die 3. Generation (z. B. IBM/360 und Siemens 4004). Zur Zeit findet man Rechner der 2. und der 3. Generation nebeneinander auf dem Markt. Die Bedeutung der Datenverarbeitung nahm nach einer Anlaufzeit von etwa 10 Jahren stürmisch zu und beeinflußt heute nahezu alle Bereiche unserer Gesellschaft.

1.6. Ausblick

Zunächst fand die DV im kommerziellen Bereich Eingang und löste dort schrittweise konventionelle Lochkartenanlagen ab. Wichtig für ihren Einsatz waren außer entsprechender Leistungsfähigkeit der Zentraleinheit sowohl in elektronischer (h a r d w a r e) als auch in logisch-programmtechnischer Hinsicht (s o f t w a r e) die Eingabe- und Ausgabegeräte (z. B. Lochkartenleser, Schnelldrucker) und umfangreiche Zusatzspeicher (z. B. Magnettrommel, Magnetplatte, Magnetbänder) für große Datenmengen. Auch heute wird die überwiegende Zahl der DVA vorwiegend oder ausschließlich für kommerzielle Aufgaben eingesetzt. Dennoch nimmt die Anzahl von DVA für technisch-wissenschaftliche Probleme relativ zur ständig wachsenden Gesamtzahl der DVA zu. Im technischen Bereich sind zwei grundsätzlich unterschiedliche Einsatzmöglichkeiten zu trennen

1. die Berechnung technisch-wissenschaftlicher Probleme mit Hilfe mathematischer Methoden (s. Abschn. 4 und 6),
2. die unmittelbare Auswertung physikalischer Größen bei technischen Prozessen (Prozeßrechner, s. Abschn. 8).

Im Grenzgebiet zwischen kommerziellen und technischen Anwendungen liegt das für die Zukunft besonders bedeutungsvolle Gebiet der Dokumentation (Datenbank) und der Organisation (z. B. Netzplantechnik, Optimierung), s. Abschn. 6.1.

Bereits die Entwicklung des letzten Jahrzehnts zeigt deutlich, daß alle Gebiete der Technik durch die DV tiefgreifend beeinflußt werden. In keinem Gebiet wird man künftig diese Entwicklung ohne eine gründliche Kenntnis der DV verstehen oder gar selbst mitgestalten können.

2. Technik einer elektronischen Datenverarbeitungsanlage

Dieses Buch legt entsprechend seiner Zielsetzung vor allem Wert auf die A n w e n d u n g von DVA. Deshalb soll dem Benutzer solcher Anlagen nur ein kurzer Überblick über die h a r d w a r e (d. h. die gesamte maschinentechnische Ausstattung) und die Struktur der Digitalrechner sowie die unbedingt notwendigen Begriffe und Grundlagen gegeben werden. Dem speziell an der Technik und dem Bau von DVA interessierten Leser sei folgende Literatur empfohlen [1, 9, 25, 27].

Digitalrechner bestehen aus vielen Tausend Bausteinen. Bei Rechnern der ersten und zweiten Generation waren das Grundschaltungen aus diskreten Bauelementen der Elektronik wie Röhren, Transistoren, Widerstände. Rechner der nachfolgenden Generation bestehen überwiegend aus Bausteinen der i n t e g r i e r t e n T e c h n i k. Ein solcher für Rechnerhardware verwendbarer Baustein setzt sich aus einer bestimmten Anzahl gleicher oder einer F u n k t i o n s e i n h e i t verschiedener S c h a l t g l i e d e r zusammen. Man unterscheidet zwei Schaltgliederarten: V e r k n ü p f u n g s- und S p e i c h e r g l i e d e r.

2.1. Verknüpfungsglieder

Im Abschn. 1.2 wird die Zweckmäßigkeit der binären Darstellung der Information in bezug auf die leichte technische Realisation herausgestellt. Es werden also Bauelemente oder Grundschaltungen einzusetzen sein, die diesem binären Charakter Rechnung tragen. Das einfachste Element ist der binäre Schalter mit seinen beiden Stellungen Ein bzw. Aus.

2.1.1. Theorie der Verknüpfungsglieder. Es ist möglich, das binäre Signal eines Schalters (z. B. Ein $\hat{=}$ L-Signal; Aus $\hat{=}$ O-Signal) als physikalische Darstellung einer b i n ä r e n S c h a l t - v a r i a b l e n zu verwenden. Funktionen dieser Variablen werden b i n ä r e S c h a l t - f u n k t i o n e n genannt, wenn sie nur zwei Werte annehmen können. Derartige mit Hilfe von Operatoren dargestellte Funktionen ergeben sog. V e r k n ü p f u n g e n.

Zunächst sei die Schaltfunktion a = f(e) betrachtet (Bild 2.1). Der Wertebereich der unabhängigen Eingangsvariablen e besteht aus zwei Elementen L und O. Die abhängige Ausgangsvariable a kann auf vier verschiedene Arten mit e in Verbindung gesetzt, v e r k n ü p f t werden. Von diesen vier Möglichkeiten hat nur e i n e (die 3.) praktische Bedeutung. Sie bringt jeweils eine Signalumkehr, eine N e g a t i o n. Wird die Schaltfunktion auf zwei unabhängige Eingangsvariable erweitert, ergeben sich bei vier verschiedenen Eingangskombinationen schon sechzehn mögliche Verknüpfungsformen. Hiervon haben sechs keine praktische Bedeutung. Von den übrigen zehn sog. booleschen Verknüpfungen sind die ODER- sowie UND-Funktionen besonders wichtig.

Die O D E R - V e r k n ü p f u n g ergibt immer dann am Ausgang ein L-Signal, wenn mindestens einer der vorhandenen Eingänge (Anzahl $\geqq 2$) ein L-Signal führt. Im Gegensatz dazu liefert die U N D - V e r k n ü p f u n g nur dann ein L-Signal, wenn a l l e vorhandenen Eingänge (Anzahl $\geqq 2$) mit L-Signal beaufschlagt sind. Zusammen mit der Negation bilden die UND- sowie ODER-Funktionen die sog. Grundverknüpfungen (Bild 2.2). Mit ihrer Hilfe können alle übrigen Verknüpfungen dargestellt werden. Das ist auch möglich mit den NAND- (not and ≙ neg. UND) und NOR- (not or ≙ neg. ODER) Funktionen.

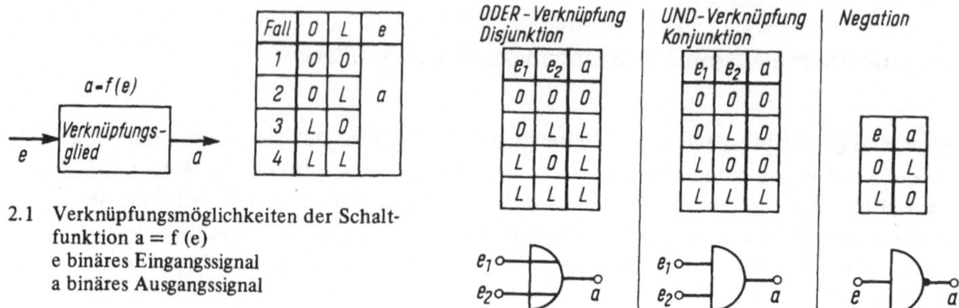

2.1 Verknüpfungsmöglichkeiten der Schaltfunktion a = f (e)
e binäres Eingangssignal
a binäres Ausgangssignal

2.2
Zusammenstellung der drei booleschen Grundverknüpfungen mit ihren Bezeichnungen, (Wahrheits)tabellen und Schaltzeichen

Die technische Verwirklichung der booleschen Verknüpfungen sind die Verknüpfungsglieder. Eine Kombination aus solchen Gliedern nennt man ein Schaltnetz. Der Signalzustand am Ausgang[1]) eines solchen Schaltnetzes ist zu jedem Zeitpunkt nur abhängig von den Eingangssignalen zu diesem Zeitpunkt. Die theoretische Bearbeitung von Schaltnetzproblemen kann mit der Booleschen Algebra oder ihrer Weiterentwicklung, der Schaltalgebra, mit der Methode nach Karnaugh-Veitch und ähnlichen Verfahren durchgeführt werden. Für eine Einarbeitung in diese Problemstellung wird folgende Literatur empfohlen [13, 28, 30].

2.1.2. Technische Verwirklichung der Verknüpfungsglieder. Die technische Realisation von booleschen Verknüpfungsgliedern wäre am einfachsten mit Schaltern oder Relais zu erreichen. Diese Bauelemente sind allerdings für den Computereinsatz zu langsam, brauchen zu viel Platz und haben eine zu geringe Lebensdauer. Hier ist der Transistor (gleichgültig ob innerhalb einer integrierten Schaltung (IS) oder als diskretes Bauelement) überlegen. Er stellt aber von Natur aus kein binäres Bauelement dar, sondern muß erst in einer bestimmten Grundschaltung als elektronischer, kontaktloser Schalter einsatzfähig gemacht werden. (Literatur über Transistoren [11, 14], insbesondere über Schaltbetrieb mit Transistoren [23, 26]).

Das Kennzeichen der Negation ist die Umkehrung des Eingangssignals. Zu ihrer technischen Verwirklichung, dem Negator, auch Invertor oder Umkehrstufe genannt, verwendet man eine Transistorschaltstufe (Bild 2.3). Die Zuordnung eines Symbols (L bzw. O) zu den Schaltzuständen (Ein bzw. Aus) sowie eines Potentials zu diesen kann beliebig erfolgen. Beim Arbeiten mit einem System aus Verknüpfungsgliedern muß man sich jedoch festlegen. Zur Wahl steht entweder eine positive oder negative Logik. Hier wird positive Logik ($P_{\text{L-Signal}} > P_{\text{O-Signal}}$) mit der Festlegung L-Signal ≙ positivem Potential, O-Signal ≙ Null-Potential gewählt.

Beaufschlagt man den Negator mit einem L-Signal, dann liegt eine positive Spannung U_E an seinem Eingang. Sie treibt über den Widerstand R_V und die Basis-Emitterdiode des Transistors den Steuerstrom I_B. Dieser hat entsprechend dem Verstärkungsfaktor des Transistors eine

[1]) Übergangs- und Verzögerungszeiten bleiben unberücksichtigt.

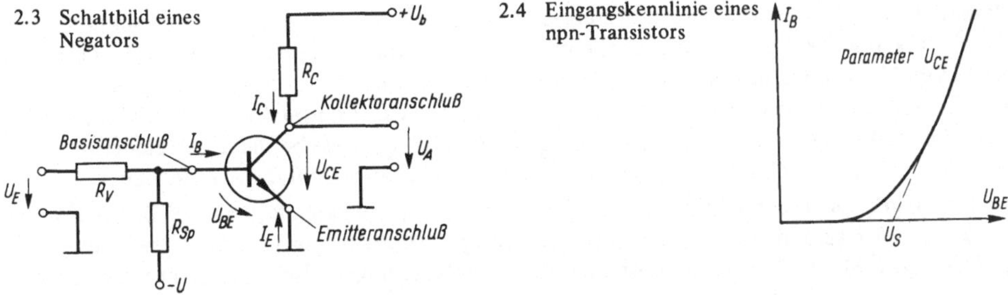

2.3 Schaltbild eines Negators

2.4 Eingangskennlinie eines npn-Transistors

Vergrößerung des Kollektorstromes I_C zur Folge. Bild 2.4 zeigt den nichtlinearen Zusammenhang zwischen Eingangsspannung U_{BE} eines npn-Transistors mit dem steuernden Eingangsstrom I_B. Zur Größenordnung der Spannung U_{BE} ist zu bemerken, daß die Schwellspannung (gestrichelt gezeichnete, gradlinige Extrapolation) für Si-Transistoren bei etwa 0,7 V liegt. Die anzulegenden Spannungen U_{BE} müssen relativ klein sein, wenn der Transistor nicht gefährdet werden soll. Um die Störanfälligkeit der Schaltstufen gering zu halten, wählt man zwischen L- und O-Signal Spannungshübe, die meist höher liegen als die zulässigen Werte für U_{BE}. Demzufolge muß ein Schutzwiderstand R_V vorgeschaltet sein, an dem die überschüssige Spannung des L-Signals derart abfällt, daß der Transistor gerade so weit aufgesteuert werden kann, wie es für sein Schaltverhalten optimal ist. An der Schaltstrecke liefert der Transistor lediglich die geringe Spannung $U_{CE\ Rest}$. Der Hauptspannungsabfall tritt am Kollektorwiderstand auf. Das Ausgangspotential der Stufe liegt darum nur wenig (um $U_{CE\ Rest}$) höher als das Null-Potential. Da zwischen den Signalen L und O ein relativ großer Spannungshub vorgesehen ist, kann man auch für die beiden Signalzustände jeweils ein Toleranzfeld zulassen (Vorteil der Digitaltechnik). Bei Ansteuerung mit L-Signal befindet sich die Spannung U_A folglich funktionsgerecht im Pegel des O-Signals.

Legt man an den Eingang eines Negators ein O-Signal, reicht die Spannung nicht aus, den Transistor aufzusteuern. Beim Negator nach Bild 2.3 wird der durch die Widerstände R_V und R_{Sp} gebildete Spannungsteiler so verstimmt, daß sich an der Basis des Transistors negatives

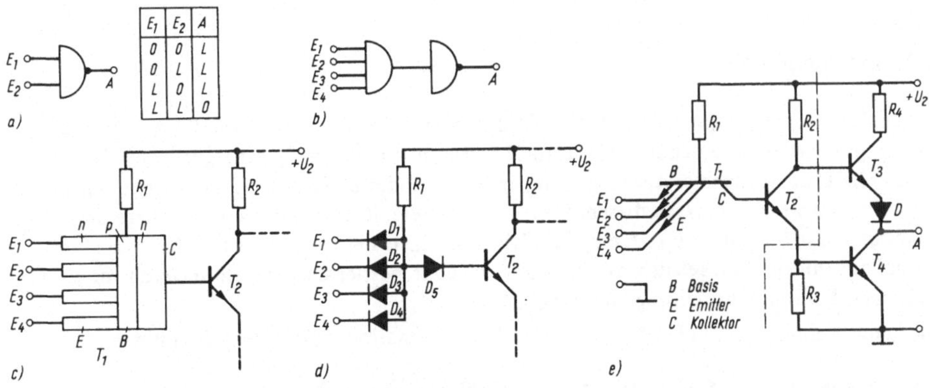

E_1	E_2	A
0	0	L
0	L	L
L	0	L
L	L	0

2.5 NAND-Verknüpfungen in TTL-Technik
a) Schaltzeichen des NAND-Gliedes mit Wahrheitstabelle für zwei Eingangsvariable
b) Ersatzschaltung des NAND-Gliedes mit zwei Grundverknüpfungen c) npn-Vielfachemittertransistor T_1 in schematischer Darstellung d) Ersatzschaltbild für Vielfachemittertransistor T_1. Verknüpfung erfolgt über Dioden e) Schaltbild des NAND-Gliedes

Potential einstellt. Der sich demzufolge ergebende Steuerstrom verlagert den Arbeitspunkt des Transistors in seinen Sperrbereich. Es fließt lediglich ein geringer Reststrom, der an R_C nur einen sehr kleinen Spannungsabfall zur Folge hat. Die gesamte Betriebsspannung U_b fällt praktisch an der im Aus-Zustand sehr hochohmigen Kollektor-Emitterstrecke ab. Als Ausgangsspannung steht fast die gesamte Spannung U_b zur Verfügung. Diese befindet sich eindeutig im L-Signal-Pegel. Auch hier liefert also der Negator funktionsgerecht das inverse Signal.

In der integrierten Technik bildet das NAND meist das Grundverknüpfungsglied (alle booleschen Verknüpfungen sind mit NAND-Gliedern darstellbar). Sein Aufbau in Transistor-Transistor-Logik (TTL) zeigt Bild 2.5. TTL-Technik ist eine von vielen Schaltungstechniken. Bei ihr werden die Verknüpfungen mit Hilfe von „Transistoranordnungen" verwirklicht, die man in IS leicht in großer Anzahl auf kleinstem Raum plazieren kann. In TTL-Technik gilt für die zwei stationären Schaltzustände folgende Potentialdefinition:

$$+U > U_{\text{L-Signal}} > U_{\text{O-Signal}} > 0\,\text{V}$$

Befindet sich wenigstens an einem der NAND-Eingänge ein O-Signal, ist der Vielfach-Emitter-Transistor T_1 aufgesteuert (Bild 2.5c, d, e). Die entsprechende(n) Eingangsdiode(n) $D_1, \ldots, D_4$ sind geöffnet. An die Basis von T_2 gelangt über D_5 nicht genügend Spannung zum Aufsteuern von T_2; er sperrt. Deswegen fließt durch R_2 nur der Reststrom. Am Emitter von T_2 liegt praktisch O-Potential, denn der Spannungsabfall an R_3 ist sehr gering. Aus diesem Grund sperrt auch T_4. Am Kollektor von T_2 stellt sich hohes Potential ein, das T_3 aufsteuert. Durch den relativ niederohmigen Widerstand R_4, T_3 und die Diode D fließt der Strom über A und wird vorwiegend vom dort wirksamen, gegenüber R_4 hochohmigeren Lastwiderstand bestimmt. An A liegt also L-Signal.

Führen alle Eingänge des NAND-Gliedes L-Signal, dann sperren entsprechend der Ersatzschaltung in Bild 2.5d die Dioden $D_1, \ldots, D_4$. Deswegen kann T_2 über R_1 und D_5 aufgesteuert werden[1]). An R_3 tritt deswegen ein hoher Spannungsabfall auf; T_4 öffnet. T_3 sperrt praktisch, da der Potentialunterschied zwischen der Basis von T_3 und dem Ausgang A der Schaltung für eine Aufsteuerung von T_3 nicht ausreicht. Um sicherzustellen, daß T_3 eindeutig sperrt, befindet sich die Diode D in der Schaltung. Die Restspannung am aufgesteuerten T_4 ist sehr gering. Der Ausgang des NAND-Gliedes führt O-Signal.

2.2. Speicherglieder

Neben den Verknüpfungsgliedern spielen für die technische Ausstattung von DVA Speicherglieder eine entscheidende Rolle. Unter Speicherung in einem Speicherglied wird die Möglichkeit zur Aufnahme, Aufbewahrung und unveränderten Rückgabe der aufgenommenen Information verstanden. Nach diesem Prinzip aufgebaute, lösch- oder überschreibbare Speicher nennt man Lebendspeicher. Im Gegensatz dazu steht der Festspeicher, der einmal mit Information geladen werden kann, die dann betriebsmäßig nicht mehr zu verändern (z. B. ohne Verdrahtungsänderung) ist.

Die kleinste Einheit der in DVA zu speichernden Informationsmenge stellt das bit dar.

2.2.1. Speichermedien. Um für die DV-Technik Geräte zur maschinellen Speicherung von Daten bauen zu können, sind Speichermedien notwendig, die als Informationsträger dienen.

---

[1]) Eigentlich hervorgerufen durch Inversbetrieb des Vielfach-Emitter-Transistors.

Lochkarten (LK; Bild 2.6) und Lochstreifen (LS; Bild 2.7) stellen solche Speichermedien dar. Senkrecht zur Längsrichtung der Medien sind die Zeichen als Lochkombinationen z. B. nach dem IBM-LK-Code oder den gebräuchlichen LS-Codes (5 bis 8 Spuren) verschlüsselt angeordnet. Beide Medien bedeuten für die Kommunikation zwischen Mensch und DVA einen gewissen Umweg. Er war besonders in der Anfangszeit der DV unumgänglich und ist noch heute von Bedeutung, obwohl das direkt lesbare Speichermedium (mit Schriftzeichen und Ziffern) beschriebenes Papier sich mehr und mehr durchsetzt.

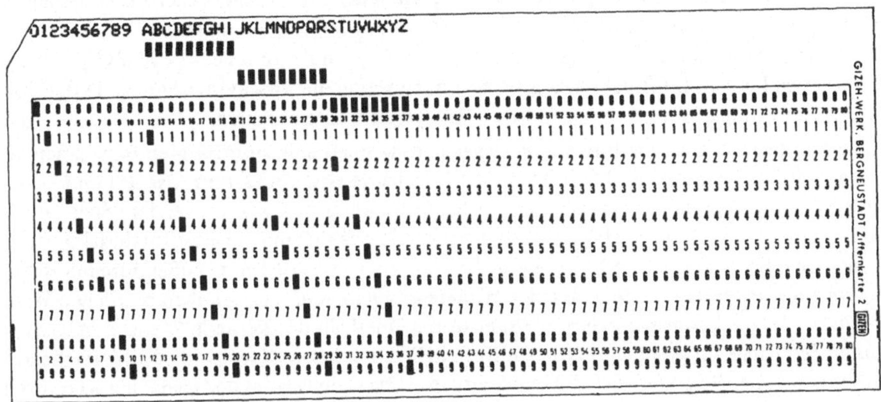

2.6 80-spaltige IBM-Code-Lochkarte

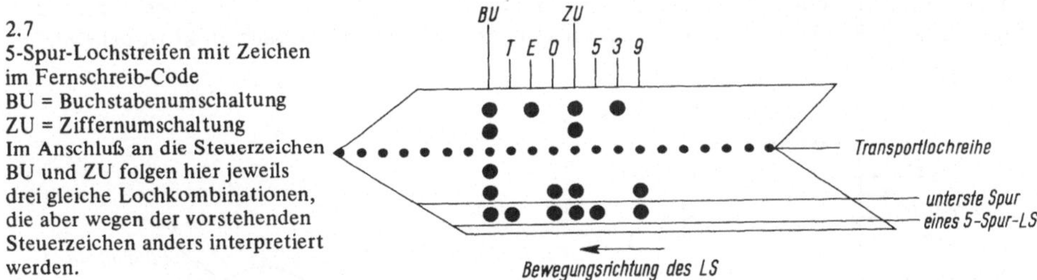

2.7
5-Spur-Lochstreifen mit Zeichen im Fernschreib-Code
BU = Buchstabenumschaltung
ZU = Ziffernumschaltung
Im Anschluß an die Steuerzeichen BU und ZU folgen hier jeweils drei gleiche Lochkombinationen, die aber wegen der vorstehenden Steuerzeichen anders interpretiert werden.

Belege mit Magnetschrift bzw. stilisierten Zeichen (für das menschliche Auge mit den üblichen Schriftzeichen noch kompatibel) sind als maschinenlesbare Informationsträger für DVA schon weit verbreitet. Normale, auf einer geeigneten Unterlage gedruckte, sogar handgeschriebene Zeichen gewinnen als Speichermedien zunehmend an Bedeutung.

Allgemeine Anwendung, vor allem als löschbares Speichermedium, hat in der DV-Technik die magnetische Informationsspeicherung gefunden. Besonders oft wird der Informationsträger bewegte Magnetschicht (Bild 2.8) eingesetzt. Dabei handelt es sich um eine, auf einen Träger aufgebrachte dünne, magnetisierbare Schicht, die an bzw. unter einem Schreib-/Lesekopf mit konstanter Geschwindigkeit vorbeigeführt wird. Durch den am Luftspalt des Kopfes austretenden, im Rhythmus der zu schreibenden Information sich ändernden magnetischen Streufluß werden in der Schicht kleine remanente Elementarmagnete gebildet. Diese magnetischen Dipole wechseln abhängig von der zu speichernden Information ihre Richtung. Die Dipollänge hängt ab von der Luftspaltlänge des Schreibkopfes, dem Abstand des Kopfes vom Speichermedium und der Ausbildung der Polschuhe. Je geringer die Luftspaltlänge und vor allem der Abstand Kopf–Medium, desto größer die erzielbaren bit-Dichten und damit Speicherkapazitäten. Das an den Dipolgrenzen austretende Streufeld verursacht, während des Lesebetriebs am Lesekopf vorbeibewegt, in diesem eine Flußänderung. In der Lesewicklung wird dabei ein Doppelspannungssignal induziert, das dem negativen Differentialquotienten der Flußänderung und der Geschwindigkeit des vorbeibewegten Informationsträgers proportional ist. Wegen der Doppelpoligkeit des entstehenden Lesesignals für beide Flußrichtungen ergeben sich gewisse Schwierigkeiten der Interpretation der Binärzeichen O und L, die durch bestimmte Auswerteverfahren [24] vermieden werden müssen.

Verfahren zur Ausnutzung dünner, ruhender Magnetschichten als Speichermedium mit extrem kurzem Informationszugriff sind noch weiterzuentwickeln, bevor sie in der Praxis in großem Umfang wirtschaftlich eingesetzt werden können.

Eine wichtige Rolle für die Informationsspeicherung spielt eine aus diskreten Bauelementen (oder Anordnungen solcher Elemente in IS) aufgebaute Grundschaltung, das Flipflop, sowie das vor allem in der zweiten und dritten Computergeneration verwendete Speichermedium Magnet-Ringkern (Bild 2.9). Hierbei handelt es sich um aus Ferritmaterial bestehende Ringkerne. Diese magnetisierbaren Kerne (bis herunter zu ca. 0,3 mm Außendurchmesser) müssen eine möglichst rechteckförmige Hystereseschleife und relativ hohen ohmschen Widerstand besitzen, der die Erwärmung durch Wirbelströme innerhalb der Kerne in Grenzen hält. Ein durch den Ringkern greifendes (wie ein Kettenglied durch sein Nachbarglied), hinreichend großes, in seiner Richtung um 180° umkehrbares Magnetfeld ist in der Lage, den Kern nach einem Ummagnetisierungsvorgang (Bild 2.10) entsprechend der Hysteresekurve entweder in einem positiven oder negativen Magnetisierungszustand (Remanenz) zurückzulassen [20]. Diese beiden stationären Zustände im Medium werden für die Speicherung eines bit ausgenutzt. Die Zuordnung der Symbole O und L zum positiven oder negativen Remanenzpunkt ist beliebig (hier $R_p \triangleq$ L).

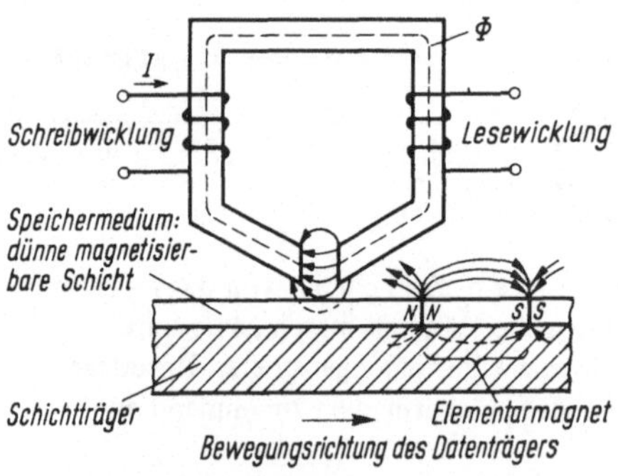

2.8 Informationsspeicherung im Medium „bewegte Magnetschicht"

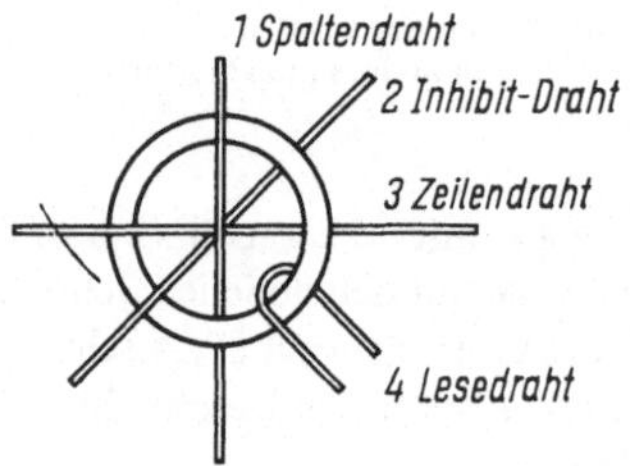

2.9 Magnet-Ringkern mit Verkettungsdrähten

2.2.2. Speicherglied aus Ringkernen. Ein Ringkern stellt ein Speicherelement – nicht weiter zerlegbarer Teil eines Speichers – zur Aufbewahrung eines bit innerhalb eines Speichergliedes (z. B. aus einer Matrixanordnung von Ringkernen bestehend) dar. Sollen die Kerne nach dem Lebendspeicherprinzip Verwendung finden, muß das Speicherglied folgendermaßen konzipiert sein: Das für den Speichervorgang erforderliche Magnetfeld (H/2 + H/2) wird durch einen impulsartig fließenden elektrischen Strom, den Vollstrom I, aufgebracht (Bild 2.10). Liegt der Arbeitspunkt vor Aufbringen des in positiver Richtung verlaufenden Vollstromes (I ~ H) an der Stelle R_N, dann wird in den Ringkern ein L e i n g e s c h r i e b e n. Für R_P als Ausgangspunkt wäre L im Kern gespeichert geblieben.

Angenommen, der Kern sei gesetzt (R_P) und solle abgefragt, g e l e s e n werden, dann ist kurzzeitig ein negatives Magnetfeld aufzubauen. Der Arbeitspunkt verläuft von R_P über P_2 nach R_N. Das hierzu erforderliche dB/dt induziert im Lesedraht (Bild 2.9) einen genügend großen Spannungsimpuls, der mit Hilfe einer speziellen Auswerteschaltung als im Kern gespeichertes L interpretiert werden kann. Wäre der Ringkern vor dem Lesevorgang nicht gesetzt gewesen, würde das dB/dt beim Lesen unterhalb der L-Schwelle geblieben sein. Jeder Lesevorgang bewirkt ein Löschen der Information des zu lesenden Kerns. Soll aber auf die gespeicherte Information wiederholt zurückgegriffen werden, dann ist sie nach jedem Lesevorgang wieder einzuschreiben. Die Zeitspanne vom Lesebefehlsaufruf über den Lesevorgang bis zur abgeschlossenen Bereitstellung der gelesenen Information nennt man Z u g r i f f s z e i t zu einem Speicher. Verlängert sich diese Spanne noch um die notwendige Wiedereinschreibzeit (z. B. bei einem Speicherglied aus Ringkernen), spricht man von der (Speicher-) Z y k l u s z e i t.

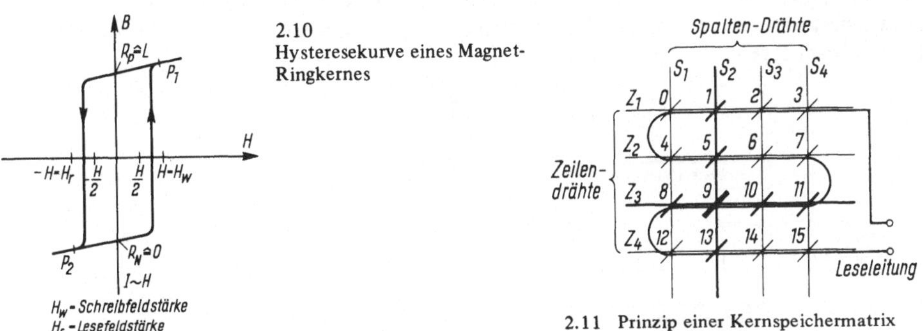

2.10 Hysteresekurve eines Magnet-Ringkernes

2.11 Prinzip einer Kernspeichermatrix aus 4 x 4 Ringkernen

Zum selektiven Ansteuern eines Kerns innerhalb einer Speichermatrix (Bild 2.11) aus Ringkernen ist die Aufteilung in Spalten- und Zeilendrähte für die Adressierung von aufwandreduzierendem Vorteil. Jedem Kern teilt man eine bestimmte Nummer, A d r e s s e, zu (hier 0 . . . 15). Entsprechend dieser Kennzeichnung werden der zugehörige Spalten- und Zeilendraht mit jeweils einem in gleicher Richtung wirkenden, etwa die Hälfte des Vollstromes betragenden Stromimpuls z e i t k o i n z i d e n t angesteuert. Dadurch wird eine eindeutige Auswahl 1 aus n getroffen (Kern 9 adressiert in Bild 2.11; n = 16), weil sich n u r im adressierten Kern beide Teilströme zum Vollstrom addieren. Da es möglich ist, jeden einzelnen Kern separat zu setzen oder zu löschen, braucht man pro Matrix nur e i n e mit allen Kernen verkettete Leseleitung.

2.2.3. Flipflop-Speicherglied. Beim F l i p f l o p (FF) handelt es sich um ein Speicherglied mit bistabilem Zustand für die Aufbewahrung e i n e r binären Schaltvariablen (Bild 2.12) [16]. Aus jedem der beiden stationären Zustände kann es durch eine geeignete Ansteuerung in den anderen umgesteuert werden. Es besitzt zwei Eingänge S (Setzen) und R (Rücksetzen) sowie zwei zugehörige Ausgänge Q und $\overline{Q}$[1]), die normalerweise bezüglich des Ausgangssignals ein antivalentes

[1]) $\overline{Q}$ mit Invertierungsstrich wird gelesen: nicht Q.

Verhalten zeigen. Die Arbeitsweise des FF wird durch die Tabelle in Bild 2.12 veranschaulicht. Das im oberen Index stehende n deutet den Vorzustand am FF an. Hinter der wirksamen Taktflanke hat sich nach einer kurzen Übergangszeit, die ein reales FF neben einer bestimmten Flankensteilheit, Amplitude und Dauer des Eingangssignals braucht, zum Zeitpunkt $n + 1$ der neue stationäre Zustand eingestellt. Die Tabelleninterpretation zu diesem Zeitpunkt: Zeile 1: unbestimmt; Zeile 2: gelöschtes FF; Zeile 3: gesetztes FF; Zeile 4: keine Änderung.

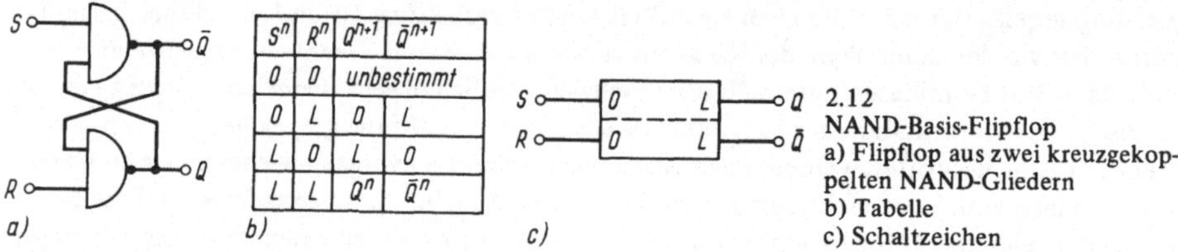

S^n	R^n	Q^{n+1}	$\bar{Q}^{n+1}$
0	0	unbestimmt	
0	L	0	L
L	0	L	0
L	L	Q^n	$\bar{Q}^n$

2.12 NAND-Basis-Flipflop
a) Flipflop aus zwei kreuzgekoppelten NAND-Gliedern
b) Tabelle
c) Schaltzeichen

Außer dem NAND-Basis-Flipflop gibt es noch viele FF-Arten (Bild 2.13). Eine wichtige Erweiterung der Basis-FF stellt ihre Führung durch Impulse dar, die von einer (zentralen) Taktversorgung kommen. Nur während des anliegenden Taktimpulses können die FF umgesteuert werden. Taktgeführte FF arbeiten (takt)synchron. Ein synchrones FF ist das zu den Auffang-FF gehörige D-FF [1]) (Bild 2.14).

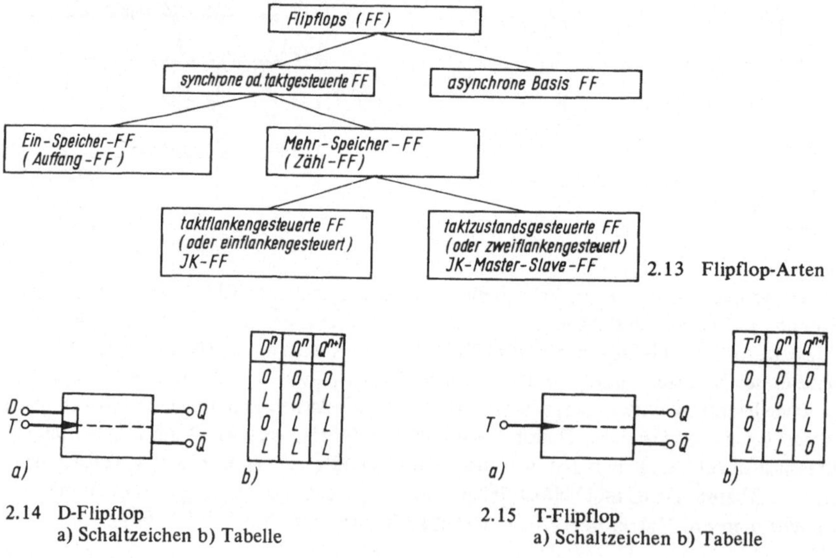

2.13 Flipflop-Arten

D^n	Q^n	Q^{n+1}
0	0	0
L	0	L
0	L	L
L	L	L

2.14 D-Flipflop
a) Schaltzeichen b) Tabelle

T^n	Q^n	Q^{n+1}
0	0	0
L	0	L
0	L	L
L	L	0

2.15 T-Flipflop
a) Schaltzeichen b) Tabelle

Zähl- oder T-FF (Bild 2.15) benötigen intern noch einen Zwischenspeicher. Sie gehören deswegen zu den Mehr-Speicher-FF. Diese FF können über ihre Vorbereitungseingänge eine Ein-bit-Information aufnehmen und g l e i c h z e i t i g die eigentlich gespeicherte (auch

[1]) D von delay = verzögern.

den anstehenden Eingangssignalen inverse) Information an den Ausgängen zur Verfügung stellen. Rückkopplungen der FF-Ausgänge auf ihre Eingänge ohne interne Entkopplung über Zwischenspeicherung führen bei bestimmten Signalkonstellationen an den Eingängen zu undefiniertem Verhalten eines solchen FF. Durch den Einsatz der komplexeren, trotzdem wirtschaftlicheren integrierten Technik ist es möglich geworden, dieses undefinierte Verhalten zu vermeiden und außerdem an der Eingangsseite der FF Möglichkeiten für boolesche Verknüpfungen (J- und K-Eingangskonjunktionen) mit einzubauen, die einen universelleren Einsatz der FF erlauben. Hierbei handelt es sich um taktflanken- oder taktzustandsgesteuerte FF.

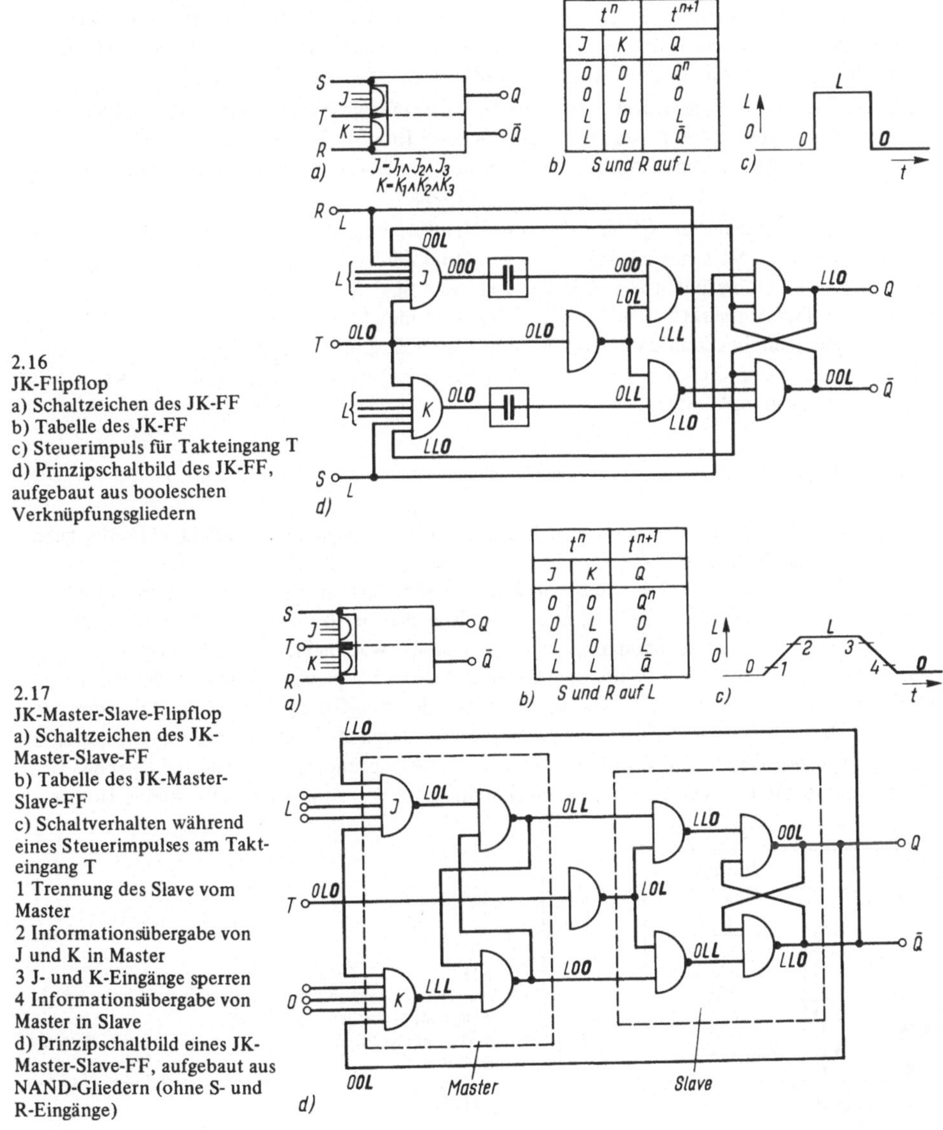

t^n		t^{n+1}
J	K	Q
0	0	Q^n
0	L	0
L	0	L
L	L	$\bar{Q}$

2.16
JK-Flipflop
a) Schaltzeichen des JK-FF
b) Tabelle des JK-FF
c) Steuerimpuls für Takteingang T
d) Prinzipschaltbild des JK-FF, aufgebaut aus booleschen Verknüpfungsgliedern

t^n		t^{n+1}
J	K	Q
0	0	Q^n
0	L	0
L	0	L
L	L	$\bar{Q}$

2.17
JK-Master-Slave-Flipflop
a) Schaltzeichen des JK-Master-Slave-FF
b) Tabelle des JK-Master-Slave-FF
c) Schaltverhalten während eines Steuerimpulses am Takteingang T
1 Trennung des Slave vom Master
2 Informationsübergabe von J und K in Master
3 J- und K-Eingänge sperren
4 Informationsübergabe von Master in Slave
d) Prinzipschaltbild eines JK-Master-Slave-FF, aufgebaut aus NAND-Gliedern (ohne S- und R-Eingänge)

Die Bilder 2.16 und 2.17 zeigen das JK- und das JK-Master-Slave-FF. In ihnen sind sie nur durch Verknüpfungsglieder dargestellt. Diese P r i n z i p -schaltungen haben den Nachteil, daß die internen Steuermaßnahmen zu den verschiedenen Taktpotentialzuständen nicht völlig exakt simuliert werden. Dafür wird aber die Wirkungsweise der FF leichter verständlich, als wenn ein Stromlaufplan der IS (z. B. allein für ein JK-Master-Slave-FF mehr als zwanzig Transistoranordnungen) gezeigt würde. Während das weniger aufwendige (kapazitive Zwischenspeicherung) JK-FF nur die Information, die sich unmittelbar vor der Taktschaltflanke im Zwischenspeicher befindet, übernimmt, darf sich beim JK-Master-Slave-FF die an den Eingängen anstehende Information innerhalb einer wirksamen Taktschaltphase nicht ändern. Geschähe dies durch Störeinflüsse dennoch, würde der Master (Zwischenspeicher) umgesteuert, ohne in der kritischen Phase wieder zurückgesetzt werden zu können. Bei der Übergabe bekäme der Slave (Haltespeicher) dadurch eine falsche Information.

Das JK-FF ist also weniger störanfällig, erfordert aber eine genau definierte Taktflankensteilheit. Demgegenüber zeigt das JK-Master-Slave-FF Empfindlichkeit gegen Signalzustandsänderungen an den Eingängen in der kritischen Übernahmephase, stellt dafür aber nicht so hohe Ansprüche an die Steilheit der Taktflanke.

Hauptanwendungsgebiet der FF sind elektronische Speicher (Register), zunehmend Arbeitsspeicher von DVA, Verschiebe- (Schieberegister) und Zählschaltungen. Solche Schaltungen, sowie beliebige Kombinationen von Verknüpfungs- und Speichergliedern stellen ein S c h a l t - w e r k dar. Der Ausgangszustand eines Schaltwerkes hängt vom jeweiligen Stand der Eingangsvariablen zu einem bestimmten Zeitpunkt u n d dem Zustand der Speicherglieder innerhalb des Werkes zu diesem Zeitpunkt ab. Eine DVA besteht zum großen Teil aus einer Kombination von Schaltwerken und -netzen.

2.3. Zentraleinheit

Bei der Zentraleinheit (ZE) handelt es sich um eine Funktionseinheit innerhalb eines digitalen Rechensystems, die aus dem Z e n t r a l s p e i c h e r , dem P r o z e s s o r und den E i n - / A u s g a b e - W e r k e n besteht. Eine ZE kann auch mehrere Prozessoren (M e h r - p r o z e s s o r s y s t e m) oder mehrere Zentralspeicher besitzen. Um ein M e h r r e c h - n e r s y s t e m handelt es sich dann, wenn mindestens zwei unabhängige ZE periphere Geräte gemeinsam benutzen. Vom konstruktiven Aufbau her gesehen ist die ZE das Kernstück eines Digital r e c h n e r s . Die Bezeichnung „Rechner" besagt aber keinesfalls, daß die ZE z. B. nur rechnerische Probleme lösen könnte. Verglichen mit anderen Möglichkeiten des Rechners wie Daten-Ein-/Ausgaben, -Transfer, -Speicherungen, Sortieren und Durchführen von booleschen Verknüpfungen, machen diese vielmehr nur eine relativ kleine Unter-

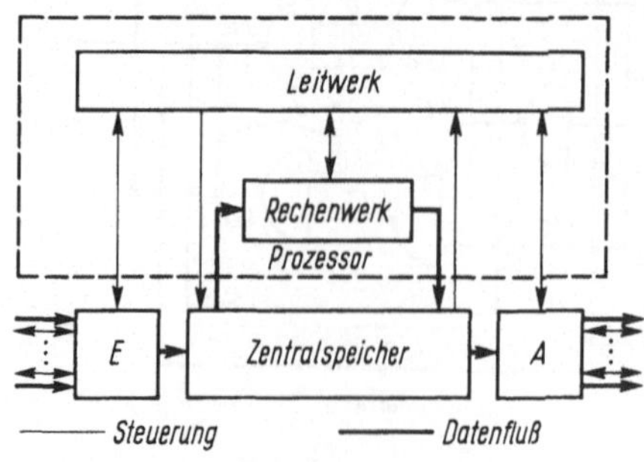

2.18
Prinzipieller Aufbau der Zentraleinheit (ZE) eines digitalen Datenverarbeitungssystems
A Ausgabewerk, Verbindung zwischen ZE und Ausgabegeräten
E Eingabewerk, Verbindung zwischen ZE und Eingabegeräten

menge aus. Bild 2.18 zeigt den prinzipiellen Aufbau, die möglichen Informationsflüsse und das Zusammenwirken der einzelnen Einheiten der ZE. Die Wirkungsweise der Funktionseinheiten für das grundsätzliche Verstehen der ZE wird im folgenden kurz erklärt.

2.3.1. Zentralspeicher. Ein Zentralspeicher (ZS) stellt als Bestandteil der ZE einen Speicher mit kurzem Direktzugriff dar, zu dem Ein-/Ausgabe-Werke sowie Prozessoren unmittelbar Zugang haben. Er setzt sich zusammen aus dem bis zu jeder Speicherstelle adressierbaren Hauptspeicher, vielfach Arbeitsspeicher (aus ihm erfolgt die Verarbeitung der Befehle (s. Abschn. 1.4) und Daten) genannt, und eventuell aus dem Ergänzungsspeicher. In der zweiten und dritten Rechnergeneration bestehen die Hauptspeicher in der Regel aus Magnetkern-Koinzidenz-Speichern, kurz Kernspeicher (KS). Sie sind aus Speicherblöcken aufgebaut, die so viele Matrizen (s. Abschn. 2.2.2) besitzen, wie ein Maschinenwort bit hat, und die so viel Worte (entsprechend ebenso viele Maschinenadressen) Speicherkapazität erreichen, wie eine Matrix Kerne enthält ($a = x \cdot y$). Bild 2.19 zeigt das Schema eines Kernspeicherblocks mit der Zusatz-hardware. Alle gleichnummerierten Spalten- und Zeilendrähte der Matrizen werden hintereinander geschaltet. Zum Schalten des jeweils notwendigen Halbstromes für diese Serienschaltungen benötigt man besondere Verstärkerstufen, sog. Treiber.

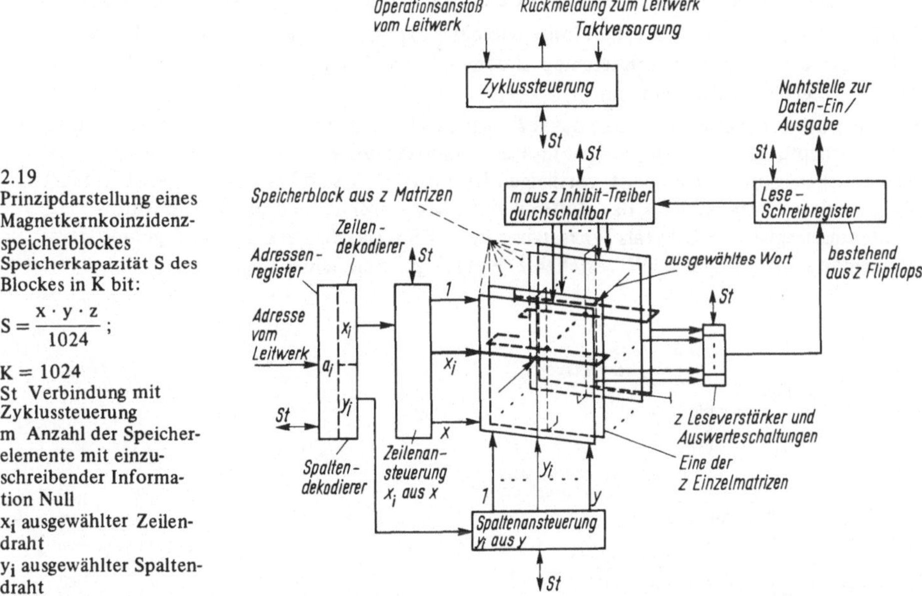

2.19
Prinzipdarstellung eines Magnetkernkoinzidenzspeicherblockes
Speicherkapazität S des Blockes in K bit:

$$S = \frac{x \cdot y \cdot z}{1024};$$

K = 1024
St Verbindung mit Zyklussteuerung
m Anzahl der Speicherelemente mit einzuschreibender Information Null
x_i ausgewählter Zeilendraht
y_i ausgewählter Spaltendraht

Die Zyklussteuerung läßt im richtigen Moment zeitkoinzidente Stromimpulse durch die mit Hilfe der Maschinenadresse ausgewählten Spalten- und Zeilendrähte des Speicherblocks treiben. Auf diese Weise erfolgt die in Bild 2.19 angedeutete Auswahl des Wortes mit der Maschinenadresse a_i aus der Gesamtmenge von a Speicherzellen. Das Auslesen der Speicherwortinhalte geschieht über je einen jeder Matrix zugeordneten Leseverstärker mit Auswerteschaltung.

Alle gelesenen Worte werden im Lese-/Schreibregister bereitgestellt. Jede Kernspeicherzelle wird beim Lesevorgang gelöscht (s. Abschn. 2.2.2). Darum erfolgt im normalen Zyklus ein Wiedereinschreibvorgang in dieselbe Speicherzelle. Hierbei würden aber in ihr aufgrund der koinzident in den Spalten- und Zeilendrähten fließenden Halbströme immer alle Kerne gesetzt. Damit jedoch jedes gewünschte Binärmuster in der Zelle gespeichert werden kann, ist eine Möglichkeit vorgesehen, das Setzen der Kerne u. U. zu verhindern. Dies geschieht durch den Inhibitdraht, der wie die Leseleitung für jede Matrix getrennt vorhanden und innerhalb jeder Matrix mit allen zu ihr gehörenden Kernen verkettet sein muß. Die erforderliche Steuerung der Inhibit-Drähte nimmt das Lese-/Schreibregister über die Inhibittreiber vor.

Bei einem regulären Einschreibvorgang beginnt der Speicher-Zyklus nach der Wortwahl mit einem Lese-, besser Löschvorgang der Speicherzelle, wobei ihr Inhalt nicht ins Lese-/Schreibregister transferiert wird. In diesem steht schon die Information, die im zweiten Teil des Zyklus eingespeichert werden soll.

Der erläuterte KS hat Wortstruktur. Zu jeder der unter den Maschinenadressen von 0 . . . a zugänglichen Speicherzellen besteht Direktzugriff bei gleicher Zugriffszeit. In jede Zelle kann ein beliebiges Binärmuster eingeschrieben werden. Die Reihenfolge der Auswahl von Zellen sowie die Aufeinanderfolge von Ein- oder Ausspeicherungen sind beliebig.

2.3.2. Prozessor. Der Prozessor besteht aus dem (wegen ihrer intensiven Zusammenarbeit nur schwer gegeneinander abzugrenzendem) Rechen- und Leit- oder Steuerwerk.

Das Rechenwerk (RW) stellt innerhalb eines digitalen Rechensystems eine Funktionseinheit dar, die hautpsächlich Rechenoperationen, Verschiebungen, Vergleiche und boolesche Verknüpfungen durchführen kann.

Als konstruktiver Bauteil setzt sich das RW in seinen wesentlichen Bestandteilen aus Registern, dem Verknüpfungswerk, Schaltungen für Datentransfers und einer internen Steuerung (Bild 2.20) zusammen. Die meist wortlangen Rechenregister sind bei einfachem Aufbau eines RW das akkumulative (AKR), das Multiplikand-Divisor- (MDR) und das Multiplikator-Quotienten-Register (MQR) (als Fortsetzung des AKR). Das die verknüpften Ergebnisse sammelnde AKR und das MQR bestehen z. B. aus bipolaren Schieberegistern.

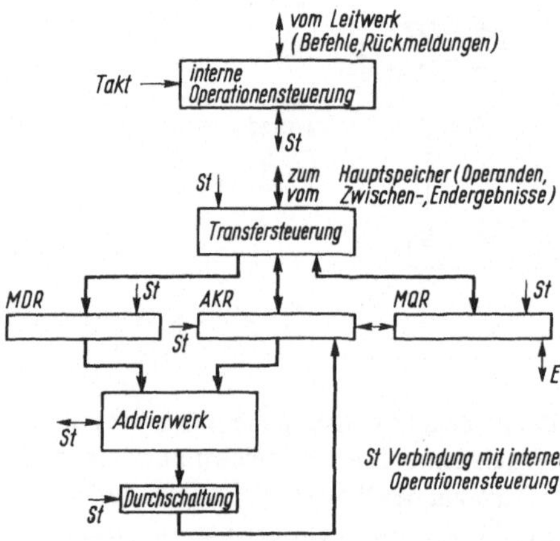

2.20
Vereinfachtes Prinzipschaltbild eines Rechenwerks mit Paralleladdierwerk

Die Schaltungen für den Datentransport werden gebildet aus Schaltwerken, die durch eine interne, mit dem Leitwerk zusammenarbeitende Steuerung geführt, den Datenfluß im RW bewirken.
Das Verknüpfungswerk setzt sich hauptsächlich aus dem A d d i e r w e r k zusammen. Grundelement eines Addierwerkes ist ein Schaltnetz (Bild 2.21), der Addierer, der alle Möglichkeiten der binären Addition (für eine Binärstelle) erfüllt. Wird innerhalb eines Addierwerkes nur ein Addierer eingesetzt, dann handelt es sich um ein S e r i e n a d d i e r w e r k. Stimmt die Anzahl der Addierer mit der bit-Anzahl des Wortes überein, spricht man von einem P a r a l l e l a d d i e r w e r k (PWA). Ein Serienaddierwerk benötigt erheblich

Summanden		Eingang Übertrag	Summe	Ausgang Übertrag
A_{n1}	A_{n2}	$Ü_{n-1}$	S_n	$Ü_n$
0	0	0	0	0
0	L	0	L	0
L	0	0	L	0
L	L	0	0	L
0	0	L	L	0
0	L	L	0	L
L	0	L	0	L
L	L	L	L	L

2.21 Binäre Addition
a) Tabelle b) Addierer
c) Symbol für Addierer n

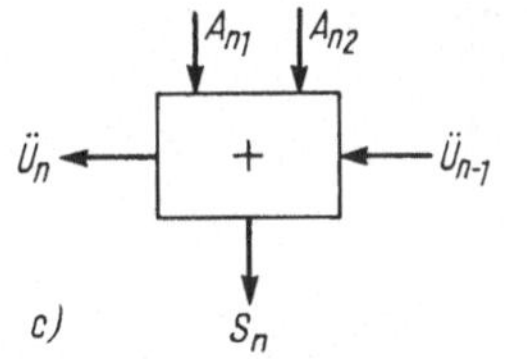

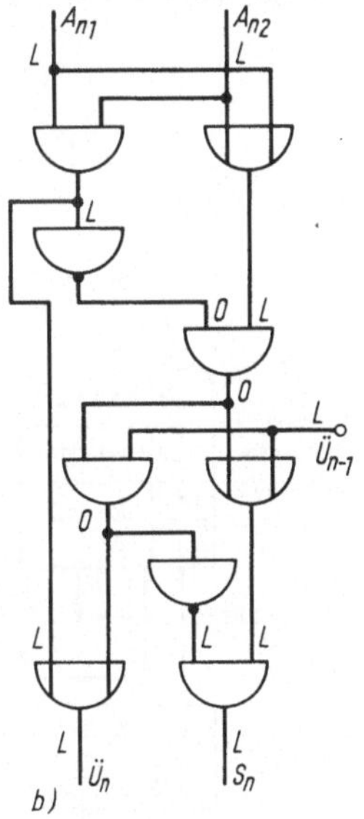

weniger hardware-Aufwand als ein PAW, arbeitet allerdings langsamer. Die sich im ungünstigsten Fall ergebende Durchlaufzeit eines Übertrags durch die gesamte Addiererkette bestimmt die Arbeitsgeschwindigkeit eines PAW. Es gibt eine Reihe von Schaltungen, die den infolge des durchlaufenden Übertrags entstehenden Zeitverlust reduzieren.
Zur Ausführung z. B. einer A d d i t i o n (Bild 2.20) kommen aufgrund entspr. Weichenstellungen für den Datenfluß die beiden Summanden in das AKR und das MDR. Nach der Addierzeit öffnet die Internsteuerung die Durchschaltung; das Ergebnis gelangt in das AKR. MQR wird für diese Operation nicht benutzt. Bei einer M u l t i p l i k a t i o n (bzw. Division) müssen die Operanden in den entspr. bezeichneten Registern stehen. Die eigentliche Multiplikation wird aufgelöst in Teiladditionen und Verschiebeschritte (s. Abschn. 1.3). In der niedrigstwertigen Stelle von MQR (E) entscheidet ein L, ob beim jeweiligen Verschiebeschritt der Multiplikator stellenrichtig zuaddiert oder nur geschoben werden soll. Das Ergebnis der Multiplikation wird im AKR und MQR aufgebaut. Bei m Binärstellen des Multiplikanden und n Binärstellen des Multiplikators ergibt sich ein m + n Stellen langes Produkt.
Eine D i v i s i o n kann entspr. mit Hilfe von Subtraktionen und Verschiebeschritten, eine S u b t r a k t i o n durch Komplementaddition verwirklicht werden. Mit einer Einrichtung zur Komplementbildung im RW ist es folglich möglich, für a l l e arithmetischen Operationen nur mit einem A d d i e r w e r k auszukommen.

Die bei der Befehlsausführung sehr zahlreich auftretenden Teiloperationen und ihre jeweilige Aufeinanderfolge bei der Durchführung der Befehle werden von der internen Operationensteuerung des RW unter Zusammenarbeit mit dem Leitwerk vorgenommen.

Das Leitwerk (LW) als Funktionseinheit eines digitalen Rechensystems liest, entschlüsselt und modifiziert ggf. Befehle. Es steuert die Befehlsreihenfolge (Programmsteuerung) und gibt alle für die Befehlsausführung erforderlichen digitalen Signale vor. Die wesentlichen Bestandteile des LW sind: Register, die den Informationsfluß zwischen LW und den angeschlossenen Schaltwerken steuern, Dekodierer und Schaltglieder. Letztere sorgen für die ordnungsgemäße Durchführung und eine begrenzte Überwachung der vom Programm her vorgegebenen Operationen. Im Fehlerfall bewirken sie eine entspr. Anzeige. Bild 2.22 gibt Auskunft über die

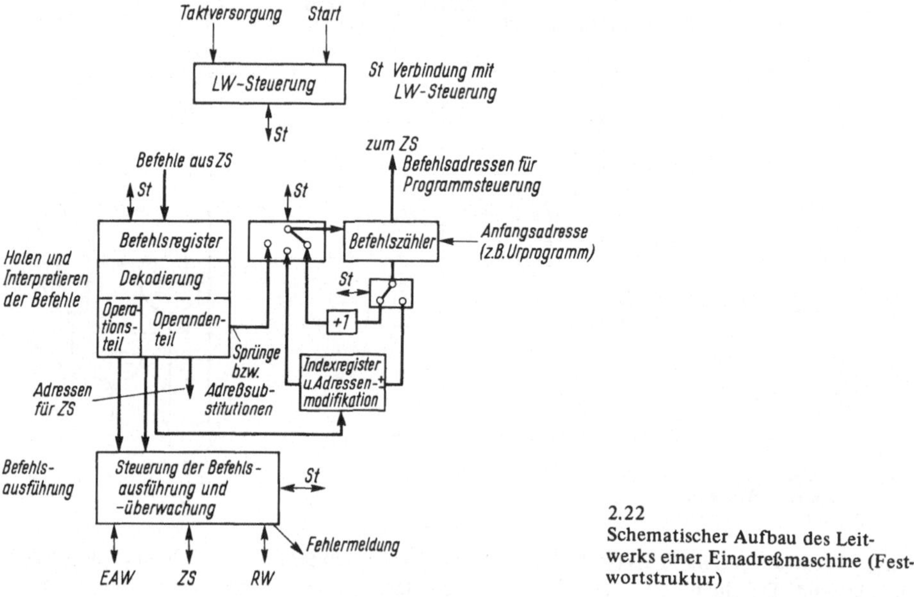

2.22
Schematischer Aufbau des Leitwerks einer Einadreßmaschine (Festwortstruktur)

Funktion des LW. In den einzelnen Speicherstellen des ZS stehen normalerweise in beliebiger Reihenfolge Daten und Befehle. Letztere müssen vom LW in sinnvoller Folge aus dem Speicher geholt und interpretiert werden. Weiterhin sind die in den Befehlen implizit enthaltenen einzelnen Steuerungs- und Überwachungsvorschriften zur richtigen Ausführung der Befehle (z. B. Verknüpfungen, Transfers, Sprünge, Ein-/Ausgabe, Verschiebungen) vorzugeben. Die Funktion des LW gliedert sich also in zwei Abschnitte: das Holen und Interpretieren sowie die Befehlsausführung. Das Holen der Befehle läuft über den Befehlszähler (BFZ), der in einfachster Form ein voreinstellbarer hardware-Zähler sein kann. Die in ihm gespeicherte Adresse bewirkt den Transfer des Inhaltes der zugehörigen Zelle aus dem ZS in das aus FF bestehende Befehlsregister (BFR). Bei einer Maschine mit Festwortstruktur besitzt auch das BFR meist Befehlswortlänge. Hat eine Maschine variable Wortlänge, muß das BFR mehrere Speicherstellen verarbeiten können.

Der BFR-Inhalt wird von der Decodierung als Befehl interpretiert. Ein Befehl besteht aus zwei Teilen: dem Operandenteil (ODT), der hauptsächlich die Adresse(n) von Operanden oder Befehlen enthält und dem Operationsteil (OTT), in dem Angaben über die auszuführende Operation stehen. Besitzt ein Befehl nie mehr als eine Adressenangabe im Befehlswort, dann handelt es sich um eine Einadreßmaschine. Bei zwei oder mehr Adressen pro Befehl spricht man von Zwei- oder Mehradreßmaschinen, die meist auch Einadreßbefehle bearbeiten können. Die zweite oder die weitere(n) Adresse(n) bestimmen z. B. den zweiten Operanden einer Verknüpfung, den Platz auf den das Verknüpfungsergebnis abgespeichert werden soll und/oder die Adresse des nächsten Befehles. Die weit verbreitete (vor allem für technisch-wissenschaftliche und Prozeßprobleme) Einadreßstruktur besitzt den Vorteil der kleineren Befehlslänge (bestimmte Befehle erfordern zudem nur eine Adresse). Dagegen benötigt die Mehradreßstruktur eine geringere Anzahl von Befehlen für ein Programm. Das ergibt vor allem bei der kommerziellen Datenverarbeitung eine Speicher- und Zeitersparnis. Bei technischen Problemen befindet sich der zu verknüpfende Operand meist schon im Rechenregister und das Zwischenergebnis ist weiterzuverarbeiten, so daß ein einfach zu realisierendes Einadreßsystem gegenüber einer starren Mehradreßstruktur vorgezogen werden kann. Eine Maschine mit variabler Wortlänge, die als Ein- u n d Mehradreßmaschine zu arbeiten vermag, benötigt zwar mehr hardware-Aufwand, stellt aber in Bezug auf Speicher- und Zeitausnutzung ein Optimum dar. Im folgenden wird die Erläuterung des LW am Beispiel der Einadreß-Festwort-Maschine weitergeführt.

Das BFR als eigenständiges Register ist notwendig wegen der zeitlichen Entkopplung des Lese-/ Schreibregisters vom LW. Durch das BFR wird die Decodierung angesteuert. Die dort ermittelte Operation wird an die Befehlsausführung gegeben. Diese wickelt die einzelnen Steuer- und Überwachungsvorgänge im LW, RW, ZS oder EAW ab. Im einfachsten Fall wird nach rückgemeldetem Befehlsende mit der um 1 erhöhten Adresse des BFZ der nächste Befehl des Programms aus dem ZS in das BFR geholt. Von dieser linearen Reihenfolge der Befehle geht man nur dann ab, wenn die Decodierung des OTT (z. B. unbedingter Sprungbefehl) oder des ODT (z. B. Adressenänderung durch Indizierung) eine Abweichung erkennt. Bei einem Sprungbefehl wird das im ODT angegebene Sprungziel in den BFZ eingeschrieben. Im Falle der Adressenmodifikation durch Indizieren muß der Inhalt der entsprechenden Indexregisterzelle (Maschinen mit Indizierung haben oft eine unterschiedliche Anzahl von Indexregisterzellen, deren jeweilige Adresse im ODT vom Programmierer anzugeben ist) rechtzeitig und vorzeichenrichtig zum Inhalt des BFZ addiert werden können.

Nach Schilderung der Arbeitsweise der Interpretation von Befehlen im LW sei darauf hingewiesen, daß eine DVA nur einen binär verschlüsselten Befehl, einen Maschinenbefehl im sog. Maschinencode (MC), verstehen kann. Ein Programmieren im MC ist aber für den Menschen schwierig. Deswegen müssen alle u. a. aus mnemotechnischen Gründen[1]) in höheren Programmsprachen geschriebenen Programme vor einem „Laufen" auf Digitalrechnern erst in den zugehörigen MC übersetzt werden.

Ist die Hol- und Interpretierphase eines Befehlswortes abgeschlossen, hat die LW-Steuerung für die Befehlsausführung zu sorgen; z. B. muß bei Verknüpfungsbefehlen der im ODT genannte Operand in ein Register des RW geholt, von dort mit dem Inhalt des AKR verknüpft und das Ergebnis im AKR bereitgestellt werden. Bei Transferbefehlen ist der Operand entweder aus dem AKR in den ZS oder auf dem entgegengesetzten Weg zu transportieren. Ein Verschiebebefehl verlangt das Hereinholen der unter der Operandenadresse im ZS stehenden Verschiebezahl. Diese Zahl gibt an, um wieviel Binärstellen das LW den Operanden im AKR zu verschieben hat. Die Richtung liefert der OTT. Bei anderen Befehlsgruppen liegen ähnliche oder noch kompliziertere Problemstellungen für das LW vor. Insgesamt aber tauchen immer

---

[1])Mnemotechnik = Verfahren und Hilfsmittel zur Unterstützung des Gedächtnisses.

wieder kleine, gleiche, sich häufig wiederholende Funktionssteuerungen (Mikrobefehle) auf. Ein Befehl kann in entspr. Folgen solcher Mikrobefehle[1]) zerlegt werden. Handelt es sich dabei um festverdrahtete Steuerungen (z. B. für Division), ist die Ausführzeit gering, der hardware-Aufwand dagegen relativ hoch. Man kann ihn durch Unterprogramme oder ein software-Mikroprogramm (flexibler gegenüber fester Verdrahtung) reduzieren. Als Nachteil sinkt dann allerdings die Operationsgeschwindigkeit und die Speicherkapazität um den Platzanteil des Mikroprogramms. Sind außer Festpunkt- auch Gleitpunktoperationen (ohne zeitaufwendige Umwege über Unterprogramme) durchzuführen, steigt der Aufwand für LW und RW erheblich an.
Abschließend soll zur Funktion des LW noch gesagt werden, daß Hol- und Interpretier- sowie Befehlsausführungsphase bei modernen Rechnern nicht nacheinander (sequentiell), sondern zeitverschachtelt (zeitmultiplex) ablaufen. Während ein decodierter Befehl noch zur Ausführung ansteht, kann der nächste bereits geholt und interpretiert werden. Durch Weitertreiben der Zeitmultiplexarbeit und software-seitigem Mehrprogrammbetrieb sowie hardwaremäßig doppeltem Auslegen ganzer Prozessoren für wirkliche Simultanarbeit wird die Effektivität der DVA immer größer werden.

2.3.3. Ein-/Ausgabe-Werk und Bedienungselement. Unter dem zur ZE gehörenden Ein-/Ausgabe-Werk (EAW) versteht man eine Funktionseinheit zur Steuerung von Datenübertragungen (zeichen- bzw. wortweise parallel) im Nahbereich ($\leqq$ 30 m) zwischen ZS und peripheren Speichern sowie ZS und Ein-/Ausgabegeräten (s. Abschn. 2.4). Das EAW arbeitet auf der einen Seite mit dem LW zusammen und zeigt auch ähnlichen Aufbau und ähnliche Wirkungsweise, auf der anderen Seite ist es verbunden mit den jeweiligen Internsteuerungen der angeschlossenen EA-Geräte. Besonders die Vorrangsteuerung und zeitliche Koordinierung (Simultanarbeit der Peripherie) zwischen den z. T. sehr langsamen EA-Geräten und dem schnellen ZS sind vorzunehmen.
So, wie das EAW eine Kommunikationsbrücke zwischen ZE und der Peripherie eines digitalen Rechensystems darstellt, verkörpert das Bedienungselement eine Verbindung zwischen dem Menschen (Operateur), der die Anlage betreut, und der Maschine. Beim Bedienungsfeld (BDF) sind über Tasten Eingriffe wie Ein-, Aus- und Umschalten der Gesamtanlage oder ihrer Teile, Urprogrammeingabe und Geben von Anforderungen oder Stellen von Bedingungen sowie, wenn auch in einfacher Form, Eingabe von Befehlen und Daten möglich. Eine Überwachung der Anlage kann durch eine Reihe von meist auf einem Leuchttableau des BDF angeordneten Funktionsmeldungen und mit Hilfe von Meldungen über Informationsstände gewisser interessierender Register vorgenommen werden. Das Bedienungsfeld interessiert vor allem den Wartungsdienst, der Operateur sollte es möglichst wenig gebrauchen. Ihm steht – neben der Betreuung der peripheren Geräte wie Magnetbänder, LS- und LK-Geräte usw. – für den programmtechnischen Dialog mit dem Rechner der zum Bedienungselement gehörende Bedienungsblattschreiber zur Verfügung (s. Abschn. 2.4.2), über den der Rechner auch seine Quittier- und Störungsmeldungen ausgibt.

---

[1])Hier nicht Makrobefehl, da dieser Name schon für eine zusammengehörige Gruppe von (Maschinen)-Befehlen anderweitig vergeben ist.

2.4. Periphere Geräte

Eine DVA besteht aus der ZE und einer Vielfalt von peripheren Geräten. Sie stellen die Kommunikation der ZE mit der Umwelt (Daten und Befehle in ZE herein, Ergebnisse nach außen) für ein sinnvolles Arbeiten der Gesamtanlage her. Die folgende Kurzinformation über die wichtigsten Geräte umfaßt die Prozeßperipherie nicht.

2.4.1. Periphere Ein-/Ausgabegeräte für maschinenlesbare Datenträger. Der LK-L e s e r besteht im wesentlichen aus einer Vorrichtung, die sukzessiv von einem einzulegenden LK-Stapel einzelne LK greift, an der wichtigsten Geräteeinrichtung, der Lesestation, vorbeiführt und in eins von evtl. mehreren Ablagefächern einsortiert. Die Lesestation tastet die Lochkombinationen entweder mit Metallbürsten oder fotoelektronisch ab. Auf jeder Abtastspur befindet sich bei Bürstenabtastung ein isoliertes Kontaktsegment, das nur bei einer unter dem Segment vorbeigeführten Lochung mit der gegenüberliegenden Bürstenreihe in Kontakt kommt. Bei fotoelektronischer Abtastung erfolgt beim Abfühlen einer Lochung die Belichtung einer Fotodiode. So ist es möglich, das pro Spur räumliche Nacheinander von Lochkombinationen in eine zeitliche Impulsserie umzusetzen[1]). Normalerweise bringt die Z e i l e n - gegenüber der S p a l t e n - Abtastung der LK eine Steigerung der Abtastgeschwindigkeit, die allerdings neben erhöhtem Abtastaufwand eine elektronische Zwischenspeicherung der LK-Information erfordert.
Der elektromechanische Aufbau des LK-L o c h e r s ist ähnlich dem des Lesers. Die Lochstation besteht aus den für das Einstanzen der Lochkombination notwendigen elektromagnetisch betätigten Stanzstempeln. Wegen der überwiegend mechanischen Ausrüstung werden nur Lochgeschwindigkeiten bis ca. 10 LK/s gegenüber bis zu 30 LK/s beim Lesen erreicht[2]).
Die wichtigsten Teile eines LS-G e r ä t e s sind die Auf- und Abspulvorrichtung, die Lese-/Stanz-Station und die Streifentransporteinrichtung. Ähnlich wie beim LK-Gerät funktioniert die zeichenweise parallel arbeitende Stanz- bzw. Abfühlstation. Als Abfühleinrichtung beim LS gibt es darüber hinaus noch die kapazitive Abtastung, die aus dem der Lochkombination proportionalen Dielektrikum des „Abtastkondensators" ein Kriterium für die zu lesende Information ableitet. Es werden im Start-Stop-Betrieb (z. B. zeichengerechtes Stoppen unter der Lesestation; Zeichenabstand 2,5 mm!) beim LS Lesegeschwindigkeiten von 2200 Zeichen/s und Stanzgeschwindigkeiten bis zu 300 Zeichen/s erreicht. Schwierigkeiten bereiten bei den hohen Geschwindigkeiten vor allem die starken Beschleunigungen und Verzögerungen des Streifens.

2.4.2. Periphere Ein-/Ausgabegeräte für visuell und maschinenlesbare Datenträger. Beim B l a t t s c h r e i b e r (BS) handelt es sich um ein fernschreiberähnliches Gerät mit LS-Zusätzen, das sich für die manuelle Erstellung eines Protokolls in Klartext (evtl. mit mehreren Durchschlägen) über eine Tastatur im Zweifarbendruck sowie für die gleichzeitige, zeichenweise Informationseingabe in den Rechner und einen mitlaufenden LS eignet. Die Informationseingabe kann auch über den angebauten LS-Leser erfolgen, wobei ebenfalls ein Klartextprotokoll ausgegeben wird. Ferner ist der BS in der Lage, im rechnergesteuerten Betrieb Informationen im Klartext auf ein Protokoll und ggf. gleichzeitig über den angebauten LS-Stanzer in einen LS auszugeben. Der BS kann auch, vom Rechner getrennt, manuell betrieben werden. BS arbeiten mit einer maschinellen Ein-/Ausgabegeschwindigkeit von 7,5 bis 40 Zeichen/s.

---

[1]) Meist (umschaltbar) binäres oder alphanumerisches Lesen möglich.
[2]) E/A-Geschwindigkeit kann abhängig von Anzahl der Zeichen pro LK sein.

Der Schnelldrucker (SD) stellt eine weitere, allerdings sehr viel schnellere Möglichkeit zur Zeichenausgabe dar. Ein elektromagnetisch arbeitender SD ermöglicht ein Drucken mit einer Geschwindigkeit bis zu 20 Zeilen/s (bei max. 150 Schreibstellen/Zeile). Zwei mechanische Druckarten haben sich durchgesetzt. Einmal sind alle anzugebenden Zeichen auf dem Umfang eines Typenrades untergebracht. Es werden so viel Typenräder zu einer Typentrommel vereinigt, wie der Drucker Schreibstellen/Zeile haben soll. Vor der Typentrommel befindet sich in einer Reihe angeordnet pro Schreibstelle je ein Druckhammer. Zwischen der dauernd mit konstanter Geschwindigkeit rotierenden Trommel und der Hammerreihe verläuft mit zeilenweisem Vorschub das zu bedruckende Papier. Kommt das auszugebende Zeichen an der Hammerreihe vorbei, wird elektronisch rechtzeitig ein Auslöse-Kommando gegeben, das den Hammer elektromagnetisch gegen die Trommel schleudern läßt. Nach einer Umdrehung der Trommel ist jeweils eine Zeile gedruckt. Diese Betriebsweise bedingt die elektronische Zwischenspeicherung eines Zeileninhaltes.

Bei der zweiten Schnelldruckerart sind die Typen auf einer senkrecht zur Papierrichtung umlaufenden, beweglichen Typenkette untergebracht. Die an den Schreibstellen sitzenden Druckhämmer werden dann elektronisch ausgelöst, wenn sich das auszugebende Zeichen an der Schreibstelle befindet.

Sind höhere Druckgeschwindigkeiten gewünscht, setzt man nichtmechanische SD ein. Die bekannteste Methode ist das elektrostatische Druckverfahren (Xerographie). Damit werden Druckgeschwindigkeiten von 100 Zeilen/s erreicht. Leider kann man bei den nichtmechanischen Verfahren meist keine Kopie gleichzeitig mit dem Originaltext erstellen.

Der einfachste Belegleser (s. Abschn. 2.2) ist der Markierungsleser. Er liest die in einem besonders gekennzeichneten Feld z. B. durch Striche eingetragenen Markierungen. Speziell auf dem kommerziellen Sektor gewinnen die magnetischen und optischen Belegleser zunehmend an Bedeutung. Als mit großen Schwierigkeiten verbunden erweist sich das direkte maschinelle Erkennen von handgeschriebenen Zeichen. Eine ähnliche Problematik liegt bei der maschinellen Spracherkennung und vollsynthetischen Sprachausgabe vor. Auf diesen Gebieten gibt es beim derzeitigen Stand der Technik bereits vielversprechende Ansätze. Es ist jedoch auf diesem Sektor bis zu einem verbreiteten Einsatz ausgereifter Geräte noch viel Entwicklungsarbeit zu leisten.

Automatische Zeichengeräte werden zum Zeichnen von Kurven oder Einzelpunkten eingesetzt. Sie arbeiten nach dem Grundsatz der Koordinatensteuerung. Beschränkt man sich auf rechtwinklig ebene Koordinaten, dann ergeben sich i. allg. folgende Konstruktionsmöglichkeiten von Zeichengeräten:

Plotter-Prinzip. Hierbei wird eine Bewegungsrichtung (x) durch Verschieben des Zeichenträgers (Papier) die andere (y) durch Bewegung eines Zeichenstiftes senkrecht zur x-Richtung erzielt.

Elektromechanisches Koordinatographen-Prinzip. Bei diesem Prinzip führt der Zeichenstift, gesteuert durch vom Rechner vorgegebene (x, y)-Koordinaten, über dem festliegenden Zeichenträger eine zusammengesetzte Bewegung aus.

Da beim Plotter der Zeichenträger die Vermittlung der Bewegungssteuerung übernehmen muß, arbeitet er i. allg. ungenauer (etwa 0,2 bis 0,3 mm), während das Prinzip des Koordinatographen eine höhere Zeichengenauigkeit (bis ca. 0,01 mm) zuläßt. Meist kann durch Wahl der Zeichenschrittlänge die Genauigkeit auf Kosten der Schreibgeschwindigkeit eingestellt werden. Je nach verlangter Genauigkeit und Geräteform werden als Zeichenträger beschichtete Glasplatten, Folien sowie die verschiedensten Papiersorten und als Schreibvorrichtungen Graviernadeln, Tuschestifte sowie Kugelschreiber verwendet.

Elektronisch fotografisches Koordinatographen-Prinzip. Beim elektronischen, fotografischen Zeichengerät setzt ein vom Rechner koordinatengesteuerter, sich über einen Mikrofilm bewegender Elektronenstrahl die Ausgabeinformation in die Kurvendarstellung um. Man muß den Mikrofilm allerdings erst entwickeln, bevor das Ergebnis sichtbar wird, dafür gibt es bei diesem Prinzip keine mechanisch bewegten Teile.

Zeichengeräte können direkt (on line) von einem Rechner in Simultanarbeit mit anderen peripheren Geräten betrieben werden, aber auch „off line", d. h. nicht unmittelbar mit dem Rechner verbunden, arbeiten. Dann übernimmt ein von einer DVA beschriebener Datenträger die Steuerung des Gerätes.

Die allmählich preisgünstiger werdenden Sichtgeräte gewinnen im Zuge der Weiterentwicklung von DVA zur direkten Kommunikation zwischen Mensch und Maschine [19] ständig an Bedeutung. Durch diese Geräte, auch Datensicht-, Schirmbildgeräte oder Displays genannt, sind Kurven sowie Zeichnungen (analoge Sichtgeräte), und/oder Klartext (alphanumerische Sichtgeräte) auf einem Bildschirm (Elektronenstrahlröhre) geräuschlos sichtbar zu machen. Das Erzeugen der optischen Anzeige auf dem Leuchtschirm kann auf folgenden Wegen geschehen:

1. das auf dem Schirm darzustellende Bild wird (großer Programm-, Zentralspeicher, Rechenzeit- sowie Datenübertragungs-Aufwand bei geringstem hardware-Aufwand im Sichtgerät) per Programm erzeugt, laufend regeneriert und ggf. variiert.

2. Der Bildwiederholspeicher wird als hardware-Speicher in das Sichtgerät verlegt, so daß die für flimmerfreie Darstellung alle 16 bis 50 Mal/s notwendige Bildregenerierung den Rechner und die Übertragungskanäle nicht mehr so stark belastet.

3. Der Rechner gibt nur Zeichen, ihre Position auf dem Schirm und/oder Koordinaten für Anfangs- und Endpunkte von Vektoren vor, die z. B. wie ein Polygonzug zu einem Diagramm zusammensetzbar sind, und sorgt für evtl. Variieren der Schirminformation. Im Sichtgerät übernehmen hardware-Einrichtungen die laufende Bildsteuerung und -regenierung. Die für die Darstellung von alphanumerischen Zeichen erforderlichen Ablenk- und Helltastsignale des zu führenden Elektronenstrahls der Bildröhre werden in Zeichengeneratoren z. B. durch Punkt- oder Strichraster, mit aneinandergereihten Formelementen aus Strichen unterschiedlicher Länge und Neigung, durch fortlaufende Kurvenzüge oder mittels starrer Speicherung des notwendigen Zeichenvorrats in einer Spezialröhre erzeugt. Positionsgeneratoren fahren den Strahl dunkelgetastet meist über das magnetische Ablenksystem des Bildrohres zu der jeweiligen Stelle im Schirmunterraster, wo das Zeichen erscheinen soll. Die Elektronenstrahlablenkung (elektrostatische Ablenkung) im jeweiligen Unterraster und die Helltastung für das auszugebende Zeichen steuert der Zeichengenerator. Dies geschieht beispielsweise durch Abtasten einer dem abzubildenden alphanumerischen Zeichen entspr. kleinen 5 x 7 Kernspeichermatrix im Strichraster (Darstellung des Zeichens aus horizontalen Strichen in der jeweils notwendigen, das Zeichen wiedergebenden Länge; Darstelldauer pro Zeichen 10 bis 50 μs). Komplexe Zeichnungen und Diagramme sind mit Hilfe von Vektorgeneratoren darstellbar.

Die Vorgabe von Zeichen für die Sichtgeräte ist auch allein oder im Dialog manuell gezielt über eine Tastatur möglich. Nach visueller Kontrolle der Eingabedaten und ggf. beliebigen Korrekturen kann durch Tastendruck die Information in den Rechner übernommen werden. Bei entspr. geräteseitigem und programmtechnischem Aufwand können auch Figuren und Funktionen im

„rechnergestützten Entwurf" auf dem Schirm mit Hilfe eines Lichtgriffels manuell aufgebaut bzw. gelöscht, oder im vorhandenen Bild verändert und u. U. auf Tastendruck in den Rechner abrufbar eingespeichert werden. Außerdem lassen sich über eine Funktionstastatur verschiedene Programme aktivieren, die ein flexibles Arbeiten mit dem Sichtgerät gestatten.
Sichtanzeigegeräte erlauben also je nach Komfort einen vielseitigen, direkten Dialog mit einer DVA. Dokumentationen wichtiger Arbeitsphasen übernehmen ggf. fotografische Einrichtungen und/oder an das Gerät anzuschließende Drucker bzw. LS-Stanzer. Sichtgeräte kann man auch off line einsetzen.
E/A-Geräte sind nicht nur im Nahbereich an eine ZE anschließbar. Sie können ebenso über weite Entfernungen durch eine D a t e n s t a t i o n (Benutzerstation, Terminal) mit einer DVA verbunden werden. Dafür ergibt sich ein zusätzlicher Aufwand an Einrichtungen, der die an der Rechnernahtstelle wort- bzw. zeichenweise parallel vorhandene Information für die serielle Übertragung auf Postleitungen umsetzen, übertragen und benutzerseitig an das E/A-Gerät anpassen muß. Beim Teilnehmer gehören neben dem Übertragungssystem noch Datensicherungseinrichtungen sowie das eigentliche Gerät (z. B. BS, Sichtanzeigegerät, Tastaturen) zur Station. Mit Hilfe dieser Einrichtungen kann man ein umfassendes Teilnehmer-Rechensystem (s. Abschn. 3.2.4) mit räumlich weit entfernten Benutzern einer zentralen Großrechenanlage aufbauen.
Im Rahmen umfangreicher Problemstellungen ist oft die unterstützende Zusammenarbeit mehrerer Rechensysteme aktuell. In diesen Fällen übernehmen K o p p e l g e r ä t e die Zusammenschaltung des meist hierarchisch gegliederten Verbundsystems. Sie können Anlagen im Nahbereich mit einer großen Datenübertragungsrate (einige 10^6 bit/s) verbinden. Diese sinkt aber erheblich ab (nur bis max. einige 10^3 bit/s) durch die notwendige Zwischenschaltung der Einrichtungen für eine Datenfernübertragung.

2.4.3. Periphere Speicher. Unter peripheren Speichern versteht man alle Speichergeräte in DVA, die nicht als Zentralspeicher fungieren. Es handelt sich also um Erweiterungsspeicher meist für große Mengen von Informationen, die die Speicherkapazität des zentralen Speichers (Daten und Befehle nur vom ZS aus in der Anlage zu verarbeiten) in geeigneter Weise vergrößern. Für solche Speicher werden hohe Speicherkapazitäten, große Datenübertragungsraten zwischen ZE und Peripherspeicher, geringe Zugriffszeiten, möglichst Direktzugriff zu dem kleinsten adressierbaren Speicherbereich und geringe bit-Kosten angestrebt. Diese Forderungen haben sich bisher in einem einzigen Gerät nicht erfüllen lassen, so daß innerhalb der Konfiguration einer DVA durchaus mehrere Peripheriespeicherarten anzutreffen sind. Tafel 2.23 zeigt eine Zusammenstellung von Richtwerten zum Vergleich von peripheren Speichern, zu denen man auch KS rechnen kann. Diese gelangen zum Einsatz, wenn periphere Speicher mit äußerst kurzen Zugriffszeiten benötigt werden. Das Speichermedium „bewegte Magnetschicht" (s. Abschn. 2.2) findet seit Jahren auf diesem Sektor als Datenträger für Massenspeicher Verwendung. Dabei ist ein günstiger Kompromiß zwischen kurzer Zugriffszeit und hoher Speicherkapazität bei möglichst geringen bit-Kosten zu suchen.
Bei einem M a g n e t b a n d g e r ä t besteht das Speichermedium aus magnetisierbaren Eisenoxyden, mit denen Kunststoffbänder überzogen werden. Die Information wird zeichenweise parallel (die einzelnen Zeichen nacheinander) in dem Magnetbandgerät auf 12,7 bzw. 25,4 mm breiten und 90 bis zu ca. 2000 m langen Bändern in mehreren, parallel zur Bandbewegungsrichtung verlaufenden Spuren gelesen oder ge- bzw. überschrieben. Die Zeichen stehen senkrecht zur Bandlaufrichtung in einer Dichte von bis zu 640 Zeichen/cm. Direktes Aufliegen der Schreib- und Leseköpfe auf dem Band bewirkt diese hohe Dichte. Das zwischen zwei Spulkörpern vor- und zurückspulbare Magnetband stellt einen Speicher mit sehr geringen bit-Kosten

dar. Allerdings kann die in Blöcken mit variabler Zeichenanzahl gespeicherte Information nicht in direktem Zugriff, sondern nur sequentiell abgerufen oder gespeichert werden. Dadurch entstehen u. U. lange Zugriffszeiten zu den blockweise adressierbaren Daten. Die leichte Austauschbarkeit und die (klimatisch allerdings gewisse Anforderungen stellende) Lagerfähigkeit der Bänder ermöglicht das Anlegen von Bandarchiven mit nahezu unbegrenzter Informationsspeicherung.

Tafel 2.23 Richtwerte für den Vergleich von peripheren Magnetspeichern

Typ	Kernsp.	Trommelsp.	Plattensp.	Kartensp.	Bandsp.
mittlere Zugriffs. zeit	0,2 bis einige μs	1,5 bis 100 ms	20 bis 400 ms	0,2 bis 0,5 s	bis einige Minuten
Speicherkapazität in bit	10^4 bis 10^7	10^5 bis 10^8	10^5 bis 10^9	10^8 bis 10^{10}	bis $5 \cdot 10^7$ pro Band
bit-Kosten in Pfennig pro bit	$\leqq$ 50	10 bis 20	0,1 bis 0,5	0,002 bis 0,2	$\leqq$ 0,02
Datenübertragungsrate in bit pro Sekunde	bis $5 \cdot 10^7$	10^6 bis 10^7	$5 \cdot 10^5$ bis $5 \cdot 10^6$	10^5 bis 10^6	10^5 bis 10^6

Beim M a g n e t t r o m m e l s p e i c h e r ist das Speichermedium auf der Oberfläche einer mit mechanisch hoher Präzision und konstanter Geschwindigkeit rundlaufenden Trommel aufgebracht. Meist ist den datentragenden Spuren (eine Umfangslänge der Trommel senkrecht zu ihrer Achse, festgelegt durch den Kopf) jeweils ein Schreib-/Lesekopf fest zugeordnet, der, um hohe bit-Dichten zu erzielen, in weniger als 10 μ Abstand auf einem Luftpolster aerodynamisch über seine Spur gleitet und bitseriell Information lesen oder ein- bzw. überschreiben kann. Die Information ist adressierbar bis zu einem Sektor als Untermenge einer Spur. Im Gegensatz zum sequentiellen Zugriff zur Information auf einem Magnetband hat das einen Direktzugriff (Randomspeicher) zur Folge mit einer mittleren Zugriffszeit von einer halben Umlaufzeit der Trommel bei fester Zuordnung eines Schreib-/Lesekopfes zu jeder der bis zu 1000 Trommelspuren.

Während die Speicherfähigkeit von Trommelspeichern Proportionalität zu ihrer Oberfläche zeigt, verhält sich die Kapazität von P l a t t e n s p e i c h e r n proportional dem (allerdings schlecht genutzten) Volumen. Die Information wird auf besonders ebenen Plattenoberflächen zentralsymmetrisch in das Medium auf mehreren Hundert konzentrischen Kreisen, den Spuren, bitseriell gespeichert. Es werden mehrere (von Extremfällen abgesehen bis zu 50) solcher Platten mit einem Durchmesser bis zu ca. 1 m auf einer stabilen, rotierenden Welle zu einem starren Plattenstapel (beide Außenstirnflächen tragen keine Information) zusammengefaßt. Anzahl und Anordnung der meist auf einem Schlitten montierten, kammartig in den Plattenstapel hineingreifenden Magnetköpfe unterscheiden die einzelnen, Direktzugriff besitzenden Plattenspeicher voneinander. Die Schreib-/Lesetechnik ähnelt derjenigen auf der Trommel, wobei die mittlere Zugriffszeit neben der aus mechanischen Gründen geringeren Anzahl der Umläufe pro Sekunde noch um die Positionierzeit der Köpfe verlängert wird. Als zusätzliches Kriterium zur Adressierung kommt im Gegensatz zur Trommel die Plattenoberfläche bzw.

Adresse der Spur hinzu. Durch die Auswechselbarkeit der Plattenstapel bei bestimmten Speichertypen ist eine sehr hohe Archivspeicherkapazität erreichbar.
Bei Magnetkartenspeichern erzielt man unter Beibehaltung des Direktzugriffes durch noch bessere Raumausnutzung eine weitere Steigerung der Speicherkapazität. Kartenspeicher bestehen im Prinzip aus einem Trommelspeicher mit „auswechselbarer Speicheroberfläche", den Magnetkarten als Datenträger. Die Karten besitzen eine Reihe von Spuren und befinden sich hängend in mehreren Magazinen (z. B. à 256 Karten zu je ca. 10^5 bit) angeordnet. Der Aufhängemechanismus erübrigt eine starre Reihenfolge der Datenträger und erlaubt selektiven Zugriff zu ihnen. Eine durch ihre Adresse angesteuerte Karte fällt aus dem Magazin in eine Zuführung und wird pneumatisch zur Informationsauf- bzw. -abnahme auf eine Trommel gespannt. Die Magazine sind auswechsel- und damit archivierbar.

3. Programmierung von DVA

3.1. Vorbereitende Aufgaben zur Erstellung eines Programms

Vor der Aufstellung eines Rechenprogramms sind verschiedene vorbereitende Aufgaben durchzuführen. In groben Zügen kann man diese wie folgt unterteilen:

1. Problemanalyse
2. Wahl eines geeigneten Verfahrens
3. Aufstellen eines Programmablaufplanes
4. Vereinbarungen über die Ein- und Ausgabe der Daten

Je nach Art und Umfang des Problems, der verwendeten Programmiersprache und den Testmöglichkeiten der zur Verfügung stehenden Rechenanlage werden diese vorbereitenden Arbeiten mehr oder weniger Zeit in Anspruch nehmen als das Erstellen und Testen des Programms. I. a. werden sie bei größeren und komplizierteren Aufgaben wesentlich umfangreicher sein als die eigentliche Programmier- und Testarbeit.

Zur P r o b l e m a n a l y s e ist eine genaue Kenntnis aller Zusammenhänge der zu behandelnden Aufgabe erforderlich. In der Praxis ist dies meist nur durch Rücksprache mit den zuständigen Sachbearbeitern oder durch Teamarbeit möglich.

Die W a h l e i n e s g e e i g n e t e n V e r f a h r e n s setzt bei vielen Problemen Kenntnisse der numerischen Mathematik voraus. Auch ein Überblick über bereits vorhandene Programme oder Programmteile (U n t e r p r o g r a m m e) ist hierbei von großem Nutzen. Schließlich muß sich der Benutzer über die Leistungsfähigkeit der zur Verfügung stehenden Rechenanlage im klaren sein.

Bei der A u f s t e l l u n g e i n e s P r o g r a m m a b l a u f p l a n e s (auch B l o c k - d i a g r a m m, S t r u k t u r d i a g r a m m oder F l u ß d i a g r a m m genannt) müssen alle innerhalb eines Programms auftretenden Möglichkeiten und Sonderfälle von vornherein berücksichtigt werden. Ein Programmablaufplan soll den Ablauf einer Rechnung möglichst übersichtlich darstellen. Meistens wird man sich bemühen, ihn u n a b h ä n g i g v o n d e r R e c h e n a n l a g e oder der benutzten Programmiersprache aufzustellen. Manchmal wird es jedoch erforderlich sein, gerade die jeweils g e g e b e n e n B e s o n d e r h e i t e n der Anlage günstig auszunutzen.

Der Anfänger sieht meist die größte Schwierigkeit im Erlernen einer Programmiersprache und wird durch deren Vielzahl verwirrt. Man könnte hier vielleicht zum Vergleich das Verhalten eines Fahrschülers heranziehen, der seine ersten Fahrversuche mit einem Kraftfahrzeug macht. Dieser wird anfangs hauptsächlich mit der Beherrschung des Fahrzeugs beschäftigt sein. Die für ihn wichtigeren Aufgaben sind jedoch das Beobachten des Straßenverkehrs und das Erreichen eines vorgegebenen Zieles. Diese Fähigkeiten können erst durch einige Übung und Erfahrung erworben werden. Die Umstellung auf ein anderes Fahrzeug bereitet einem erfahrenen Kraftfahrer hingegen keine große Schwierigkeit.

In der Datenverarbeitung ist die Beherrschung einer Programmiersprache ebenfalls erforderlich, um Erfahrungen im Erstellen von Programmen zu machen. Die eigentliche Schwierigkeiten liegen jedoch in der Problemanalyse, der Wahl eines geeigneten Verfahrens und in der Erfassung des logischen Ablaufs des Programms. Einem erfahrenen Programmierer bereitet die Umstellung von einer Programmiersprache auf eine andere ebenfalls keine große Schwierigkeit.

Die Behandlung von Problemanalysen und zur Programmierung geeigneter mathematischer Verfahren ist ein sehr umfangreiches Gebiet und daher nicht die Aufgabe des vorliegenden Buches. Die Aufstellung von Programmablaufplänen soll im folgenden jedoch etwas ausführlicher behandelt werden.

In diesem Zusammenhang muß auf einige wesentliche Unterschiede zwischen dem Arbeiten mit einfachen Rechenhilfsmitteln wie Rechenschieber oder Tischrechenmaschine und einer programmgesteuerten Rechenanlage hingewiesen werden: Beim Arbeiten mit einfachen Rechenhilfsmitteln ist der Benutzer beim Rechenablauf zugegen; er hat jederzeit die Möglichkeit, den Rechenablauf den Zwischenergebnissen anzupassen, auf ein anderes Verfahren überzugehen oder die Rechnung zu beenden. Bei der Programmierung müssen jedoch alle möglichen Fälle von vornherein berücksichtigt werden.

Der Programmierer steht außerhalb des Rechenvorganges, muß diesen aber bis in alle Einzelheiten überblicken können. Die erforderlichen Entscheidungen müssen ebenso festgelegt werden wie die Reihenfolge aller einzelnen Rechenoperationen. Die Entscheidungen sind dabei den Möglichkeiten der Rechenanlage bzw. der Programmiersprache anzupassen. Dies führt häufig zu einer dem Menschen sonst ungewohnten und ihm umständlich erscheinenden Denkweise. Selbst kleine Aufgaben, wie z. B. die Berechnung eines Polynoms beliebiger Ordnung, können dem Anfänger daher Schwierigkeiten bereiten.

Da ein Rechenprogramm im wesentlichen aus den ausführlichen Vorschriften zur Lösung eines Problems nach einem bestimmten Verfahren besteht und von den jeweils verwendeten Eingangsdaten (auch Parameter oder Einflußgrößen genannt) unabhängig ist, kann es immer wieder zur Lösung dieser Aufgabe verwendet werden. Beim Arbeiten mit einfachen Rechenhilfsmitteln hingegen muß die gesamte Rechenarbeit vom Menschen für jeden Fall neu geleistet werden.

Ein Programmablaufplan besteht aus einzelnen Blöcken, die durch Pfeile miteinander verbunden sind. Die Pfeile geben die Richtung an, in der das Programm durchlaufen wird. Ein rechteckiger Block enthält eine oder mehrere Rechenoperationen (bei einem groben Überblick kann es sich auch um ganze Programmteile handeln). Ein solcher Block hat einen Eingang und einen Ausgang. Ein rautenförmiger Block gibt eine Programmverzweigung an. Er hat einen Eingang und zwei oder mehrere Ausgänge. Daneben gibt es weitere Arten von Blöcken zur Darstellung von Ein- und Ausgaben usw. Wenn sich Programmzweige vereinigen, so werden Pfeile zusammengeführt.

Die Bilder 3.1 bis 3.4 zeigen Beispiele mit kleinen Ausschnitten aus Programmablaufplänen. Die verwendeten großen Buchstaben stehen anstelle von Variablen, Ergebnissen oder Programmanweisungen (Rechenoperationen, Umspeichern von Daten u.a.). Das Symbol := ist als „tritt anstelle von“ zu lesen. Man spricht auch von einer Wertzuweisung.

Bei der Programmierung tritt häufig die Bildung von Programmschleifen auf. Dies ist immer dann der Fall, wenn ein bestimmter Teil der Rechnung wiederholt durchlaufen wird, d. h. wenn nach Ausführung einiger Rechenschritte ein Rücksprung zum Beginn dieses Programmteiles erfolgt. Innerhalb einer Programmschleife muß eine Entscheidung erfolgen, wann ein Rücksprung durchgeführt und wann die Programmschleife verlassen werden soll (s. Bild 3.4).

Man unterscheidet iterative und sukzessive Programmschleifen. Erstere treten hauptsächlich bei Iterationsverfahren auf. Die Schleife wird dabei in Abhängigkeit der

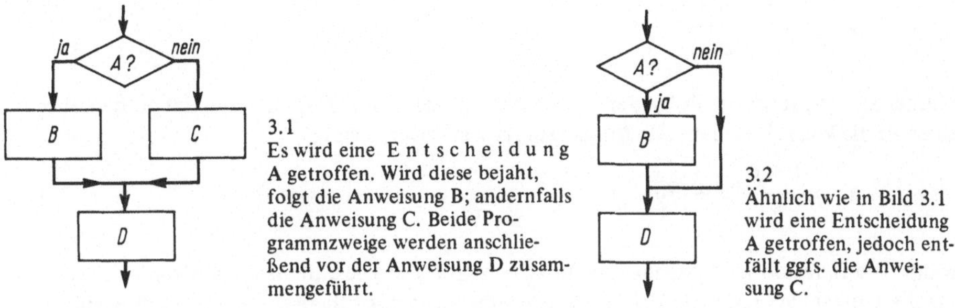

3.1
Es wird eine Entscheidung A getroffen. Wird diese bejaht, folgt die Anweisung B; andernfalls die Anweisung C. Beide Programmzweige werden anschließend vor der Anweisung D zusammengeführt.

3.2
Ähnlich wie in Bild 3.1 wird eine Entscheidung A getroffen, jedoch entfällt ggfs. die Anweisung C.

jeweils erzielten Rechenergebnisse verlassen. Bei den sukzessiven Programmschleifen[1]) steht die Anzahl der Schleifendurchläufe von vornherein fest. Innerhalb der Schleife wird eine Variable (Index) zum Zählen der Durchläufe benutzt. Die Anwendung solcher

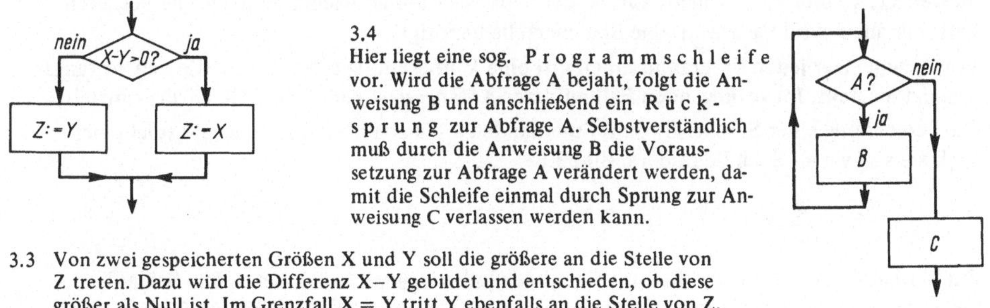

3.4
Hier liegt eine sog. Programmschleife vor. Wird die Abfrage A bejaht, folgt die Anweisung B und anschließend ein Rücksprung zur Abfrage A. Selbstverständlich muß durch die Anweisung B die Voraussetzung zur Abfrage A verändert werden, damit die Schleife einmal durch Sprung zur Anweisung C verlassen werden kann.

3.3 Von zwei gespeicherten Größen X und Y soll die größere an die Stelle von Z treten. Dazu wird die Differenz X–Y gebildet und entschieden, ob diese größer als Null ist. Im Grenzfall X = Y tritt Y ebenfalls an die Stelle von Z.

Schleifen erfolgt z. B. bei der Berechnung eines Polynoms beliebiger Ordnung n, der Berechnung einer Summe von n Zahlen usw.

Der Sinn der Verwendung von Programmschleifen liegt nicht nur darin, die Anzahl der Befehle eines Programms zu verringern. Vielmehr ist es auf diese Weise möglich, die Programme wesentlich flexibler zu gestalten. Da die Anzahl der Schleifendurchläufe von den Eingangswerten abhängen kann, lassen sich so z. B. Programme zur Berechnung von Polynomen beliebiger Ordnung oder zur Lösung von linearen Gleichungssystemen mit beliebig vielen Unbekannten aufstellen.

Als Beispiel eines Programms mit einer iterativen Schleife sei das Newtonsche Iterationsverfahren zur Berechnung der Quadratwurzel x einer Zahl y

[1]) Auch induktive Schleife genannt.

betrachtet (s. Bild 3.5)

$$x = \sqrt{y}$$

Sind Radikand y und Ausgangswert x_0 der Iteration größer als Null, so konvergiert das Verfahren gegen die gesuchte Wurzel x. Der verbesserte Wert x_{k+1} errechnet sich aus dem vorhergehenden x_k nach der Formel

$$x_{k+1} = \frac{x_k^2 + y}{2x_k}$$

Ist ferner $x_0^2 > y$, so ist die Folge der x_k monoton abnehmend. Kein x_k kann dabei theoretisch kleiner als die Wurzel werden. Als Ausgangswert wird zweckmäßig

$$x_0 = \frac{1+y}{2} > +\sqrt{y} \qquad (3.1)$$

gewählt. Die Iteration wird beendet, wenn $x_k^2 - y \leqq 0$. Das Gleichheitszeichen kann nur gelten, wenn die Wurzel eine rationale Zahl ist. Das Kleinerzeichen ist theoretisch ausgeschlossen, da die Folge der Näherungswerte x_k monoton abnimmt. Infolge der unvermeidlichen Rundungs- und Abbrechfehler einer Rechenanlage kann dieser Fall jedoch eintreten. Die Grenze der Rechengenauigkeit ist dann erreicht, und ein Weiterrechnen wäre sinnlos.

Hier hat man ein einfaches und sicheres Kriterium zur Beendigung einer Iteration. Leider liegen die Dinge i. a. nicht immer so günstig. Im Programmablaufplan (Bild 3.5) treten die Bezeichnungen x_0, x_k und x_{k+1} nicht auf, da der neue Wert immer wieder an die Stelle des alten tritt. Für alle x wird daher nur eine Speicherzelle benötigt.

Vor Beginn einer jeden Programmschleife ist eine Vorbereitung erforderlich, die den Anfangszustand herstellt. Im vorliegenden Fall wird der Anfangswert von x nach Gl. (3.1) ermittelt.

Die Berechnung einer Summe S von n Summanden a_i führt auf ein einfaches Beispiel einer s u k z e s s i v e n S c h l e i f e (s. Bild 3.6)

$$S = \sum_{i=1}^{n} a_i$$

Zur Vorbereitung werden die Summe S und der Index i gleich Null gesetzt. Die Schleife beginnt mit einer Abfrage und wird verlassen, wenn $n - i = 0$ ist. Der Fall $n = 0$ ist somit zugelassen und erbringt das richtige Ergebnis $S = 0$.

Die eigentliche Rechnung in der Schleife besteht in einer Erhöhung des Index i und in der Addition des jeweiligen Summanden a_i zur Summe S. Wem dieser Programmablauf Schwierig-

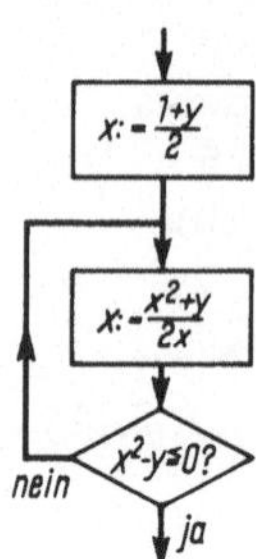

3.5 Programmschleife zur Berechnung einer Quadratwurzel nach dem Verfahren von Newton

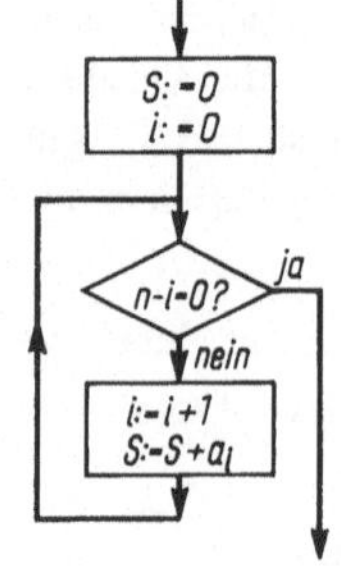

3.6 Sukzessive Programmschleife zur Berechnung einer Summe von n Zahlen

keiten bereitet, sollte sich an einem konkreten Zahlenbeispiel die Entstehung der Summe durch die Additionen bei den einzelnen Schleifendurchläufen klarmachen.

Es ist zu beachten, daß bei jedem Schleifendurchlauf nicht nur der Index i sondern auch die Speicheradresse der Summanden a_i geändert werden muß. Bei Verwendung von problemorientierten Programmsprachen übernimmt freilich der Kompilierer die Aufstellung der zum Adressenrechnen erforderlichen Befehle.

Vereinbarungen über die Ein- und Ausgabe von Daten sind ebenfalls zu den vorbereitenden Aufgaben zur Erstellung eines Programms zu zählen. Die Nützlichkeit eines Programmablaufplanes zur übersichtlichen Darstellung des Programms kann auch von einem Anfänger leicht eingesehen werden. Die Überlegungen über eine möglichst zweckmäßige Ein- und Ausgabe der Daten beginnen meistens erst nach einigen (eventuell auch schlechten) Erfahrungen im Gebrauch von Rechenprogrammen und in der Auswertung ihrer Ergebnisse. Es kann daher hier nur auf wenige Fragenkomplexe in groben Zügen hingewiesen werden.

Zunächst sollte es selbstverständlich sein, daß aus den Ausgabedaten der Sinn der Rechenergebnisse ersichtlich ist. Das bedeutet, daß durch eine Überschrift oder sonstigen Text das benutzte Programm derart gekennzeichnet wird, daß sich die zugehörige Programmbeschreibung in der Bibliothek finden läßt.

Alle Eingangsdaten müssen zusammen mit den Rechenergebnissen ausgedruckt werden. Dies geschieht einerseits zur Kontrolle der Eingangsdaten und andererseits zur Unterscheidung verschiedener Rechenbeispiele. Nicht umsonst spricht man manchmal von „Zahlenfriedhöfen“! Darunter versteht man dicke Stapel von Rechenergebnissen, deren Herkunft bezüglich des Rechenprogramms oder der Eingangsdaten ungeklärt ist.

Der Ausdruck der Ergebnisse muß nicht nur dem Programmierer sondern allen Sachbearbeitern dieser Ergebnisse verständlich sein. Dazu gehören Klartext und Bezeichnungen, deren Bedeutungen in der zugehörigen Programmbeschreibung erläutert werden.

Das Schriftbild muß den Möglichkeiten der verwendeten Ausgabegeräte (Zeilendrucker, Schreibmaschine o. a.) angepaßt werden. Die Anzahl der Schreibstellen je Zeile ist dabei recht unterschiedlich. Damit z. B. die Spaltenüberschriften einer Tabelle auch über den Zahlen der zugeordneten Spalte stehen, muß man die Schreibstellen (einschließlich Leerstellen, Vorzeichen, Dezimalpunkten usw.) genau auszählen. Hierzu gibt es Formulare der Herstellerfirmen von Zeilendruckern. Mit kariertem Papier geht es freilich auch.

Bei der Eingabe von Daten durch Lochkarten oder andere Datenträger muß man sich ebenfalls Gedanken über eine zweckmäßige Anordnung, die erforderliche Stellenzahl u. a. machen. Besonders wichtig ist die Frage, welche Daten als Variable in ein Programm einzugeben sind. Einerseits möchte man ein Programm möglichst flexibel, andererseits aber auch möglichst einfach in der Handhabung machen. Die erste Forderung bedeutet möglichst viele Variable als Eingangsdaten und wenig Konstanten innerhalb des Programms; die zweite Forderung bedingt das Gegenteil. Hier gilt es entweder eine befriedigende Zwischenlösung zu finden oder aber die Eingabe so flexibel zu gestalten, daß wahlweise verschiedene Arten von Eingaben möglich sind.

3.2. Programmierungsarten und -hilfen

3.2.1. Internprogramme

3.2.1.1. Maschinensprachen. Internprogramme sind in der „Maschinensprache", die von der speziellen Konstruktion des Rechners her bedingt ist, erstellte Programme. Jeder Rechner kann i. a. vermöge eines (häufig festverdrahteten) Einleseprogramms Befehle in seiner Maschinensprache, die man kurz Maschinenbefehle oder Maschinenworte nennt, über die (maschinelle oder manuelle) Eingabe in das Speicherwerk einlesen. Das gespeicherte Programm der Maschinenbefehle wird in der Arbeitsphase vom Leitwerk Befehl für Befehl, wofür eigens ein Befehlszähler (BFZ) tätig ist, dem Rechenwerk zur Ausführung der Operationen zugeführt. Man spricht dann von speichergesteuerten Maschinen. Zusammengefaßt: Maschinenprogramme können vom Rechner unmittelbar verarbeitet werden, im Gegensatz von Programmen, die in einer „maschinenorientierten" Sprache (Assemblierersprache) oder in einer „problemorientierten" Sprache (z. B. FORTRAN, ALGOL, PL/I) geschrieben sind, denn diese müssen zuvor durch spezielle Übersetzungsprogramme in die Form von rechnerbezogenen Maschinenprogrammen gebracht werden. Es ist daher für den Programmierer einer größeren Rechenanlage von Vorteil, Maschinenprogramme zwecks Auffinden und direkter Verbesserung von Programmfehlern lesen zu können. Kleinrechner können häufig nur in ihrer Maschinensprache programmiert werden.

Das Programm in Maschinensprache besteht aus einer Folge von Maschinenbefehlen bzw. Maschinenworten. Prinzipiell besteht ein Maschinenbefehl mindestens aus dem Operationsteil (OP bzw. OTT) und dem Adressenteil (ADT). Kurz geschrieben: | OP | ADT |
Der OP gibt an, was getan werden soll. Der ADT gibt an, mit welchen Operanden dieser Befehl durchgeführt werden soll. Der ADT enthält vorwiegend die Adressen von Operanden oder Befehlen. Bei einer arithmetischen Rechenoperation werden zwei Operanden miteinander verknüpft und liefern ein Ergebnis. Bei Einadreßmaschinen wird der eine Operand im Adreßteil adressiert, der andere Operand und das Ergebnis stehen in einem ausgezeichneten Wort (Register, Akkumulator (AKR)). Bei Zweiadreßmaschinen wird auch der zweite Operand adressiert und das Ergebnis kommt entweder in eines der beiden adressierten Worte oder in ein besonders Ergebniswort. Bei Zweiadreßmaschinen ist die Anzahl der Befehle eines Programms i. allg. kleiner als bei Einadreßmaschinen. Dies macht sich besonders bei kaufmännischen (organisatorischen) Problemen bemerkbar, bei denen oft nur jeweils eine arithmetische Operation bei vielen Daten durchgeführt wird. Bei technisch-mathematischen Problemen dagegen folgen häufig mehrere arithmetische Operationen hintereinander. Zweiadreßmaschinen bieten dann weniger Vorteile. Einadreßbefehle sind kürzer und benötigen daher weniger Speicherplatz. Beim Programmieren und Lochen ist die Kürze der Befehle ebenfalls von Vorteil, da die wiederholte Angabe einer zweiten Adresse unnötige Arbeit verursacht und wegen der notwendigen Schreib- und Locharbeit auch eine zusätzliche Fehlerquelle darstellt.

Um die Vorteile beider Befehlsarten zu vereinigen, ist bei einigen Maschinentypen zwar ein zweiter, aber wesentlich kürzerer Adreßteil vorhanden. Dadurch können einige wenige ausgezeichnete Worte oder Register angesprochen werden, ohne daß die zweite Adresse unnötig lang wird; z. B.:

Siemenssystem 300, zwei Akkumulatoren durch ein bit adressierbar.
Nixdorfsystem 820, 16 Vorzugsspeicher, durch vier bit adressierbar.

Neben einem OP und einem oder zwei ADT kann ein Befehl weitere Bestandteile enthalten. Insbesonders verwendet man häufig einen Indexteil, durch den man Befehle „indizieren" kann; diese Indizierung ermöglicht ein vereinfachtes Adressenrechnen (s. Abschn. 3.2.1.3).

ADD 7 als Beispiel für einen Einadreßbefehl | OP | ADT | hat die Wirkung: Addition der in Speicherzelle 7 stehenden Zahl zum Inhalt des Akkumulators (AKR) und Speichern der Summe im AKR. Für den OP ADD wird ein numerischer Code auf der im Rechnersystem verwendeten Zahlenbasis festgelegt.

ADD 7; 12 als Beispiel für einen Zweiadressenbefehl | OP | ADT1 | ADT2 | hat die Wirkung: Addition des Zahlenwertes in Speicherzelle 7 zum Zahlenwert in Speicherzelle 12 und anschließendes Speichern der Summe in Speicherzelle 12.

Die Programmierung in einer Maschinensprache soll nun anhand eines Kleinrechners (Nixdorf 820/20) verdeutlicht werden. Ein Maschinenbefehl des Nixdorfrechners wird durch ein 18-bit Wort dargestellt, das sich aus dem OP, dem ADT und dem Indexteil AD_i zusammensetzt. Aufgrund der Konstruktionseigenschaften des Rechners und der dadurch bedingten sedezimalen Codierung wird der ADT in drei Teiladressen AD_l (Adreßteil links), AD_m (Adreßteil mitte) und AD_r (Adreßteil rechts) zerlegt:

bit-Nr.	18 17	16 15 14 13	12	11 10 9	8 7 6 5	4 3 2 1
	OP		AD_i	ADT		
	a	b	i	AD_l	AD_m	AD_r
Wertebereich	0–3	0–15	0;1	0–7	0–15	0–15

AD_{mr} (Adreßteil mitte-rechts) ist z. B. eine sedezimale Kombination von AD_m und AD_r. Der OP durchläuft im Sedezimalsystem den Zahlenbereich von 0.00 bis 3.15, also $4 \cdot 16 = 64$ mögliche Grundbefehle. In Tafel 3.7 ist ein Ausschnitt aus der Befehlsliste des Rechners zusammengestellt. Daten (Zahlenwerte) werden als 14-stellige Dezimalzahlen mit (wählbarem) Festkomma in einem vom Programmspeicher getrennten Datenspeicher gespeichert.

Beispiele zur Befehlsstruktur

	OP			ADT		
Additionsbefehl:	a	b	i	AD_l	AD_m	AD_r
	0	04	0	01	05	07

Erklärung: Der OP 0.04 weist laut Befehlsliste auf einen Additionsbefehl hin, bei dem AD_{lm} die sedezimale Nummer der Datenspeicherzelle (kurz: Speicher AD_{lm}) ist, die vor der Rechenoperation den ersten Summanden enthält und nach der Operation die Summe aufnimmt; AD_r gibt die Nummer des Datenspeichers an, der sowohl vor als auch nach der Operation den zweiten Summanden speichert. AD_r ist zudem die Nummer einer der 16 Vorzugsspeicher, unter denen diejenigen mit den Nummern 3 bis 15 i. allg. frei verfügbar sind. Bei allen arithmetischen Befehlen muß immer ein Vorzugsspeicher verwendet werden.

Wirkung des Befehls: Es wird der Inhalt des Datenspeichers mit der Nummer $AD_{lm} = 1.05_{16} = 21_{10}$ zum Inhalt des Datenspeichers mit der Nummer $AD_r = 7$ addiert und die Summe im Speicher $AD_{lm} = 21$ gespeichert.

Tafel 3.7 Ausschnitt aus der Befehlsliste des Kleinrechners N i x d o r f 820/20

OP	Symbol	Funktion	Merker		
0. 1	NOP	$AD_{lmr} \neq 0$ Leerbefehl			
0. 1	ACC	(E) → Reg. AD_{lm} (AD_r Nachkommastellen)			
0. 2	MVH	(Reg. AD_r) → Reg. AD_{lm}			
0. 3	MV	(Reg. AD_{lm}) → Reg. AD_r			
0. 4	ADH	(Reg. AD_{lm}) + (Reg. AD_r) → Reg. AD_{lm}			MC
0. 5	AD	(Reg. AD_r) + (Reg. AD_{lm}) → Reg. AD_r			MC
0. 6	SBH	(Reg. AD_{lm}) − (Reg. AD_r) → Reg. AD_{lm}			MC
0. 7	SB	(Reg. AD_r) − (Reg. AD_{lm}) → Reg. AD_r			MC
0. 8	MLH	(Reg. AD_{lm}) x (Reg. AD_r) → Reg. AD_{lm}, C			MC
0. 9	ML	(Reg. AD_r) x (Reg. AD_{lm}) → Reg. AD_r, C			MC
0. 10	DVH	(Reg. AD_{lm}) : (Reg. AD_r) → Reg. AD_{lm}, C			MC
0. 11	DV	(Reg. AD_r) : (Reg. AD_{lm}) → Reg. AD_r, C			MC
0. 12	CPH	Vergleich (Reg. AD_{lm}) mit (Reg. AD_r)	ML	MU	
0. 13	CP	Vergleich (Reg. AD_r) mit (Reg. AD_{lm})	ML	MU	
0. 14	CPZ	Vergleich (Reg. AD_{lm}) mit Null ($AD_r = 0$)	ML	MU	
0. 15	CLR	$AD_r = 0$ Löschen (Reg. AD_{lm})			
	SGNIN	$AD_r \neq 0$ Vorzeichenwechsel (Reg. AD_{lm})			
1. 0	BR	Sprung nach AD_{lmr}			
1. 1	BR1	Sprung wenn M1 = 1 nach AD_{lmr}			
1. 2	BR2	Sprung wenn M2 = 1 nach AD_{lmr}			
1. 3	BR3	Sprung wenn M3 = 1 nach AD_{lmr}			
1. 4	BR4	Sprung wenn M4 = 1 nach AD_{lmr}			
1. 5	BR5	Sprung wenn M5 = 1 nach AD_{lmr}			
1. 6	BRL	Sprung wenn ML = 1 nach AD_{lmr}			
1. 7	BRU	Sprung wenn MU = 1 nach AD_{lmr}			
1. 8	BRC	Sprung wenn MC = 1 nach AD_{lmr}			
1. 9	BXG	Sprung wenn (I) > 1023 nach AD_{lmr}			
1. 10	BXU	Sprung wenn (I) ≠ 0 nach AD_{lmr}			
1. 11	BRS	Unterprogrammsprung nach AD_{lmr}			
1. 12	BRR	Rücksprung nach Rückkehradresse + AD_{lmr}			

Kurzschreibweise: (21) + (7) → 21 [1])
Tritt auf Stelle 14 des Datenspeichers AD_{lm} ein Überlauf ein, so wird automatisch der Merker [2]) MC gesetzt.

Sprungbefehl:

OP	i	ADT
1.00	0	05 11 15

Erklärung: Sprung (branch) zur Maschinenwortadresse $AD_{lmr} = 5.11.15_{16}$.
Wirkung: Es wird ein Sprung zur Befehlsspeicherzelle Nr. $5.11.15_{16} = 1471_{10}$ ausgeführt und mit der Durchführung des dort gespeicherten Befehls im Programm fortgefahren.

Zählbefehl:

Adresse sedezimal	OP			ADT		
	a	b	i	AD_l	AD_m	AD_r
5 11 15	2	04	0	05	03	09

Erklärung: Zählen im Speicher $AD_{lm} = 5.03_{16} = 83_{10}$ in Stelle AD_r. Bedeutung: Es wird im Speicher 83 in Stelle 9 die Zahl 1 addiert.

Wirkung: Speicher 83 14-stellig

0	0	0	7	3	9	1	0	7	3	8	4	5	1
0	0	0	7	4	0	1	0	7	3	8	4	5	1

oben vor und darunter nach der Operation.

3.2.1.2. Programmbeispiel zur Einführung. Berechnung des arithmetischen Mittels von N positiven oder negativen Zahlen x_i. Die Aufgabe wird in Tafel 3.8 in Form eines maschinensprachenbezogenen Programmablaufplanes mit Befehlserklärungen und der maschinengerechten Codierung gelöst.

3.2.1.3. Programmbeispiel mit indizierten Befehlen. Der Begriff des indizierten Befehls wird an folgendem Beispiel erklärt:

OP	AD_i	ADT
1 00	1	02 09 11

Der Inhalt des Indexregisters sei $(I) = 104_{10} = 0.06.08_{16}$. Wirkung des Befehls: Ist der Indexteil $AD_i = 1$, so wird zunächst in einem Hilfsspeicher der Inhalt des Indexregisters zu der aus dem Adreßteil AD_{lmr} gebildeten Sedezimalzahl addiert:

$$\begin{aligned} AD_{lmr} &= 2.09.11 \\ +(I) &= 0.06.08 \\ \hline \end{aligned}$$

modifizierter Adreßteil $AD_{lmr} = 3.00.03$

[1]) Inhalte von Datenspeichern werden mit ( ) bezeichnet.
[2]) Dieser Rechner besitzt acht 1-bit Speicher, die Merker heißen und die die Werte 1 und 0 annehmen können, je nachdem ob sie „gesetzt" oder „nicht gesetzt" sind. Der Merker Nr. 8 heißt der Überlaufmerker MC.

Tafel 3.8 Programm zur Berechnung des Mittelwertes

Programmablauf

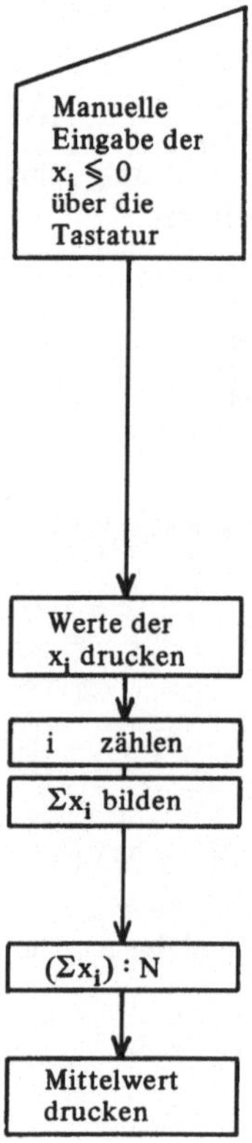

Manuelle Eingabe der $x_i \lessgtr 0$ über die Tastatur

Werte der x_i drucken

i zählen

Σx_i bilden

$(\Sigma x_i) : N$

Mittelwert drucken

codiertes Programm

Adresse sedezimal			OP a	OP b	AD_i	ADT AD_l	AD_m	AD_r
0	10	00	2	14	0	4	00	01
0	10	1	2	12		1	2	2[1]
0	10	2	1	1		0	10	8
0	10	3	2	12		1	2	7
0	10	4	1	1		0	10	10
0	10	5	2	12		5	2	10
0	10	6	1	5		0	11	1
0	10	7	1	0		0	10	1
0	10	8	0	1		0	3	7
0	10	9	1	0		0	10	12
0	10	10	0	1		0	3	7
0	10	11	0	15		0	3	1
0	10	12	3	3		7	0	15
0	10	13	2	4		0	5	8
0	10	14	0	4		0	6	3
0	10	15	1	8		0	11	11
0	11	0	1	0		0	10	0
0	11	1	0	10		0	6	5
0	11	2	0	3		0	6	3
0	11	3	2	14		4	0	2
0	11	4	3	3		7	0	15
0	11	5	2	13		0	1	8
0	11	6	2	15		2	1	14
0	11	7	2	15		2	2	8
0	11	8	0	15		0	6	0
0	11	9	0	15		0	5	0
0	11	10	1	0		0	10	0
0	11	11	2	13		0	1	8
0	11	12	3	0		0	11	14
0	11	13	1	0		0	11	8
0	11	14	...					

[1]) Nullen werden im Indexteil und in den Sedezimalpositionen bis auf e i n e beim Maschinenausdruck unterdrückt.

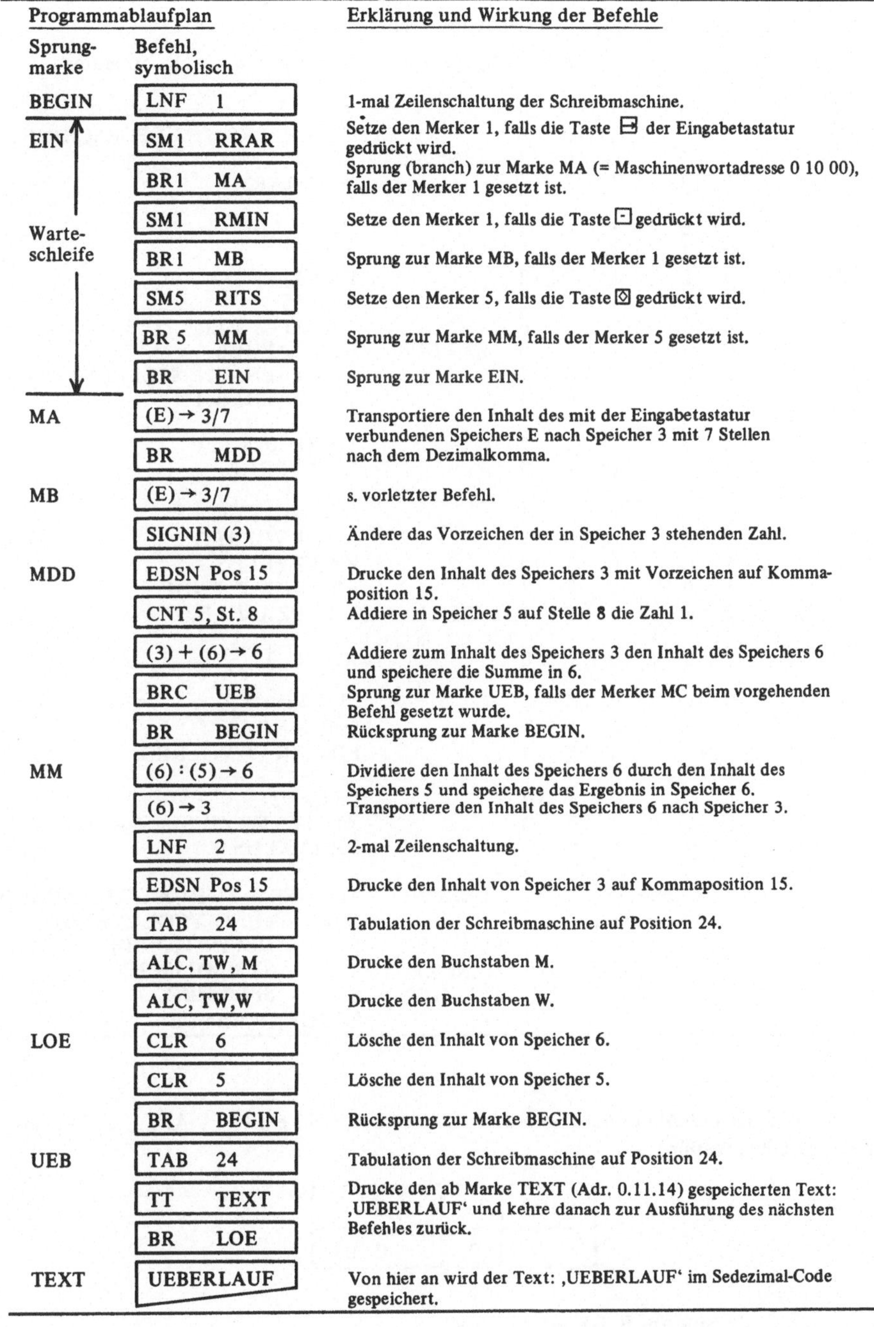

Programmablaufplan		Erklärung und Wirkung der Befehle
Sprung-marke	Befehl, symbolisch	
BEGIN	LNF 1	1-mal Zeilenschaltung der Schreibmaschine.
EIN	SM1 RRAR	Setze den Merker 1, falls die Taste ⊟ der Eingabetastatur gedrückt wird.
	BR1 MA	Sprung (branch) zur Marke MA (= Maschinenwortadresse 0 10 00), falls der Merker 1 gesetzt ist.
Warte-schleife	SM1 RMIN	Setze den Merker 1, falls die Taste ⊡ gedrückt wird.
	BR1 MB	Sprung zur Marke MB, falls der Merker 1 gesetzt ist.
	SM5 RITS	Setze den Merker 5, falls die Taste ⊠ gedrückt wird.
	BR 5 MM	Sprung zur Marke MM, falls der Merker 5 gesetzt ist.
	BR EIN	Sprung zur Marke EIN.
MA	(E) → 3/7	Transportiere den Inhalt des mit der Eingabetastatur verbundenen Speichers E nach Speicher 3 mit 7 Stellen nach dem Dezimalkomma.
	BR MDD	
MB	(E) → 3/7	s. vorletzter Befehl.
	SIGNIN (3)	Ändere das Vorzeichen der in Speicher 3 stehenden Zahl.
MDD	EDSN Pos 15	Drucke den Inhalt des Speichers 3 mit Vorzeichen auf Kommaposition 15.
	CNT 5, St. 8	Addiere in Speicher 5 auf Stelle 8 die Zahl 1.
	(3) + (6) → 6	Addiere zum Inhalt des Speichers 3 den Inhalt des Speichers 6 und speichere die Summe in 6.
	BRC UEB	Sprung zur Marke UEB, falls der Merker MC beim vorgehenden Befehl gesetzt wurde.
	BR BEGIN	Rücksprung zur Marke BEGIN.
MM	(6) : (5) → 6	Dividiere den Inhalt des Speichers 6 durch den Inhalt des Speichers 5 und speichere das Ergebnis in Speicher 6.
	(6) → 3	Transportiere den Inhalt des Speichers 6 nach Speicher 3.
	LNF 2	2-mal Zeilenschaltung.
	EDSN Pos 15	Drucke den Inhalt von Speicher 3 auf Kommaposition 15.
	TAB 24	Tabulation der Schreibmaschine auf Position 24.
	ALC, TW, M	Drucke den Buchstaben M.
	ALC, TW,W	Drucke den Buchstaben W.
LOE	CLR 6	Lösche den Inhalt von Speicher 6.
	CLR 5	Lösche den Inhalt von Speicher 5.
	BR BEGIN	Rücksprung zur Marke BEGIN.
UEB	TAB 24	Tabulation der Schreibmaschine auf Position 24.
	TT TEXT	Drucke den ab Marke TEXT (Adr. 0.11.14) gespeicherten Text: ‚UEBERLAUF' und kehre danach zur Ausführung des nächsten Befehles zurück.
	BR LOE	
TEXT	UEBERLAUF	Von hier an wird der Text: ‚UEBERLAUF' im Sedezimal-Code gespeichert.

Tafel 3.9 Ziffernsortierprogramm

Programm im Maschinencode									Symbolisches Programm		
Adresse			OP		AD_i	ADT			Symb. Adr.	Befehlswort	Kommentar
0	5	0	2	14	0	4	0	1		LNF 1	
0	5	1	2	13		0	1	14		TAB 30	
0	5	2	3	0		2	0	0		TT UEBERS	UEBERSCHRIFT
0	5	3	2	14		4	0	1	EINGAB	LNF 1	
0	5	4	2	12		0	2	1		WT RRAR	
0	5	5	3	6		0	8	1		ED 1 RED	
0	5	6	0	1		0	3	0		ACC 3.	
0	5	7	3	2		0	2	12		ED 44	
0	5	8	2	13		0	3	2		TAB 50	
0	5	9	0	15		0	5	6		VGLREG. CLR	
0	5	10	0	15		0	6	0	ZYKLUS	CLR ZAEHLR.	
0	5	11	2	4		0	6	1		CNT ZAEHLR.	STELLENZEIGER + 1
0	5	12	2	6		1	6	1		XR2 ZAEHLR. 1	
0	5	13	2	10	1	7	15	1		CX XI 2048-15	
0	5	14	1	10		0	6	3		BXU VERGL	
0	5	15	2	4		0	5	1		CNT VGLREG. 1	
0	6	0	2	6		0	5	1		XR1 1 VGLREG.	
0	6	1	1	10		0	5	10		BXU ZYKLUS	
0	6	2	1	0		0	5	3		BR EINGAB ENDE	
0	6	3	2	6		1	6	1	VERGL	XR2 1 ZAEHLR.	
0	6	4	2	6	1	0	3	0		XI XR1 3.	
0	6	5	0	15		0	4	0		CLR EINGZR.	
0	6	6	2	5		0	4	1		DC1 EINGZR. 1	
0	6	7	0	13		0	5	4		EINGZR CP VGLREG.	
0	6	8	1	7		0	6	10		BRU/+ 2	
0	6	9	2	15	1	2	0	0		XI ALC, TW ZIFFER DRUCKEN	
0	6	10	1	0		0	5	11		BR ZYKLUS + 1	
									*	2. .	
2	0	0	... Codierung						UEBERS	*ZIFFERN/YMIN/& UEBERSCHRIFT	
...			der Überschrift							SORTIERUNG/YCOL//YEND*	
									*VGLREG	5 DEFINITION DER	
									*EINGZR	4 SYMBOLISCHEN	
									*ZAEHLR	6 SPEICHER	
									**	PROGRAMMENDE	

Sodann wird der Befehl mit dem modifizierten Adreßteil AD_{1mr} und unverändertem OP ausgeführt:

OP	AD_i	ADT
1 00	0	3 00 03

Wirkung: Sprung zur Befehlsadresse 3.00.03.

Erklärung und Wirkung der Befehle

1-mal Zeilenschaltung der Schreibmaschine.
Tabulation der Schreibmaschine auf Position 30.
Drucke die Überschrift, die ab der symbolischen Adresse UEBERS gespeichert ist.
1-mal Zeilenschaltung.
Warte, bis die Taste ⊟ gedrückt wird und fahre im Programm fort. Während des Wartens wird die zu sortierende Zahl über die Tastatur eingegeben.
Druckvorbefehl: In roter Farbe drucken, mindestens eine Stelle vor dem Dezimalkomma ausdrucken.
Inhalt des Eingabespeichers E nach Speicher 3 transportieren.
Drucke den Inhalt des Speichers 3 gemäß vorstehendem Druckvorbefehl auf Position 44.
Tabulation auf Position 50.
Lösche den Inhalt des Speichers VGLREG.
Lösche den Inhalt des Speichers ZAEHLR.
Addiere im Speicher ZAEHLR auf Stelle 1 die Zahl 1. Kurz: Stellenzeiger um 1 erhöhen.
Transportiere die aus den Ziffern von Stelle 1 und 2 des Speichers ZAEHLR gebildete Dezimalzahl in das Indexregister.
Addiere die Zahl 2048 – 15 = 2033 zum momentanen Inhalt des Indexregisters.
Sprung zur Adresse VERGL, falls der Inhalt des Indexregisters ungleich Null ist, sonst fahre mit dem nächsten Befehl fort.
Addiere im Speicher VGLREG auf Stelle 1 die Zahl 1 (Zählen!).
Transportiere die auf Stelle 1 des Speichers VGLREG stehende Zahl (Ziffer) in das Indexregister.
Sprung zur Adresse ZYKLUS, falls der Inhalt des Indexregisters ungleich Null ist.
Rücksprung zur Adresse EINGAB; Ende der Sortieraufgabe.
Transportiere die aus den Ziffern von Stelle 1 und 2 des Speichers ZAEHLR gebildete Zahl in das Indexregister.
Transportiere die Zahl (Ziffer) von der Stelle des Speichers 3, die durch den momentanen Inhalt des Indexregisters angegeben wird, in das Indexregister.
Lösche den Speicher EINGZR.
Transportiere den Inhalt des Indexregisters auf Stelle 1 des Speichers EINGZR.
Vergleiche den Inhalt des Speichers EINGZR mit dem Inhalt des Speichers VGLREG und setze bei Ungleichheit den Merker MU.
Sprung, wenn der Merker MU gesetzt ist, um 2 Befehle weiter, sonst fahre im Programm fort.
Drucke das Zeichen (Ziffer), das durch den Inhalt des Indexregisters dargestellt wird.
Sprung zu der um 1 erhöhten Adresse ZYKLUS.
Ordne dem folgenden Text: ‚ZIFFERNSORTIERUNG' die Maschinenanfangsadresse 2.00.00 zu.

Für die Speicher 4, 5 und 6 sind die nebenstehenden symbolischen Namen vereinbart.

Im Beispiel des Ziffernsortierprogramms (Tafel 3.9) ist neben dem codierten auch noch das entsprechende symbolische Programm (Assembliererprogramm) mit aufgeführt, das in Abschn. 3.2.2 besprochen wird. Die Speicherbelegung erklärt Tafel 3.10. Das Programm wird für den Vergleich der 10 Ziffern 0 bis 9 mit den 14 Ziffern der gegebenen Dezimalzahl genau 10-mal ab Adresse ZYKLUS + 1 durchlaufen. Diese Durchläufe werden mit I bis X bezeichnet. Im Durchlauf I werden z. B. alle 14 Ziffern der gegebenen Zahl mit der Ziffer 0, im Durchlauf X mit der Ziffer 9 verglichen. Bei jedem dieser Durchläufe I bis X wird die Programmschleife ZYKLUS, die von den Befehlen mit den Adressen 0.05.10 bis 0.06.01

Tafel 3.10 Speicherbelegung des Ziffernsortierprogramms

Speicherbelegung während des gesamten Programmablaufes:

	14	13	12	11	10	9	8	7	6	5	4	3	2	1	Stellennummer
Speicher 3	3	1	8	2	4	0	0	0	4	0	5	1	9	3	eingegebene Zahl

Schleife: ZYKLUS

Speicher VGLREG 3	2	1	St.	Indexregister 2. Zust.		Indexregister 1. Zust.
	0	0	I ←	2034	←	0001
	0	1	II	2035		0002
	0	2	III	2036		0003
		3	IV	2037		0004
		4	V	2038		0005
		5	VI	2039		0006
		6	VII	2040		0007
		7	VIII	2041		0008
		8	IX	2042		0009
		9	X	2043		0010
				2044		0011
				2045		0012
				2046		0013
				2047		0014
				0000		0015

↑ Gesamtdurchläufe I bis X

Schleife: VERGL

Speicher ZAEHLR 4	3	2	1	St.	Indexregister 1. Zust.		Indexregister 2. Zust.		Speicher EINGZR 3	2	1	St.
←	0	0	1	1 →	0001	→	0003	→		0	3	
		0	2	2	0002		0009			0	9	
		0	3	3	0003		0001			0	1	
		0	4	4	0004		0005				5	
		0	5	5	0005		0000				0	
		0	6	6	0006		0004				4	
		0	7	7	0007		0000				0	
		0	8	8	0008		0000				0	
		0	9	9	0009		0000				0	
		1	0	10	0010		0004				4	
		1	1	11	0011		0002				2	
		1	2	12	0012		0008				8	
		1	3	13	0013		0001				1	
		1	4	14	0014		0003				3	

↑ Einzeldurchläufe 1 bis 14

Testprotokoll

ZIFFERNSORTIERUNG:

12345678912345	11223344556789
9090909090909	00000009999999
121231231231	00111112222333
999999	00000000999999
99999991111111	11111119999999

gebildet wird, genau 14-mal durchlaufen, um jede der 14 Ziffern der im Speicher 3 gespeicherten Zahl mit der jeweiligen im Speicher VGLREG (hier Speicher 5) gespeicherten Ziffer zu vergleichen und im Gleichheitsfalle auszudrucken. Während des 15. Einzeldurchlaufes der Schleife ZYKLUS wird der Inhalt des Indexregisters gleich Null gesetzt, da der Inhalt des Indexregisters bei Eingabe des Zahlenwertes 2048 gleich Null gesetzt wird.

Der Durchlauf I wird nun ausführlich erklärt. Das Programm beginnt mit (VGLREG) = (5) = 0. Aus dem Speicher ZAEHLR = Speicher 6 wird die Zahl 1 in das Indexregister (s. Tafel 3.10 nach links) gebracht; sodann wird die Zahl 2033 zum Indexregisterinhalt addiert, also 2033 + 1 = 2034. Da (I) ≠ 0 ist, kann der bedingte Sprungbefehl BXU VERGL in die Schleife VERGL ausgeführt werden. Beim Durchlauf dieser Schleife wird zunächst wieder aus dem

Speicher ZAEHLR die Zahl 1 in das Indexregister (s. Tafel 3.10, nach rechts), sodann aus dem Speicher 3 von der Stelle, die der Indexregisterinhalt gerade angibt, hier also von der Stelle 1 des Speichers 3, die dort stehende Ziffer zunächst in das Indexregister, dann in den Speicher EINGZR = Speicher 4 gebracht. Der eigentliche Vergleich erfolgt dann zwischen den Inhalten der Speicher EINGZR und VGLREG. Bei Ungleichheit wird sofort, bei Gleichheit erst nach Ausdruck der Ziffer durch Rücksprung in die Schleife ZYKLUS + 1 effektiv der Vergleich der 2. Ziffer der in Speicher 3 stehenden Zahl mit der Ziffer 0 durchgeführt. Die Programmdurchläufe II bis X kann der Leser anhand von Tafel 3.10 zur Übung selbst verfolgen.

3.2.2. Assembliererprogramme

Probleme bei Interncode-Programmierung. Das Programmieren im internen Code der Maschine, das im vorigen Abschnitt erläutert wurde, ist mühsam und unbefriedigend, das Programm selbst ist sehr schwer lesbar. Mehrere Gründe sind hierfür verantwortlich:

1. Der numerische Befehlscode ist schlecht merkbar.
2. Die Speicherplätze für die anfallenden Daten werden nur durch ihre Speichernummern ausgewiesen. Es obliegt dem Programmierer, anhand eines sorgfältig geführten Speicherplanes Irrtümer zu vermeiden. Ein fremdes Programm kann ohne Kenntnis seines Speicherplanes kaum verstanden werden.
3. Die Adressen für die Befehls- und Datenspeicher müssen i. allg. bei der Programmierung festgelegt werden. Eine Programmverschiebung, die z. B. beim Beseitigen eines Programmierfehlers erforderlich werden kann, ist nur durch eine Umprogrammierung möglich.
4. Ein Programmsystem, das von mehreren Programmierern segmentweise aufgestellt wird, muß über einen Gesamtspeicherplan koordiniert werden. Schon die Aufteilung des Befehlsspeichers bereitet ohne Kenntnis der endgültigen Segmentlängen Schwierigkeiten.
5. Bei Dualrechnern sind nicht nur die Befehlsangaben, sondern auch die im Programm auftretenden dezimalen Konstanten in Dual-, Oktal- oder Sedezimalform zu nennen.

Programmieren im Assemblierercode. Die Idee liegt nahe, Befehle und Adressen in symbolischer Form zu schreiben. Das daraus entstehende Programm ist freilich für den Rechner zunächst nicht verständlich. Es muß vor seiner ersten Verwendung in den Interncode der Maschine übersetzt werden. Sofern für den Rechner ein entsprechendes Übersetzungsprogramm im Interncode existiert, kann dies maschinell geschehen. Jede Computer-Herstellerfirma liefert zusammen mit dem Rechner diesen „Assemblierer", so daß nur noch im symbolischen Code programmiert zu werden braucht.

In diesem Assemblierercode werden die erwähnten Schwierigkeiten wie folgt beseitigt:

Mnemotechnischer Befehlscode. Zur Kennzeichnung der Befehle verwendet man sinnfällige Abkürzungen, etwa ADD für einen Additionsbefehl und SPR oder B für einen Sprungbefehl. Diese symbolischen Codes werden in einer Befehlsliste zusammengestellt, die vom Rechnertyp abhängig ist.

Symbolische Adressen. Die Kennzeichnung von Speicherplätzen erfolgt symbolisch durch frei wählbare Namen. Der Programmierer kann sich leicht merkbare Bezeichnungen ausdenken, vielleicht EINS für einen Platz, an dem eine Eins gespeichert wird, BETA für den Speicher einer Rechengröße β oder KDNAME für den Bereich, der den Kundennamen aufnehmen soll.

Tafel 3.11 enthält einen Ausschnitt aus einem IBM 360-Assembliererprogramm mit symbolischen Befehlscodes und symbolischen Adressen. Den einzelnen Befehlen können Kommentare angehängt werden.

Tafel 3.11 IBM 360 – Programmausschnitt
Berechnung von A = (B * B − C)/D in kurzer Gleitpunktform

Befehl			Kommentar
FORMEL	LE	0, B	Kurze GP-Zahl (B) nach GP-Reg. GR0 -vorn-
	ME	0, B	Kurze GP-Multiplikation (GR0) * (B) nach GR0
	SE	0, C	Kurze GP-Subtraktion (GR0) − (C) nach GR0
	DE	0, D	Kurze GP-Division (GR0)/(D) nach GR0
	STE	0, A	Speicherung (GR0) vorn in A, A + 1, A + 2, A + 3

Das Ziffernsortierprogramm, das in Abschnitt 3.2.1.3 besprochen worden ist, findet man in Tafel 3.9 sowohl im Interncode als auch im Assemblierercode und mit Befehlserklärungen.

Freie Verschiebbarkeit des übersetzten Programms. Der Assemblierer übersetzt das Quellprogramm so, daß die Festlegung des Programmanfangs erst bei der Verwendung des übersetzten Interncode-Programms erfolgen muß. Dadurch ist eine freie Verschiebbarkeit des Programms gesichert.

Lokale und globale Adressierung. Im Assemblierercode besteht die Möglichkeit, die symbolischen Adressen entweder lokal oder global zu erklären. Lokale Namen sind nur innerhalb des Programmabschnittes definiert, in dem sie übersetzt werden. Beim Binden getrennt übersetzter Programmabschnitte zu einem Gesamtprogramm können in den einzelnen Abschnitten durchaus übereinstimmende lokale Namen vorkommen. Manche Assemblierer bieten außerdem die Möglichkeit, einen solchen Abschnitt in mehrere Sätze zu unterteilen. Dann besteht der vollständige lokale Name aus dem Satznamen und der symbolischen Adresse. Nur innerhalb des eigenen Satzes braucht der Satzname nicht genannt zu werden. Schon in den einzelnen Sätzen können demnach übereinstimmende symbolische Adressen für unterschiedliche Speicherplätze verwendet werden.

Wenn man sich in verschiedenen Abschnitten auf denselben Speicherplatz beziehen will, so bedient man sich zu seiner Bezeichnung eines globalen Namens. Er wird in dem Abschnitt, der seine Definition enthält, als intern global erklärt, während er in den Abschnitten, die auf ihn Bezug nehmen, als extern global deklariert wird.

In dem GE 600-Unterprogramm in Tafel 3.12 werden ALOG 10 und ALOG definiert und durch die SYMDEF-Anweisung als intern global ausgewiesen. Ein Anwenderprogramm hierzu würde ALOG 10 und ALOG als extern globale Namen führen, die hier dem Unterprogrammaufruf dienen. Der Name .FXEM. hingegen ist hier extern global und wird durch den Makrobefehl CALL .FXEM. (EALN1) automatisch als solcher ausgewiesen.

Assemblierer-Vereinbarungen. In jeder Assembliersprache besteht die Möglichkeit, neben den Befehlen, die das eigentliche Programm bilden, auch Vereinbarungen an den Assemblierer zu geben. Diese Vereinbarungen werden schon während der Übersetzung befolgt, so daß im übersetzten Interncode-Programm anstelle der Vereinbarungen deren Ergebnisse erscheinen, im Gegensatz zu den anderen Befehlen, die sich dort, wenn auch verschlüsselt, wiederfinden. Sie werden erst beim Ablauf des übersetzten Programms ausgeführt.

Tafel 3.12 GE 600-Unterprogramm zur Berechnung von ln (x) als ALOG (X) und lg (x) als ALOG10 (X)
Bei Aufruf steht Aufrufadresse + 1 in Indexregister X1, Adresse von X in Aufrufadresse + 3

Befehl			Kommentar
	SYMDEF	ALOG10, ALOG	ALOG 10 und ALOG sind intern global
LOGS	SAVE		Makro-Instruktion zur Speicherung von X1 für späteres RETURN-Makro
	FLD	2, 1 *	Gleitpunktoperation ((2 + (X1))) in das 8 + 72-bit-Registerpaar E/AQ
	FNO		Gleitpunktnormalisierung in EAQ
	TZE	ERR1	Sprung nach ERR1, falls (AQ) = 0, also Gleitpunktmantisse Null
	TMI	ERR2	Sprung nach ERR2, falls (AQ) negativ
BEGIN	FCMP	= 1. 0, DU	(EAQ) Vergleich mit Direktoperand 1.0
	TZE	UNITY	Sprung nach UNITY, falls (EAQ) = 1.0
	STE	I	(E) in Adreßteil von I speichern
	LDE	0, DU	Register E mit Direktoperand 0 laden
	DFAD	SRHLF	Doppellängen-Gleitpunktaddition (EAQ) + (SRHLF, SRHLF + 1) nach EAQ
	DFST	Z	DL-GP-Speicherung (EAQ) nach Z, Z + 1
	DFSB	SRTWO	DL-GP-Subtraktion (EAQ) − (SRTWO, SRTWO + 1) nach EAQ
	DFDV	Z	DL-GP-Division (EAQ)/(Z, Z + 1) nach EAQ
	DFST	Z	DL-GP-Speicherung (EAQ) nach Z, Z + 1
	DFMP	Z	DL-GP-Mult. (EAQ) * (Z, Z + 1) nach EAQ
	DFSB	C	DL-GP-Subtr. (EAQ) − (C, C + 1) nach EAQ
	DFDI	B	DL-GP-Divinv. (B, B + 1)/(EAQ) nach EAQ
	DFAD	A	DL-GP-Addition (EAQ) + (A, A + 1) nach EAQ
	DFMP	Z	DL-GP-Mult. (EAQ) * (Z, Z + 1) nach EAQ
	DFST	Z	DL-GP-Speicherung (EAQ) nach Z, Z + 1
I	LDA	*—*, DU	Register A mit Direktoperand laden
	LDQ	0, DU	Register Q mit Direktoperand 0 laden
	LDE	= 7B25, DU	Register E mit Direktoperand 7 laden; 2-Exp. von X als GP-Zahl in EAQ
	FSB	= 0. 5, DU	GP-Subtraktion (EAQ) − 0.5 nach EAQ
	DFAD	Z	DL-GP-Add. (EAQ) + (Z, Z + 1) nach Z, Z + 1
INDIC	DFMP	*	DL-GP-Mult. (EAQ) * Basisfaktor in EAQ
	RETURN	LOGS	Makro-Instruktion Rücksprung zu der durch SAVE in LOGS gespeicherten Adr.
ERR1	CALL	.FXEM.(EALN1)	Makro-Instruktion Aufruf des UP mit dem extern-globalen Namen .FXEM. Argument in EALN1
UNITY	FLD	= 0. 0, DU	GP-Op. Direktoperand 0. 0 nach EAQ
	RETURN	LOGS	Makro-Instruktion UP-Rücksprung
ERR2	CALL	FXEM.(EALN2)	Makro-UP-Aufruf .FXEM. extern-global Argument in EALN2

	FNEG		GP-Negation – (EAQ) nach EAQ
	TRA	BEGIN	Sprung nach BEGIN
ALOG10	ESTC2	INDIC	Befehl erhält eine gerade Speicheradr. Adr. ALOG10 + 2 nach INDIC
	TRA	LOGS	Sprung nach LOGS
	DEC	.301029996D0	Doppellängen-Gleitpunkt-Konstante
ALOG	ESTC2	INDIC	Befehl erhält eine gerade Speicheradr. Adr. ALOG + 2 nach INDIC
	TRA	LOGS	Sprung nach LOGS
	DEC	6.9314718056D-1	Doppellängen-Gleitpunkt-Konstante
EALN1	DEC	9	Ganzzahlige Konstante
EALN2	DEC	10	Ganzzahlige Konstante
A	DEC	.12920070987D1	DL-GP-Konstante
B	DEC	–.26398577031D1	DL-GP-Konstante
C	DEC	.16567626301D1	DL-GP-Konstante
SRHLF	DEC	.707106781187D0	DL-GP-Konstante
SRTWO	DEC	.141421356237D1	DL-GP-Konstante
Z	BSS	2	Reservierung von 2 Wörtern, erstes hat die symbolische Adresse Z
	END		Ende des Assemblier-Quellprogramms

Das in Tafel 3.13 abgebildete Siemens 300-Programm enthält einige Vereinbarungstypen. PN und PE signalisieren den Anfang bzw. das Ende des zu übersetzenden Quellprogramms. Die PN-Vereinbarung enthält außerdem den Programmnamen PSEU. – Die Vereinbarung SZ ZUFALL eröffnet einen neuen Satz mit dem Namen ZUFALL. – Eine Eins auf dem Speicherplatz DZ1 bereitzustellen verlangt die DZ-Vereinbarung

```
DZ1          DZ    1.
```

Manche Assembliererspachen bieten die Möglichkeit, Konstanten direkt in den Adreßteilen der Befehle zu nennen. Man sieht das z. B. in dem GE 600-Programm in Tafel 3.12 beim Befehl FSB = 0. 5, DU.

W e i t e r g e h e n d e S p r a c h e l e m e n t e i m A s s e m b l i e r e r c o d e . Die abgebildeten Programme veranschaulichen die Verschiedenheit der Assembliererspachen. Es gibt keine gemeinsame Assembliererspache, weil der Interncode nicht einheitlich ist. Die Aufstellung eines Assembliererprogramms setzt daher die Kenntnis der Assembliererspache desjenigen Rechnertyps voraus, für den das Programm geschrieben werden soll. Man informiert sich am besten anhand der von den Herstellerfirmen herausgegebenen, häufig recht umfangreichen Assemblierer-Beschreibungen.

Es kann nicht die Aufgabe dieses Buches sein, hinreichende Kenntnisse der einzelnen Assembliererspachen zu vermitteln, sondern nur, die allgemein gültigen Grundgedanken aufzuzeigen, um das spätere Studium einer speziellen Assembliererspache zu erleichtern. Die in den Tafeln gedruckten Programme dienen zur Illustration und sind deswegen sehr ausführlich kommentiert worden.

Die meisten Assembliererspachen bieten noch weitere Möglichkeiten, um das Programmieren zu erleichtern:

M a k r o - B e f e h l e . Im allgemeinen gilt die Regel, daß ein Befehl im Assembliercode

Tafel 3.13 SIEMENS 300-Programm

Befehl			Kommentar
	PN	PSEU	Berechnung einer vorgebbaren Anzahl von ganzen
	SZ	ZUFALL	Zufallszahlen gemäß der Formel
			XNEU = XALT * (2 ** 7 + 1) + 1 (mod. 2 ** 23)
ZAHLEN	UNT	DRUCKEN	UP-Sprung zum Drucken des ab ANFTEXT
	NOP	ANFTEXT	gespeicherten Textes
LIESKART	MA	LKEI = KARTE, KARTE + 3	
			Makro-Aufruf Lochkarte lesen und Spalten 1 bis 16 abspeichern nach KARTE bis KARTE + 3
	MA	EXWA = LIESKART	
			Makro-Aufruf Warten, bis Kartenlesen fertig
	TEP	KARTE	(KARTE) in den linken Akkumulator
	TEP'	KARTE + 1	(KARTE + 1) in den rechten Akkumulator
	UNT	DEZ7DUAL. CONVERT	
			UP-Aufruf Umwandlung der in LA, RA stehenden alphanumerischen Zahl in eine Dualzahl (LA)
	SPR	FEHLER	UP-Fehlerausgang. Sprung nach FEHLER
	SAM	FEHLER	UP-Normalausgang. Sprung, falls (LA) negativ
	TAS	KARTE	(LA) nach KARTE. – Vorherige Zufallszahl –
	TEP	KARTE + 2	(KARTE + 2) nach LA
	TEP'	KARTE + 3	(KARTE + 3) nach RA
	UNT	DEZ7DUAL. CONVERT	
			UP-Aufruf (LA, RA) wandeln in Dualzahl (LA)
	SPR	FEHLER	UP-Fehlerausgang. Sprung nach FEHLER
	SAM	FEHLER	UP-Normalausgang. Sprung, falls (LA) negativ
ERZEUGEN	TAS	KARTE + 1	(LA) nach KARTE + 1. – Anzahl Zufallszahlen –
	SGN	ENDE	Sprung nach ENDE, falls (LA) Null
	TEP'	KARTE	(KARTE) nach RA
	VLL'	7	(RA) um 7 Binärstellen nach links schieben
	UND'	MASKE	(RA) vorderste Binärstelle löschen
	ADD'	KARTE	(RA) + (KARTE) nach RA
	UND'	MASKE	(RA) vorderste Binärstelle löschen
	ADD'	DZ1	(RA) + (DZ1) nach RA
	UND'	MASKE	(RA) vorderste Binärstelle löschen
	TAS'	KARTE	(RA) nach KARTE
	UNT	(8)	Aufruf des im Organisationsprogramms enthaltenen UP. (RA) dual nach LA, RA alphanumerisch
	TAS	ZAHLT1	(LA) nach ZAHLT1
	TAS'	ZAHLT2	(RA) nach ZAHLT2
	UNT	DRUCKEN	UP-Sprung zum Drucken des ab ZAHLAUS
	NOP	ZAHLAUS	gespeicherten Textes
	TEP	KARTE + 1	(KARTE + 1) nach LA
	SUB	DZ1	(LA) – (DZ1) nach LA

```
            SPR     ERZEUGEN        Sprung nach ERZEUGEN
FEHLER      UNT     DRUCKEN         UP-Sprung zum Drucken des ab FEHLTEXT
            NOP     FEHLTEXT        gespeicherten Textes
ENDE        UNT     DRUCKEN         UP-Sprung zum Drucken des ab ENDETEXT
            NOP     ENDETEXT        gespeicherten Textes
            MA      ENDE            Makro-Aufruf Beendigung des Programms
DRUCKEN     NOP     0               UP-Eingang. Hier erfolgt durch UNT DRUCKEN
                                    die Speicherung der Rückkehradresse
            TEP     (DRUCKEN)       ((DRUCKEN)) nach LA
            TAS     DRUCK + 3       (LA) nach DRUCK + 3, d. h. an geeignete Stelle
                                    des aus 5 Befehlen bestehenden MA BSAU
DRUCK       MA      BSAU = 0, *     Makro-Aufruf Drucken auf Blattschreiber 0;
                                    Festsetzung des Druckbereichanfangs durch den
                                    vorhergehenden Befehl
            MA      EXWA = DRUCK
                                    Makro-Aufruf Warten, bis Ausdrucken beendet
            SPR     (DRUCKEN)       UP-Rücksprung zu der Adresse in DRUCKEN
ANFTEXT     AN      '(47, 31) ZUFALLSZAHLEN-GENERATOR (47, 31, 63)'
KARTE       HZ                      Reservierung von
            AP      KARTE + 4       4 Wörtern
MASKE       BM      0111111111111111111111
                                    Angabe eines Binärmusters
DZ1         DZ      1               Konstantendefinition
ZAHLAUS     AN      '(47, 31, 42, 42)'
ZAHLT1      HZ                      Reservierung von
ZAHLT2      HZ                      2 Wörtern
            AN      '(63)'
FEHLTEXT    AN      '(47, 31) EINGABEFEHLER. NEU STARTEN (63)'
ENDETEXT    AN      '(47, 31) ENDE PSEU (47, 31, 63)'
            SZ      DEZ7DUAL        Satzname
CONVERT     HZ                      Wort mit der Adresse DEZ7DUAL. CONVERT
            AP      CONVERT         Beim Assemblieren: Adreßpegel auf CONVERT
            MC                      Beim Assemblieren ein im Maschinencode vor-
                                    handenes Programm lesen, ab hier speichern
            PE                      Ende des zu assemblierenden Quellprogramms
```

einem Befehl im Interncode entspricht. Eine Ausnahme bilden die Makrobefehle, bei deren Übersetzung sich jeweils eine bestimmte Interncode-Befehlsfolge ergibt.

Der Siemens 4004-Makrobefehl in Tafel 3.14 bewirkt, daß der nächste Satz der Datei EINBAND geholt wird.

A d r e ß r e c h n u n g , I n d i z i e r u n g , S u b s t i t u t i o n . Als Adreßteil eines Befehls kann man eine weitgehend beliebige Verknüpfung symbolischer oder absoluter Adressen verwenden. So bedeutet in Tafel 3.13 der Befehl TEP KARTE + 2, daß der Inhalt der Speicherzelle, deren Adresse sich aus der KARTE-Adresse durch Erhöhung um 2 ergibt, in den (linken) Akkumulator zu bringen ist.

Tafel 3.14 SIEMENS 4004 – Programmausschnitt mit Makro-Aufruf

Befehl		Kommentar
GET	EINBAND	Makro-Aufruf: Nächsten Satz von Datei EINBAND holen. Daraus generiert der Assemblierer:
CNOP	0, 4	NOP bis Beginn des nächsten Wortes
LM	14, 1, * + 8	Mehrere Register laden: (* + 8), also Rückkehradresse, nach R14 (* + 9), also E/A-OP-Basisadr., nach R15 (* + 10), also Null, nach R0 (* + 11), also Dateiadr. EINBAND, nach R1
B	72 (15)	Sprung nach 72 + (R15), also GET-Ausführ.
DC	AL4 (* + 16)	Adreßkonstante * + 16 (Rückkehradresse)
DC	AL4 (IFCP)	Adreßkonstante IFCP (E/A-OP-Basisadr.)
DC	AL4 (0000)	Adreßkonstante 0
DC	AL4 (EINBAND)	Adreßkonstante EINBAND (Dateiadresse)

Eine besondere Rolle spielt die Sternadresse. Sie bezeichnet stets die Adresse des Befehls, in der dieser Stern vorkommt. Im Befehl LM 14, 1, * + 8 des Programmausschnittes in Tafel 3.14 bedeutet * + 8 die Adresse der (8 Bytes hinter diesem Befehl durch die Anweisung DC AL4 (* + 16) gespeicherten) Adreßkonstante * + 16. Diese wiederum ist die Adresse des ersten Befehls hinter dem Makroaufruf, da jede der vier AL4-Konstanten vier Bytes belegt.

Adressen, die zum Zeitpunkt der Programmierung noch nicht festliegen, können demnach erst während der Programmausführung berechnet werden. Dies geschieht durch Adreßindizierung oder durch Adreßsubstitution, gegebenenfalls auch durch Kombinationen beider Methoden.

Bei einem indizierten Befehl wird während der Befehlsausführung im Befehlsregister zum Adreßteil der Inhalt des angegebenen Indexregisters addiert und dieses Ergebnis als effektive Adresse verwendet. Der indizierte Befehl XI ALC TW aus Tafel 3.9 gestattet dadurch das Drucken variabler Ziffern.

Bei einer Substitution findet während der Befehlsausführung im Befehlsregister ebenfalls erst eine Feststellung der effektiven Adresse statt: Anstelle des Befehlsadreßteils wird der Adreßteil des im Befehl genannten Speicherplatzes verwendet. Der Befehl SPR (DRUCKEN) in Tafel 3.13 bedeutet demnach einen Sprung zu der im Speicherwort DRUCKEN genannten Adresse, hier also den Rücksprung aus dem Unterprogramm in das aufrufende Programm.

Der Befehl FLD 2, 1 * in Tafel 3.12 verwendet eine Kombination beider Methoden. Hier wird eine Gleitpunktzahl geladen, deren Adresse in demjenigen Befehlswort gespeichert ist, dessen Adresse sich ergibt, indem man zu 2 den Inhalt des Indexregisters X1 addiert. Der Stern bedeutet hierbei Substitution.

Beispiele für Assembliererprogramme

SIEMENS 300. Tafel 3.13 enthält ein in der Assembliererspache PROSA geschriebenes Programm zur Berechnung ganzer Pseudozufallszahlen. Die vom Benutzer gewünschte Anzahl solcher Zahlen ist in den Spalten 9 bis 16, eine beliebige Vorgabezahl in den Spalten 1 bis 8 einer vom Programm zu lesenden Lochkarte anzugeben. Die berechneten Zufallszahlen werden auf dem Blattschreiber ausgedruckt.

Das Programm verwendet ein schon im Interncode vorliegendes Unterprogramm DEZ7DUAL, das bei der Übersetzung durch die Anweisung MC eingefügt wird.

Während der Übersetzung stellt der Assemblierer ein Adreßbuch (Tafel 3.15) auf, in dem jede symbolische Adresse und deren Position relativ zum Programmanfang (relative Adresse) verzeichnet ist.

Tafel 3.15 SIEMENS 300 – Adreßbuch

ZUFALL			

ZAHLEN	R	0	
LIESKART	R	2	
ERZEUGEN	R	21	
FEHLER	R	39	
ENDE	R	41	
DRUCKEN	R	45	
DRUCK	R	48	
ANFTEXT	R	57	63
KARTE	R	64	
MASKE	R	68	
DZ1	R	69	
ZAHLAUS	R	70	
ZAHLT1	R	71	
ZAHLT2	R	72	
FEHLTEXT	R	74	81
ENDETEXT	R	82	85
DEZ7DUAL			

CONVERT	R	86	

Erst beim Einlesen des übersetzten Interncode-Programms werden die relativen Adressen durch absolute Adressen ersetzt, indem zu den relativen Adressen die Programm-Anfangsadresse addiert wird.

Andere Rechnersysteme arbeiten in ähnlicher Weise. Statt der Anfangsadresse verwenden z. B. IBM 360 und SIEMENS 4004 die Inhalte gewisser Basisregister. Die endgültige Adreßberechnung erfolgt erst bei der Befehlsausführung. Das Indizieren mit Basisregistern ermöglicht es, die Adreßteile der Befehle kurz zu halten, ohne die effektive Adreßlänge dadurch zu beschränken.

GE 600. Tafel 3.12 zeigt ein im GE 600-Assemblierercode geschriebenes Unterprogramm zur wahlweisen Berechnung von lg x oder ln x. Der Aufruf des Unterprogramms erfolgt durch CALL ALOG10 (X) bzw. CALL ALOG (X). Das Unterprogramm wird über die Befehle mit den globalen Adressen ALOG 10 bzw. ALOG betreten. Der mit den Namen LOGS versehene Makrobefehl SAVE sorgt für die Speicherung der Rücksprungadresse in das aufrufende Programm.

3.2.3. Programmiersprachen und Kompilierer. Programmiersprachen dienen dem Schreiben von Programmen. Sie sind entweder m a s c h i n e n o r i e n t i e r t wie die Assembliererspachen oder p r o b l e m o r i e n t i e r t. In beiden Fällen bestehen die Programme aus Vereinbarungen und Anweisungen. Sie werden nach festgelegten Regeln aufgebaut. Die Anweisungen sind Arbeitsvorschriften. Sie können ein Befehl sein oder aus mehreren Anweisungen und/oder Befehlen bestehen. Auch ein Programm ist eine Anweisung, nämlich die Vorschrift, nach der ein Ablauf geschehen soll. Vereinbarungen haben definitorischen Charakter und geben im einfachsten Fall Erläuterungen und Festlegungen zu Teilen der Arbeitsvorschriften.

Ist die Sprache maschinenorientiert, so haben die Anweisungen die gleiche oder eine ähnliche Struktur wie die Befehle der Anlage, auf der das Programm ablaufen soll. Es ist dann ein Übersetzer (Assemblierer) nötig, der die Anweisungen der Sprache in Befehle der Maschine übersetzt. Bei den problemorientierten Sprachen gibt man diese Beziehung auf die Struktur einer speziellen Anlage möglichst weitgehend auf. Man orientierte sich zunächst einerseits an den Problemen, die beim technisch-wissenschaftlichen Rechnen auftraten (FORTRAN, ALGOL), andererseits an denen, die im Bereich der kaufmännischen Datenverarbeitung zu lösen waren (COBOL). PL/I umfaßt beide Bereiche.

Nach und nach ging man mehr auf eine Orientierung an speziellen Aufgaben ein. Es entstanden mehrere Sprachen, die die Beschreibung von Analogrechenschaltungen ermöglichten (wie MIDAS oder DSL/90) sowie Sprachen für digitale Simulationsaufgaben (SIMSCRIPT). Besondere Bedeutung gewannen die Sprachen, die der Formulierung von Aufgaben der numerischen Steuerung von Werkzeugmaschinen dienen (wie EXAPT I-III). Die problemorientierten Sprachen benötigen wie die maschinenorientierten einen Übersetzer. Dieser Übersetzer ist ein Programm, das die ohne Bezug auf eine spezielle Maschine geschriebenen Programme in eine entsprechende Befehlsfolge einer Maschine überträgt. Einen solchen Übersetzer nennt man Kompilierer. Er nimmt dem Programmierer einen Teil der Programmierarbeit ab, vor allem die Codierung arithmetischer Ausdrücke und den Aufbau von Schleifen sowie die Ein- und Ausgabe-Arbeit. Die übersetzten Programme sind aber im allgemeinen länger (sowohl hinsichtlich des belegten Speicherplatzes als hinsichtlich der Laufzeit).

Aufgaben eines Kompilierers. Ein Kompilierer hat im wesentlichen vier Aufgaben zu erfüllen:

1. Die Übertragung des zu übersetzenden Programms in eine maschineninterne Darstellung in einer Vorphase. Sie dient nicht nur der Umcodierung, sondern zugleich der Komprimierung des Programms. Dabei werden z. B. alle nicht wesentlichen Leerstellen sowie alle Kommentare (Texte, die der Erklärung des Programms dienen) fortgelassen. Die verwendeten Namen werden in verkürzter Form gespeichert und in einer Liste zusammengefaßt.

2. Die Prüfung des Programms auf syntaktische Korrektheit und Umwandlung der klammerverwendenden Schreibweise in eine klammerfreie in der 1. Phase. Unter Syntax versteht man dabei die Gesamtheit der Regeln der Sprache, mit denen korrekte Anweisungen aufgebaut werden können. Diese Syntax kann mehr oder weniger komplizierte Anweisungen zulassen. So kann ein ALGOL-Programm i. allg. eine komplexere Struktur haben als ein FORTRAN-Programm.

3. Die Erzeugung eines geeigneten (eventuell optimierten) Programms im Maschinencode in einer 2. Phase. In dieser werden die geprüften Anweisungen der problemorientierten Sprache (die Ursprungsanweisungen) in Befehle der Anlage (in Zielanweisungen) übertragen, und zwar so, daß die gestellte Aufgabe gelöst wird und das Maschinenprogramm auf der Anlage laufen kann.

4. Die Bereitstellung eines Programmiersystems, das das übersetzte Programm steuert (running system). In der Sprache ALGOL ist nämlich eine während des Laufs wechselnde Speicherverteilung (eine pulsierende Speicherverteilung) möglich. Das erfordert eine entsprechende Organisation.

Technik des Übersetzens. Die Übersetzung der Anweisungen in der 1. Phase kann nach zwei grundsätzlich verschiedenen Methoden geschehen:

1. Die syntax-orientierten Methoden benutzen die in der Syntax zusammengefaßten Regeln zur Erkennung des Aufbaus einer Anweisung oder Anweisungsgruppe. Dabei werden bestimmten syntaktischen Elementen Anweisungen der Maschinensprache zugeordnet. Der Vorteil dieser Methoden liegt darin, daß die syntaktischen Regeln, mit denen der Kompilierer arbeitet, geändert werden können, so daß man Übersetzer für Gruppen von Sprachen konstruieren kann. Einen weiteren Vorteil bietet die leichte Erkennbarkeit syntaktischer Fehler. Allerdings ist diese Allgemeinheit des Übersetzungsvorganges bei den Übersetzern meistens nicht erforderlich.

2. Die direkten Verfahren verarbeiten die Anweisungen von links nach rechts und benutzen das Kellerungsprinzip. Dieses bewirkt eine geeignete Umordnung der Anweisung derart, daß die umgeordnete Folge in der 2. Phase direkt in eine Folge von Maschinenbefehlen umgesetzt werden kann. Dabei ist vor allem notwendig, Klammern in arithmetischen Ausdrücken zu beseitigen und die Reihenfolge der auszuführenden Operationen festzulegen. Diese Methode hat von der Übersetzung arithmetischer Ausdrücke ihren Ausgang genommen. Sie läßt sich aber auch anwenden, um die Struktur vollständiger Programme in eine für die Erzeugung von Maschinencode geeignete Form zu übertragen, wenn nur alle Operationszeichen, also auch die nichtarithmetischen, in der Rangfolge festgelegt werden.
Es gibt Übersetzer, die mit der 1. Phase abschließen und die Erzeugung des Maschinencodes überspringen. Die nur umgeordneten Anweisungen werden dann durch Unterprogramme interpretierend ausgeführt.
Das bei diesen Methoden benutzte Kellerungsprinzip wurde von Bauer und Samelson eingeführt und ist bei vielen Übersetzern verwendet worden. Es läßt sich am einfachsten an der Übersetzung arithmetischer Ausdrücke veranschaulichen.

Die Umordnung arithmetischer Ausdrücke. Die Umordnung der Anweisungen nach dem Kellerungsprinzip entspricht einer Transformation in die sog. polnische Form. Der Ausdruck „polnische Form" geht zurück auf die „polnische Schule" in der mathematischen Logik, besonders auf Lukasiewicz (1878–1956). Dieser benutzte eine klammerfreie Schreibweise (1930). In der Logik hat sie sich nicht durchgesetzt. Sie ist aber für die Übersetzungstechnik von großer Bedeutung. Man unterscheidet bei der polnischen Schreibweise zwischen der praefix- und postfix-Form. Die arithmetischen Ausdrücke

$a + b \cdot c$ und $(a + b) \cdot c$

lauten in der „praefix"-Form:

$+ a \cdot bc$ und $\cdot + abc$

in der „postfix"-Form:

$abc \cdot +$ und $ab + c \cdot$

Die Operationszeichen werden also nicht zwischen die Operanden geschrieben, auf die sie sich beziehen, sondern entweder vor oder hinter die Operanden. Das Operationszeichen bezieht sich also auf die beiden nachfolgenden oder die beiden vorangehenden Operanden und ist eine Aufforderung, die entsprechende Operation auszuführen. Lukasiewicz hatte die praefix-Form gewählt, für die Übersetzung aber ist die postfix-Form die geeignete.
Ist ein arithmetischer Ausdruck in der postfix-Form gegeben, so läßt sich daraus gut der entsprechende Maschinencode erzeugen. Man sucht nach den Operationszeichen und wendet sie auf die beiden vorhergehenden Operanden oder Ergebnisse vorhergehender Operationen an. Bei den Beispielen würden die folgenden Schritte ausgeführt, wobei d ein Hilfsspeicher sei:

$d = b \cdot c$ $d = a + b$
$d = a + d$ $d = d \cdot c$

Bei der Übertragung in die polnische Form werden die arithmetischen Ausdrücke von links nach rechts sequentiell verarbeitet. Die Operanden werden dabei in der Reihenfolge ihres Einlaufens gespeichert. Die Operationszeichen (+, –, ·, /) werden in einem sog. Keller abgesetzt, in dem jeweils nur das zuletzt hineingebrachte Zeichen greifbar ist (first-in-last-out-Prinzip). Der nächste Operator wird dann mit dem obersten des Kellers verglichen. Hat der einlaufende niedrigeren oder gleichen Rang wie der im obersten Keller befindliche, so wird dieser aus dem Keller in die umgeordnete Folge eingefügt. Diese Vergleich wird dann mit dem nächsten Element des Kellers fortgesetzt. Ist der Rang des einlaufenden Operators dagegen höher, so wird er als oberstes Zeichen in den Keller gebracht.

Für die arithmetischen Operationen gilt die Rangordnung (Hierarchie), die in Tafel 3.16 wiedergegeben ist. Die Übersetzung des einfachen arithmetischen Ausdrucks zeigt die Tafel 3.17. Es ist unter dem zu lesenden Zeichen des Ausdrucks jeweils der Inhalt des Kellers wiedergegeben. Dazwischen steht die umgeordnete Folge als Ausgabe bei der Bearbeitung. Sie ist die gesuchte polnische Form. Diese Übersetzungstechnik schließt Fehlerkontrollen ein. Ungültige Zeichen müssen beim Lesen erkannt werden. Fehlende Operationszeichen (das Multiplikationszeichen muß gesetzt werden) sowie fehlende öffnende oder schließende Klammern werden festgestellt.

In der 2. Phase werden von dieser polnischen Form ausgehend die Maschinenbefehle erzeugt. Dabei werden – anders als in der 1. Phase – die Operanden gekellert.

Tafel 3.16 Rangordnung der Operatoren und Zeichen

1.	(	Klammer auf	höchster Rang
2.	↑	Potenzieren	
3.	· und /	Multiplikation und Division	
4.	+ und –	Addition und Subtraktion	
5.	) und ;	Klammer zu und Schlußzeichen	niedrigster Rang

(hat als gelesenes Zeichen die höchste Priorität gegenüber den Elementen im Keller. Ist sie dagegen selbst im Keller, so hat sie den niedersten Rang.

Tafel 3.17 Beispiel für die Übersetzung arithmetischer Ausdrücke (a + b) · (c + d);

Zu lesende Zeichen:	(	a	+	b	)	·	(	c	+	d	)	;
Umgeordnete Folge:		a		b	+			c		d	+	·
Keller:	(	(	+	+	+	·	(	(	+	+	+	·
			(	(	(		·	·	(	(	(	
									·	·	·	

Im Keller auftretende Klammernpaare werden dort gelöscht und nicht mit in die umgeordnete Folge übernommen.

Wird bei der sequentiellen Verarbeitung von links nach rechts ein Operationszeichen gefunden, so wird mit den zugehörigen obersten Operanden im Keller der entsprechende Maschinenbefehl erzeugt.

3.2.4. Betriebssysteme. Das Betriebssystem einer Datenverarbeitungsanlage ist ein Programm, genauer ein System von Programmen, die die Aufgabe haben, die Abwicklung der Benutzerprogramme auf der Maschine zu überwachen und zu steuern zu dem Zweck, sie zu vereinfachen und zu beschleunigen. Dieses System steht dem Benutzer der Anlage zur Verfügung. Nötig ist es besonders dann, wenn vom Rechner mehrere Aufgaben in Angriff genommen werden sollen. Nur so ist eine günstige Ausnutzung des Zentralspeichers und der peripheren Elemente zu erreichen. Aber auch, wenn nur jeweils eine Aufgabe abgewickelt wird, und zwar vollständig abgewickelt wird, ehe die nächste begonnen wird, ist der Einsatz eines Betriebssystems zu empfehlen. Es stellt z. B. einen Übersetzer bereit, führt die Übersetzung aus, listet das Programm auf und startet den Rechenlauf, falls der Benutzer es wünscht. Operationen, die sonst durch manuelle Eingriffe eingeleitet werden müßten, werden vom System begonnen. Man spricht bei einer solchen Arbeitsweise des Betriebssystems vom Stapelbetrieb (batch processing).

Größere Anlagen erlauben einen Parallelbetrieb, bei dem mehrere Funktionseinheiten an Teilaufgaben derselben Aufgabe arbeiten. Weiterhin können im Simultanbetrieb mehrere Aufgaben in Angriff genommen werden. All das muß organisiert werden. Der Rechner muß, falls er zur Steuerung von Prozessen eingesetzt wird, den Vorrang bestimmter Programme berücksichtigen können. Dazu müssen gegebenenfalls laufende Arbeiten unterbrochen werden, um angefallene Daten abzurufen und zu verarbeiten. Je mehr Aufgaben das Betriebssystem übernimmt, desto größer wird der Aufwand an Verwaltungsarbeit. Beträchtlich wird dieser Aufwand, wenn die Anlage im Multiplexbetrieb arbeitet. Hierunter versteht man die Arbeitsweise, bei der eine Funktionseinheit mehrere Aufgaben, abwechselnd in Zeiteinheiten verzahnt, abwickelt. Handelt es sich dabei um einen Multiplexbetrieb der Zentraleinheiten, so spricht man vom Mehrprogrammbetrieb (multiprogramming mode). Schließlich kann die Teilnahme mehrerer Benutzer über Datenstationen an einer Anlage organisiert werden. Bei diesen Teilnehmerrechensystemen (time sharing) arbeiten die Benutzer gleichzeitig an der Anlage, ohne daß sie etwas von der Verzahnung und kurzen zeitlichen Unterbrechung merken.

Je umfangreicher die Anforderungen sind, die an das Betriebssystem gestellt werden, desto größer ist im allgemeinen die Anzahl der im Betriebssystem zusammenwirkenden Programme. Der Umfang kann aber den speziellen Anlagenausstattungen und Einsatzgebieten baukastenmäßig angepaßt sein.

Ein Betriebssystem besteht i. allg. aus Steuer- und Arbeitsprogrammen.

1. Steuerprogramme. Sie dienen dem Zweck, die Abfolge der Bearbeitungen festzulegen. Man unterscheidet drei Teile.

Der sog. supervisor überwacht die Bearbeitung aller Aufgaben, die gestellt sind, und steuert die Abwicklung. Man spricht dabei von einem task management. Zu den Aufgaben des supervisors gehören z. B. das Starten und Abschließen von Ein- und Ausgabeoperationen und die Steuerung parallelen Ablaufs.

Der sog. scheduler hingegen regelt den Übergang von einer Aufgabe zur anderen (von einem job zum anderen). Er ist im allgemeinen nur zwischen den jobs im Zentralspeicher. Man spricht hier von einem job management.

Bei Datenfernübertragung kommt noch ein besonderes Ein- und Ausgabe-Kontrollsystem hinzu, das die Übernahme oder Abgabe von Daten steuert. Ein gesondertes Programm übernimmt dann das data management.

2. Arbeitsprogramme. Dies sind all die Programme, die dem Benutzer als Hilfsprogramme zur Verfügung stehen. Zu ihnen rechnen die Übersetzer.

Sie werden z. B. beim Assemblieren erforderlich. Weiter stehen (nach Anlage verschieden) Übersetzer für die problemorientierten Sprachen wie FORTRAN und ALGOL sowie COBOL, RPG und PL/I zur Verfügung. Für die Zusammenfassung mehrerer übersetzter Programme steht ein spezielles Bindeprogramm bereit.

Sehr wichtig sind bei einer Anlage, besonders dann, wenn sie für kaufmännische Zwecke eingesetzt wird und große periphere Speicher besitzt, die Sortier- und Mischprogramme (SORT/MERGE). Sie erleichtern das Auffinden, Sortieren und Mischen. Manche Betriebssysteme übernehmen den Aufbau einer Bibliothek von Unterprogrammen. Darin sind zunächst gewisse Standardunterprogramme enthalten und werden dem Benutzer zur Verfügung gestellt. Besondere Bibliothekführungsprogramme ermöglichen aber auch das Einfügen der vom Benutzer geschriebenen Unterprogramme. Diese stehen dann wie die Standardunterprogramme allgemein zur Verfügung. Schließlich enthält das Betriebssystem noch gewisse Dienstprogramme (utilities), wie sie z. B. für das Übertragen von Daten erforderlich sind. Sie wickeln z. B. das Übertragen von Lochkarten auf Magnetbänder, von einem Magnetband auf ein anderes ab.
Große Bedeutung haben für den Benutzer auch die Testhilfen. Sie erlauben es z. B. an Hand eines Protokolls den Gang einer Rechnung schrittweise zu verfolgen (tracing) oder sich durch Zwischenergebnisse über den Ablauf zu informieren. Es besteht auch die Möglichkeit, daß über ein externes Gerät (z. B. über einen Schnelldrucker) zum Abschluß eines jobs ein Speicherabdruck (memory dump) geliefert wird, sobald das Programm abgebrochen wurde.
Die Protokollierung des Ablaufs auf einer Datenverarbeitungsanlage ist eine weitere Aufgabe des Betriebssystems. Sie geschieht meistens auf einer Bedienungsschreibmaschine, über die der Operator als Bediener der Maschinen auch Anweisungen an das System eingeben kann. Mit der Protokollierung ist in vielen Fällen auch die Abrechnung der Kosten der einzelnen jobs verbunden.
Das Betriebssystem ist nach Anlagenausstattung verschieden auf die Speicher verteilt. Im Zentralspeicher ist jeweils nur der Teil, der ständig bereitstehen muß. Der belegte Bereich des Speichers ist dann meistens vor Überschreiben geschützt, er kann nur gelesen werden. Man nennt diesen Teil den residenten Teil. Auf peripheren Speichern stehen die Programme abrufbereit, die nur bei Verwendung in den Zentralspeicher gebracht werden, wie die Übersetzer, Dienstprogramme und Unterprogramme. Dieser periphere Speicher kann z. B. ein Magnetband oder ein Plattenspeicher sein. Das Betriebssystem bildet als Teil der software zusammen mit der hardware eine betriebsfähige DVA.

4. Problemorientierte Sprachen

4.1. Einführung in FORTRAN

Sehr früh schon gewann man die Erkenntnis, daß für einen breiten Einsatz der Computer Programmhilfen geschaffen werden müßten, die eine rasche, übersichtliche und möglichst wenig fehleranfällige Programmgestaltung sowie eine problemlose Übernahme des Programms auf einen anderen Rechnertyp gestatten. Man entwickelte anlagenunabhängige, problemorientierte Programmiersprachen.

Für technische und wissenschaftliche Berechnungen wurde 1954 erstmals FORTRAN (Formula Translation) vorgeschlagen und sehr bald mit großem Erfolg eingesetzt. FORTRAN ist seither ständig erweitert und dem jeweils neuesten Stand der Computertechnik angepaßt worden. Zur Zeit sind drei Sprachebenen von ISO genormt worden: FORTRAN, INTERMEDIATE FORTRAN und BASIC FORTRAN, letztere eine Untermenge des FORTRAN für kleinere Anlagen. In der Praxis ist FORTRAN IV heute am meisten verbreitet. Hier handelt es sich um eine häufig über FORTRAN hinausgehende, vom Rechnerhersteller erweiterte Sprachversion. Es empfiehlt sich daher, vor Beginn der Programmierung den zur Verfügung stehenden Sprachumfang im FORTRAN-Handbuch des jeweiligen Rechners nachzulesen. Oftmals existieren mehrere, vom Ausbau des Rechners abhängige Sprachversionen.

Der Anwender formuliert die Lösung seines Problems in Form eines Quellenprogramms, das vor dem Ablauf zunächst durch ein Übersetzungsprogramm (Kompilierer) in die Maschinensprache übertragen werden muß. Das resultierende Objektprogramm steht dann für beliebig häufige Anwendungen zur Verfügung. Meistens führen erst wiederholte Übersetzungsversuche zum Ziele, da der Anwender sein Quellenprogramm nur selten auf Anhieb fehlerfrei schreibt. Der Kompilierer hilft dem Programmierer bei der Suche nach formalen Fehlern durch entsprechende Mitteilungen während der Übersetzung. Logische Fehler herauszufinden bleibt dem Programmierer überlassen; hierzu wird man mit dem übersetzten Programm eine wohldurchdachte Reihe von Testläufen durchführen.

Beispiel. Tafel 4.1 enthält ein in der Programmiersprache FORTRAN geschriebenes Programm zur Berechnung einer Tilgungstabelle, aus der sich die Restschuld am Ende eines jeden Jahres bei Vorgabe des Zinsfußes und der Annuität entnehmen läßt. – Das Beispiel zeigt den Aufbau eines FORTRAN-Programms aus einzelnen (numerierbaren) Anweisungen, die jeweils in einer neuen Zeile beginnen, sich aber über mehrere Zeilen erstrecken können. Man verwendet für das Quellenprogramm zweckmäßig FORTRAN-Programmierformulare, um die Übertragung auf Lochkarten bzw. Lochstreifen zu erleichtern. Die Formulare sind der Lochkarteneinteilung entsprechend in 80 Spalten unterteilt. Die ersten fünf Spalten sind hierbei für eine etwaige Anweisungsnumerierung reserviert, die sechste Spalte dient der Fortsetzungsmarkierung, falls in dieser Zeile eine schon angefangene Anweisung weiterläuft. Die eigentliche Anweisung steht in den Spalten 7 bis 72. Die Spalten 73 bis 80 bleiben bei der Übersetzung unbeachtet und sollten vom Programmierer zur Programm- und Zeilenkennzeichnung verwendet werden. Eine Ausnahme bilden die

Kommentarzeilen, die in der ersten Spalte C enthalten, sonst aber beliebigen Text haben dürfen; sie werden beim Übersetzen ignoriert.

Aufbau eines FORTRAN-Programms. Jedes Quellenprogramm besteht aus einer Folge von Statements, d. h. Anweisungen oder Vereinbarungen. Man unterscheidet (in Klammern die Nummern entsprechender Statements in Tafel 4.1)

Ergibtanweisungen	(9)
Steueranweisungen	(5)
Ein-/Ausgabeanweisungen	(10)
Spezifikationsvereinbarungen	(8)
Unterprogrammvereinbarungen	

Zur Darstellung der Statements bedient man sich des auf S. 139 erläuterten 48-Zeichen-Satzes. Aufbau und Wirkungsweise der einzelnen Statementtypen werden in dieser FORTRAN-Einführung beschrieben.

Tafel 4.1 Tilgungstabelle

```
C     TILGUNGSTABELLE
      KANALE = 10
      KANALA = 7
      READ (KANALE, 1) SCHULD, RATE, ZINS
  1   FORMAT (2F6.0, F5.2)
      WRITE (KANALA, 2) SCHULD, RATE, ZINS
  2   FORMAT (1H1, 15X, 15HTILGUNGSTABELLE/
     1 F8.0, 16H-  DM SCHULDSUMME, F9.0,
     2 14H-  DM ANNUITAET/12X, 8HZINSFUSS,
     3 F7.2, 8H PROZENT/)
      IF (SCHULD) 3, 3, 5
  3   WRITE (KANALA, 4)
  4   FORMAT (14H EINGABEFEHLER)
      STOP
  5   IF (ZINS) 3, 6, 6
  6   IF (RATE - SCHULD * ZINS/100.) 3, 3, 7
  7   WRITE (KANALA, 8)
  8   FORMAT (32H AM ENDE DES JAHRES VERBLEIBENDE,
     1 15H SCHULD (IN DM)/)
      Q = 1. + ZINS/100.
      JAHR = 1
  9   SCHULD = SCHULD * Q - RATE
      IF (SCHULD) 12, 12, 10
 10   WRITE (KANALA, 11) JAHR, SCHULD
 11   FORMAT (I15, F20.2)
      JAHR = JAHR + 1
      GO TO 9
 12   RATE = RATE + SCHULD
      SCHULD = 0.
      WRITE (KANALA, 11) JAHR, SCHULD
      WRITE (KANALA, 13) RATE
 13   FORMAT (25H0 DIE ANNUITAET IM LETZTEN,
     1 9H JAHR IST, F10.2, 3H DM)
      STOP
      END
```

Eingabe:

␣32000␣␣5400␣␣4.5

Ausgabe:

```
                TILGUNGSTABELLE
32000.– DM SCHULDSUMME     5400.– DM ANNUITAET
              ZINSFUSS    4.50 PROZENT

AM ENDE DES JAHRES VERBLEIBENDE SCHULD (IN DM)

                1           28039.99
                2           23901.78
                3           19577.35
                4           15058.33
                5           10335.95
                6            5401.07
                7             244.11
                8               0.00

DIE ANNUITAET IM LETZTEN JAHR IST   255.10 DM
```

4.1.1. Konstanten. Variablen. Die in den Anweisungen angesprochenen Daten lassen sich ihrem Typ nach unterscheiden; sie sind entweder a r i t h m e t i s c h , wenn sie einen Zahlenwert repräsentieren, l o g i s c h , wenn sie nur die Zustände „wahr" oder „falsch" annehmen können, oder a l p h a n u m e r i s c h , wenn sie Text darstellen. Bei den arithmetischen Daten unterscheidet man g a n z z a h l i g e (INTEGER-) Festpunktgrößen, r e e l l e (REAL-) Größen, die in Gleitpunktform gespeichert werden, und k o m p l e x e (COMPLEX-) Größen, deren Real- und Imaginärteil aus Gleitpunktzahlen bestehen.
Hinsichtlich ihrer Verwendung lassen sich die Daten in K o n s t a n t e n und V a r i a b l e n einteilen. Konstanten sind Daten, deren Wert zum Zeitpunkt der Programmierung bekannt ist, und die diesen Wert während des Programmablaufs niemals ändern. Konstanten werden im Programm durch ihren Wert repräsentiert. – Alle anderen Daten sind Variablen.

K o n s t a n t e n

G a n z z a h l i g e a r i t h m e t i s c h e K o n s t a n t e n sind als Dezimalzahl ohne Dezimalpunkt zu schreiben. Bei positiven Konstanten kann das Vorzeichen entfallen. Die maximale Größe einer ganzzahligen Konstanten ist maschinenabhängig.
R e e l l e a r i t h m e t i s c h e K o n s t a n t e n besitzen stets einen Dezimalpunkt. Der Zahl darf ein Exponententeil nachgestellt sein, der mit dem Buchstaben E beginnt und einen ganzzahligen Exponenten enthält. In einem solchen Falle wird die vorangestellte Dezimalzahl mit der als Exponent genannten Zehnerpotenz multipliziert. Beispiele für reelle Konstanten sind

```
– 999.99
  0.0
  84.
  7.316E + 2        (= 731.6)
– 2.53E – 3         (= – 0.00253)
  6.5E2             (= 650.)
```

Unzulässig sind hingegen:

```
0
3,471.1
1.E
6,3E – 4
```

Im BASIC FORTRAN gibt es daneben nur noch die alphanumerischen Konstanten. Im vollen FORTRAN besteht die Möglichkeit, reelle Daten auch mit erhöhter Genauigkeit (DOUBLE PRECISION) zu speichern und zu verarbeiten. Reelle Konstanten werden dann als doppelt genau angesehen, wenn die Zahl eine gewisse, maschinenabhängige Mindestgröße an geltenden Ziffern oder einen Exponententeil hat, der mit D anstelle von E beginnt.
Beispiele doppelt genauer Konstanten:

```
3.1415926535898
0.D0
– 2718.28D – 3
```

Eine komplexe Konstante besteht aus einem eingeklammerten Paar reeller Konstanten (entweder beide oder keine doppelt genau), die durch ein Komma getrennt werden. Beispiele sind

```
(3.14, 4.379)
(7.316D – 1, 0.1D0)
```

Die beiden logischen Konstanten schreibt man

```
.TRUE.
.FALSE.
```

Alphanumerische Konstanten (Hollerith-Konstanten) können alle Zeichen des 48-Zeichen-Satzes enthalten. Ihrer Definition muß man folglich eine Längenangabe entnehmen können. Je nach verwendetem Kompilierer wird entweder der Konstante diese Längenangabe und der Buchstabe H vorangesetzt, z. B.

```
14HGOETHE'S␣FAUST
```

oder die Konstante wird durch Apostrophs eingeschlossen. Hierbei werden Apostrophs innerhalb der Konstante durch Doppelapostrophs repräsentiert

```
'GOETHE''S␣FAUST'.
```

Alphanumerische Konstanten werden sehr häufig in FORMAT-Vereinbarungen verwendet. Wo man sie sonst noch benutzen darf, ist dem Handbuch der aktuellen Rechenanlage zu entnehmen.

Variable werden, wie es in Formeln allgemein üblich ist, durch ihren Namen repräsentiert. Ein Variablenname besteht aus 1 bis 6 alphabetischen oder numerischen Zeichen; an erster Stelle muß ein alphabetisches Zeichen stehen. Gültige Namen sind z. B.

```
K
X
NUMMER
D2YDX2
```

Dagegen sind unzulässig

```
3M
Y (X)
ZAEHLER
Z3.14
```

Den Variablentyp bestimmt man durch eine T y p e n v e r e i n b a r u n g :

INTEGER NUMMER, ZEHLER	(NUMMER und ZEHLER ganzzahlig)
REAL X, KAPPA, NUE	(X, KAPPA, NUE reell)
DOUBLE PRECISION A	(A doppelt genau)
COMPLEX STROM, Z	(STROM, Z komplex)
LOGICAL MERKER, INDIC	(MERKER, INDIC logisch).

Manche Kompilierer gestatten zusätzlich eine Festsetzung des gewünschten Speicherplatzumfangs. Arithmetische Variablen einfacher Genauigkeit brauchen nicht explizit vereinbart zu werden. Hier tritt dann eine Standard-Vereinbarung in Kraft, die der Variablen, wenn ihr Name mit I, J, K, L, M oder N beginnt, den Typ INTEGER zuweist, sonst den Typ REAL. Viele FORTRAN-Benutzer machen von dieser Möglichkeit Gebrauch und ersparen sich damit häufig jegliche Typenvereinbarung.

B e r e i c h e . Bei vielen Anwendungen ist es unzweckmäßig, vielleicht sogar unmöglich, jeder Variablen einen Namen zu geben, etwa im Programm zur Sortierung einer reellen Zahlenfolge (Tafel 4.2). Hier müßten 2000 Namen vergeben werden; aber selbst wenn man sich dazu entschließen würde, ergäbe sich ein unbeschreiblich langes, geistloses Programm. Hier faßt man die Zahlen besser zu einem Zahlenbereich zusammen mit einem gemeinsamen Bereichsnamen. Die individuellen Zahlen werden durch einen Zählindex gekennzeichnet, der eingeklammert hinter dem Namen steht: X(1), X(2), X(3), X(4), . . . , X(2000) für $X_1, X_2, X_3, X_4, \ldots, X_{2000}$.

Indizes sind grundsätzlich ganzzahlig und weder Null noch negativ. Bei dem Aufruf eines Bereichelementes kann die Indexgröße durch einen arithmetischen Ausdruck sehr beschränkter Gestalt festgelegt werden. Zur Speicherung der Koeffizientenmatrix

$$\begin{matrix} a_{11} & a_{12} \\ a_{21} & a_{22} \end{matrix}$$

verwendet man zweckmäßig einen mit zwei Indizes versehenen zweidimensionalen Bereich

```
A(1,1), A(1,2)
A(2,1), A(2,2)
```

FORTRAN gestattet die Verwendung ein-, zwei- und dreidimensionaler Bereiche. Jedem Bereichselement wird, genau wie jeder Variablen, vom Kompilierer ein genügend großer Speicherplatz zugewiesen. Hierzu ist es erforderlich, daß der Programmierer in einer DIMENSION-Vereinbarung die Größe der einzelnen Bereiche festlegt.

```
DOUBLE PRECISION A
LOGICAL GITTER
DIMENSION X(2000), A(2,2), GITTER(3,2,2)
```

vereinbart einen reellen Bereich X mit 2000 Elementen, einen doppelt genauen Bereich A mit $2 \cdot 2 = 4$ Elementen und einen logischen Bereich GITTER mit $3 \cdot 2 \cdot 2 = 12$ Elementen. Der Kompilierer speichert die Elemente eines Bereichs in aufeinanderfolgenden Speicherzellen dergestalt, daß ein Index umso mehr variiert, je weiter links er steht, im obigen Beispiel also

```
X(1), X(2), X(3), . . . , X(2000)
A(1,1), A(2,1), A(1,2), A(2,2)
GITTER(1,1,1), GITTER(2,1,1), GITTER(3,1,1),
GITTER(1,2,1), GITTER(2,2,1), GITTER(3,2,1),
GITTER(1,1,2), GITTER(2,1,2), GITTER(3,1,2),
GITTER(1,2,2), GITTER(2,2,2), GITTER(3,2,2).
```

Bei der Anwendung von Bereichsoperationen muß man diese Reihenfolge beachten.

4.1.2. Ausdrücke. Arithmetische und logische Konstanten und Variablen können mit Hilfe typenmäßig passender Operatoren verknüpft werden. Dadurch entstehen arithmetische bzw. logische Ausdrücke, in denen die Ausführungsreihenfolge durch geeignete Klammerung beliebig beeinflußt werden kann.

A r i t h m e t i s c h e A u s d r ü c k e bestehen entweder nur aus einem arithmetischen Operanden oder aus der Verknüpfung arithmetischer Operanden mittels arithmetischer Operatoren. Man schreibt

+	für Addition
–	für Subtraktion
*	für Multiplikation
/	für Division
**	für Potenzierung

Hierbei gilt auch der Aufruf einer arithmetischen Funktion, z. B. SIN(X) zur Berechnung des Sinuswertes zum Winkel X, als arithmetischer Operand. Beispiele für arithmetische Ausdrücke sind

```
B ** 2 – 4. * A * C
R * SIN ((X + Y)/2.)
3.14
A/B * C
```

Der Aufbau und die Verarbeitung arithmetischer Ausdrücke unterliegt gewissen Regeln:

a) Zwei Operatoren dürfen niemals direkt aufeinander folgen, sondern müssen dann durch eine Klammer getrennt werden:

A ** – B ist unzulässig und durch A ** (– B) zu ersetzen.

b) Zu jeder öffnenden Klammer muß es eine schließende geben.

c) Das Resultat ist vom Typ komplex bzw. doppelt genau bzw. reell, wenn mindestens ein Operand komplex bzw. doppelt genau bzw. reell ist. Nur wenn alle Operanden vom Typ ganzzahlig sind, ist das Resultat ganzzahlig. Die Division M/N liefert daher diejenige ganze Zahl, deren Betrag gleich dem ganzzahligen Bestandteil des Absolutwertes von M/N ist. (– 8)/3 ergibt z. B. – 2.

d) Die Operatoren sind in drei Rangstufen eingeteilt:

Oberstufe:	Potenzierung
Mittelstufe:	Multiplikation und Division
Unterstufe:	Addition und Subtraktion

Die dadurch gegebene Reihenfolge kann durch Klammersetzen nach Wunsch geändert werden.

A + B * C bedeutet A + (B * C). Im anderen Fall hat man (A + B) * C zu schreiben.

e) Folgen mehrere Potenzierungen aufeinander, wird von rechts nach links gerechnet.

A ** B ** C ist in FORTRAN IV statthaft und bedeutet A ** (B ** C).

Innerhalb der anderen beiden Rangstufen erfolgt die Bearbeitung von links nach rechts.
A/B * C bedeutet (A/B) * C. Bewegt man sich im Bereich sehr großer Zahlen, ist es auch wichtig zu wissen, daß L + M − N wie (L + M) − N berechnet wird.
Durch geeignete Klammern erzwingt man jede andere Reihenfolge.
f) Wenn der Exponent einer Potenzierung vom Typ ganzzahlig ist, erfolgt die Berechnung der Potenz durch wiederholte Multiplikation. In allen anderen Fällen geschieht die Berechnung über die Exponential- und die Logarithmusfunktion.

A ** (N + K − 1) bedeutet A * A * A * . . . * A (mit N + K − 1 Operanden).
A ** B wird berechnet wie EXP (B * ALOG (A)) bzw. (bei doppelt genauem A) wie EXP (B * DLOG (A)).

Folglich führt eine komplexe, eine negative und eine Basis mit dem Wert Null nur dann nicht zu einem Abbruch des Programmlaufes, wenn der Exponent von ganzzahligem Typ ist. Potenzierungen mit komplexen Exponenten sind nicht statthaft. Im Programmbeispiel „Tilgungstabelle" (Tafel 4.1) findet man arithmetische Ausdrücke z. B. in der mit der Nummer 6 markierten IF-Anweisung als deren Klammerinhalt und im Statement 9 auf der rechten Seite der Ergibtanweisung.

Logische Ausdrücke können im BASIC FORTRAN nicht gebildet werden; hierzu braucht man den Sprachumfang des vollen FORTRAN. Das Ergebnis eines solchen Ausdrucks ist stets .TRUE. oder .FALSE.
Je nach Typ der Operanden verwendet man in einem logischen Ausdruck Vergleichsoperatoren oder logische Operatoren.
Vergleichsoperatoren verknüpfen zwei arithmetische Größen (die aber nicht vom Typ COMPLEX sein dürfen) zu einem logischen Wert:

.LT.	kleiner als
.LE.	kleiner oder gleich
.EQ.	gleich
.NE.	nicht gleich
.GE.	größer als oder gleich
.GT.	größer als

3.14.LE. − 0.3 liefert den Wert .FALSE., da 3.14 weder kleiner noch gleich − 0.3 ist. Der Ausdruck A.NE.B ist .TRUE., falls A und B arithmetisch verschiedene Werte repräsentieren.
Logische Operatoren bedingen als Operanden logische Größen, die allerdings ihrerseits Ergebnisse von Vergleichsoperationen sein können. Es gibt drei Operatoren:

.NOT.	Negation
.AND.	Konjunktion
.OR.	Disjunktion

.NOT. verlangt nur einen (logischen) Operanden, der diesem Operator folgen muß. Nur wenn der zweite Operator .NOT. ist, dürfen zwei logische Operatoren direkt aufeinander folgen.
Indem man arithmetische und logische Ausdrücke geeignet kombiniert, lassen sich beliebige Bedingungen bilden. Die allgemeine quadratische Gleichung $ax^2 + bx + c = 0$ mit nicht-komplexen Koeffizienten a, b, c besitzt genau dann nicht-komplexe Lösungen, wenn (bei entsprechender Variablenbezeichnung) der logische Ausdruck

```
A .NE. 0. .AND. .NOT. B * B − 4. * A * C .LT. 0.
.OR. A .EQ. 0. .AND. B .NE. 0.
.OR. A .EQ. 0. .AND. B .EQ. 0. .AND. C .EQ. 0.
```

den Wert .TRUE. hat. In diesem Ausdruck brauchen keine Klammern gesetzt zu werden, da folgende Rangfolge für Operatoren festgelegt ist:

Höchste Rangstufe:	**
2. Stufe:	*, /
3. Stufe:	+, −
4. Stufe:	.LT., .LE., .EQ., .NE., .GE., .GT.
5. Stufe:	.NOT.
6. Stufe:	.AND.
7. Stufe:	.OR.

4.1.3. Ergibtanweisungen. Das Ergebnis eines arithmetischen bzw. logischen Ausdrucks läßt sich durch eine Ergibtanweisung abspeichern. Der Speicherplatz wird dabei in Form eines Variablennamens oder eines Bereichelementes gekennzeichnet; sein bisheriger Wert wird durch den Wert des Ausdrucks ersetzt

variable = ausdruck

Das Gleichheitszeichen ist nicht im üblichen mathematischen Sinne zu verstehen, sondern hat die Bedeutung eines Ergibtzeichen.

Arithmetische Ausdrücke können nur arithmetischen, logische Ausdrücke nur logischen Zielgrößen zugewiesen werden. Arithmetische Ergibtanweisungen können (außer bei komplexen Größen) mit einer Typumwandlung verbunden sein, wenn die Zielgröße von anderem Typ als der Wert des Ausdrucks ist. Bei der Zuweisung eines reellen Ausdrucks an eine INTEGER-Größe findet keine Aufrundung statt.

```
N = 3.9
```

bewirkt, daß der INTEGER-Variablen der Wert 3 zugewiesen wird. Andere Beispiele gültiger Ergibtanweisungen sind, wenn A, B, C(5), Q, ZINS reell, D und E komplex, I und K ganzzahlig und L logisch vereinbart sind,

```
   Q = 1. + ZINS/100.
   I = I + 1
   K = A + I              (mit Umwandlung REAL in INTEGER)
C(5) = K - I/2 * 2        (mit Umwandlung INTEGER in REAL)
   D = D * E - 6.28
   L = A .GT. B
```

4.1.4. Steueranweisungen. Der Ablauf eines Programms erfolgt im Prinzip in der Reihenfolge der Anweisungen. Die Praxis zeigt, daß es wünschenswert ist, diesen Grundsatz durchbrechen zu können, wenn nämlich gewisse Programmstücke wiederholt durchlaufen werden müssen. Bei der Berechnung der Tilgungstabelle (Tafel 4.1) muß am Ende eines jeden Jahres die verbleibende Schuld ermittelt werden. Dies geschieht dadurch, daß jedesmal zu der entsprechenden Anweisung zurückgesprungen wird durch die unbedingte Sprunganweisung GO TO 9, die auf das Statement Nr. 9 zurücksetzt. Allgemein hat die unbedingte Sprunganweisung die Form

GO TO n,

wobei n für die Nummer einer (ausführbaren) Anweisung steht. Die berechnete Sprunganweisung

GO TO $(n_1, n_2, \ldots, n_m)$, i

bewirkt einen Sprung zur Anweisung n_j, wenn die durch i gekennzeichnete nichtindizierte ganzzahlige Variable den zwischen 1 und m liegenden Wert j hat. Liegt der Wert von i außerhalb 1 bis m, erfolgt kein Sprung, so daß dann die auf diese Sprunganweisung folgende Anweisung ausgeführt wird.

```
GO TO (217, 218, 217, 217, 218, 301), K
```

veranlaßt die Programmfortsetzung bei der Anweisung Nr. 217, falls K einen der Werte 1, 3 oder 4 hat, bei 218, falls K gleich 2 oder 5 ist, bei 301, falls K gleich 6 ist.

Die g e s e t z t e S p r u n g a n w e i s u n g

GO TO k, $(n_1, n_2, \ldots, n_m)$

setzt voraus, daß die nichtindizierte ganzzahlige Variable k zuvor durch eine spezielle ASSIGN-Anweisung auf eine der Anweisungsnummern $n_1, n_2, \ldots, n_m$ gesetzt worden ist.

```
ASSIGN 218 TO K
GO TO K, (217, 218, 217, 217, 218, 301)
```

veranlaßt die Fortsetzung des Programmablaufs bei der Anweisung Nr. 218.
Von erheblich größerer Wichtigkeit als die zuletzt genannten beiden Sprunganweisungen sind die b e d i n g t e n S p r u n g a n w e i s u n g e n , die bedingungsabhängig eine Programmverzweigung bewirken.

Die a r i t h m e t i s c h e I F - A n w e i s u n g

IF (a) n_1, n_2, n_3

setzt fest, daß je nach Wert des durch a angedeuteten arithmetischen Ausdrucks das Programm fortzusetzen ist bei

n_1, falls $a < 0$
n_2, falls $a = 0$
n_3, falls $a > 0$

gilt. Auch wenn der arithmetische Ausdruck z. B. niemals positive Werte annehmen kann, müssen alle drei Anweisungsnummern genannt werden.

```
IF (RATE – SCHULD * ZINS/100.) 3, 3, 7
```

verlangt die Fortsetzung bei der Anweisung Nr. 3, falls die Rate kleiner oder gleich dem Zinsbetrag ist, sonst bei Nr. 7.
Wenn man nicht im BASIC FORTRAN arbeitet, hätte man dafür auch die l o g i s c h e I F - A n w e i s u n g

IF (b) s

verwenden können. b steht für einen logischen Ausdruck, s stellt eine einzelne Anweisung dar, die aber nicht erneut eine IF-Anweisung sein darf. – Falls der logische Ausdruck b den Wert .TRUE. hat, wird die Anweisung s eingeschoben, sonst nicht.

```
IF (RATE .LE. SCHULD * ZINS/100.) GO TO 3
```

ist gleichbedeutend mit der obigen arithmetischen IF-Anweisung, sofern die Nachfolgeanweisung die Nummer 7 trägt.
Zu den Steueranweisungen zählt die wichtige und vielgebrauchte S c h l e i f e n a n w e i s u n g , die in einer der beiden Formen

DO n i = n_1, n_2
DO n i = n_1, n_2, n_3

auftritt. Hierbei steht n für die Nummer einer nachfolgenden (ausführbaren) Anweisung.

i bezeichnet eine nichtindizierte ganzzahlige Variable (Laufvariable); n_1, n_2, n_3 müssen entweder positive ganzzahlige Konstanten oder nichtindizierte ganzzahlige Variable mit positivem Wert sein. Die DO-Anweisung

```
DO 6 K = 1, N
```

setzt fest, daß die nachfolgenden Anweisungen bis einschließlich derjenigen mit der Nummer 6 zunächst mit K = 1, dann mit K = 2, usw., schließlich mit K = N auszuführen sind. Die allgemeinere DO-Anweisung

```
DO 6 K = 1, N, 2
```

unterscheidet sich darin, daß K nur die Werte 1, 3, 5, . . . durchläuft, solange dabei N nicht überschritten wird. n_3 gibt also die Schrittweite an, die bei der ersten Form auf 1 festgesetzt ist, n_1 und n_2 bilden die Laufgrenzen. Sobald die Laufvariable i sämtliche so erlaubten Werte durchlaufen hat, wird das Programm bei der hinter dem Statement Nr. n stehenden Anweisung fortgesetzt. Im Programmausschnitt

```
      SUMME = 0.
      QSUMME = 0.
      DO 10 K = 25, 100, 2
      SUMME = SUMME + K
   10 QSUMME = QSUMME + K * K
      BRUCH = SUMME/QSUMME
```

wird das Verhältnis der Summe aller ungeraden Zahlen zwischen 25 und 99 zur Summe ihrer Quadrate berechnet. Eine DO-Schleife darf nur über die DO-Anweisung, nicht aber durch einen Einsprung betreten werden, da sonst keine ordnungsgemäße Initialisierung der Laufvariablen gegeben ist. Innerhalb der DO-Schleife dürfen die Laufvariable i, deren Grenzen n_1 und n_2 und die Schrittwerte n_3 zwar verwendet, aber nicht verändert werden. Nach normalem Verlassen der DO-Schleife, d. h. nachdem die Laufvariable alle zugelassenen Werte durchlaufen hat, enthält die Laufvariable keinen festgesetzten Wert mehr. Bei vorzeitigem Verlassen der DO-Schleife infolge einer Steueranweisung besitzt die Laufvariable jedoch ihren aktuellen Wert.

Die Anweisung mit der Nummer n am Ende der DO-Schleife darf keine Vereinbarung und auch keine GO TO-, arithmetische IF-, DO-, STOP-, PAUSE- oder RETURN-Anweisung sein, da sonst die Schleifensteuerung der DO-Anweisung gestört würde. Aus diesem Grunde darf die Schleife auch nicht durch eine logische IF-Anweisung beendet werden, deren .TRUE.-Ausgang eine dieser Anweisungen ist. Es kann aber vorkommen, daß eine Steueranweisung innerhalb der DO-Schleife einen Sprung an das Schleifenende veranlaßt. Dann muß hier eine CONTINUE-Anweisung stehen, die als Sammelpunkt für solche Sprünge dient, sonst aber nichts veranlaßt. Im Programmausschnitt

```
      DO 10 K = 1, 50
      IF (NR-NUMMER(K)) 10, 20, 10
   10 CONTINUE
```

wird die Tabelle NUMMER nach der Zahl NR abgesucht. Die Anweisung 20 liegt außerhalb dieser Schleife.

Programm-Beispiel. Tafel 4.2 enthält ein Programm zur Sortierung einer Folge von maximal 2000 reellen Zahlen. Auf einer Vorlaufkarte ist in den ersten fünf Spalten die effektive Anzahl (auf Wunsch mit Pluszeichen) anzugeben. Die folgenden Eingabekarten enthalten je fünf Zahlen der Folge in je 16 Spalten; die letzte Lochkarte ist unter Umständen nur teilweise gefüllt. Nach Beendigung der Sortierung wird die geordnete Folge über Schnelldrucker ausgegeben.

Tafel 4.2 Sortierung einer reellen Zahlenfolge

```
C       SORTIERUNG EINER REELLEN ZAHLENFOLGE (MAXIMAL 2000 ZAHLEN)
C       ERSTE KARTE SP.1–5 ANZAHL ZAHLEN. UEBRIGE KARTEN JE 5 ZAHLEN
        DIMENSION ZAHL (2000)
        KANALE = 10
C       EINGABEKANAL FUER LOCHKARTEN
        KANALA = 7
C       AUSGABEKANAL FUER SCHNELLDRUCKER
        READ (KANALE, 1) MENGE
    1   FORMAT (I5)
        WRITE (KANALA, 2) MENGE
    2   FORMAT (1H1, I6, 7H ZAHLEN)
        IF ((MENGE – 2) * (2000 – MENGE)) 3, 4, 4
    3   WRITE (KANALA, 31)
   31   FORMAT (1H +, 15X, 13HEINGABEFEHLER)
        STOP
    4   READ (KANALE, 5) (ZAHL (M), M = 1, MENGE)
    5   FORMAT (5F11.3)
        N = MENGE – 1
        DO 6 K = 1, N
        KPLUS1 = K + 1
        DO 6 L = KPLUS1, MENGE
        IF (ZAHL (K) – ZAHL (L)) 6, 6, 7
    7   A = ZAHL (K)
        ZAHL (K) = ZAHL (L)
        ZAHL (L) = A
    6   CONTINUE
        WRITE (KANALA, 8) (ZAHL (M), M = 1, MENGE)
    8   FORMAT (1H0, 2X, 27HLISTE DER SORTIERTEN ZAHLEN/
     1  1H0, 56 (/4E17.6)/(1H1, 60 (/4E17.6)))
        STOP
        END
```

Eingabe:

```
   19
     1641| 22.3674E–1 |   –0.3156|          –41 |       –9.91|
  6.8    |      22E–1 |  4356–03 |         1.1+4|     1.2+4  |
  –43+21 |            |   12.–54 |          –3–3|      81 69 |
  +12+81 | 1234567890 |       6.3| 14.7         |            |
```

Ausgabe:

```
 19 ZAHLEN
LISTE DER SORTIERTEN ZAHLEN

– 0.430000E + 020   – 0.990999E + 001   – 0.410000E + 001   – 0.315600E + 000
– 0.300000E – 005     0.000000E + 000     0.119999E – 052     0.223674E – 008
  0.220000E – 002     0.435599E – 002     0.164099E + 001     0.630000E + 001
  0.680000E + 001     0.147000E + 002     0.810690E + 002     0.110000E + 005
  0.123456E + 007     0.120000E + 041     0.119999E + 080
```

Das Programm enthält zwei geschachtelte DO-Schleifen, die beide mit der Anweisung 6 enden. – Man kann beliebig tief schachteln; einzige Bedingung ist, daß jede DO-Schleife mindestens so weit reicht wie jede ihrer inneren Schleifen. Insbesondere, wenn die Laufgrenzen Variable sind, kann es vorkommen, daß die obere Grenze n_2 kleiner als die untere Grenze n_1 ist. Je nach Art des Kompilierers wird dann die DO-Schleife einmal, nämlich mit n_1, durchlaufen, oder sie wird übersprungen. Es empfiehlt sich daher, eine solche Situation zu vermeiden.

In die Gruppe der Steueranweisungen gehören ferner die Anweisungen zur zeitweisen Unterbrechung und zur Beendigung des Programms.

Die PAUSE- A n w e i s u n g

PAUSE
oder PAUSE n,

wobei n eine maximal fünfstellige vorzeichenlose ganze Zahl darstellt, veranlaßt das Programm anzuhalten. Dem Bediener wird davon Kenntnis gegeben, bei Verwendung der zweiten Art dieses Statements wird ihm auch die Zahl n mitgeteilt. Der Operator kann manuell eine Fortsetzung des Programms bei dem auf PAUSE folgenden Statement veranlassen. PAUSE ist demnach zeitaufwendig und sollte nur dann verwendet werden, wenn zum weiteren Programmablauf eine Bedienungsmaßnahme, z. B. der Wechsel von Magnetbändern, erforderlich ist.

Die STOP- A n w e i s u n g

STOP
oder STOP n

beendet den Programmablauf. Falls die zweite Form gewählt wird, erfolgt eine Eintragung der Zahl n in das Computer-Protokoll. Nur wenn als letztes eine STOP-Anweisung zu befolgen ist, wird der Ablauf des FORTRAN-Programms ordnungsgemäß beendet. Die STOP-Anweisung, die zur Objektzeit ausgeführt wird, darf nicht mit der END- V e r e i n b a r u n g verwechselt werden. Diese dient dazu, bei der Übersetzung dem Kompilierer das physische Ende eines FORTRAN-Quellenprogramms anzuzeigen.

Die Steueranweisungen CALL und RETURN treten im Zusammenhang mit Unterprogrammen auf. Sie werden deswegen auch erst dort (Abschn. 4.1.6) erläutert.

4.1.5. Anweisungen für die Eingabe und Ausgabe. Bei fast allen Problemen sind die Daten, mit denen später einmal gerechnet werden soll, nicht von vornherein bekannt, so daß sie erst im Moment der Programmausführung vom Rechner empfangen werden können. Aber auch wenn man alle Daten kennt, sollte man, um flexibel zu bleiben, sie nicht als Konstanten im Programm speichern. Außerdem benötigt das Programm immer nur die Daten für einen einzigen Programmablauf; man würde Platz vergeuden, wenn man die Daten für alle Durchläufe speichern ließe. – Für das Lesen der Daten verwendet man die E i n g a b e - a n w e i s u n g.

Die am Ende einer Berechnung gewonnenen Resultate müssen dem Menschen vom Computer übergeben werden; dies geschieht durch eine A u s g a b e a n w e i s u n g.

Eingabe: READ (kanalangabe, formatnummer) datenliste
Ausgabe: WRITE (kanalangabe, formatnummer) datenliste

Die Anweisungen enthalten drei Angaben:

1. Kanalnummer des externen Mediums (woher/wohin)

2. Nummer der FORMAT-Anweisung, in der die Form der externen Daten anzugeben ist (wie)
3. Liste der zu übertragenden Daten (wer)

Die häufig recht umfangreichen Angaben über die äußere Form der Daten sind bewußt von diesen Anweisungen getrennt worden und bilden eine eigene FORMAT- A n w e i s u n g , die man für verschiedene Ein-/Ausgabeanweisungen zugleich verwenden kann. Die Ein-/Ausgabegeräte werden durch ihre Kanalnummer spezifiert. Diese Nummern sind nicht generell festgelegt; man muß sie im FORTRAN-Handbuch der verwendeten Anlage nachschlagen.
Im ersten Programm-Beispiel (Tafel 4.1) hat die Lochkarteneingabe die Kanalnummer 10. Diese Nummer wird hier zu Beginn des Programms nach KANALE gebracht, um beim Übergang zu einem anderen Rechner nur diese Ergibtanweisung ändern zu müssen.

Die Anweisung

```
READ (KANALE, 1) SCHULD, RATE, ZINS
```

besagt, daß drei REAL-Zahlen von Lochkarten gelesen und unter den Bezeichnungen SCHULD, RATE und ZINS gespeichert werden sollen. Die Anweisung mit der Nummer 1 ist eine FORMAT-Anweisung und gibt darüber Auskunft, in welcher Form die drei Zahlen auf der Lochkarte zu finden sind.
Ganz entsprechend veranlaßt

```
WRITE (KANALA, 2) SCHULD, RATE, ZINS
```

die Ausgabe der in SCHULD, RATE und ZINS gespeicherten Daten auf dem Gerät, dessen Kanalnummer in KANALA gespeichert ist und bei der verwendeten Anlage den Schnelldrucker kennzeichnet. Man hätte auch

```
WRITE (7,2) SCHULD, RATE, ZINS
```

schreiben können.

Die D a t e n l i s t e besteht aus einer Aufzählung der Variablen, die zu übertragen sind. Die einzelnen Variablenangaben werden durch Kommas getrennt. – Dem zweiten Programm-Beispiel (Tafel 4.2) mit

```
4 READ (KANALE, 5) (ZAHL(M), M = 1, MENGE)
```

entnimmt man, daß durch eine einzige Variablenangabe sogleich beliebig viele Elemente eines Bereiches, hier ZAHL(1), ZAHL(2), . . . , ZAHL(MENGE) übertragen werden können. M erfüllt hierbei die Aufgabe eines Laufindex. Jede derartige DO-gesteuerte Angabe ist zu klammern. Solche Angaben können geschachtelt werden, so daß z. B. bei Verwendung zweier eindimensionaler Bereiche X(4) und Y(4) und eines zweidimensionalen Bereiches A(3, 2) durch die Anweisung

```
WRITE (KANALA, 15) ((A (I, J), J = 1, 2), X(I), Y(I), I = 1, 3, 2)
```

die Ausgabe von

A (1, 1), A (1, 2), X (1), Y (1), A (3, 1), A (3, 2), X (3), Y (3) veranlaßt wird.

Die Variablenangabe kann auch aus einem Bereichsnamen allein bestehen. Dann erfolgt eine Übertragung des genannten Bereiches in der Reihenfolge der Speicherung.

```
WRITE (KAUS, 81) A, (X(I), I = 1, 2), Y
```

bewirkt z. B. die Ausgabe von

A (1, 1), A (2, 1), A (3, 1), A (1, 2), A (2, 2), A (3, 2), X (1), X (2), Y (1), Y (2), Y (3), Y (4).

Insbesondere bei Ausgabeanweisungen fehlt häufig die Datenliste; hier findet dann keine Übertragung von Variablenwerten statt. Durch

```
    WRITE (KANALA, 4)
  4 FORMAT (14H␣EINGABEFEHLER)
```

wird der Text EINGABEFEHLER gedruckt.

Die in den Ein-/Ausgabeanweisungen durch ihre Nummer vertretene FORMAT- A n w e i s u n g enthält im wesentlichen Angaben über die Form der Daten auf dem externen Medium. In diesem Sinne handelt es sich bei ihr auch um eine Vereinbarung und nicht um eine ausführbare Anweisung.

```
 10 WRITE (KANALA, 11) JAHR, SCHULD
 11 FORMAT (I5, F20. 2)
```

weist dem Variablenwert von JAHR die FORMAT-Angabe I5, demjenigen von SCHULD die Angabe F20. 2 zu und bewirkt, daß für die Ausgabe der INTEGER-Zahl JAHR 5 Druckstellen, für die Ausgabe der REAL-Zahl SCHULD 20 Druckstellen verwendet werden, von denen die beiden letzten zwei Nachkommastellen enthalten und die drittletzte den Dezimalpunkt aufnimmt.

Den Elementen der Datenliste sind durch die FORMAT-Anweisung entsprechende Formatangaben zugeordnet. Diese beginnen stets mit einem der Buchstaben I (für INTEGER-Elemente), E, F, G (für REAL-Elemente), D (für DOUBLE PRECISION-Elemente), L (für LOGICAL-Elemente) oder A (für Elemente mit alphanumerischem Text). Daneben gibt es Formatangaben, die nicht auf ein Element der Datenliste Bezug nehmen, z. B.

15HTILGUNGSTABELLE

Die einzelnen Angaben in der FORMAT-Anweisung werden durch Kommas oder Schrägstriche getrennt. Der Schrägstrich bewirkt zusätzlich, daß der in Arbeit befindliche Satz des externen Mediums beendet und ein neuer zur Verarbeitung herangezogen wird. Unter einem Satz versteht man je nach dem Medium z. B. eine Lochkarte, eine Druckzeile, eine Lochstreifenzeile.

Die Bedeutung der Formatangaben hängt davon ab, ob sie Eingabe- oder Ausgabe-Anweisungen zugeordnet werden; ihre Erläuterung ist entsprechend unterteilt. Hierbei stehen w und d anstelle vorzeichenloser positiv-ganzer Zahlen, d kann auch Null sein.

F o r m a t a n g a b e n f ü r A u s g a b e a n w e i s u n g e n . Iw verwendet man zur Aufbereitung einer INTEGER-Größe. Das Ausgabefeld umfaßt w Stellen, in das die Zahl rechtsbündig mit Nullenunterdrückung gesetzt wird. Bei zu geringer Feldweite werden die vorderen Stellen abgeschnitten.

Beispiele interner und externer Zahlendarstellungen bei Verwendung von I3 sind

intern	extern
−12	−12
+9	9
−381	381
67431	431

Fw.d gehört stets zu einer REAL-Größe. Das Ausgabefeld umfaßt w Stellen, in das die Zahl rechtsbündig mit Dezimalpunkt und d Nachkommastellen gesetzt wird. Hinter dem Dezimalpunkt findet keine Nullenunterdrückung statt. Bei zu geringer Feldweite werden führende Stellen abgeschnitten.

Beispiele für F5. 2 sind

intern	extern
3.146	3.14
12.1	12.10
−4.31	−4.31
−41.3	41.30
1581.03	81.03

Ew.d empfiehlt sich für REAL-Größen, bei denen mit größeren Schwankungen zu rechnen ist, denn die Zahl erscheint in normalisierter Gleitpunktform. Das Ausgabefeld umfaßt w Stellen, in das die Zahl rechtsbündig mit d-stelliger Mantissenlänge und zwei- oder dreistelligem Exponententeil (zur Basis 10) gesetzt wird. Der Mantissenteil beginnt mit Vorzeichen, Null, Dezimalpunkt, der Exponententeil mit E und/oder Exponentenvorzeichen. Daraus ergeben sich zwingend die Forderungen

$w \geqq d + 7$ bei zweistelliger Exponentendarstellung mit E bzw. dreistelliger ohne E,
$w \geqq d + 8$ bei dreistelliger Exponentendarstellung mit E.

Die durch Ew.d gewählte Darstellungsform ist zwar schwerer lesbar als die zu Fw.d gehörige, bietet aber die Gewähr, daß keine führenden Stellen abgeschnitten werden.

Beispiele für E11. 3 (bei dreistelligem Exponent mit E) sind

intern	extern
238.9	0.238E + 003
− 0.02	− 0.200E − 001
0.0004	0.400E − 003

Für den Real- und Imaginärteil einer COMPLEX-Größe wird je eine Formatangabe vom Typ E oder F benötigt.

Gw.d kann in BASIC FORTRAN nicht benutzt werden. Bei dieser „generalisierten" Ausgabe einer REAL-Größe entscheidet deren Betrag, ob im F- oder E-Format übertragen wird. Solange die erste signifikante Ziffer der Zahl zwischen der d-ten Stelle vor dem Dezimalpunkt und der 1. Stelle hinter dem Dezimalpunkt liegt, erfolgt die Ausgabe im F-Format mit der Feldlänge w − 4 und so vielen Nachkommastellen, daß insgesamt d geltende Ziffern übertragen werden; hinter die Zahl werden 4 Leerzeichen gesetzt. – Falls die Ausgabegröße nicht in diesem Bereich liegt, wird im Format Ew.d ausgegeben. Beispiele für G10.3:

intern	extern
8124.5	0.812E + 04
− 812.45	− 812.
− 81.245	− 81. 2
8.1245	8. 12
0.81245	0. 812
0.081245	0.812E − 01

Dw.d ist die Formatangabe für DOUBLE PRECISION-Größen. Die externe Form gleicht derjenigen von Ew.d, wenn man davon absieht, daß der Exponententeil hierbei auf vielen Anlagen mit D anstelle von E eingeleitet wird.

Lw dient als Formatangabe einer LOGICAL-Größe. Das Ausgabefeld besteht aus w − 1 Leerzeichen und T für .TRUE.- bzw. F für .FALSE.-Werte.

Aw verwendet man zur Ausgabe von alphanumerischem Text, dessen Speicherplatz in der Datenliste durch eine Variablenbezeichnung angegeben wird. Hierbei ist zu beachten, daß die unter einem Variablennamen maximal speicherbare Zeichenanzahl g anlagenabhängig ist.

Falls dann w ≦ g gilt, werden die ersten w Zeichen in das Ausgabefeld gebracht; bei w > g besteht das Feld aus w − g Leerzeichen und dahinter den g Zeichen des Speicherplatzes.

Beispiel: Für g = 8 mit

VORNAM: HEINZ␣␣␣
NAME: FINK␣␣␣␣

liefert die Anweisung

```
      WRITE (KANALA, 14) VORNAM, NAME
   14 FORMAT (A1, A9)
```

das Ausgabefeld

H␣FINK␣␣␣␣

wH nimmt keinen Bezug auf die Datenliste der zugehörigen WRITE-Anweisung, sondern veranlaßt die Übergabe der w Zeichen, die in der FORMAT-Anweisung dem H unmittelbar folgen, an das Ausgabefeld:

```
      WRITE (KANALA, 3)
    3 FORMAT (14HGOETHE'S␣FAUST)
```

erzeugt das Ausgabefeld GOETHE'S␣FAUST.

Auf vielen Anlagen verwendet man, um das lästige Zeichenzählen durch den Programmierer zu vermeiden, statt wHtext die Angabe des Textes in Apostrophs. Im Text selbst vorkommende Apostrophs müssen hierbei durch Doppelapostrophs angegeben werden.

```
      WRITE (KANALA, 3)
    3 FORMAT ('GOETHE''S␣FAUST')
```

führt dann auch zum Ausgabefeld GOETHE'S␣FAUST.

wX liefert ein aus w Leerzeichen bestehendes Ausgabefeld, ohne daß auf die Datenliste Bezug genommen wird.

Das WRITE/FORMAT-Anweisungspaar übergibt dem externen Medium die so entstandenen und aneinandergereihten Ausgabefelder, wobei die im FORMAT-Statement deklarierte Satzeinteilung vorgenommen wird. Ein Satz wird beendet, sobald als Trennzeichen der Schrägstrich erscheint, das Ende der FORMAT-Anweisung erreicht wird, oder in der FORMAT-Anweisung eine Formatangabe erreicht wird, der kein Element der Datenliste mehr zugeordnet werden kann. Im Gegensatz zur Ausgabe über eine Schreibmaschine, bei der am Satzende Wagenrücklauf und Zeilentransport selbständig veranlaßt wird, erfolgt die Zeilen- und Seitensteuerung beim Schnelldrucker stets zu Beginn des Satzes. Dazu wird das erste Zeichen des ersten Ausgabefeldes eines Schnelldruckersatzes vom Text abgetrennt und zur Drucksteuerung verwendet. Folgende Steuerzeichen sind festgelegt:

Leerzeichen	Übergang an den Anfang der nächsten Zeile
0	Übergang an den Anfang der übernächsten Zeile
+	Rückkehr an den Anfang der momentanen Zeile
1	Übergang an den Anfang der ersten Zeile der nächsten Seite

Auf einer Anlage, deren Schnelldruckerkanalnummer 7 ist, bewirkt die Anweisungsfolge

```
      WRITE(7,20)
   20␣FORMAT(16H1JEDEM␣REDLICHEN/1H+,17X,
      1␣7HBEMUEHN/20H␣SEI␣BEHARRLICHKEIT␣,
      2␣8HVERLIEHN/1H0,17X,6HGOETHE)
```

folgenden Ausdruck am Anfang einer neuen Seite:

JEDEM␣REDLICHEN␣BEMUEHN
SEI␣BEHARRLICHKEIT␣VERLIEHN

GOETHE

Anstelle eines einzigen Trennzeichen-Schrägstriches kann man beliebig viele Schrägstriche hintereinander schreiben. Zwischen je zwei aufeinanderfolgenden Schrägstrichen entsteht ein leerer Satz, der wie ein Satz aus einem Leerzeichen behandelt wird. Auf diese Weise kann man beim Drucken das Vorsetzen um eine beliebige Anzahl von Zeilen veranlassen.

Formatangaben für Eingabeanweisungen. Iw ist die Formatangabe für eine INTEGER-Größe. Die nächsten w Zeichen des Eingabesatzes enthalten die Zahl, die unter dem zugehörigen Namen aus der Datenliste gespeichert wird. Leerzeichen werden wie Nullen behandelt.

Wenn LKE die Kanalnummer der Lochkarteneingabe enthält und auf der nächsten Lochkarte

␣−4␣1␣␣2345

gelocht ist, wird durch

```
      READ(LKE,100)K,L
  100 FORMAT(I7,I2)
```

der Wert − 40100 nach K und 23 nach L gebracht.

Fw.d, Ew.d, Gw.d sind für Eingabeanweisungen funktionsmäßig identische Formatangaben. Das externe Feld umfaßt w Stellen und enthält eine Zahl, die der zugehörigen REAL-Größe aus der Datenliste zugeordnet wird. Leerzeichen im externen Feld werden wie Nullen behandelt.

Das externe Feld besteht aus dem Mantissenteil und gegebenenfalls dem Exponententeil. Der Mantissenteil kann mit einem Vorzeichen eingeleitet werden und besteht weiter aus einer Reihe von Ziffern, in denen ein Dezimalpunkt enthalten sein kann. Falls das Feld auch einen Exponententeil besitzt, muß er eine der folgenden Formen aufweisen:

a) Vorzeichenbehaftete ganze Zahl
b) E, gefolgt von einer ganzen (evtl. vorzeichenbehafteten) Zahl
c) D, gefolgt von einer ganzen (evtl. vorzeichenbehafteten) Zahl

Hinsichtlich des Wertes sind E und D von gleicher Bedeutung.

Falls der Mantissenteil keinen Dezimalpunkt enthält, gelten die hinteren d Stellen dieses Teiles als hinter dem Dezimalpunkt befindlich; im anderen Falle ist d bedeutungslos.

Beispiel

Eingabesatz 4713.E2␣␣␣␣␣␣␣␣␣341034+1

Anweisung

```
      READ(LKE,12)A,B,C
   12 FORMAT(F8.2,E11.1,F5.0)
```

nachher in A: $4{,}713 \cdot 10^{23}$
B: 34,1
C: 340

Die Eingabedaten für das Sortierprogramm (Tafel 4.2) zeigen die Vielfalt der Eingabeformen.

Dw.d dient als Formatangabe, wenn der Feldinhalt unter einer DOUBLE PRECISION-Größe zu speichern ist, im übrigen gelten dieselben Regeln wie bei den Formatangaben E, F, G.

Lw wird als Formatangabe einer LOGICAL-Größe verwendet. Das w-stellige externe Feld kann mit einer Leerzeichenfolge beginnen, danach hat T (für .TRUE.) oder F (für .FALSE.) zu folgen. Der Rest des Feldes ist bedeutungslos.

Aw gibt an, daß das w-stellige externe Feld alphanumerischen Text enthält, von dem maximal g Zeichen der nächsten Variablen aus der Datenliste zugewiesen werden. Die Anzahl g der unter einem Variablennamen speicherbaren Zeichen ist anlagenabhängig. Wenn nun $w \leqq g$ gilt, werden die w Zeichen des externen Feldes linksbündig gespeichert, dahinter $g-w$ Leerzeichen. Im Falle $w > g$ werden $w-g$ Zeichen des externen Feldes übergangen und die restlichen g Zeichen gespeichert.

Beispiel mit g = 8:

Eingabesatz A12,34.5+6*7BCDE␣␣␣␣␣

Anweisung READ(LKE,9)R,S,T
9␣FORMAT(A1,A8,A12)

nachher in R: A␣␣␣␣␣␣␣
S: 12,34.5+
T: CDE␣␣␣␣␣

wH veranlaßt, daß die nächsten w Zeichen des Eingabesatzes in der FORMAT-Anweisung selbst direkt hinter H gespeichert werden. Auf die Datenliste wird hierbei kein Bezug genommen.

Beispiel:

Eingabesatz ␣11.05.74

Anweisung READ(KANALE, 10)
10␣FORMAT(9H␣BELIEBIG)

danach lautet die FORMAT-Anweisung

10 FORMAT(9H␣11.05.74)

Anstelle von wH verwenden viele Anlagen den in Apostrophs gesetzten Text. Dann wird im Beispiel aus

10␣FORMAT('␣BELIEBIG')

die Format-Anweisung

10␣FORMAT('␣11.05.74').

wX schreibt man, wenn die nächsten w Stellen des externen Satzes überlesen werden sollen. Die Satzsteuerung erfolgt bei der Eingabe genauso wie bei der Ausgabe.

W e c h s e l s p i e l z w i s c h e n E i n - / A u s g a b e a n w e i s u n g u n d z u g e - o r d n e t e r F O R M A T - A n w e i s u n g . Jedem Element der Datenliste einer E/A-Anweisung muß eine passende Formatangabe zugeordnet werden können. Hieraus darf man jedoch nicht schließen, daß eine Formatanweisung genau so viele an die Datenliste gebundene Formatangaben enthalten muß wie die Datenliste lang ist. Die Anzahl der Formatangaben kann sowohl kleiner als auch größer sein. Wenn z. B. vier REAL-Größen hintereinander im externen Satz mit der Formatangabe F8.3 erscheinen, kann man statt F8.3, F8.3, F8.3, F8.3 bequemer 4F8.3 schreiben. Anstelle von F6.1, I5, F6.1, I5 deklariert man 2(F6.1,I5). Durch Verwendung entsprechender in Klammern gesetzter W i e d e r h o l u n g s g r u p p e n läßt sich

FORMAT(L4,I1,L4,I1,A3,F5.0,L1,F5.0,L1,F5.0,L1,L4,I1,L4,I1,A3,F5.0,L1,F5.0,L1,F5.0,L1)

ersetzen durch

FORMAT(2(2(L4,I1),A3,3(F5.0,L1))).

Eine weitere Schachtelung ist nicht zulässig, da außer der Klammerstufe 0 (vorgeschriebene Klammerung hinter FORMAT) nur die Klammerstufen 1 und 2 erlaubt sind. Jeder Wiederholungsgruppe kann dabei ein Wiederholungsfaktor vorangestellt sein; wenn er fehlt, wird er als 1 angenommen.

Im Wechselspiel zwischen E/A-Anweisung und zugeordneter FORMAT-Anweisung beginnt stets die FORMAT-Anweisung. Sie arbeitet so lange, bis eine Formatangabe erreicht wird, die an die Datenliste geknüpft ist. Sollte die Datenliste erschöpft sein, beendet FORMAT sowohl den laufenden Satz als auch den Ein-/Ausgabevorgang. Wenn die Datenliste noch nicht abgearbeitet ist und das an der Reihe befindliche Element vom entsprechenden Typ ist, erfolgt die Übertragung im gewünschten Sinne. Danach arbeitet FORMAT so lange alleine weiter, bis entweder das Ende der gesamten FORMAT-Anweisung erreicht ist oder wiederum Bezug auf die Datenliste genommen wird. Im letzteren Falle wird mit der Untersuchung der noch verbliebenen Datenliste in der eben geschilderten Weise fortgefahren.

Wenn das Ende der FORMAT-Anweisung erreicht ist, wird der gegenwärtige externe Satz beendet und danach die Datenliste geprüft, ob sie vollständig verarbeitet ist. Sollte das der Fall sein, wird der Ein-/Ausgabevorgang beendet.

Stehen jedoch noch unverarbeitete Elemente in der Datenliste, wird die FORMAT-Verarbeitung wiederaufgenommen, und zwar

am Anfang der FORMAT-Anweisung, falls sie keine Wiederholungsgruppe besitzt,
am Anfang der am weitesten rechts stehenden Wiederholungsgruppe 1. Stufe, falls Widerholungsgruppen auftreten.

Im Zahlensortierungsprogramm (Tafel 4.2) heißt es (KANALA bezeichnet die Schnelldrucker-Kanalnummer):

```
      WRITE(KANALA,2)MENGE
2     FORMAT(1H1,I6,7H␣ZAHLEN)
      ...
      WRITE(KANALA,8)(ZAHL(M),M=1,MENGE)
8     FORMAT(1H0,2X,27HLISTE␣DER␣SORTIERTEN␣ZAHLEN/
    1 1H0,56(/4E17.6)/(1H1,60(/4E17.6)))
```

Angenommen, es seien MENGE = 502 Zahlen zu drucken. FORMAT-Anweisung 2 steuert an den Anfang einer neuen Seite, druckt wegen der Formatangabe I6 die Zahl aus, die unter dem ersten in der Datenliste aufgeführten Namen enthalten ist, und schreibt ␣ZAHLEN dahinter. Das Ende der FORMAT-Anweisung ist erreicht, so daß die Druckzeile beendet wird, und da keine weiteren Elemente mehr in der Datenliste stehen, geht es bei der nächsten hinter WRITE stehenden ausführbaren Anweisung (in Tafel 4.2 eine IF-Anweisung) weiter. Wenn dann die zweite WRITE-Anweisung erreicht wird, steuert die FORMAT-Anweisung 8 die Ausgabe. Das erste Zeichen des neuen Satzes ist 0, woraufhin um zwei Zeilen weitergeschaltet und am Zeilenanfang begonnen wird. Es werden zwei Leerzeichen und der Text LISTE␣DER␣SORTIERTEN␣ZAHLEN gedruckt, danach wird erneut um zwei Zeilen weitergeschaltet. Die Wiederholungsgruppe 56(/4E17.6) wird wie /4E17.6/4E17.6/4E17.6 . . . (56 mal)/4E17.6 verarbeitet. Die gegenwärtige Zeile wird daher beendet und (da ein durch E17.6 beschriebenes Feld bei dreistellig gedruckten Exponenten stets mit drei Leerzeichen beginnt) auf den Anfang der nächsten Zeile gesetzt. Dort werden die ersten vier Elemente des Bereiches ZAHL gedruckt, in der nächsten Zeile die nächsten vier, usw., bis 56 derartige Zeilen ausgegeben worden sind. Die letzte Zeile wird beendet und nun am Anfang einer neuen Seite begonnen, da der nächste Satz das Steuerzeichen 1 besitzt. Das weitere Ausdrucken geschieht jedoch erst in der zweiten Zeile, da der erste Satz sogleich hinter dem Steuerzeichen durch / beendet wird. Nunmehr werden 60 Zeilen lang je vier Elemente des Zahlenbereiches gedruckt, so daß bei Erreichen des Endes der FORMAT-Anweisung von den 502 Zahlen bereits 464 ausgedruckt sind.

Das Ende der FORMAT-Anweisung ist zwar erreicht, nicht aber das Ende der Datenliste. Folglich beginnt die FORMAT-Anweisung am Anfang der am weitesten rechts stehenden Wiederholungsgruppe 1. Stufe

(1H1,60(/4E17.6))

so daß eine neue Druckseite angefangen wird. Nachdem 9 weitere Zeilen mit je 4 Zahlen des Bereichs gedruckt sind, findet die FORMAT-Anweisung für 4E17.6 nur noch zwei Elemente der Datenliste vor. Die Formatangabe E17.6 wird zweimal verwendet, dann beendet FORMAT die laufende Zeile, da die Datenliste erschöpft ist, und schließt den Druckvorgang ab.

Formatfreie Ein-/Ausgabeanweisungen. In den bisher besprochenen Fällen stimmen die externe und die interne Darstellungsform der Daten nicht überein. Die FORMAT-Anweisung steuert die notwendige Umwandlung von der einen in die andere Form. Wenn Daten jedoch nur zeitweise in einen Hilfsspeicher (z. B. Magnetplatte oder Magnetband) gebracht werden müssen, um den Hauptspeicher zu entlasten, ist es nicht nötig, die Daten zuvor aufzubereiten, so daß die Datenumwandlung beim Rücktransport gleichfalls entfällt. Für derartige Übertragungen benutzt man die formatfreien Ein-/Ausgabeanweisungen

READ(kanalangabe) datenliste
WRITE(kanalangabe) datenliste

Die Datenmenge, die durch eine WRITE-Anweisung übertragen wird, bildet hierbei einen Satz. Durch jede formatfreie READ-Anweisung wird ein ganzer Satz gelesen, auch wenn ihre Datenliste nicht alle Daten des Satzes nennt. Fehlt daher bei der formatfreien READ-Anweisung die Datenliste völlig, so wird damit einfach ein Satz überschlagen.

Ergänzende Anweisungen für die Ein- und Ausgabe. Bei beiden Arten der READ- und WRITE-Statements werden die einzelnen Sätze nacheinander übertragen, die Dateien werden also sequentiell verarbeitet. Einige externe Medien, z. B. Magnetband- und Magnetplattengeräte, bieten dabei die Möglichkeit, Dateien auch rückwärts zu lesen, also auf Sätze zurückzugreifen, die schon verarbeitet sind.

REWIND kanalangabe bewirkt, daß auf den Anfang der Datei positioniert wird.

BACKSPACE kanalangabe setzt auf den Anfang des vorangegangenen Satzes zurück. Wenn vorher schon der Dateianfang positioniert war, bleibt diese Anweisung wirkungslos.

ENDFILE kanalangabe veranlaßt die Markierung des Dateiendes.

Bei sequentieller Verarbeitung erhält man nur dadurch Zugriff zum gewünschten Satz, daß man alle Sätze, die zwischen ihm und dem momentan zur Verarbeitung anstehenden Satz liegen, Schritt für Schritt durchgeht. Wenn sich die Datei auf einem Speicher mit Direktzugriff, z. B. einem Magnetplattenspeicher, befindet, ist dieser Weg unnötig zeitaufwendig. FORTRAN bietet Möglichkeiten für die direkte Verarbeitung von Dateien. Man informiert sich darüber im einzelnen im FORTRAN-Handbuch der benutzten Anlage. Jede Datei, für die man einen direkten Zugriff zu den einzelnen Sätzen wünscht, muß in einer DEFINE FILE-

Anweisung eigens vereinbart werden, in der Angaben über die Dateinumerierung, die maximale Satzanzahl, die maximale Satzlänge, die Formatierung der Sätze und die Satznummerkennzeichnung zu machen sind. Die betreffenden READ/WRITE-Anweisungen enthalten neben den üblichen Spezifikationen zusätzlich die gewünschte Satznummer. Man kann die Zugriffszeiten zusätzlich reduzieren, indem man rechtzeitig vor READ/WRITE eine entsprechende FIND-Anweisung gibt.

4.1.6. Prozeduren und Unterprogramme. Bei der Analyse eines Problems stellt man häufig fest, daß an verschiedenen Stellen Berechnungen nach übereinstimmender Vorschrift auszuführen sind. Es wäre unrationell, die entsprechenden Programmteile, die sich meistens nur in der Bezeichnung der darin vorkommenden Größen unterscheiden, einzeln zu erstellen. Vielfach gibt es auch Programmabschnitte, die man wörtlich aus anderen Programmen übernehmen könnte. In solchen und ähnlichen Fällen programmiert man die entsprechenden Teile in Form von Prozeduren.

FORTRAN bietet verschiedene Prozedurarten: Die wichtigsten Funktionen sind im Übersetzer schon enthalten und brauchen nur noch aufgerufen zu werden (eingebaute Funktionen). Eigene Funktionen kann man entweder als Formelfunktionen oder als FUNCTION-Unterprogramme erstellen. Prozeduren, die nicht den Charakter von Funktionen mit einem einzigen Ergebnis haben, lassen sich schließlich in Form von SUBROUTINE-Unterprogrammen formulieren.

Unterprogramme werden grundsätzlich als selbständige Einheiten getrennt vom Anwenderprogramm (Hauptprogramm) übersetzt – entweder auch zu verschiedenen Zeiten, so daß die übersetzten Programme zum Zeitpunkt der Programmausführung vom Binderprogramm im Betriebssystem der Anlage zu einem ablauffähigen Gesamtprogramm zusammengesetzt werden müssen, oder in einem gemeinsamen Übersetzungsvorgang mit anschließendem automatischen Binden.
Bei getrennt übersetzten Programmen kann es niemals durch eine unbeabsichtigte Übereinstimmung der Bezeichnung von Variablen zu Kollisionen kommen, da nach der Übersetzung alle Namen durch die Speicheradressen der Variablen ersetzt sind.

Funktionsaufrufe sind in arithmetischen bzw. logischen Ausdrücken erlaubt. Sie werden wie Variablenbezeichnungen behandelt und bestehen aus dem Funktionsnamen und der in Klammern stehenden Liste der aktuellen Parameter, die wiederum Ausdrücke, gelegentlich auch Funktionsnamen, sein können. Die einzelnen aktuellen Parameter werden durch Kommas getrennt; sie müssen in Typ und Anzahl zur Funktion „passen". Innerhalb eines Ausdrucks hat die Funktionsberechnung natürlich sogar Vorrang vor der Potenzierung.

SUBROUTINE-Aufrufe erfolgen in eigenen CALL-Anweisungen mit Angabe des gewünschten SUBROUTINE-Namens und (bei Bedarf) einer geklammerten Liste der aktuellen Parameter.

Eingebaute Funktionen. Die Menge der eingebauten Funktionen hängt vom Umfang des Übersetzers ab. Man tut gut daran, den Katalog der verfügbaren Funktionen im FORTRAN-Handbuch der verwendeten Anlage zu studieren. Mindestens die in Tafel 4.3 genannten Funktionen stehen zur Verfügung.

Formelfunktionen. Wenn ein Programm an mehreren Stellen die Berechnung einer nicht eingebauten Funktion verlangt, kann der Programmierer diese Funktion selbst definieren. Besteht die Funktionsberechnung nur aus einem einzigen Ausdruck, so bietet sich die Erklärung als Formelfunktion an. Dies geschieht in einer an den Programmanfang gestellten Ergibtanweisung, deren linke Seite aus dem Funktionsnamen und der geklammerten Liste der Argumente, deren rechte Seite aus dem Ausdruck zur Funktionsberechnung besteht. Die

Tafel 4.3 Eingebaute Funktionen in BASIC FORTRAN

Definition (a = Argument)	Anzahl der Argumente	Funktions-name	Argument-typ	Typ des Funk-tionswertes
e^a	1	EXP	REAL	REAL
ln a	1	ALOG	REAL	REAL
sin a	1	SIN	REAL	REAL
cos a	1	COS	REAL	REAL
arctan a	1	ATAN	REAL	REAL
tanh a	1	TANH	REAL	REAL
$\sqrt{a}$	1	SQRT	REAL	REAL
$\|a\|$	1	ABS	REAL	REAL
$\|a\|$	1	IABS	INTEGER	INTEGER
Typumwandlung	1	FLOAT	INTEGER	REAL
Typumwandlung ohne Rundung	1	IFIX	FLOAT	INTEGER
$\|a_1\| \cdot$ Vorzeichen (a_2)	2	SIGN	FLOAT	FLOAT[1])
$\|a_1\| \cdot$ Vorzeichen (a_2)	2	ISIGN	INTEGER	INTEGER[1])

verwendeten Argumentnamen sind hierin als Attrappen anzusehen, die nur dazu dienen, Typ, Anzahl und Reihenfolge späterer echter Argumente zu kennzeichnen. In der Definition einer Formelfunktion können alle eingebauten Funktionen, die externen Funktionen und solche Formelfunktionen, die davor schon definiert worden sind, aufgerufen werden. Formelfunktionen gelten nur in dem Programm als bekannt, das auch ihre Definition enthält.

P r o g r a m m - B e i s p i e l . Tafel 4.4 enthält ein Programm in BASIC-FORTRAN zur Berechnung einer Sternersatzschaltung zu einer Dreieckschaltung. Um die dabei auftretenden Multiplikationen und Divisionen komplexer Zahlen übersichtlich zu gestalten, wird eine Umrechnung der komplexen Zahlen aus der Nebenform in ihre Hauptform vorgenommen

$$x + jy = r \cdot e^{j\varphi}$$

Diese Umwandlung kommt im Programm mehrfach vor, deswegen werden zu Beginn des Programms die beiden Formelfunktionen BETRAG(X,Y) zur r-Berechnung und WINKEL(X,Y) zur φ-Berechnung definiert. Wie man sieht, gelingt letztere nur mit Mühe in einem einzigen Ausdruck. Im Falle X = 0 erfolgen sogar Divisionen durch Null mit undefiniertem Ergebnis, ohne allerdings Schaden anzurichten, da anschließend mit Null multipliziert wird mit dem Resultat Null: Der Ausdruck 1./X * X liefert das Resultat Eins, wenn $X \neq 0$ gilt, und Null, falls X = 0 ist. Hier wird der Umstand ausgenutzt, daß in FORTRAN Zahlenüberläufe und Divisionen durch Null nicht automatisch zu Programmunterbrechungen führen. Mit Hilfe der häufig eingebauten Unterprogramme OVERFL bzw. DVCHK kann man sich jedoch anzeigen lassen, ob Überlauf oder Division durch Null eingetreten ist.

FUNCTION- U n t e r p r o g r a m m e . Bei Formelfunktionen kann es von Nachteil sein, daß sie über ihr eigenes Programm hinaus nur dadurch bekanntgemacht werden können, daß man

[1]) Nur definiert für $a_2 \neq 0$.

Tafel 4.4 Dreieck-Stern-Umwandlung

```
C       DREIECK-STERN-UMWANDLUNG
        DIMENSION ZND (2, 3), ZHS (2, 3), ZNS (2, 3)
        BETRAG (X, Y) = SQRT (X * X + Y * Y)
        WINKEL (X, Y) = (ATAN (Y/X) + (1. − SIGN (1., X)) * 1.570796)/X * X
      1                + (1. − 1./X * X) * SIGN (1.57096, Y)
        KANALE = 10
        KANALA = 7
        READ (KANALE, 1) ZND
    1   FORMAT (2F20.6)
        R = BETRAG (ZND (1, 1) + ZND (1, 2) + ZND (1, 3), ZND (2, 1) + ZND (2, 2)
      1   + ZND (2, 3))
        IF (R) 2, 2, 4
    2   WRITE (KANALA, 3) ZND
    3   FORMAT (3 (2E20.6/), 27HOSTERNUMWANDLUNG UNMOEGLICH)
        STOP
    4   W = WINKEL (ZND (1, 1) + ZND (1, 2) + ZND (1, 3), ZND (2, 1) + ZND (2, 2)
      1   + ZND (2, 3))
        DO 5 I = 1,3
        I1 = I + 1 − I/3 * 3
        I2 = I + 2 − (I + 1)/3 * 3
        ZHS (1, I) = BETRAG (ZND (1, I1), ZND (2, I1)) * BETRAG (ZND (1, I2),
      1    ZND (2, I2))/R
        ZHS (2, I) = WINKEL (ZND (1, I1), ZND (2, I1)) + WINKEL (ZND (1, I2),
      1    ZND (2, I2)) − W
        ZNS (1, I) = ZHS (1, I) * COS (ZHS (2, I))
    5   ZNS (2, I) = ZHS (1, I) * SIN (ZHS (2, I))
        WRITE (KANALA, 6) ZND, ZNS
    6   FORMAT (36H1VORGEGEBENE WIDERSTAENDE IM DREIECK//
      1 3 (E 15.6, 4H + J *, E 15.6, 4H OHM/), 25HOGEGENUEBERLIEGENDE WIDER
      2 7HSTAENDE,
      3 9H IM STERN//3 (E15.6, 4H + J *, E15.6, 4H OHM/))
        STOP
        END
```

Eingabe:

5.	−1.769
1.	0.942
2.	−0.909

Ausgabe:

```
VORGEGEBENE WIDERSTAENDE IM DREIECK

 0.500000E + 001  + J *  −0.176900E + 001  OHM
 0.100000E + 001  + J *   0.942000E + 001  OHM
 0.200000E + 001  + J *  −0.909000E + 001  OHM

GEGENUEBERLIEGENDE WIDERSTAENDE IM STERN

 0.315720E + 001  + J *   0.190386E + 000  OHM
 0.121121E + 001  + J *  −0.747542E + 000  OHM
 0.719638E + 000  + J *   0.523786E + 000  OHM
```

Tafel 4.5 Biegelinie eines Trägers mit Streckenlast

```
C     BIEGELINIE EINES BEIDSEITIG AUFGELAGERTEN TRAEGERS
C     MIT STRECKENLAST
      DIMENSION C0 (5), C1 (5), C2 (5), C3 (5)
      C0 (1) = 1.
      C0 (2) = - 2.
      C0 (3) = 0.
      C0 (4) = 1.
      C0 (5) = 0.
      C1 (1) = 4.
      C1 (2) = - 6.
      C1 (3) = 0.
      C1 (4) = 1.
      C2 (1) = 12.
      C2 (2) = - 12.
      C2 (3) = 0.
      C3 (1) = 24.
      C3 (2) = - 12.
      KANALE = 10
      KANALA = 7
      READ (KANALE, 1) Q0, E, AI, AL, A, B, H
    1 FORMAT (7F10.0)
      WRITE (KANALA, 2) Q0, AI, E, AL, A, B, H
    2 FORMAT (51H1BIEGELINIE EINES BEIDSEITIG AUFGELAGERTEN TRAEGERS,
     1 17H MIT STRECKENLAST//4H Q0=, F6.2, 6H KP/CM, 7X, 2HI=, F8.1,
     2 6H CM ** 4,5X, 2HE=, E13.5, 9H KP/CM ** 2/3H L=, F7.1, 3H CM, 7X, 2HA=,F7.1,
     3 3H CM, 6X, 2HB=, F7.1, 3H CM, 6X, 2HH=, F7.1, 3H CM//)
      IF (Q0) 3, 3, 5
    3 WRITE (KANALA, 4)
    4 FORMAT (14H EINGABEFEHLER)
      STOP
    5 IF (E) 3, 3, 6
    6 IF (AI) 3, 3, 7
    7 IF (AL) 3, 3, 8
    8 IF ((A - B) * H) 9, 3, 3
    9 WIRTE (KANALA, 10)
   10 FORMAT (4X, 4HX/CM, 7X, 4HY/CM, 12X, 2HY', 11X, 6HY'' * CM, 8X,
     1 10HY''' * CM * * 2/)
      FAKTOR = Q0 * AL * * 4/(24. * E * AI)
      Z = A/AL
   12 X = Z * AL
      Y = FAKTOR * HORNER (4, C0, Z)
      YS = FAKTOR * HORNER (3, C1, Z)/AL
      YSS = FAKTOR * HORNER (2, C2, Z)/AL * * 2
      YSSS = FAKTOR * HORNER (1, C3, Z)/AL * * 3
      PX = X + 0.05
      WRITE (KANALA, 11) PX, Y, YS, YSS, YSSS
   11 FORMAT (1X, F7.1, 4E15.6)
      Z = Z + H/AL
      IF (Z - B/AL) 12, 12, 13
   13 STOP
      END

C     HORNER-SCHEMA
      FUNCTION HORNER (N, PKOEFF, ARG)
```

```
      DIMENSION PKOEFF (5)
      M = N + 1
      HORNER = 0.
      DO 1 I = 1, M
    1 HORNER = HORNER * ARG + PKOEFF (I)
      RETURN
      END
```

Eingabe:

⊔⊔⊔⊔⊔⊔⊔⊔⊔2⊔⊔⊔⊔⊔⊔1.E5⊔⊔⊔⊔⊔⊔1940⊔⊔⊔⊔⊔⊔⊔600⊔⊔⊔⊔⊔⊔⊔⊔⊔0⊔⊔⊔⊔⊔⊔⊔600⊔⊔⊔⊔⊔⊔⊔⊔10

Ausgabe:

BIEGELINIE EINES BEIDSEITIG AUFGELAGERTEN TRAEGERS MIT STRECKENLAST

Q0 = 2.00 KP/CM I = 1940.0 CM * * 4 E = 0.10000E + 006 KP/CM * * 2
L = 600.0 CM A = 0.0 CM B = 600.0 CM H = 10.0 CM

X/CM	Y/CM	Y'	Y'' * CM	Y''' * CM * * 2
0.0	0.000000E + 000	0.927835E - 001	0.000000E + 000	-0.309278E - 005
10.0	0.927324E + 000	0.926306E - 001	-0.304123E - 004	-0.298969E - 005
20.0	0.185161E + 001	0.921787E - 001	-0.597938E - 004	-0.288659E - 005
30.0	0.276993E + 001	0.914381E - 001	-0.881443E - 004	-0.278350E - 005
40.0	0.367945E + 001	0.904192E - 001	-0.115463E - 003	-0.268041E - 005
50.0	0.457742E + 001	0.891323E - 001	-0.141752E - 003	-0.257732E - 005
60.0	0.546123E + 001	0.875876E - 001	-0.167010E - 003	-0.247422E - 005
70.0	0.632835E + 001	0.857955E - 001	-0.191237E - 003	-0.237113E - 005
80.0	0.717635E + 001	0.837663E - 001	-0.214433E - 003	-0.226804E - 005
90.0	0.800292E + 001	0.815103E - 001	-0.236598E - 003	-0.216494E - 005
100.0	0.880583E + 001	0.790378E - 001	-0.257732E - 003	-0.206185E - 005
110.0	0.958299E + 001	0.763591E - 001	-0.277835E - 003	-0.195876E - 005
120.0	0.103323E + 002	0.734845E - 001	-0.296907E - 003	-0.185567E - 005
130.0	0.110520E + 002	0.704244E - 001	-0.314948E - 003	-0.175257E - 005
140.0	0.117402E + 002	0.671890E - 001	-0.331958E - 003	-0.164948E - 005
150.0	0.123952E + 002	0.637886E - 001	-0.347938E - 003	-0.154639E - 005
160.0	0.130155E + 002	0.602337E - 001	-0.362886E - 003	-0.144330E - 005
170.0	0.135994E + 002	0.565343E - 001	-0.376804E - 003	-0.134020E - 005
180.0	0.141457E + 002	0.527010E - 001	-0.389690E - 003	-0.123711E - 005
190.0	0.146530E + 002	0.487440E - 001	-0.401546E - 003	-0.113402E - 005
200.0	0.151202E + 002	0.446735E - 001	-0.412371E - 003	-0.103092E - 005
210.0	0.155462E + 002	0.405000E - 001	-0.422165E - 003	-0.927836E - 006
220.0	0.159299E + 002	0.362337E - 001	-0.430927E - 003	-0.824744E - 006
230.0	0.162706E + 002	0.318849E - 001	-0.438659E - 003	-0.721651E - 006
240.0	0.165674E + 002	0.274639E - 001	-0.445360E - 003	-0.618558E - 006
250.0	0.168196E + 002	0.229811E - 001	-0.451030E - 003	-0.515465E - 006
260.0	0.170268E + 002	0.184468E - 001	-0.455670E - 003	-0.412373E - 006
270.0	0.171884E + 002	0.138712E - 001	-0.459278E - 003	-0.309280E - 006
280.0	0.173041E + 002	0.926466E - 002	-0.461855E - 003	-0.206187E - 006
290.0	0.173737E + 002	0.463753E - 002	-0.463402E - 003	-0.103095E - 006
300.0	0.173969E + 002	0.884852E - 007	-0.463917E - 003	-0.245792E - 011
310.0	0.173737E + 002	-0.463738E - 002	-0.463402E - 003	0.103090E - 006
320.0	0.173041E + 002	-0.926454E - 002	-0.461856E - 003	0.206182E - 006
330.0	0.171884E + 002	-0.138710E - 001	-0.459278E - 003	0.309275E - 006
340.0	0.170268E + 002	-0.184466E - 001	-0.455670E - 003	0.412368E - 006
350.0	0.168197E + 002	-0.229810E - 001	-0.451031E - 003	0.515460E - 006

360.0	0.165674E +002	−0.274638E −001	−0.445361E −003	0.618553E −006
370.0	0.162706E +002	−0.318848E −001	−0.438660E −003	0.721646E −006
380.0	0.159299E +002	−0.362336E −001	−0.430928E −003	0.824738E −006
390.0	0.155462E +002	−0.404999E −001	−0.422165E −003	0.927831E −006
400.0	0.151202E +002	−0.446734E −001	−0.412371E −003	0.103092E −005
410.0	0.146531E +002	−0.487439E −001	−0.401546E −003	0.113401E −005
420.0	0.141457E +002	−0.527009E −001	−0.389691E −003	0.123710E −005
430.0	0.135995E +002	−0.565343E −001	−0.376804E −003	0.134020E −005
440.0	0.130155E +002	−0.602336E −001	−0.362887E −003	0.144329E −005
450.0	0.123953E +002	−0.637886E −001	−0.347938E −003	0.154638E −005
460.0	0.117402E +002	−0.671889E −001	−0.331959E −003	0.164948E −005
470.0	0.110520E +002	−0.704243E −001	−0.314949E −003	0.175257E −005
480.0	0.103323E +002	−0.734845E −001	−0.296908E −003	0.185566E −005
490.0	0.958301E +001	−0.763590E −001	−0.277836E −003	0.195875E −005
500.0	0.880586E +001	−0.790377E −001	−0.257733E −003	0.206185E −005
510.0	0.800295E +001	−0.815103E −001	−0.236598E −003	0.216494E −005
520.0	0.717638E +001	−0.837663E −001	−0.214434E −003	0.226803E −005
530.0	0.632838E +001	−0.857955E −001	−0.191238E −003	0.237112E −005
540.0	0.546126E +001	−0.875876E −001	−0.167011E −003	0.247422E −005
550.0	0.457745E +001	−0.891323E −001	−0.141753E −003	0.257731E −005
560.0	0.367948E +001	−0.904192E −001	−0.115465E −003	0.268040E −005
570.0	0.276997E +001	−0.914381E −001	−0.881457E −004	0.278349E −005
580.0	0.185165E +001	−0.921787E −001	−0.597954E −004	0.288659E −005
590.0	0.927365E +000	−0.926306E −001	−0.304139E −004	0.298968E −005
600.0	0.398183E −004	−0.927836E −001	−0.176970E −008	0.309277E −005

sie erneut definiert. Wenn die Erklärung statt dessen in einem eigenen, unabhängig übersetzten Unterprogramm erfolgt, besteht die Möglichkeit, daß spätere Anwender lediglich das Objektprogramm ihrem eigenen anfügen. Definition und Verwendung eines FUNCTION-Unterprogramms zeigt das Programm-Beispiel in Tafel 4.5. Bei der Berechnung der Biegelinie eines beidseitig aufgelagerten Trägers mit Streckenlast müssen verschiedentlich Funktionswerte ganzer rationaler Funktionen berechnet werden[1]). Ein solches Problem taucht mit Sicherheit auch in vielen anderen Zusammenhängen auf; daher ist es günstig, die Berechnung (hier das Horner-Schema) in ein FUNCTION-Unterprogramm zu verlagern.

Die Polynomkoeffizienten denkt man sich hierbei zweckmäßig als Elemente eines eindimensionalen Bereichs gespeichert, dessen Name samt dem Polynomgrad und dem Funktionsargument zu übergeben sind. Im konkreten Fall wird man den Koeffizientenbereich allerdings nicht so eng dimensionieren; wenn die volle FORTRAN-Sprache zur Verfügung steht, sollte man den Bereich im FUNCTION-Unterprogramm sogar „angepaßt", d. h. mit variabler Dimensionsangabe, definieren. Als erstes Funktionsargument wählt man dann den um Eins erhöhten Polynomgrad

```
      FUNCTION HORNER (M,PKOEFF,ARG)
      DIMENSION PKOEFF(M)
      HORNER = 0.
      DO 1 I=1,M
    1 HORNER=HORNER*ARG+PKOEFF(I)
      RETURN
      END
```

Der Typ des Funktionswertes richtet sich nach dem Funktionsnamen, kann aber auch explizit

[1]) S. Abschn. 4.2.11.3.

im FUNCTION-Statement vereinbart werden, z. B.

INTEGER FUNCTION ANZAHL(parameterliste)
oder REAL FUNCTION KAPPA(parameterliste)
oder LOGICAL FUNCTION MERKER(parameterliste)
oder DOUBLE PRECISION FUNCTION DETERM(parameterliste)
oder COMPLEX FUNCTION LOG(parameterliste)

Jede Parameterliste muß mindestens einen Parameter enthalten. Als formale Parameter im Unterprogramm können nichtindizierte Variablen, Bereiche und Namen anderer Unterprogramme verwendet werden. Die beim Aufruf im Anwenderprogramm zu nennenden aktuellen Parameter müssen zu den entsprechenden formalen passen; sie können in Form von Ausdrücken, aber auch als Bereichs- bzw. Unterprogrammnamen auftreten. Die Zuweisung des Funktionswertes erfolgt im Unterprogramm durch Ergibtanweisungen an den Funktionsnamen ohne Parameterliste. RETURN veranlaßt den Rücksprung in das aufrufende Programm. Ein Unterprogramm kann mehrere RETURN-Anweisungen enthalten, aber nur ein END-Statement zur Kennzeichnung des physischen Endes des Unterprogramms.

Tafel 4.6 zeigt ein Programm zur Berechnung des Strahlungsflusses Φ aus dem Sichtloch eines Hochofens gemäß

$$\Phi = \pi \cdot A \cdot \int_{\lambda_1}^{\lambda_2} \frac{c^2 \cdot h}{\lambda^5 \cdot [\exp(c \cdot h/k \cdot T \cdot \lambda) - 1]} d\lambda$$

(Lichtgeschwindigkeit c, Plancksches Wirkungsquantum h, Boltzmann-Konstante k, absolute Temperatur T, Wellenlängenbereich $\lambda_1 \leqq \lambda \leqq \lambda_2$, Strahlfläche A)

Die Einteilung der Datenkarten und die Einheitenwahl der Eingabegrößen entnimmt man Tafel 4.7. Das Druckbild für die Schnelldruckerausgabe (Tafel 4.8) gibt einen Eindruck von der Ausgabeform. Die Eingabegrößen werden darin in unveränderten Einheiten, der errechnete Strahlungsfluß in W protokolliert. Das Integral wird mit der Simpson-Regel, also durch Unterteilung des Integrationsintervalls in eine wählbare Anzahl von Teilintervallen und intervallweises Ersetzen der Kurve durch Parabelbögen, näherungsweise berechnet.

Die Simpson-Regel ist als FUNCTION-Unterprogramm SIMPS geschrieben und steht damit auch für andere Integrationsaufgaben zur Verfügung. Das Programm muß bei seinem Aufruf mit der Intervallzahl, der unteren und oberen Integrationsgrenze und dem Namen der zu integrierenden Funktion versorgt werden. Die Berechnung des Integranden erfolgt im FUNCTION-Unterprogramm FUNKT, dessen Parameterliste wegen des Aufrufes in SIMPS nur aus dem Funktionsargument bestehen kann. Das Hauptprogramm ist so allgemein wie möglich geschrieben worden und kann für ganz andere Integrationsaufgaben ebenfalls verwendet werden, indem man nur das Programm FUNKT auswechselt. Daher ist der Text der Seitenüberschrift auch nicht festgelegt, sondern wird der ersten Datenkarte entnommen. Der Name FUNKT erscheint nur im SIMPS-Aufruf und bedarf daher einer besonderen EXTERNAL-Vereinbarung, da der Kompilierer beim Übersetzen des Hauptprogramms sonst FUNKT für den Namen einer REAL-Variablen halten müßte, und das Unterprogramm FUNKT beim Binden der einzelnen Programme zum ablauffähigen Anwenderprogramm folglich gar nicht hinzugezogen würde.

Eine gewisse Schwierigkeit bereiten die funktionsspezifischen Parameter T und A, die vom Unterprogramm FUNKT gelesen werden müssen, da das allgemein angelegte Hauptprogramm weder Anzahl noch Art der Parameter kennt. Es kann allenfalls die Existenz neuer Parameterwerte durch eine „Schalterstellung" weitermelden. FUNKT hat die Pflicht, diesen Schalter

Tafel 4.6 Strahlungsfluß aus dem Sichtloch eines Hochofens

```
C       SIMPSON-INTEGRATION EINER BELIEBIGEN FUNKTION
C       1. LOCHKARTE SP. 1–80 UEBERSCHRIFT
C       2. LOCHKARTE SP. 1    =1= FUNKTIONSPARAMETER LESEN
C                             =0= DIE BISHERIGEN PARAMETER VERWENDEN
C                             =9= ENDE DER BERECHNUNG
C                   SP. 2–6   ANZAHL DER TEILINTERVALLE
C                   SP. 7–21  UNTERE INTEGRATIONSGRENZE
C                   SP. 22–36 OBERE INTEGRATIONSGRENZE
C       WEITERE KARTEN NUR, FALLS SP. 1=1, DANN LIEST DAS
C       FUNKTIONSUNTERPROGRAMM DIE FUNKTIONSPARAMETER
        COMMON KA, KANALE, KANALA, LINIE
        EXTERNAL FUNKT
        DIMENSION TEXT (10)
        KANALE = 10
        KANALA = 7
        READ (KANALA, 1) TEXT
   1    FORMAT (10A8)
  11    WRITE (KANALA, 2) TEXT
   2    FORMAT (1H1, 10A8///)
        LINIE = 0
  10    READ (KANALE, 3) KA, N, XA, XB
   3    FORMAT (I1, I5, 2F15.0)
        IF (KA – 2) 4, 5, 5
   5    STOP
   4    IF (N) 6, 6, 7
   6    WRITE (KANALA, 8)
   8    FORMAT (14H EINGABEFEHLER)
        STOP
   7    XINTEG = SIMPS (N, XA, XB, FUNKT)
        WRITE (KANALA, 9) N, XA, XB, XINTEG
   9    FORMAT (15H SCHRITTANZAHL=, I5/15H UNTERE GRENZE=, E14.6,
     1       16H      OBERE GRENZE=, E14.6/15H INTEGRALWERT=, E14.6///)
        LINIE = LINIE + 6
        IF (LINIE – 60) 10, 11, 11
        END

C       UNTERPROGRAMM SIMPSON-INTEGRATION EINER BELIEBIGEN FUNKTION
        FUNCTION SIMPS (N, A, B, F)
        H = (B – A)/(2. * N)
        SIMPS = 0.
        K = 2 * N – 1
        DO 1 I = 1, K, 2
        X = A + I * H
   1    SIMPS = SIMPS +F (X – H) + 4. * F (X) + F (X + H)
        SIMPS = SIMPS * H/3.
        RETURN
        END

C       SPEKTRALER STRAHLUNGSFLUSS EINES SCHWARZEN KOERPERS
C       ALS FUNKTION DER WELLENLAENGE
        FUNCTION FUNKT (LAMBDA)
        REAL LAMBDA
        COMMON MERKER, KANALE, KANALA, L
        IF (MERKER) 1, 2, 1
```

```
1     READ (KANALE, 3) T, A
3     FORMAT (2F15.0)
      WRITE (KANALA, 4) T, A
4     FORMAT (15H TEMPERATUR=, E14.6, 16H STRAHLFLAECHE=, E14.6/)
      L = L + 2
      MERKER = 0
2     FUNKT = 3.141593 * A * 2.997925E8 * * 2 * 6.6256E - 34/(LAMBDA * * 5*
     1   (EXP (2.997925E8 * 6.6256E - 34/(1.380535E - 23 * T * LAMBDA)) - 1.))
      RETURN
      END
```

Eingabe:

```
STRAHLUNGSFLUSS AUS DEM SICHTLOCH EINES HOCHOFENS

1|  1|          0.863E-6|         2.015E-6|
             2000|            0.001|
0| 10|          0.863E-6|         2.015E-6|
0| 20|          0.863E-6|         2.015E-6|
1|  5|          0.863E-6|         2.015E-6|
             2500|            0.001|
0| 10|          0.863E-6|         2.015E-6|
0| 10|          0.800E-6|         2.500E-6|
9
```

Ausgabe:

```
STRAHLUNGSFLUSS AUS DEM SICHTLOCH EINES HOCHOFENS

     TEMPERATUR = 0.200000E + 004    STRAHLFLAECHE = 0.100000E - 002

SCHRITTANZAHL =    1
UNTERE GRENZE = 0.862999E - 006      OBERE GRENZE = 0.201499E - 005
  INTEGRALWERT = 0.207385E + 003

SCHRITTANZAHL =   10
UNTERE GRENZE = 0.862999E - 006      OBERE GRENZE = 0.201499E - 005
  INTEGRALWERT = 0.206437E + 003

SCHRITTANZAHL =   20
UNTERE GRENZE = 0.862999E - 006      OBERE GRENZE = 0.201499E - 005
  INTEGRALWERT = 0.206436E + 003

     TEMPERATUR = 0.250000E + 004    STRAHLFLAECHE = 0.100000E - 002

SCHRITTANZAHL =    5
UNTERE GRENZE = 0.862999E - 006      OBERE GRENZE = 0.201499E - 005
  INTEGRALWERT = 0.603826E + 003

SCHRITTANZAHL =   10
UNTERE GRENZE = 0.862999E - 006      OBERE GRENZE = 0.201499E - 005
  INTEGRALWERT = 0.603822E + 003

SCHRITTANZAHL =   10
UNTERE GRENZE = 0.799999E - 006      OBERE GRENZE = 0.249999E - 005
  INTEGRALWERT = 0.765491E + 003
```

Tafel 4.7 Karteneinteilung

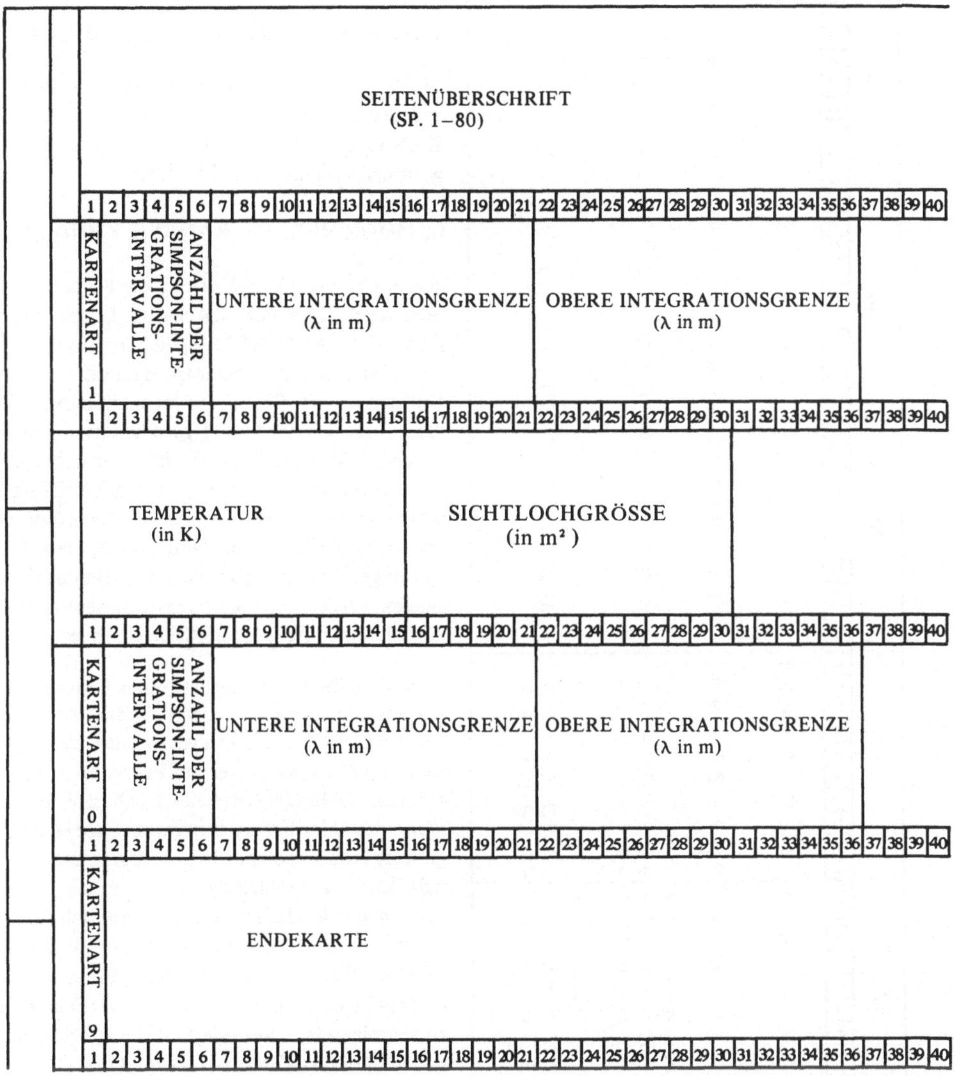

SEITENÜBERSCHRIFT
(SP. 1–80)

1 2 3 4 5 6 7 8 9 10 11 12 13 14 15 16 17 18 19 20 21 22 23 24 25 26 27 28 29 30 31 32 33 34 35 36 37 38 39 40

KARTENART 1 | ANZAHL DER SIMPSON-INTEGRATIONS-INTERVALLE | UNTERE INTEGRATIONSGRENZE (λ in m) | OBERE INTEGRATIONSGRENZE (λ in m)

1 2 3 4 5 6 7 8 9 10 11 12 13 14 15 16 17 18 19 20 21 22 23 24 25 26 27 28 29 30 31 32 33 34 35 36 37 38 39 40

TEMPERATUR (in K) | SICHTLOCHGRÖSSE (in m²)

1 2 3 4 5 6 7 8 9 10 11 12 13 14 15 16 17 18 19 20 21 22 23 24 25 26 27 28 29 30 31 32 33 34 35 36 37 38 39 40

KARTENART 0 | ANZAHL DER SIMPSON-INTEGRATIONS-INTERVALLE | UNTERE INTEGRATIONSGRENZE (λ in m) | OBERE INTEGRATIONSGRENZE (λ in m)

1 2 3 4 5 6 7 8 9 10 11 12 13 14 15 16 17 18 19 20 21 22 23 24 25 26 27 28 29 30 31 32 33 34 35 36 37 38 39 40

KARTENART 9 | ENDEKARTE

1 2 3 4 5 6 7 8 9 10 11 12 13 14 15 16 17 18 19 20 21 22 23 24 25 26 27 28 29 30 31 32 33 34 35 36 37 38 39 40

nach Lesen der Daten sofort zurückzustellen, da erst nach einer Reihe von FUNKT-Aufrufen, nämlich nach Beendigung von SIMPS, im Hauptprogramm fortgefahren wird.

Diese geheime Verständigung der Programme untereinander wird durch Speicherung der betreffenden Daten im COMMON-Bereich möglich. Hierunter versteht man einen Daten-Speicherteil, dessen Lage allen Programmen grundsätzlich bekannt ist. Den in der COMMON-Vereinbarung eines Programms aufgeführten Variablen werden in dieser Reihenfolge Speicherplätze im COMMON-Bereich zugewiesen.

Tafel 4.8 Druckbild

```
0         10        20        30        40        50
1234567890123456789012345678901234567890123456789012345678 9
STRAHLUNGSFLUSS AUS DEM SICHTLOCH EINES HOCHOFENS
    TEMPERATUR=-0.999999E+999    STRAHLFLAECHE=-0.999999E+999
SCHRITTANZAHL=----9
UNTERE GRENZE=-0.999999E+999   OBERE GRENZE=-0.999999E+999
 INTEGRALWERT=-0.999999E+999
SCHRITTANZAHL=----9
UNTERE GRENZE=-0.999999E+999   OBERE GRENZE=-0.999999E+999
 INTEGRALWERT=-0.999999E+999
```

So bedeutet

```
COMMON KA, KANALE, KANALA, LINIE
```

die Zuweisung der COMMON-Speicherplätze mit den Nummern 1 bis 4 an die Variablen KA, KANALE, KANALA, LINIE des Hauptprogramms. – Wenn nun in FUNKT

```
COMMON MERKER, KANALE, KANALA, L
```

vereinbart wird, beziehen sich die Namen MERKER, KANALE, KANALA, L hier ebenfalls auf diese COMMON-Speicherplätze Nr. 1 bis 4. Wird daher im Hauptprogramm, um das Vorliegen neuer Parameterwerte zu kennzeichnen, unter KA der Wert 1 gespeichert, so hat in FUNKT die Variable MERKER ebenfalls den Wert 1. Daraufhin liest und druckt FUNKT bei seinem ersten Aufruf die neuen Parameterwerte und stellt MERKER auf Null, so daß diese Anweisungen bei den folgenden Aufrufen übergangen werden. Erst die nächste Datenkarte kann KA und damit MERKER verändern.

Man kann die Parameterliste eines Unterprogramms häufig sehr verkürzen, indem Anwender- und Unterprogramm verabreden, die meisten aktuellen Parameter auf bestimmten Plätzen des COMMON-Bereiches zu übergeben. Wenn das ablauffähige Programm dabei eine größere Anzahl solcher Unterprogramme enthält, kann die COMMON-Liste ziemlich lang und unübersichtlich sein, unverständlich insbesondere in den Unterprogrammen, da die COMMON-Liste stets von Anfang bis zu den im jeweiligen Programm verwendeten Variablen zu schreiben ist. Die volle FORTRAN-Sprache vereinfacht das Verfahren durch Aufteilung des COMMON-Bereiches in einen namenlosen und eine beliebige Anzahl zu benennender COMMON-Blöcke. In der COMMON-Anweisung werden dann nur die gerade benutzten Blöcke aufgezählt. Sie beginnt mit den Größen im namenlosen Block, daran schließen sich die Blocklisten an, die jedesmal von dem in Schrägstriche gesetzten Blocknamen eingeleitet werden.

COMMON R,S/U1/C,D,E/B/A/WX/W,X,Y,Z	im Hauptprogramm
COMMON /U1/T,XT,YT	im ersten Unterprogramm
COMMON /WX/P,Q	im zweiten Unterprogramm
COMMON A1,A2,/B/A3	im dritten Unterprogramm

SUBROUTINE- Unterprogramme. FUNCTION-Unterprogramme werden in arithmetischen bzw. logischen Ausdrücken aufgerufen. Bei der Berechnung des Ausdrucks tritt an die Stelle des Funktionsaufrufes der ermittelte Funktionswert.

Ein Unterprogramm, das aus den kartesischen Koordinaten eines Punktes die Polarkoordinaten berechnet, kann nicht als ein FUNCTION-Unterprogramm formuliert werden, da zwei Resultate zu übergeben sind. Wenn nicht genau ein Resultat anfällt, muß man die Prozedur als SUBROUTINE-Unterprogramm formulieren.

Tafel 4.9 Lineare Regression

```
C       MITTELWERTE, REGRESSIONSGERADE,
C       BESTIMMTHEITSMASS B, KORRELATIONSKOEFFIZIENT R
        DIMENSION X (500), Y (500)
        KANALE = 10
        KANALA = 7
        READ (KANALE, 1) N, (X (I), Y (I), I = 1, N)
    1   FORMAT (I3/(4E13.0))
        WRITE (KANALA, 2) (X (I), Y (I), I = 1, N)
    2   FORMAT ((1H1, 15X, 1HX, 22X, 1HY/50 (/2E23.6)))
        CALL STREUM (N, X, Y, XM, YM, SXY)
        CALL STREUM (N, X, X, XM, Z, SXX)
        A = SXY/SXX
        Y0 = YM - A * XM
        CALL STREUM (N, Y, Y, YM, Z, SYY)
        B = A * A * SXX/SYY
        R = SIGN (SQRT (B), A)
        WRITE (KANALA, 3) XM, YM, A, Y0, B, R
    3   FORMAT (1H0, 7H      XM =, E 16.6, 7H      YM =, E 16.6/1H0,
     1  4X, 5HY = (,E14.6, 9H) * X + (,E14.6, 1H)/1H0,
     2  4X, 3HB = ,E16.6, 4X, 3HR =, E16.6)
        STOP
        END

C       MITTELWERT UND STREUUNG
        SUBROUTINE STREUM (K, A, B, AM, BM, C)
        DIMENSION A (500), B (500)
        AM = 0.
        BM = 0.
        C = 0.
        DO 1 I = 1, K
        AM = AM + A (I)
        BM = BM + B (I)
    1   C = C + A (I) * B (I)
        AM = AM/K
        BM = BM/K
        C = C/K - AM * BM
        RETURN
        END
```

Eingabe:

```
14
        4        2        7        4
       17       50       14       36
       12       20       11       28
       20       48       15       54
       17       40       13       34
       15       26       19       68
       10       26       18       56
```

Ausgabe:

```
              X                      Y

        0.400000E + 001       0.200000E + 001
        0.700000E + 001       0.400000E + 001
        0.170000E + 002       0.500000E + 002
        0.140000E + 002       0.360000E + 002
        0.120000E + 002       0.200000E + 002
        0.110000E + 002       0.280000E + 002
        0.200000E + 002       0.480000E + 002
        0.150000E + 002       0.540000E + 002
        0.170000E + 002       0.400000E + 002
        0.130000E + 002       0.340000E + 002
        0.150000E + 002       0.260000E + 002
        0.190000E + 002       0.680000E + 002
        0.100000E + 002       0.260000E + 002
        0.180000E + 002       0.560000E + 002

XM =    0.137142E + 002      YM =    0.351428E + 002
 Y =   (0.375676E + 001)   *  X + (-0.163784E + 002)
 B =    0.808537E + 000       R =    0.899186E + 000
```

Jedes SUBROUTINE-Unterprogramm beginnt mit der Anweisung

SUBROUTINE name(parameterliste)

oder SUBROUTINE name

Der Aufruf eines solchen Unterprogramms im Anwenderprogramm erfolgt durch eine gesonderte CALL-Anweisung

CALL name(aktuelle parameterliste)

bzw. CALL name.

Das Programm in Tafel 4.9 dient der statistischen Auswertung einer Folge von maximal 500 Meßwertpaaren (x, y). Es berechnet den x- und den y-Mittelwert, ermittelt eine mögliche lineare Abhängigkeit zwischen den x- und den y-Werten und prüft, wie weit diese Regressionsgerade gesichert ist. Die Berechnung der Mittelwerte und Streuungen erfolgt in dem SUBROUTINE-Unterprogramm STREUM. Die Definition SUBROUTINE STREUM(K,A,B,AM, BM,C) schreibt vor, daß beim Aufruf die Meßwertanzahl sowie der Name des ersten und der des zweiten Bereiches, in denen die Meßwertpaare gespeichert sind, zu nennen sind. Daraus berechnet STREUM

$$AM = \frac{\sum_{I=1}^{K} A(I)}{K} \qquad BM = \frac{\sum_{I=1}^{K} B(I)}{K} \qquad C = \frac{\sum_{I=1}^{K} (A(I) - AM) * (B(I) - BM)}{K}$$

Wie beim FUNCTION-Unterprogramm gilt ein Aufruf als beendet, sobald eine RETURN-Anweisung erreicht wird. Die END-Anweisung zeigt dem Kompilierer das physische Ende des Unterprogramms an.

Die Parameterübergabe beim Aufruf eines Unterprogramms geschieht grundsätzlich entweder „dem Werte nach“ oder „dem Namen nach“.

Bei der Übergabe eines Parameters dem Werte nach liefert das aufrufende Programm den Wert des aktuellen Parameters an den Formalparameter des Unterprogramms, so daß die Berechnung im Unterprogramm wirklich mit dem Formalparameter erfolgen kann. Wenn dabei eine Wertzuweisung an den Formalparameter vorkommt, wird der Wert des Formalparameters erst bei Erreichen der RETURN-Anweisung an den aktuellen Parameter übertragen.

Die Parameterübergabe dem Namen nach kann man sich so vorstellen, daß beim Aufruf überall im Unterprogramm der Name des formalen Parameters durch den Namen des aktuellen Parameters ersetzt wird. Bereichsnamen und Unterprogrammnamen können nur dem Namen nach übertragen werden.

Die Übertragungsart wird schon bei der Übersetzung des Unterprogramms festgelegt. Daher können andere reine Eingangsparameter, deren Formalparameter im Unterprogramm also keine Wertzuweisung erfahren, nur dem Wert nach übergeben werden, da die zugehörigen aktuellen Parameter durch beliebige Ausdrücke repräsentiert sein können.

Ausgangsparameter sowie Durchgangsparameter bestehen beim Aufruf nur aus einem Variablennamen, einer Bereichselementbezeichnung, einem Bereichsnamen oder einem Unterprogrammnamen. Deren Handhabung ist vom Kompilierer abhängig; einige übertragen grundsätzlich dem Namen nach, andere so weit wie möglich dem Werte nach, so daß eine besondere Kennzeichnung der Formalparameter (Einschließen in Schrägstriche) erforderlich ist, wenn eine Übertragung dem Namen nach ausdrücklich verlangt wird.

Beim Unterprogramm STREUM ist es wichtig zu wissen, welche Übertragungsart gewählt wird. Der Aufruf

```
      CALL STREUM(N,X,X,XM,XM,SXX)
```

liefert bei Namensaufruf ein falsches Resultat XM und daher auch einen falschen Wert für SXX, denn hierbei wird gerechnet

```
      XM=0.
      SXX=0.
      DO 1 I=1,N
      XM=XM+X(I)
      XM=XM+X(I)
    1 SXX=SXX+X(I) * X(I)
      XM=XM/N
      XM=XM/N
      SXX=SXX/N-XM * XM
```

so daß am Ende XM um den Faktor 2/N verfälscht ist. Bei Wertaufruf werden XM und SXX richtig berechnet:

```
      K=N
      ----------------
      AM=0.
      BM=0.
      C=0.
      DO 1 I=1,K
```

```
      AM=AM+X(I)
      BM=BM+X(I)
    1 C=C+X(I) * X(I)
      AM=AM/K
      BM=BM/K
      C=C/K-AM * BM
      ----------------
      XM=AM
      XM=BM
      SXX=C
```

Wenn ein Unterprogramm aufgerufen wird, beginnt die Ausführung grundsätzlich mit der ersten Anweisung, die keine Vereinbarung mehr darstellt. Soll anderswo angefangen werden, muß man im Unterprogramm diesen (zusätzlichen) Eingang durch eine ENTRY- Vereinbarung kennzeichnen, die wie ein FUNCTION- oder SUBROUTINE-Statement aufgebaut ist, also neben dem für diesen Eingang zuständigen Unterprogrammnamen eine passende Parameterliste aufweist.

ENTRY-Eingänge führen bei FUNCTION-Unterprogrammen zu FUNCTION-Definitionen, bei SUBROUTINE-Unterprogrammen zu SUBROUTINE-Definitionen.

4.1.7. Weitere FORTRAN-Statements. Im Zusammenhang mit der Vereinbarung von Variablen und Bereichen sind folgende Anweisungen bisher nicht erwähnt worden:

EQUIVALENCE ordnet innerhalb eines Programms unterschiedlich benannten Größen denselben Speicherplatz zu. Man kann damit Platz sparen, ohne auf sinnvolle Bezeichnungen verzichten zu müssen.

```
      EQUIVALENCE (A,G,X), (C,U(2))
```

bewirkt, daß A, G, X drei verschiedene Bezeichnungen eines Speicherplatzes sind, und daß C den Speicherplatz von U (2) anspricht. Wenn Bereichselemente mit EQUIVALENCE auf COMMON-Plätze gesetzt werden, ist darauf zu achten, daß durch die konsekutive Speicherung des Bereiches keine Erweiterung des COMMON-Bereiches rückwärts über den Anfang hinaus erzwungen werden soll.

Setzen von Anfangswerten. Im BASIC FORTRAN lassen sich Variable nur durch entsprechende Ergibtanweisungen initialisieren. Wenn die volle Sprache zur Verfügung steht, kann man Variablen, Bereichselementen und Bereichen durch die DATA- Anweisung Anfangswerte zuordnen.

```
      DIMENSION A(3,4)
      DATA PI, U, V/3.141593,-3.7,5.9E-6/,A/12*1.0/
```

legt fest, daß PI, U, V die Anfangswerte 3.141593 bzw. − 3.7 bzw. 5.9E − 6 erhalten und setzt alle Elemente von A auf 1.0.

Manche Kompilierer gestatten die Festlegung von Anfangswerten direkt in expliziten Typvereinbarungen.

Größen, die im unbenannten COMMON-Block stehen, können mit DATA jedoch nicht initialisiert werden, solche in benannten COMMON-Blöcken nur in einem gesonderten BLOCKDATA- Spezifikationsunterprogramm, das lediglich der Initialisierung dient und daher auch keine ausführbaren Anweisungen enthalten darf.

```
BLOCK DATA
DIMENSION X(3)
COMMON /U1/A,B,C/E/X
DATA A/—6.5/,X/0.0,2*10.0/
END
```

regelt die Zuweisung von Anfangswerten in den COMMON-Blöcken U1 und E. Wenn auch nur eine Größe in einem Block initialisiert werden soll, müssen in der COMMON-Vereinbarung des BLOCKDATA-Unterprogramms natürlich trotzdem alle Größen dieses Blocks genannt werden.

4.1.8. Abschließendes Programm-Beispiel. Tafel 4.10 enthält ein Programm zur Berechnung der Steighöhe einer Raumsonde. Wenn man mit R den Radius des betrachteten Himmelkörpers, mit g seine Schwerebeschleunigung, mit v die Geschwindigkeit der Sonde zum Zeitpunkt t und mit h die dann erreichte Höhe über der Oberfläche bezeichnet, gilt

$$\frac{dt}{dv} = -\frac{(h+R)^2}{g \cdot R^2} \qquad \frac{dh}{dv} = -\frac{v \cdot (h+R)^2}{g \cdot R^2} \tag{4.1}$$

mit den Anfangsbedingungen, daß zum Zeitpunkt $t = 0$ die Höhe h_0 und die Geschwindigkeit v_0 erreicht sind. Das vorliegende Programm weist hierbei Geschwindigkeiten, die über der Fluchtgeschwindigkeit liegen, zurück.

Die Größen t und h lassen sich in Abhängigkeit von v exakt berechnen. Das Programm verwendet dennoch zur Integration des Systems von Differentialgleichungen die Methode von Runge-Kutta-Gill. Mit den Umbenennungen

$$v \Rightarrow x \quad t \Rightarrow y_2 \quad h \Rightarrow y_3$$

und der Festsetzung $y_1 = x$ lautet das Differentialgleichungssystem

$$\begin{aligned} y_1' &= 1 \\ y_2' &= f(y_1, y_2, y_3) \\ y_3' &= g(y_1, y_2, y_3) \end{aligned} \tag{4.2}$$

mit den Anfangsbedingungen

$$y_1(x_0) = x_0; \quad y_2(x_0) = y_{20}; \quad y_3(x_0) = y_{30}$$

Die numerische Lösung des Systems erfolgt intervallweise, wobei (für $i = 1, 2, 3$) die Werte $y_i(x + \Delta x)$ und die Hilfsgrößen $q_i(x + \Delta x)$ am Ende des Intervalls aus $y_i(x)$ und $q_i(x)$ am Anfang des Intervalls in vier Schritten ermittelt werden.

Man setzt $y_i(x) \Rightarrow y_i$ und $q_i(x) \Rightarrow q_i$, wobei $q_i(x_0) = 0$ gilt.

1. Schritt:

$$k_1 = 1; \quad k_2 = f(y_1, y_2, y_3); \quad k_3 = g(y_1, y_2, y_3)$$

$$a = 1/2; \quad b = 2; \qquad c = 1/2$$

$$y_i + \Delta x \cdot [a \cdot (k_i - b \cdot q_i)] \Rightarrow y_i$$

$$q_i + 3 \cdot [a \cdot (k_i - b \cdot q_i)] - c \cdot k_i \Rightarrow q_i$$

2. Schritt: Wiederholung des 1. Schrittes mit den neuen Werten y_i und q_i, aber mit

$$a = 1 - \sqrt{\frac{1}{2}}; \quad b = 1; \quad c = 1 - \sqrt{\frac{1}{2}}$$

3. Schritt: Wiederholung des 1. Schrittes mit den neuen Werten y_i und q_i, aber mit

$$a = 1 + \sqrt{\frac{1}{2}}; \quad b = 1; \quad c = 1 + \sqrt{\frac{1}{2}}$$

4. Schritt: Wiederholung des 1. Schrittes mit den neuen Werten y_i und q_i, aber mit

$$a = 1/6; \quad b = 2; \quad c = 1/2$$

Danach setzt man $y_i \Rightarrow y_i\,(x + \Delta x)$ und $q_i \Rightarrow q_i\,(x + \Delta x)$.

Das Geschwindigkeitsintervall zwischen der Anfangsgeschwindigkeit v_0 und der Endgeschwindigkeit $v = 0$ wird daher in so viele Teile zerlegt, wie es der Anwender wünscht, im Beispiel sind es 100, und nur am Ende einer vorgebbaren Anzahl solcher Intervalle (hier fünf) werden die Werte von v, t, h gedruckt.

Die Berechnung von t und h am Ende jedes der vorgegebenen Geschwindigkeits-Teilintervalle wird im SUBROUTINE-Unterprogramm RUKUGI vorgenommen. RUKUGI wiederum verwendet das SUBROUTINE-Unterprogramm GILL, in dem die vier Schritte des Runge-Kutta-Gill-Verfahrens für ein Rechenintervall ausgeführt werden.

RUKUGI versucht zunächst, mit einem einzigen Rechenintervall pro Geschwindigkeits-Teilintervall auszukommen, nimmt aber zur Kontrolle auch eine Berechnung mit zwei halben Intervallen vor. Sofern die dabei auftretenden relativen Abweichungen unter der vom Hauptprogramm vorgegebenen Größe $5 \cdot 10^{-6}$ liegen, gibt RUKUGI an das Hauptprogramm zurück. Dort werden die erhaltenen Werte t und h als Anfangswerte für die Berechnung des nächsten Teilintervalls verwendet.

Falls aber eine zu große Abweichung aufgetreten war, wird die Größe des Rechenintervalls so lange halbiert, bis die Werte hinreichend genau sind. Nach Möglichkeit wird hierbei nur ein Stück des genannten Teilintervalls so kleinabständig berechnet, denn sobald die Abweichungen zu gering werden, erfolgt wiederum eine Verdoppelung der Schrittweite. Die vom Anwender festgelegte Mindestschrittzahl wird jedoch niemals unterschritten. – Die „effektive Maximalschrittzahl" ist dann das Verhältnis des gesamten y-Intervalls zur kleinsten jemals verwendeten Schrittweite.

Die Werte der Funktionen

$$F = -\frac{(h+R)^2}{g \cdot R^2} \qquad G = -\frac{v \cdot (h+R)^2}{g \cdot R^2}$$

werden in zwei FUNCTION-Unterprogrammen berechnet. Das Gesamtprogramm ist bausteinartig zusammengesetzt, so daß man zur Lösung eines ganz anderen Systems von Differentialgleichungen nur das Hauptprogramm und die beiden FUNCTION-Unterprogramme auszuwechseln braucht.

Tafel 4.10 Flugbahn einer Raumsonde

```
C      NUMERISCHE BERECHNUNG DER FLUGBAHN EINER RAUMSONDE
C      MIT DEM RUNGE-KUTTA-GILL-VERFAHREN
       COMMON R, A, Q, MAXFAK, FAKTOR
       INTEGER FAKTOR
       DIMENSION ANFVTH (3), Q (3)
       Q (1) = 0.
       Q (2) = 0.
       Q (3) = 0.
       MAXFAK = 1
       FAKTOR = 1
       KANALE = 10
       KANALA = 7
       READ (KANALE, 1) G, R, ANFVTH (3), ANFVTH (1), ISZ, IDSZ
   1   FORMAT (4E15.0, 2I5)
       A = G * R * R
       ANFVTH (2) = 0.
       IF (G) 8, 8, 2
   2   IF (R) 8, 8, 3
   3   IF (ANFVTH (1)) 8, 8, 4
   4   IF (ANFVTH (3)) 8, 5, 5
   5   IF (2. * A - ANFVTH (1) * * 2 * (ANFVTH (3) + R)) 8, 8, 6
   6   IF (IDSZ) 8, 8, 7
   7   IF (IDSZ - ISZ) 10, 10, 8
   8   WRITE (KANALA, 9) G, R, ANFVTH (3), ANFVTH (1), ISZ, IDSZ
   9   FORMAT (1H0, 4E15.0, 2I5, 2X, 13HEINGABEFEHLER)
       STOP
  10   IR = R/1000.
       WRITE (KANALA, 11) IR, G
  11   FORMAT (32H1RAUMSONDENFLUG IN REINEM VAKUUM///
     1 22H HIMMELSKOERPER-RADIUS, I8, 3H KM//
     2 33H SCHWEREBESCHLEUNIGUNG AUF DESSEN/12H OBERFLAECHE, F8.3,
     3 13H METER/SEK * * 2///33H GESCHW.  FLUGDAUER   FLUGHOEHE/
     4                            32H   (M/S)        (SEK)         (METER)/)
       IR = ANFVTH (1)
       WRITE (KANALA, 12) IR, ANFVTH (2), ANFVTH (3)
  12   FORMAT (1H, I6, 2E13.4)
       DELTA = - ANFVTH (1)/ISZ
       DO 15 K = 1, ISZ
       DELTAV = DELTA
       CALL RUKUGI (ANFVTH, DELTAV, 5.E - 6)
       IF (K - K/IDSZ * IDSZ) 13, 14, 13
  13   IF (K - ISZ) 15, 14, 15
  14   IR = ANFVTH (1)
       WRITE (KANALA, 12) IR, ANFVTH (2), ANFVTH (3)
  15   CONTINUE
       IR = MAXFAK * ISZ
       WRITE (KANALA, 16) IR
  16   FORMAT (29H1EFFEKTIVE MAXIMALSCHRITTZAHL, I8/1H1)
       STOP
       END

C      FUNKTIONSGENERATOR F
       FUNCTION F (Y)
       DIMENSION Y (3)
```

```
      COMMON R, A
      F = - (Y (3) + R) * * 2/A
      RETURN
      END

C     FUNKTIONSGENERATOR G
      FUNCTION G(Y)
      DIMENSION Y (3)
      COMMON R, A
      G = - Y (1) * (Y (3) + R) * * 2/A
      RETURN
      END

C     RUNGE-KUTTA-GILL-VERFAHREN
      SUBROUTINE RUKUGI (Y, DY1, RELGEN)
      COMMON R, A, Q, MAXFAK, FAKTOR
      INTEGER FAKTOR, ZAHLER
      DIMENSION Y (3), YANF (3), YDOPP (3), QANF (3), QDOPP (3), Q (3)
      ZAHLER = FAKTOR
      DY1 = DY1/FAKTOR
100   DO 1 I = 1, 3
      YANF (I) = Y (I)
1     QANF (I) = Q (I)
      MERKER = 0
10    DO 2 I = 1, 3
      Y (I) = YANF (I)
      Q (I) = QANF (I)
      YDOPP (I) = YANF (I)
2     QDOPP (I) = QANF (I)
      CALL GILL (YDOPP, QDOPP, DY1)
      CALL GILL (Y, Q, DY1/2)
      CALL GILL (Y, Q, DY1/2)
      Z1 = ABS ((Y (2) - YDOPP (2))/Y (2))
      Z2 = ABS ((Y (3) - YDOPP (3))/Y (3))
      IF (Z1 - Z2) 3, 3, 4
3     DELTA = Z2/15.
      GO TO 5
4     DELTA = Z1/15.
5     IF (DELTA - 10. * RELGEN) 7, 6, 6
6     MERKER = 1
      DY1 = DY1/2.
      FAKTOR = 2 * FAKTOR
      IF (FAKTOR - MAXFAK) 61, 61, 60
60    MAXFAK = FAKTOR
61    ZAHLER = 2 * ZAHLER
      GO TO 10
7     IF (DELTA - 0.15 * RELGEN) 8, 8, 9
8     IF (MERKER) 9, 80, 9
81    DY1 = 2. * DY1
80    IF (ZAHLER - ZAHLER/2 * 2) 9, 81, 9
      FAKTOR = FAKTOR/2
      ZAHLER = ZAHLER/2
      GO TO 10
9     DO 90 I = 1, 3
90    Y (I) = Y (I) + (Y (I) - YDOPP (I))/15.
      ZAHLER = ZAHLER - 1
```

```
      IF (ZAHLER) 100, 91, 100
 91   RETURN
      END

C     RUNGE-KUTTA-GILL-SCHRITT
      SUBROUTINE GILL (Y, Q, H)
      DIMENSION Y (3), Q (3), AK (3), A (4), B (4), C (4)
      AK (1) = 1.
      A (1) = 0.5
      A (2) = 0.2928932
      A (3) = 1.707107
      A (4) = 0.1666667
      B (1) = 2.
      B (2) = 1.
      B (3) = 1.
      B (4) = 2.
      C (1) = 0.5
      C (2) = 0.2928932
      C (3) = 1.707107
      C (4) = 0.5
      DO 1 J = 1, 4
      AK (2) = F (Y)
      AK (3) = G (Y)
      DO 1 I = 1, 3
      Y (I) = Y (I) + H * (A (J) * (AK (I) – B (J) * Q (I)))
  1   Q (I) = Q (I) + 3. * (A (J) * (AK (I) – B (J) * Q (I))) – C (J) * AK (I)
      RETURN
      END
```

Eingabe:

```
␣␣␣␣␣␣␣␣␣␣␣9.81␣␣␣␣␣␣␣␣␣␣6.37E6␣␣␣␣␣␣␣␣␣␣200000␣␣␣␣␣␣␣␣␣␣␣␣2000␣␣100␣␣␣␣5
```

Ausgabe:

```
RAUMSONDENFLUG IN REINEM VAKUUM


HIMMELSKOERPER-RADIUS          6370 KM

SCHWEREBESCHLEUNIGUNG AUF DESSEN
OBERFLAECHE      9.809 METER/SEK * * 2

GESCHW.  FLUGDAUER       FLUGHOEHE
(M/S)      (SEK)          (METER)
2000     0.0000E + 000    0.2000E + 006
1900     0.1087E + 002    0.2212E + 006
1800     0.2182E + 002    0.2414E + 006
1700     0.3284E + 002    0.2607E + 006
1600     0.4391E + 002    0.2790E + 006
1500     0.5505E + 002    0.2962E + 006
1400     0.6624E + 002    0.3124E + 006
1300     0.7748E + 002    0.3276E + 006
1200     0.8877E + 002    0.3417E + 006
1100     0.1001E + 003    0.3548E + 006
1000     0.1115E + 003    0.3667E + 006
```

```
900   0.1229E + 003    0.3776E + 006
800   0.1343E + 003    0.3873E + 006
700   0.1458E + 003    0.3959E + 006
600   0.1573E + 003    0.4034E + 006
500   0.1689E + 003    0.4098E + 006
400   0.1804E + 003    0.4150E + 006
300   0.1920E + 003    0.4190E + 006
200   0.2036E + 003    0.4219E + 006
100   0.2152E + 003    0.4236E + 006
  0   0.2268E + 003    0.4242E + 006

EFFEKTIVE MAXIMALSCHRITTZAHL          100
```

4.2. Einführung in ALGOL

Die Programmiersprache ALGOL ist im Jahre 1957 in Amerika und Europa geplant und 1958 in einem ersten Bericht festgelegt. Notwendig gewordene Änderungen wurden in der endgültigen Fassung von 1960 vorgenommen. Es ist deshalb üblich, von ALGOL 60 zu sprechen. Die Ein- und Ausgabe in dieser Sprache wurde erst 1964 berücksichtigt. Gleichzeitig war es nötig, den vollen Sprachenumfang einzuschränken, da von verschiedenen Herstellern Beschneidungen vorgenommen worden waren. Mit dieser Teilmenge – Subset genannt – wird heute meistens gearbeitet. Sie wird auch hier zugrunde gelegt. Die Ein- und Ausgabe wird nach den Vorschriften von 1964 eingeführt. Die Beispiele sind auf der Anlage Siemens 303 getestet. Sie besitzt einen Kompilierer für ALGOL-Subset.

Gegenüber FORTRAN (nach dem Stand von 1960) hat ALGOL als Vorzüge:
1. ALGOL ist als Sprache streng grammatisch festgelegt. Damit wurde eine wissenschaftliche Behandlung von Programmiersprachen und Übersetzungsvorgängen möglich.
2. ALGOL ist zur Wiedergabe von Rechenverfahren flexibler und bietet wesentlich mehr Sprachelemente. Die Veröffentlichung und Sammlung von Algorithmen, die in ALGOL geschrieben sind, war ein Ziel.

Nachteile erkennt man gleichfalls im Vergleich mit FORTRAN:
1. Es fehlte die Ein- und Ausgabe zunächst ganz, dann wurde sie nur ungenügend berücksichtigt. Das hat das praktische Arbeiten mit ALGOL gewiß erschwert.
2. Der Sprachumfang war zu groß, so daß sich eine Vielzahl eingeschränkter Sprachen herausbildete, ehe eine Teilmenge (Subset) festgelegt wurde.

ALGOL ist – wie es der Name sagt: algorithmic language – eine Sprache, die es erlaubt, auf einfache und elegante Weise Rechenverfahren (Algorithmen) so festzulegen, daß der Ablauf daraus erkannt und von einem Kompilierer in ein Maschinenprogramm übersetzt werden kann. Diese sprachliche Wiedergabe von Rechenverfahren ist von den technischen Gegebenheiten weitgehend unabhängig, während die Ein- und Ausgabe sich ständig der Entwicklung anpassen muß. Der leitende Gesichtspunkt dieser knappen Einführung in ALGOL soll daher sein: Welche Möglichkeiten bietet ALGOL zur Beschreibung von Rechenverfahren (Algorithmen)?

4.2.1. Elemente der Sprache. Das Alphabet der Sprache ALGOL enthält zunächst die Buchstaben A, B, C, . . . Z, die zehn Ziffern 0, 1, 2, . . . 9, sowie einige Sonderzeichen, die für die

Beschreibung von Algorithmen nötig sind. Mit Hilfe der Buchstaben und Ziffern kann man nach den Regeln der ALGOL-Grammatik Namen (identifier) bilden, die u. a. zur Bezeichnung von Variablen dienen können. Ein solcher Name muß immer mit einem Buchstaben beginnen, dem eine beliebige Folge von Buchstaben und Ziffern angehängt werden kann. Dabei sind allerdings nur die ersten sechs von unterscheidender Bedeutung, d. h. zwei beliebig lange Namen, die in den ersten sechs Symbolen übereinstimmen, werden als gleich betrachtet, z. B. XSTRICH und XSTRICHSTRICH.

Als Veränderliche können drei verschiedene Typen eingeführt werden.
1. 'REAL' werden die Veränderlichen vereinbart, deren Werte sich in Gleitpunktform darstellen lassen,
2. 'INTEGER' – Veränderliche haben als Werte ganze Zahlen, und
3. 'BOOLEAN' sind die Variablen, die logische Werte haben, d. h. „wahr" oder „falsch".

Alle Veränderlichen müssen – anders als in FORTRAN – hinsichtlich ihres Typs durch eine Vereinbarung festgelegt werden. Das geschieht durch Zusammenstellung in einer Liste, in der die Namen der Veränderlichen gleichen Typs durch Kommata getrennt aufgeführt werden. Die Typenkennzeichnung ('REAL', 'INTEGER' oder 'BOOLEAN') geht voran, die einzelnen Listen werden durch ";" getrennt. Wird z. B. in einem Programm vereinbart:

```
'REAL' X,Y,Z,XSTR,U,V;
'INTEGER' N,I,P,S;
'BOOLEAN' A1,A2,Q;...
```

so werden in diesem Programm nur die aufgeführten Variablennamen verwendet, und es sind X, Y, Z, XSTR, U, V vom Typ 'REAL', N, I, P, S vom Typ 'INTEGER' und A1, A2, Q vom Typ 'BOOLEAN'. Es gehört zu jedem ALGOL-Programm ein solcher Vereinbarungsteil, sofern in einem Programm Namen für Veränderliche benutzt werden.

Den verschiedenen Typen von Variablen entsprechend gibt es verschiedene Typen von Konstanten. Es sind dies:
1. Vorzeichenlose Zahlen in Gleitpunktdarstellung $a_{10}b$, wobei a die Mantisse, b den Exponenten kennzeichnet und $_{10}$, die sogenannte „Basiszehn" als ein Zeichen gilt und auf Eingabegeräten als erlaubtes Zeichen zugelassen sein sollte. Erlaubt sind folgende Formen von Gleitpunktzahlen: a, $_{10}b$, $a_{10}b$, wobei a eine ganze Zahl, ein Dezimalbruch oder eine ganze Zahl und Dezimalbruch sein kann. Dagegen muß b immer eine ganze Zahl sein. Tafel 4.11 gibt eine Zusammenstellung von Beispielen. Ein Dezimalbruch wird immer mit "." geschrieben.

Unter der ALGOL-Schreibweise steht jeweils die arithmetische Form

2. Vorzeichenlose ganze Zahlen werden immer ohne Dezimalpunkt geschrieben.
3. Die logischen Konstanten sind die beiden Wahrheitswerte wahr ('TRUE') und falsch ('FALSE').

4.2.2. Arithmetische Ausdrücke und Anweisungen. Zur Bildung arithmetischer Ausdrücke bedarf es weiterer sprachlicher Elemente. Es sind dies die folgenden über Konstante und Variable hinaus:
1. Operationszeichen: + für Addition, – für Subtraktion (oder beide als Vorzeichen), × für Multiplikation, / für Division und 'POWER' zur Bildung von Potenzen.
2. Klammern dienen dazu, die Reihenfolge der auszurührenden Operationen zu beeinflussen.
3. Sog. Standardfunktionen. Sie sind in Tafel 4.12 zusammengestellt.

Tafel 4.11 Zahldarstellungen in der Form $a_{10}b$

	a	$_{10}b$	$a_{10}b$
1. a ganze Zahl b ganze Zahl	3 3	$_{10}-5$ 10^{-5}	$3_{10}7$ $3 \cdot 10^{7}$
	27031 27031	$_{10}7$ 10^{7}	$27031_{10}-1$ 2703,1
	− 87 − 87	$_{10}-21$ 10^{-21}	$-87_{10}3$ − 87000
2. a Dezimalbruch	.173 0,173		$.173_{10}2$ 17,3
	.015 0,015		$.015_{10}1$ 0,15
	.00731 0,00731		$.00731_{10}-1$ 0,000731
3. a ganze Zahl und Dezimalbruch	21.0753 21,0753		$21.0753_{10}4$ 210753
	5.07 5,07		$5.05_{10}-2$ 0,0507

Tafel 4.12 Standardfunktionen

ALGOL-Form	Bedeutung
ABS(A)	$\lvert A \rvert$
ARÇTAN(A)	Hauptwert von arctan A
SIN(A)	sin A, A in Bogenmaß
COS(A)	cos A, A in Bogenmaß
LN(A)	ln A, für $A \leqq 0$ nicht definiert
EXP(A)	e^{A}
SQRT(A)	$\sqrt{A}$ für $A < 0$ nicht definiert
SIGN(A)	sgn A = { + 1 für $A > 0$ 0 für $A = 0$ − 1 für $A < 0$
ENTIER(A)	größte ganze Zahl $\leqq$ A

Dabei ist zu beachten, daß als Argument jeweils ein arithmetischer Ausdruck auftreten kann. Die Argumente stehen in runden Klammern. Die Namen der Funktionen sind ohne explizite Vereinbarung gültig. Das sind die Elemente, mit denen arithmetische Ausdrücke gebildet werden können. Grundlage für die Bildung arithmetischer Ausdrücke sind also: Zahlen, Variable und Standardfunktionen. Sie können durch Operationszeichen und Klammern zusammengefügt werden, und zwar nach Regeln, die der Bildung arithmetischer Ausdrücke in der Mathematik in vielem gleich sind. Zu beachten ist – als wichtigster Unterschied –, daß das ×-Zeichen immer gesetzt werden muß. Es ist als z. B.

a (b + c) in ALGOL zu schreiben als A × (B + C).

Ferner ist zu beachten, daß die Argumente der Standardfunktionen in Klammern erscheinen:

sin ωt wird in ALGOL durch SIN (OMEGA × T) wiedergegeben.

Vereinbart man die Namen der Standardfunktionen als Namen von Veränderlichen, so muß man beachten, daß dann die entsprechenden Funktionen nicht mehr angesprochen werden

Tafel 4.13 Beispiele arithmetischer Ausdrücke

arithmetischer Ausdruck	ALGOL-Schreibweise
1.	Veränderliche vom Typ 'REAL'
$(a+b)(a-b)$	(A + B) × (A − B)
$0{,}5 \cdot (x_n + \frac{a}{x_n})$	0.5 × (XN + A/XN)
$\frac{1}{2\pi\omega}$	1.0/(2.0 × PI × OMEGA)
$\frac{F_{RY}}{F_{RX}}$	FRY/FRX
$\sqrt{F_{RX}^2 + F_{RY}^2}$	SQRT (FRX × FRX + FRY × FRY)
$e^{-\delta t} \sin(\omega t + \varphi)$	EXP (− DELTA × T) × SIN (OMEGA × T + PHI)
$\frac{a}{-2}$	A/(− 2.0)
$\frac{a}{b/c}$	A/(B/C) oder A × C/B
$\frac{1}{y} + \sqrt{y}$	1.0/Y + SQRT (Y)
$\ln \frac{1}{\sqrt{1+z^2}}$	LN (1.0/SQRT (1.0 + Z × Z))
2.	Veränderliche vom Typ 'INTEGER'
$\frac{n(n-1)}{2}$	N × (N − 1)/2
$2^k - 1$	2 'POWER' K − 1
2^{k-1}	2 'POWER' (K − 1)
Rest d. Division u/ℓ	U − U/L × L
3.	N vom Typ 'INTEGER' A vom Typ 'REAL'
a^{n^2-1}	A 'POWER' (N × N − 1)
$(a^b)^n$	A 'POWER' B 'POWER' N
a^{b^n}	A 'POWER' B 'POWER' N)

können. Wurde z. B. vereinbart 'REAL' SIN; so könnte man die Veränderliche mit dem Namen SIN verwenden, nicht aber die Standardfunktion SIN für sin x.

Arithmetische Ausdrücke werden von links nach rechts verarbeitet, sofern gleicher Rang bei den Operatoren vorliegt. Der Rang ist dabei in folgender Weise festgelegt. Den höchsten Rang haben die Standardfunktionen. In

```
A + B × SIN (X)
```

wird zuerst SIN (X) gebildet. Im Rang folgen 'POWER' × und / und zuletzt + und – nach der Regel „Punktrechnung geht vor Strichrechnung". Im Ausdruck

```
A + B × SIN (X) 'POWER'2
```

wird zuerst SIN (X) gebildet, mit 2 potenziert, mit B multipliziert und dann zu A addiert. Beispiele sind in Tafel 4.13 zusammengestellt.

Ergebnis der durch arithmetische Ausdrücke festgelegten Rechenoperationen ist jeweils ein Zahlenwert. Dieser kann einer Variablen zugewiesen werden. Diese Variable muß auf der linken Seite des Zuweisungszeichens := erscheinen, während auf der rechten Seite der Ausdruck stehen muß. Das ganze nennt man eine Zuweisungsanweisung (assignment statement). Beispiele dafür sind

```
A := 5.0 + X;
R := A × SIN (OMEGA × T + PHI);
```

Diese Zuweisung kann an mehrere Variable erfolgen. Man spricht dann von Mehrfachzuweisungen, z. B.

```
A := A1 := B := 5.0 + COS (X);
```

Hier wird der Wert der rechten Seite A, A1 und B zugewiesen.

4.2.3. Einfache Ein- und Ausgabeoperationen. Einer Variablen kann nicht nur durch eine Zuweisungsanweisung ein Wert zugewiesen werden, sondern auch durch eine Eingabeoperation über ein Externgerät. Das geschieht durch Aufruf eines Unterprogramms mit dem Namen INREAL. In Klammern dahinter stehen zwei Angaben: die Kanalnummer des Eingabegerätes und der Variablenname einer als 'REAL' vereinbarten Größe. Die Kanalnummer sei z. B. (Siemens 303) 9 für Lochstreifeneingabe, 10 für Lochkarteneingabe, so wird durch den Aufruf:

```
INREAL (10,X)
```

der Variablen X über Lochkarteneingabe ein Wert zugewiesen. Dabei ist vorausgesetzt, daß der Wert auf dem Eingabemedium (Lochkarte, Lochstreifen) bereitgestellt ist.

Die zuzuweisenden Daten werden in der ALGOL-Form nach Tafel 4.11 auf Lochkarten oder auf Lochstreifen abgelocht. Dabei sind Vorzeichen (+ oder –) erlaubt. Enthielte also die Lochkarte die Zahl $5.07_{10}-2$, so würde mit obiger Anweisung X der Wert 0,0507 zugewiesen. Die Eingabeanweisung entspricht dann einer Zuweisung X := $5.07_{10}-2$.

Für die Zuweisung ganzer Zahlen über Eingabe ist das entsprechende Unterprogramm ININTEGER nicht unter den Standardprozeduren für Ein- und Ausgabe, muß also jeweils hinzugefügt werden. Eine ganze Zahl kann aber auch über eine REAL-Variable zugewiesen werden. Nehmen wir an, es seien vereinbart:

```
'REAL' B;
'INTEGER' I;
```

so kann man die auf dem Datenstreifen oder auf Lochkarten stehende ganze Zahl zunächst B zuweisen

```
INREAL (10,B);
```

Die nachfolgende Zuweisung

```
I := B;
```

bewirkt eine Umwandlung der Gleitpunktzahl, die B zugewiesen wurde, in eine ganze Zahl. Allgemein gilt, daß der Wert des rechts vom Zuweisungszeichen stehenden Ausdrucks in eine Konstante des Typs verwandelt wird, den die links stehende Variable hat, bevor er dieser Variablen zugewiesen wird.

Die Ausgabe einer 'REAL' vereinbarten Größe geschieht ebenfalls durch den Aufruf eines Unterprogramms, nämlich des Unterprogramms OUTREAL. In der Klammer folgt hier zunächst die Kanalnummer, darauf ein arithmetischer Ausdruck, der als REAL-Konstante berechnet wird. Mit der Ausgabeanweisung

```
OUTREAL (0,X);
```

würde z. B. der Wert von X über Blattschreiber (Kanalnummer 0 bei Siemens 303) ausgedruckt. Es wäre aber auch möglich, durch

```
OUTREAL (0,A × SIN (OMEGA × T + PHI));
```

zunächst $a \cdot \sin(\omega t + \varphi)$ zu berechnen und sodann auszugeben. Es ist bei Ein- und Ausgabe zu beachten, daß das Format der Daten nicht festgelegt werden muß. Bei der Eingabe kann die Zahl in ALGOL-Schreibweise z. B. irgendwo auf der Lochkarte stehen, von der nächsten durch Leerstelle (blank) oder Komma getrennt. Bei der Ausgabe wird eine Standardform festgelegt. Bei der SIEMENS-Anlage 303 werden die REAL-Größen in der Form

$$-9.999999_{10} - 999␣␣$$

ausgegeben. Das Zeichen ␣ bedeutet Leerstelle (blank), eine 9 steht hier an den Stellen, wo Ziffern ausgegeben werden. Das Vorzeichen + wird unterdrückt. So könnten z. B. ausgegeben werden

$-3.715925_{10} -003$, d. h. $-3{,}715925 . 10^{-3}$
$4.219683_{10}\ 002$, d. h. $4{,}219683 . 10^{2}$

4.2.4. Programmaufbau. Mit den bisher betrachteten Sprachelementen kann man einfache Programme schreiben. Ein Programm besteht immer aus Anweisungen und den dazu nötigen Vereinbarungen. Die einzelnen Anweisungen und Vereinbarungen werden durch ; getrennt und alle zusammen durch 'BEGIN' und 'END' als eine Einheit, als ein Block, gekennzeichnet. Es müssen dabei alle Vereinbarungen in einem solchen Block vor den Anweisungen stehen.

Zwischen den einzelnen Vereinbarungen und Anweisungen können beliebig viele Leerstellen eingefügt werden, sie selbst können beliebig lang sein. Die Berechnung z. B. von $z = a \cdot \sin(\omega t + \varphi)$ könnte mit folgendem Programm geschehen:

```
'BEGIN'
INREAL (10,A); INREAL (10,OMEGA);
INREAL (10,T); INREAL (10,PHI);
Z := A × SIN (OMEGA × T + PHI);
OUTREAL (0,Z)
'END'
```

Die Werte von a, ω, t, φ werden über Lochkarten den Variablen zugewiesen, sodann wird der arithmetische Ausdruck a sin (ωt + φ) berechnet und sein Wert z zugewiesen. Dieser Wert wird dann über Blattschreiber ausgegeben.

Um die Lesbarkeit eines Programms zu erhöhen, können zwischen Anweisungen und zwischen Vereinbarungen Kommentare eingestreut werden. Sie sind ohne Einfluß auf Übersetzung, Rechenlauf und Ausgabe, sie erscheinen nur im Abdruck des Programms. Sie müssen mit 'COMMENT' beginnen. Es könnte z. B. das obige Programm beginnen:

```
'BEGIN'
'COMMENT' PROGRAMM ZUR BERECHNUNG VON
            Z = A × SIN (OMEGA × T + PHI);
'REAL' A,OMEGA,T,PHI,Z;
...
```

An den Begrenzer 'END' kann der Kommentar direkt angeschlossen werden. z. B. könnte das Programm durch

```
...
'END' ENDE DES PROGRAMMS;
```

beendet werden. Vor 'END' braucht kein Semikolon zu stehen.

4.2.5. Logische Ausdrücke und Vergleiche. Den als 'BOOLEAN' charakterisierten Variablen können nur Werte zugewiesen werden, die den Konstanten 'TRUE' oder 'FALSE' gleich sind. Diese Werte können sich aus logischen Ausdrücken oder Vergleichen ergeben. Dazu müssen eingeführt werden

1. die Vergleichsoperatoren, die Werte arithmetischer Ausdrücke vergleichen,
2. logische Operationszeichen, die die Verknüpfung logischer Konstanten möglich machen.

Diese Zeichen sind in Tafel 4.14 zusammengestellt.

Tafel 4.14 Vergleichsoperatoren und logische Verknüpfungszeichen

Zeichen	dargestellt durch:
1. Vergleichsoperatoren	
$=$	'EQUAL'
$\neq$	'NOTEQUAL'
$<$	'LESS'
$\geqq$	'NOTLESS'
$>$	'GREATER'
$\leqq$	'NOTGREATER'
2. Logische Verknüpfungen	
$\neg$	'NOT'
$\wedge$	'AND'
$\vee$	'OR'
$\supset$	'IMPL'
$\equiv$	'EQUIV'

Der Vergleich zweier arithmetischer Ausdrücke ergibt entweder „wahr" oder „falsch". Der Vergleichsausdruck

```
A + B × SIN (OMEGA × T) 'GREATER' U × COS (V);
```

ist wahr, wenn $a + b \cdot \sin \omega t > u \cdot \cos v$ und falsch, wenn $a + b \cdot \sin \omega t \leqq u \cdot \cos v$ ist.

Ist z. B. K als logische Variable 'BOOLEAN' K; vereinbart, so kann ihr der Wert des obigen Ausdrucks zugewiesen werden

K := A + B × SIN (OMEGA × T) 'GREATER' U × COS (V);

Die logischen Verknüpfungen haben dabei einen geringeren Rang als die Vergleichsoperatoren und die arithmetischen Verknüpfungen. Eine vollständige Rangliste gibt Tafel 4.15.

Tafel 4.15 Rangliste der Operatoren

Anordnung nach abnehmenden Rang:
Standardfunktionen
'POWER'
× und /
+ und −
'EQUAL', 'NOTEQUAL', 'LESS', 'NOTLESS', 'GREATER', 'NOTGREATER'
'NOT'
'AND'
'OR'
'IMPL'
'EQUIV'

Die logischen Verknüpfungen haben die nach den Wahrheitstabellen der Booleschen Algebra definierten Wahrheitswerte. Mit ihrer Hilfe können

1. Logische Veränderliche kombiniert werden, z. B.

Z := A 'AND' B 'AND' C

falls die Veränderlichen Z, A, B, C, als 'BOOLEAN' vereinbart sind

2. Vergleiche logisch gekoppelt werden, z. B.

A + B 'GREATER' C 'AND' U 'LESS' V
'OR' X 'EQUAL' Y

In diesem Ausdruck wird zuerst A + B berechnet, sodann werden die Vergleiche

$$a + b > c$$
$$u < v$$
$$x = y$$

ausgeführt, sie ergeben drei logische Werte. Sie seien Z1, Z2, Z3. Dann bleibt zu bilden

$$Z_1 \wedge Z_2 \vee Z_3.$$

Der Verknüpfung $\wedge$ hat den Vorrang vor $\vee$, so daß zunächst $Z_1 \wedge Z_2$ herausgenommen und dann das Ergebnis mit Z_3 durch $\vee$ verknüpft wird.

4.2.6. Vereinbarung und Verwendung von Feldern. Bei vielen Rechenverfahren treten nicht nur Variable, sondern auch indizierte Variable auf. Das ist z. B. in der Vektor-, Matrizen- und Tensorrechnung der Fall. Komponenten eines Vektors sind $a_1, a_2 \ldots a_n$; Matrizenelemente werden mit $a_{11}, a_{12}, \ldots$ bezeichnet. Es ergibt sich daher die Notwendigkeit, diese Indizierung in die Programmiersprache aufzunehmen.

In arithmetischen Ausdrücken können die indizierten Größen durch Verwendung eckiger Klammern angesprochen werden. Je nach Vereinbarung stehen in diesem Klammernpaar ein, zwei oder drei ganzzahlige Konstante oder Variable oder arithmetische Ausdrücke. Ist mehr als ein Index vereinbart, so werden sie durch Kommata getrennt. Es bedeuten z. B.

A [1]	a_1
A [I]	a_i
PHI [I,J]	$\varphi_{i,j}$
ALPHA [2 × N + 1,KAPPA + I,L + M]	$\alpha_{2n+1,\kappa+i,\ell+m}$
B [− 1,0]	$b_{-1,0}$

Die Verwendung dieser indizierten Größen setzt allerdings eine entsprechende Vereinbarung voraus. So wie die Elemente einer Matrix Elemente einer Gesamtheit, nämlich der Matrix, so sind die indizierten Größen Elemente eines Feldes. Der Name muß daher als Name eines Feldes (array) vereinbart werden. Diese drei Dinge werden in der Feldvereinbarung festgelegt.
1. Daß es sich um ein Feld handelt, wird durch den Begrenzer 'ARRAY' gesagt.
2. Die Indexgrenzen werden für jeden Index in der Form „untere Grenze : obere Grenze" festgelegt, mehrere solcher Festlegungen (für mehrere Indizes) durch Kommata getrennt.
3. Die Angabe des Typs der Elemente wird dadurch vorgenommen, daß 'REAL', 'INTEGER' oder 'BOOLEAN' vor 'ARRAY' geschrieben wird. Die Angabe 'REAL' kann entfallen, 'ARRAY' ist also gleichbedeutend mit 'REAL' 'ARRAY'. So bedeutet die Vereinbarung

```
'ARRAY' D [0:5]
```

die Festlegung eines Feldes D mit den Elementen: $d_0, d_1, d_2, d_3, d_4, d_5$, von denen jedes eine REAL-Veränderliche darstellt. Wird

```
'BOOLEAN' 'ARRAY' ALPHA [- 3:0,1:3]
```

vereinbart, so sind die Elemente des Feldes

$$\begin{matrix} \alpha_{-3,1} & \alpha_{-3,2} & \alpha_{-3,3} \\ \alpha_{-2,1} & \alpha_{-2,2} & \alpha_{-2,3} \\ \alpha_{-1,1} & \alpha_{-1,2} & \alpha_{-1,3} \\ \alpha_{0,1} & \alpha_{0,2} & \alpha_{0,3} \end{matrix}$$

als 'BOOLEAN' vereinbarte Veränderliche anzusprechen.

Indizierte Veränderliche, als Elemente eines Feldes, dürfen auf der linken Seite einer Zuweisungsanweisung stehen. In dem letzten Beispiel wäre also eine Zuweisung der Form

```
ALPHA [- 1,2] := A + B × C 'LESS' C 'AND' X 'EQUAL' Y
```

möglich.

In einer Feldvereinbarung kann statt des Feldnamens eine Namensliste erscheinen, wenn sie alle Elemente gleichen Typs und gleiche Indexgrenzen haben. So würden durch

```
'INTEGER' 'ARRAY' K,L,M,N [1:5,0:2];
```

vier Felder mit ganzzahligen Elementen festgelegt, deren Indizes jeweils die Bereiche 1 bis 5 und 0 bis 2 durchlaufen können. Zu beachten ist, daß ein als Feld vereinbarter Name nicht auch als der Name einer einfachen Veränderlichen erklärt werden darf.

Die Angaben für „untere Grenze" und „obere Grenze" in der Feldvereinbarung dürfen arithmetische Ausdrücke sein, insbesondere auch Variable. Das ermöglicht, wie noch zu zeigen ist, den Feldbereich während der Rechnung veränderlich zu lassen. Hier sei angenommen, daß den Variablen bereits Werte zugewiesen seien. Eine Feldvereinbarung für einen Vektor z. B.

```
'ARRAY' A [M + N : 2 × M + N];
```

würde ein Feld reservieren, dessen Elemente die folgenden sind:

$$a_{m+n}, a_{m+n+1}, a_{m+n+2}, \ldots a_{2m+n}.$$

Hier erkennt man einen wichtigen Unterschied von ALGOL gegenüber FORTRAN. Letztere Sprache erlaubt nur die untere Grenze 1 und i. a. nur eine Konstante als obere Grenze.

4.2.7. Aufbau von Schleifen. Bei Rechenverfahren ist es oft erforderlich, daß eine bestimmte Operation oder auch mehrere Operationen wiederholt ausgeführt werden. Die Wiederholung kann einerseits solange fortgeführt werden, bis eine bestimmte Anzahl erreicht ist, andererseits kann sie von Bedingungen abhängig gemacht werden. Im ersten Fall werden die Schritte, die ausgeführt sind, gezählt, im zweiten wird die Wiederholung von logischen Werten abhängig gemacht. Schließlich können beide Wiederholungssteuerungen kombiniert werden. Die Folge von Anweisungen, die zyklisch durchlaufen werden kann, nennt man eine Schleife.

Um solche Schleifen und Schleifensteuerungen in ALGOL darstellen zu können, bedarf es weiterer sprachlicher Elemente. Zunächst ist es notwendig, die Schleife zu kennzeichnen, d. h. die Anweisungen, die mehrfach durchlaufen werden sollen (sofern es mehrere sind) als zusammengehörig zu kennzeichnen. Das geschieht, indem man vor die erste Anweisung 'BEGIN' und hinter die letzte ein 'END' schreibt. Man nennt das Ganze eine Verbundanweisung (compound statement). Es ist weiter erlaubt, zwischen 'BEGIN' und 'END' vor der ersten Anweisung neue Vereinbarungen über Variable in den Anweisungen zu treffen. Man spricht dann von einem Block. Dabei ist zu beachten, daß diese Vereinbarungen nur in diesem Block gelten, während des Rechenlaufs nur beim Eintritt in den Block Gültigkeit haben und beim Verlassen wieder rückgängig gemacht werden.

Verbundanweisungen oder Blöcke können auch ohne Schleifensteuerung verwendet werden. Sofern also eine Schleife aus mehr als einer Anweisung besteht, muß sie eine solche Verbundanweisung oder ein Block sein. So wäre z. B.

```
'BEGIN'
S1 := S1 + X;
S2 := S2 + X
'END'
```

eine Verbundanweisung, dagegen

```
'BEGIN'
'INTEGER' K;
K := L
S1 := S1 + X;
S2 := S2 + X
'END'
```

ein Block, in dem eine Veränderliche K als 'INTEGER' vereinbart ist.

Die Schleifensteuerung geschieht durch eine vor die Schleife gestellte Laufanweisung (for-statement) der Form

```
'FOR' variable := . . . 'DO'
```

Anstelle der Variablen kann der Name einer Variablen beliebigen Typs (ohne Index) stehen. Die drei Punkte kennzeichnen den Ort, an dem die Steuerungsangaben eingefügt werden. Diese Steuerung kann auf zweifache Weise geschehen. Es seien A, A_1, A_2, A_3 arithmetische Ausdrücke und B ein logischer Ausdruck. Dann gibt es folgende Formen:

1. Steuerung durch arithmetische Ausdrücke in zwei verschiedenen Weisen:
a) A einfacher arithmetischer Ausdruck,
b) A_1 'STEP' A_2 'UNTIL' A_3,
2. Steuerung in Abhängigkeit von einer Bedingung in der Form

```
A 'WHILE' B
```

Die verschiedenen Steuerungsformen können beliebig kombiniert werden, und zwar dadurch, daß sie in einer Liste zusammengestellt werden.

Die Laufanweisung

```
'FOR' I := 1 'STEP' 1 'UNTIL' N 'DO'
```

würde besagen, daß die nachfolgende Schleife n-mal durchlaufen wird, wobei der Schleifenzähler auf 1 gesetzt und solange erhöht wird, bis er dem Wert von n gleich ist. Die Steuerungsangabe ist also

```
1 'STEP' 1 'UNTIL' N
```

Sie wird in die Laufanweisung

```
'FOR' I := . . . 'DO'
```

eingefügt.

Die Laufanweisung

```
'FOR' I := 7,8,15,19,3 'DO'
```

enthält eine Liste einfacher arithmetischer Ausdrücke als Steuerungswerte, nämlich

7, 8, 15, 19, 3

Auf diese Größe I kann in der Schleife Bezug genommen werden. Würde man z. B. beide Beispiele kombinieren:

```
'FOR' I := 7,8,15,19,3,1 'STEP' 1 'UNTIL' N 'DO'
```

so würde I der Reihe nach folgende Werte annehmen:

7, 8, 15, 19, 3, 1, 2, 3, 4 . . . bis zum Wert von N.

Die zweite Steuerungsform könnte z. B. folgende Gestalt haben:

```
'FOR' X := (A + B) × 0.5 'WHILE' B — A 'GREATER' EPS
        'AND' F (X) 'NOTEQUAL' 0 'DO'
```

Hier würde vor jedem Durchlauf der Schleife x neu gesetzt durch Berechnung von $(a + b) \cdot 0{,}5$ und zwar solange $b - a > \epsilon$ und $f(x) \neq 0$ sind.

Mit Hilfe der Schleifenbildung kann die Summierung von Größen beschrieben werden. Es seien die beiden Summen

$$\sum_{i=1}^{n} x_i \quad \text{und} \quad \sum_{i=1}^{n} x_i^2$$

zu bilden (z. B. zur Berechnung von Mittelwert und Streuung). Man setzt dazu die Inhalte zweier Speicher auf Null (S1 und S2), und addiert den über Externgerät eingegebenen Wert von XU zu dem Inhalt von S1 und S2 und führt diese Operation n-mal aus. Das ergibt folgenden Programmausschnitt:

```
S1 := S2 := 0;
'FOR' K := 1 'STEP' 1 'UNTIL' NI 'DO'
'BEGIN'
INREAL (9,XU);
S1 := S1 + XU;
S2 := S2 + XU × XU
'END'
```

Die Verbundanweisung beginnt mit 'BEGIN' und endet mit 'END'. Sie wird durch die Laufanweisung

```
'FOR' K := 1 'STEP' 1 'UNTIL' NI 'DO'
```

gesteuert. In der Schleife wird auf K nicht Bezug genommen. Die Anweisungen werden so oft ausgeführt, wie es der Wert von NI angibt.

4.2.8. Ausgabe von Zeichen. Bei der Ausgabe von Ergebnissen wird man bestrebt sein, ein Druckbild zu erzielen, aus dem die wesentlichen Angaben, die die Zahlenwerte ergänzen, jederzeit wieder abgelesen werden können. Es ist vor allem notwendig, über Zahlenwerte hinaus Texte, also Folgen von Zeichen, auszugeben. Dazu wird man eine Ausgabeprozedur zur Verfügung stellen, die auf dem vom Kompilierer bereitgestellten Unterprogramm OUTSYMBOL aufbaut. Es soll hier gezeigt werden, wie man dieses Unterprogramm direkt verwenden kann.

Durch Aufruf von OUTSYMBOL kann ein Zeichen eines vorgegebenen Alphabets auf einem anzugebenden Kanal ausgegeben werden. Diese Angaben folgen dem Namen OUTSYMBOL in der Reihenfolge:

Kanalnummer, Alphabet, Nr. des Zeichens im Alphabet.

Die erste und dritte Angabe können durch arithmetische Ausdrücke gemacht werden. Das Alphabet wird als eine Zeichenkette (string) eingegeben, der zwei Apostrophs vorangestellt sind und die durch zwei Apostrophs beendet wird. Die Ausgabe mehrerer Zeichen kann durch Laufanweisung geschehen. So würde z. B. durch

```
'FOR' I := 1,2,3,6,4,2,5,4 'DO'
OUTSYMBOL (0, "DERTX  ",I);
```

der Text DER TEXT geschrieben. Das Alphabet besteht aus 6 Zeichen, das erste ist D, das zweite E usf. I nimmt die Werte 1, 2, 3, 6, . . . an, so daß zuerst das 1., dann das 2. Zeichen ausgegeben werden. Der Text wird ausgegeben durch achtmaligen Aufruf des Unterprogramms OUTSYMBOL.

Einfacher wird die Ausgabe, wenn man als Alphabet den auszugebenden Text selbst angibt und die Zeichen der Reihe nach abruft. Es würde der obige Text auch durch

```
'FOR' I := 1 'STEP' 1 'UNTIL' 8 'DO'
OUTSYMBOL (0, "DER TEXT", I)
```

ausgegeben.

Die Länge eines Strings kann durch Unterprogramm ermittelt werden. Es hat den Namen LENGTH und verlangt als Angabe in der Klammer die Zeichenkette. Die Länge ist dann unmittelbar in LENGTH gespeichert. Im letzten Beispiel könnte es in folgender Weise verwendet werden:

```
'FOR' I := 1 'STEP' 1 'UNTIL' LENGTH ("DER TEXT") 'DO'
OUTSYMBOL (0, "DER TEXT", I)
```

Zum Aufbau eines Druckbildes ist weiter erforderlich, daß eventuell Leerzeilen eingefügt werden, daß eine neue Zeile begonnen wird. Diese Steuerungen des Ausgabegerätes sind maschinenabhängig. Bei dem Siemens-Rechner z. B. erfolgt ein Wagenrücklauf, wenn als Nr. des Zeichens im Alphabet — 3, ein Zeilenvorschub des Blattschreibers, wenn — 9 angegeben wird. Eine Leerzeile könnte also durch — 3, — 9, — 9 erreicht werden. In dem obigen Beispiel würde das erreicht durch:

```
'FOR' I := — 3, — 9, — 9, 1 'STEP' 1 'UNTIL' LENGTH
            ("DER TEXT") 'DO'
OUTSYMBOL (0, "DER TEXT", I)
```

Besser allerdings wäre folgende Form:

```
M := LENGTH ("DER TEXT");
'FOR' I := — 3, — 9, — 9, 1 'STEP' 1 'UNTIL' M 'DO'
OUTSYMBOL (0, "DER TEXT", I)
```

In dieser Version würde die Länge des Strings nur einmal ermittelt, im vorhergehenden Beispiel dagegen achtmal.

4.2.9. Programm zur Berechnung von Mittelwert und Streuung. Tafel 4.16 zeigt den Abdruck eines vollständigen Programms zur Berechnung von Mittelwert und Streuung sowie der Vertrauensgrenzen.

Nach dem Kommentar in Zeile 2 beginnen in Zeile 3 die Vereinbarungen der Variablennamen. In Zeile 5 steht die erste Anweisung. Sie dient mit Zeile 6 und 7 der Ausgabe einer Überschrift. In Zeile 8 wird n über Lochstreifen ein Wert zugewiesen (die Anzahl der einzulesenden Werte), ebenso t_{005}, das zur Berechnung der Vertrauensgrenzen dient.

Tafel 4.16

```
 1 'BEGIN'
 2 'COMMENT'BERECHNUNG V. MITTELWERT,STREUUNG U. VERTRAUENSGRENZEN;
 3  'REAL'NR.T005,XQ,XU,XO,SQ,S1,S2,S3,S4;
 4 'INTEGER'NI,K;
 5 'FOR'K:=-3,-9,-9,1'STEP'1'UNTIL'56,-3,-9,-9'DO'
 6 OUTSYMBOL(0,"BERECHNUNG VON MITTELWERT,STREUUNG UND
 7 VERTRAUENSGRENZEN",K);
 8 INREAL(9,NR); NI:=NR; INREAL(9,T005);
 9 S1:=S2:=0;
10 'FOR'K:=1'STEP'1'UNTIL'NI'DO'
11 'BEGIN'
12   INREAL(9,XU);
13   S1:=S1+XU;
14  S2:=S2+XU×XU
15 'END';
16 XQ:=S1/NR;
17 SQ:=(S2-NR×XQ×XQ)/(NR-1);
18 S3:=SQRT(SQ);
19 S4:=S3×T005/SQRT(NR);
20 XU:=XQ-S4;
21 XO:=XQ+S4;
   'FOR'K:=-3,-9,-9,1'STEP'1'UNTIL'20'DO'
   OUTSYMBOL(0,"MITTELWERT            =",K);
   OUTREAL(0,XQ);
25 'FOR'K:=-3,-9, -9, 1 'STEP'1'UNTIL'20'DO'
   OUTSYMBOL(0,"STREUUNG              =",K);
   OUTREAL(0,SQ);
   'FOR'K:=-3,-9,-9,1'STEP'1'UNTIL'20'DO'
   OUTSYMBOL(0,"STANDARDABWEICHUNG =",K);
30 OUTREAL(0,S3);
   'FOR'K:=-3,-9,-9,1'STEP'1'UNTIL'25'DO'
   OUTSYMBOL(0,"UNTERE VERTRAUENSGRENZE =",K);
   OUTREAL(0,XU);
   'FOR'K:=-3,-9,-9,1'STEP'1'UNTIL'25'DO'
35 OUTSYMBOL(0,"OBERE VERTRAUENSGRENZE  =",K);
   OUTREAL(0,XO);
   'FOR'K:=-3,-9,-9,1'STEP'1'UNTIL'19'DO'
   OUTSYMBOL(0,"BERECHNUNG BEENDET;",K);
39 'END'
```

Mit Zeile 9 beginnt das Rechenverfahren. Wie in Abschnitt 4.2.7 erläutert, werden durch 9–15 die Summen

$$S_1 = \sum_{i=1}^{n} x_i \quad \text{und} \quad S_2 = \sum_{i=1}^{n} x_i^2$$

berechnet. Mit diesen Werten werden dann ermittelt

in Zeile 16 der Mittelwert $X_Q = S_1/n$

in Zeile 17 die Streuung $S_Q = \dfrac{S_2 - nX_Q^2}{n-1}$

in Zeile 18 die Standardabweichung $S_3 = \sqrt{S_Q}$

in Zeile 19–21 die Vertrauensgrenzen

$$X_u = X_Q - \frac{S_3 \cdot t_{005}}{n} \qquad X_0 = X_Q + \frac{S_3 \cdot t_{005}}{n}$$

Sodann werden die Werte mit erläuterndem Text ausgegeben. Ergebnisse und Datenstreifen zeigt Tafel 4.17.

Tafel 4.17

```
DATENSTREIFEN:

50 ,1.96

44.2,48.5,47.8,54.0,49.5,47.4,45.1,48.4,47.1,54.8

46.9,52.6,43.2,48.3,47.6,48.1,44.8,51.9,49.9,42.4

43.7,51.3,48.5,46.2,46.0,46.7,51.6,45.3,53.8,55.0

48.2,42.8,47.9,45.0,47.3,44.0,44.5,47.1,48.8,47.8

50.6,53.1,43.8,45.8,44.1,49.1,46.9,47.5,50.0,48.3


BERECHNUNG VON MITTELWERT,STREUUNG UND VERTRAUENSGRENZEN

MITTELWERT                 =  4.786390₁₀ 001

STREUUNG                   =  1.019260₁₀ 001

STANDARDABWEICHUNG         =  3.192585

UNTERE VERTRAUENSGRENZE    =  4.697896₁₀ 001

OBERE VERTRAUENSGRENZE     =  4.874883₁₀ 001


BERECHNUNG BEENDET;
```

4.2.10. Unbedingte und bedingte Anweisungen. Der normale Programmablauf geschieht so, daß nach Ausführung einer Anweisung die nächstfolgende bearbeitet wird. Es kann aber nötig werden, diese Abfolge zu durchbrechen, derart, daß zu einer besonders zu kennzeichnenden Anweisung vor- oder zurückgesprungen werden soll. Es ergibt sich also die Notwendigkeit, neue Sprachelemente dafür vorzusehen. Eine Anweisung muß gekennzeichnet werden: das geschieht durch Vorsetzen einer Marke (label). Eine solche Marke ist ein Name, wie er in Abschn. 4.2.1 zunächst für Variable eingeführt und verwendet wurde. Diesem Namen muß ein Doppelpunkt folgen. Dadurch ist er als Marke ausgewiesen. Eine Anweisung kann durch eine oder mehrere Marken herausgehoben werden. Der Anweisung

```
X := Y + Z;
```

kann z. B. die Marke BEGINN vorangestellt werden:

```
BEGINN: X:= Y + Z;
```

Sie kann durch die zweite Marke S1 gekennzeichnet werden:

```
BEGINN: S1: X:= Y + Z
```

Die Anweisung, die bewirkt, daß die Rechnung bei einer Anweisung fortgesetzt wird, die durch eine solche Marke herausgestellt wird, hat die Form 'GOTO' Marke, also z. B.

```
'GOTO' BEGINN;
```

Nimmt man an, daß diese Anweisung irgendwo im Programm erscheint, so bewirkt sie an dieser Stelle, daß die Rechnung mit der Anweisung X := Y + Z; fortgesetzt wird, die die Marke BEGINN trägt. Bei den bedingten Anweisungen wird die Ausführung einer einzelnen Anweisung oder einer Verbundanweisung von dem Wahrheitswert eines Booleschen Ausdrucks abhängig gemacht. Sie haben die Form

```
'IF' B 'THEN' S1 'ELSE' S2;
```

wobei B der Boolesche Ausdruck, S1 und S2 einzelne Anweisungen oder Verbundanweisungen sind. Ist 'ELSE' S2 vorhanden, so handelt es sich um die zweiseitige Form der bedingten Anweisung. Den Ablauf zeigt Bild 4.18. Hat der logische Ausdruck den Wert „wahr", wird die Anweisung S1 ausgeführt, hat er den Wert „falsch", wird zu S2 verzweigt. Danach wird in beiden Fällen im Programm fortgefahren. Fehlt dagegen 'ELSE' S2, so wird bei Vorliegen von „wahr" S1 ausgeführt, bei „falsch" unmittelbar mit der nächsten Anweisung fortgefahren. Bild 4.19 zeigt diese einseitige Form. Wie ein logischer Ausdruck B gebildet sein kann, ist im Abschnitt 4.2.5 gezeigt worden. Er kann insbesondere eine Boolesche Variable, ein Boolescher Ausdruck aus einer Kombination von Vergleichen sein. Eine bedingte Anweisung könnte z. B. von der Gestalt

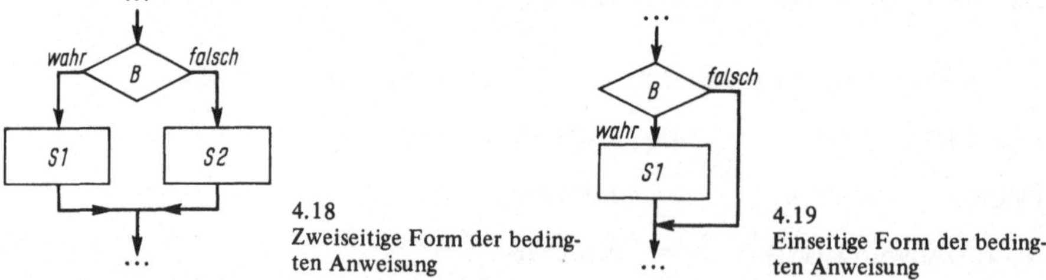

4.18 Zweiseitige Form der bedingten Anweisung

4.19 Einseitige Form der bedingten Anweisung

```
'IF' X 'GREATER' Y 'AND' Z 'EQUAL' Y 'OR' X 'EQUAL' Y
'THEN' 'BEGIN' INREAL (9,U); X := U 'END'
'ELSE' U := Z;
...
```

sein. Der Boolesche Ausdruck

$$x > y \wedge z = y \vee x = y$$

liefert „wahr" oder „falsch". Diese Wahrheitswerte werden in folgender Weise ermittelt. Zunächst werden die Vergleiche durchgeführt ($x > y$, $z = y$, $x = y$), dann wird die Verknüpfung der Werte von $x > y$ und $z = y$ durch „und" vorgenommen und schließlich wird dieser Wert mit dem von $x = y$ durch „oder" verknüpft. Ist der gesamte Ausdruck „wahr", so wird die Verbundanweisung hinter 'THEN' ausgeführt, d. h. es wird U eingelesen und X zugewiesen, ist er „falsch", so wird der Wert von Z der Variablen U zugewiesen.

Es ist durchaus möglich, daß die Verbundanweisungen S1 und S2 selbst bedingte Anweisungen enthalten, allerdings darf eine solche bei S1 nur als Verbundanweisung auftreten, bei S2 hingegen direkt. Während also

```
'IF' U 'EQUAL' V 'THEN' 'GOTO' S3 'ELSE' 'IF' A
'LESS' Z 'THEN' X := Y 'ELSE' Z := U
```

möglich ist, muß in dem anderen Fall die bedingte Anweisung in 'BEGIN' und 'END' eingeschlossen werden, kurz gesagt, es dürfen 'THEN' und 'IF' nicht aufeinander folgen. Soll z. B. der in Bild 4.20 dargestellte Ablaufplan in ALGOL dargestellt werden, so kann das mit der Anweisung

```
'IF' A 'EQUAL' 0 'THEN' 'BEGIN' 'IF' X 'EQUAL'
0 'THEN' Y := 1 'ELSE' Y := X 'END' 'ELSE'
Y := X/A;
```

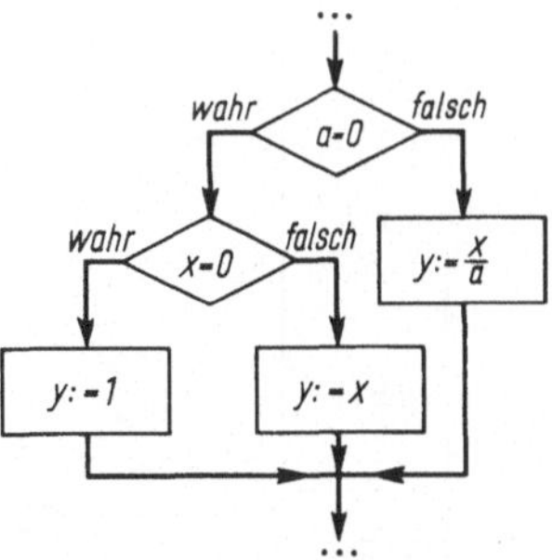

4.20 Programmablaufplan für eine bedingte Anweisung

geschehen. Auf diese Weise lassen sich auch komplizierte Abläufe durch bedingte Anweisungen darstellen .

In diesem Zusammenhang soll darauf hingewiesen werden, daß in ALGOL auch bedingte Zuweisungen möglich sind. Soll einer Variablen in Abhängigkeit von einem logischen Ausdruck B entweder ein Ausdruck A_1 oder ein Ausdruck A_2 zugewiesen werden, so hat diese Zuweisung die Form

```
Variable := 'IF' B 'THEN' A1 'ELSE' A2;
```

Auch hier kann der Boolesche Ausdruck eine logische Kombination von Vergleichen oder Booleschen Variablen sein. Zum Beispiel würde durch die Zuweisung

```
A := 'IF' U + V 'GREATER' Z 'THEN' U/Z 'ELSE' V/Z;
```

im Falle, daß der Vergleich $u + v > z$ „wahr" liefert, a der Wert von $\frac{u}{z}$, im Falle, daß er „falsch" ergibt, der Wert von $\frac{v}{z}$ zugewiesen.

Bei der bedingten Zuweisung kann der Ausdruck A_2 selbst wieder einen bedingten Ausdruck enthalten, A_1 dagegen muß ein einfacher arithmetischer Ausdruck sein.

4.2.11. Prozeduren. Eine der wichtigsten sprachlichen Möglichkeiten, die ALGOL bietet, ist das Vereinbaren von Unterprogrammen, die durch Aufruf an verschiedenen Stellen des Programms angesprochen und verwendet werden können. Solche Prozeduren werden zum Teil vom Kompilierer bereitgestellt, nämlich die arithmetischen Standardfunktionen und die Prozeduren für die Ein- und Ausgabe. Darüber hinaus können Folgen von Anweisungen, die mehrfach geschrieben werden müßten, nach bestimmten Regeln als Prozeduren vereinbart werden.

4.2.11.1. Eigentliche Prozeduren. Die Ausgabe von Texten ist in Abschn. 4.2.8 dargestellt worden. Dabei wurden die Grundprogramme OUTSYMBOL und LENGTH verwendet. Es soll nun gezeigt werden, wie mit diesen Unterprogrammen eine Prozedur für Textausgabe aufgebaut werden kann. Dabei sind drei Angaben wesentlich:
1. die Kanalnummer des Ausgabegerätes. Sie sei mit KNR bezeichnet.
2. der auszugebende Text als Variable TEXT,
3. die Anzahl der Zeilenvorschübe. Diese Angabe sei in ZV gespeichert,

wobei vereinbart wurde, daß, falls dieser Wert < 1 ist, weder ein Wagenrücklauf noch ein Zeilenvorschub ausgeführt wird. In dem zu schreibenden Programm muß die Länge des Textes ermittelt werden. Sie werde nach K gespeichert. Falls $K = 0$ ist, wird kein Text ausgegeben. Den Ablaufplan für dieses Programmstück zeigt Bild 4.21. Das zugehörige ALGOL-Programm zeigt Tafel 4.22.

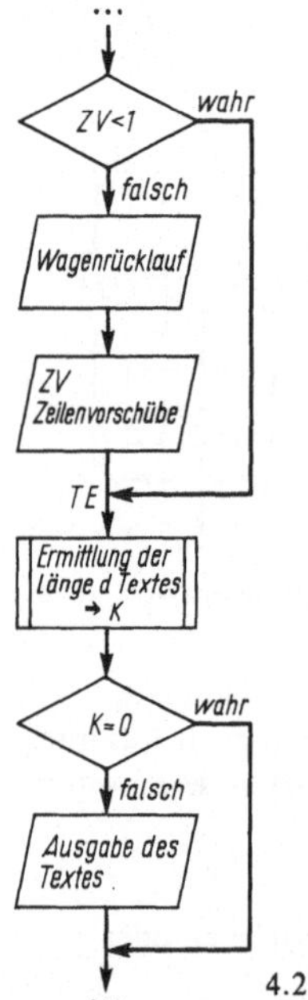

4.21 Programmablaufplan für die Textausgabe

Tafel 4.22

```
1    'PROCEDURE'AUSGABE(KNR,TEXT,ZV);
          'VALUE'KNR,ZV;
          'INTEGER'KNR,ZV;
          'STRING'TEXT;
5         'BEGIN'
               'INTEGER'J,K;
               'IF' ZV 'LESS' 1 'THEN' 'GOTO' TE;
               OUTSYMBOL(KNR,'''',-3);
               'FOR' J:= 1'STEP' 1 'UNTIL' ZV 'DO'
10             OUTSYMBOL(KNR,'''',-9);
          TE:  K:=LENGTH(TEXT);
               'IF' K 'EQUAL' 0 'THEN' 'GOTO' E;
               'FOR' J:=1 'STEP' 1 'UNTIL' K 'DO'
               OUTSYMBOL(KNR,TEXT,J);
15 E:     'END'      ENDE DER PROCEDURE AUSGABE;
```

Es besteht aus dem Prozedurkopf (Zeile 1–4) und dem Prozedurrumpf (Zeile 5–15). Der Rumpf ist nach dem Ablaufplan von Bild 4.21 geschrieben.

Diese Prozedur soll für die Ausgabe von beliebigen Texten mit verschiedener Anzahl von Zeilenvorschüben und für verschiedene Kanäle gültig sein, selbst die Namen dieser drei Variablen sollen beliebig sein. Würden z. B. anstelle der Variablennamen

KNR, TEXT, ZV

die Namen

I, UEBER, M

beim Aufruf verwendet, so soll der in UEBER gespeicherte Text über den Kanal ausgegeben werden, dessen Angabe in I enthalten ist. Die Anzahl der Zeilenvorschübe ist in M gespeichert. Die Namen KNR, TEXT, ZV sollen also in der Prozedur nicht wesentlich sein. Sie kennzeichnen nur die Stellen, an denen beim Aufruf die entsprechenden Variablen einzusetzen sind. Diese den Platz freihaltenden Variablennamen nennt man f o r m a l e P a r a m e t e r. Vereinbarungen darüber werden im Prozedurkopf vorgenommen. Der Prozedurkopf besteht aus dem die Vereinbarung kennzeichnenden Begrenzer 'PROCEDURE', dem Namen (AUSGABE) und der Liste der formalen Parameter, eingeschlossen in runde Klammern im obigen Beispiel Zeile 1:

```
'PROCEDURE' AUSGABE (KNR,TEXT,ZV);
```

Weiterhin müssen die Namen in einem Spezifikationsteil vereinbart werden. So werden z. B. KNR, ZV als 'INTEGER', TEXT als eine Zeichenkette – 'STRING' – spezifiziert (Zeile 3 und 4).

Der Aufruf dieser Prozedur AUSGABE geschieht an allen Stellen im Programm, an denen Text ausgegeben werden soll, durch einen Aufruf, eine sog. Prozeduranweisung, bei der zu dem Namen des Unterprogramms in runden Klammern die Liste der Namen der Variablen hinzugefügt wird, die zu verwenden sind. Im Unterschied zu den formalen Parametern der Vereinbarung heißen die wirklich zu verwendenden Variablen (oder eventuell Ausdrücke) a k t u e l l e P a r a m e t e r. Die Prozeduranweisungen

```
AUSGABE (I,UEBER,M)
. . .
AUSGABE (KANAL,TEXT1,Z)
```

sprechen die Prozedur AUSGABE an. Wichtig ist, daß formale und aktuelle Parameter in der Anzahl und im Typ übereinstimmen müssen.

Bei den Parametern ist zu unterscheiden, ob es sich um Werte von Variablen (oder Ausdrücken) handelt, die für die Rechnung in der Prozedur zur Verfügung gestellt werden, oder im Variable, deren Werte bei der Rechnung verändert werden. Ist an den Stellen, an denen ein formaler Parameter auftritt, nur der Wert von Interesse, den die Variable bei dem Aufruf hat, so kann diese Variable in der Vereinbarung als 'VALUE' vereinbart werden. Das hat zur Folge, daß an all diesen Stellen nur der Wert eingesetzt wird, nicht der Name der Variablen. In Tafel 4.22, Zeile 2 werden KNR und ZV als 'VALUE' vereinbart, d. h. überall, wo ZV auftritt, wird der Wert des aktuellen Parameters eingesetzt und ebenso für KNR. Die Prozeduren für Ein- und Ausgabe, die bei der Übersetzung bereitgestellt werden, sind solche Prozeduren, z. B. ist der Prozedurkopf von OUTSYMBOL in folgender Weise vereinbart zu denken:

```
'PROCEDURE' OUTSYMBOL (CHANNEL,STRING,SOURCE);
'VALUE' CHANNEL,SOURCE;
'STRING' STRING;
```

Dabei können für CHANNEL und SOURCE arithmetische Ausdrücke als aktuelle Parameter fungieren, deren Wert bei Aufruf ermittelt wird.

Als formale Parameter können auch Feldnamen verwendet werden. Diese Namen müssen entsprechend spezifiziert werden ('REAL' 'ARRAY', 'INTEGER' 'ARRAY' oder 'BOOLEAN' 'ARRAY'), ohne daß Indexgrenzen anzugeben wären, z. B.

```
'INTEGER' 'ARRAY' A,B,C;
'REAL' 'ARRAY' X,Y,Z;
```

4.2.11.2. Funktionsprozeduren. Eine andere Art, Unterprogramme in ALGOL zu verwenden, zeigte der Aufruf der Standardfunktionen. Sie sind im Abschnitt 4.2.2 eingeführt worden. Sie werden nicht durch Prozeduranweisungen aufgerufen. Sie sind sog. Funktionsprozeduren. Diese Form läßt sich auch bei der Vereinbarung von Prozeduren verwenden. Die Standardfunktionen brauchen selbst nicht vereinbart zu werden. Die Funktionsprozeduren sind ein

Sonderfall der Prozeduren, nämlich der Fall, daß im Unterprogramm genau ein Wert berechnet und einer Variablen zugewiesen wird, und zwar wird angenommen, daß der Name dieser Variablen gleich dem Namen der Prozedur ist. Wenn z. B. SIN (X) in einem arithmetischen Ausdruck verwendet wird, so heißt das,
1. daß die Prozedur mit dem Namen SIN aufgerufen wird,
2. daß der Sinuswert des aktuellen Parameters X einer Variablen mit dem Namen SIN zugeordnet wird.

Im Unterschied zu den eigentlichen Prozeduren, die durch Prozeduranweisung aufgerufen werden, erfordert die Vereinbarung von Funktionsprozeduren, daß die Zuweisung im Programm an mindestens einer Stelle wirklich geschieht. Die Prozedur muß also eine Zuweisung

```
SIN := . . .
```

enthalten. Die Vereinbarung des Typs der Veränderlichen geschieht durch Voransetzen des entsprechenden Begrenzers vor 'PROCEDURE'. Ist der Name als 'REAL' vereinbart zu denken, so muß die Prozedur mit

```
'REAL' 'PROCEDURE' . . .
```

beginnen, entsprechend mit 'INTEGER' oder 'BOOLEAN', falls ein ganzzahliger oder logischer Wert ermittelt wird.

Bei den formalen Parametern in der Prozedurvereinbarung kann erläuternder Text in folgender Form an Stelle des trennenden Kommas eingefügt werden:

)Text: (

So wird z. B. die Vereinbarung

```
'REAL' 'PROCEDURE' HORNER (X,A,N)
```

zu

```
'REAL' 'PROCEDURE' HORNER (X) KOEFFIZIENTEN: (A)
GRAD DES POLYNOMS: (N);
```

Das gilt für eigentliche wie für Funktionsprozeduren. Im obigen Beispiel wird eine Vereinbarung für ein Unterprogramm zur Berechnung des Wertes eines Polynoms begonnen. Das Polynom habe die Form

$$y = a_n x^n + a_{n-1} x^{n-1} + a_{n-2} x^{n-2} + \cdots + a_1 x + a_0$$

Die Koeffizienten seien in der Folge

$$a_0, a_1, a_2, \ldots, a_n$$

in einem Feld mit dem Namen A gespeichert. Der Wert von x stehe in X bereit, der Grad n sei der Wert von N. Der Wert von y werde in HORNER gespeichert. Der Prozedurkopf hat dann die Gestalt

```
'REAL' 'PROCEDURE' HORNER (X) KOEFFIZIENTEN: (A)
GRAD DES POLYNOMS: (N);
'VALUE' X,N;
'REAL' X; 'INTEGER' N; 'ARRAY' A;
```

Die Berechnung von y wird mit dem sog. Horner-Schema vorgenommen. Es beruht auf der Umformung

$$y = (\cdots((a_n \cdot x + a_{n-1}) x + a_{n-2}) x + \cdots + a_1) x + a_0$$

aus der man den Rechnungsablauf entnehmen kann. Zunächst wird y der Wert a_n zugewiesen, sodann im einzelnen ausgeführt

$$y := y \cdot x + a_{n-1}$$
$$y := y \cdot x + a_{n-2}$$
$$\vdots$$
$$y := y \cdot x + a_1$$
$$y := y \cdot x + a_0$$

Das Zuweisungszeichen soll ausdrücken, daß der rechts stehende Ausdruck gebildet und y zugewiesen werden soll, allgemein

$$y := a_n$$
$$y := y \cdot x + a_i \text{ für } \quad i = n-1, n-2, \ldots, 0$$

In dieser Form läßt sich der Algorithmus direkt übernehmen, und es ergibt sich als Prozedurrumpf, wenn HORNER als Name für die Veränderliche y gesetzt wird

```
'BEGIN'
'INTEGER' I;
   HORNER := A [N];
   'FOR' I := N - 1 'STEP' - 1 'UNTIL' 0 'DO'
   HORNER := HORNER x X + A [I]
'END'  ENDE DER REAL PROCEDURE HORNER
```

Da zwischen 'BEGIN' und 'END' eine Vereinbarung über I auftritt, ist dieser Prozedurrumpf ein Block und keine Verbundanweisung. Die Anwendung dieser Funktionsprozedur wird im folgenden Beispiel gezeigt.

4.2.11.3. Programm zur Berechnung der Biegelinie eines Trägers. Für den in Bild 4.23 dargestellten Belastungsfall ergibt die Integration der Biegegleichung für die Biegelinie

$$y = \frac{q_0 \ell^4}{24EI} \left(\left(\frac{x}{\ell}\right)^4 - 2\left(\frac{x}{\ell}\right)^3 + \left(\frac{x}{\ell}\right)\right) \tag{4.3}$$

4.23 Beidseitig aufgelagerter Träger

ein Polynom 4. Grades. Dabei ist E der Elastizitätsmodul, I das Flächenträgheitsmoment, q_0 Streckenlast und ℓ Länge des Trägers. Für den Anstieg der Biegelinie erhält man

$$\frac{dy}{dx} = \frac{q_0 \ell^3}{24EI} \left(4\left(\frac{x}{\ell}\right)^3 - 6\left(\frac{x}{\ell}\right)^2 + 1\right) \tag{4.4}$$

ein Polynom 3. Grades.

Der Momentenverlauf ist proportional zur 2. Ableitung und wird durch ein Polynom 2. Grades, der Querkraftverlauf durch ein Polynom 1. Grades dargestellt. Die vierte Ableitung ist konstant

Tafel 4.24

```
'BEGIN' 'COMMENT' BIEGELINIE EINES AUF ZWEI STUETZEN AUFGELAGERTEN
     TRAEGERS MIT GLEICHSTRECKENLAST. DER TRAEGER HABE DIE LAENGE L,
     DAS FLAECHENTRAEGHEITSMOMENT I UND DEN ELASTIZITAETSMODUL E;
'REAL' 'PROCEDURE' HORNER (X)KOEFFIZIENTEN: (A)GRAD DES POLYNOMS: (N);
  'VALUE' X,N; 'REAL' X; 'INTEGER' N; 'ARRAY' A;
 'BEGIN' 'INTEGER' I;
   HORNER:=A[N];
   'FOR' I:=N−1 'STEP' −1 'UNTIL' 0 'DO'
   HORNER:=HORNER × X + A[I]
 'END' ENDE DER REAL PROCEDURE HORNER;


'REAL' Q0,L,E,I,A,B,DX,B0,B1,B2,B3,Y,YS1,YS2,YS3,X,XB;
'INTEGER' J;                    'ARRAY' A0[0:4],A1[0:3],A2[0:2],A3[0:1];

'FOR' J:= −3,−9,−9,−9,1 'STEP' 1 'UNTIL' 51 'DO'
OUTSYMBOL (0, "BIEGELINIE EINES BEIDSEITIG AUFGELAGERTEN TRAEGERS.",
     J);
INREAL (9,Q0); INREAL (9,E); INREAL (9,I); INREAL (9,L);
'FOR' J:= −3,−9,−9,1 'STEP' 1 'UNTIL' 13 'DO'
OUTSYMBOL (0, "EINGABEWERTE:",J);
'FOR' J:= −3,−9,−9,1 'STEP' 1 'UNTIL' 3 'DO' OUTSYMBOL (0, "Q0=",J);
  OUTREAL (0,Q0);
'FOR' J:= −3,−9,1 'STEP' 1 'UNTIL' 3 'DO' OUTSYMBOL (0, "E = ",J);
  OUTREAL (0,E);
'FOR' J:= −3,−9,1 'STEP' 1 'UNTIL' 3 'DO' OUTSYMBOL (0, "I = ",J);
  OUTREAL (0,I);
'FOR' J:= −3,−9,1 'STEP' 1 'UNTIL' 3 'DO' OUTSYMBOL (0, "L = ",J);
  OUTREAL (0,L);
INREAL (9,A); INREAL (9,B); INREAL (9,DX);
A0[0] := A0[2] := A1[1] := A2[0] := 0.0;
A2[1] := −1.0; A3[0] := −0.5; A1[3] := 4.0; A1[2] := −6.0; A0[3] := −2;
  A1[0] := A0[1] := A0[4] := A2[2] := A3[1] := 1.0;
B3 := Q0 × L/(E × I);  B2 := B3 × L × 0.5;  B1 := B2 × L/12.0;  B0 := B1 × L;
'FOR' J:= −3,−9,−9,1 'STEP' 1 'UNTIL' 14 'DO'
OUTSYMBOL (0, "Q0/(E × I)  IST : ",J); OUTREAL (0,B3/L);
'FOR' J:= −3,−9,−9,1 'STEP' 1 'UNTIL' 42 'DO'
OUTSYMBOL (0, "         X                    Y          UND ABLEITUNGEN",J);
          'FOR' X:=A 'STEP' DX 'UNTIL' B 'DO'
            'BEGIN'
              XB:= X/L;
              Y:=  B0 × HORNER (XB,A0,4);
              YS1:=B1 × HORNER (XB,A1,3);
              YS2:=B2 × HORNER (XB,A2,2);
              YS3:=B3 × HORNER (XB,A3,1);
              'FOR' J:= −3,−9 'DO' OUTSYMBOL (0, " ",J);
              OUTREAL (0,X); OUTREAL (0,Y);
              'FOR' J:= −3,−9 'DO' OUTSYMBOL (0, " ",J);
              OUTREAL (0,YS1); OUTREAL (0, YS2); OUTREAL (0, YS3);
          'END' ENDE DER BERECHNUNG DER BIEGELINIE;
'FOR' J:= −3,−9,−9,−9,1 'STEP' 1 'UNTIL' 18 'DO'
OUTSYMBOL (0, "ENDE DER RECHNUNG;",J)
'END' ENDE DES PROGRAMMS;
```

$$y^{(4)} = \frac{q_0}{EI} \tag{4.5}$$

Die Funktionswerte all dieser Funktionen können mit der Funktionsprozedur HORNER berechnet werden, und zwar soll nicht das erweiterte Horner-Schema benutzt werden, sondern es sollen alle Funktionswerte durch Aufruf von HORNER bestimmt werden. Das vollständige ALGOL-Programm ist in Tafel 4.24 dargestellt. Ergebnisse und die verwendeten Daten zeigt Tafel 4.25.

Tafel 4.25

DATENSTREIFEN:

2.0 $1.0_{10}5$ 1940 600

BIEGELINIE EINES BEIDSEITIG AUFGELAGERTEN TRAEGERS.

EINGABEWERTE:

Q0 = 2.000000
E = 1.000000_{10} 005
I = 1.940000_{10} 003
L = 6.000000_{10} 002

Q0/(E × I) IST : $1.030927_{10}-008$

X	Y	UND ABLEITUNGEN
0	0	
$9.278347_{10}-002$	0	$-3.092783_{10}-006$
1.000000_{10} 001	$9.273235_{10}-001$	
$9.263056_{10}-002$	$-3.041236_{10}-005$	$-2.989690_{10}-006$
2.000000_{10} 001	1.851614	
$9.217866_{10}-002$	$-5.979382_{10}-005$	$-2.886598_{10}-006$
3.000000_{10} 001	2.769933	
$9.143812_{10}-002$	$-8.814433_{10}-005$	$-2.783505_{10}-006$
4.000000_{10} 001	3.679448	
...		
2.900000_{10} 002	1.737370_{10} 001	
$4.637443_{10}-003$	$-4.634020_{10}-004$	$-1.030930_{10}-007$
3.000000_{10} 002	1.739689_{10} 001	
0	$-4.639175_{10}-004$	0
3.100000_{10} 002	1.737371_{10} 001	
$-4.637466_{10}-003$	$-4.634020_{10}-004$	$1.030926_{10}-007$
...		
5.800000_{10} 002	1.851612	
$-9.217872_{10}-002$	$-5.979397_{10}-005$	$2.886597_{10}-006$
5.900000_{10} 002	$9.273266_{10}-001$	
$-9.263064_{10}-002$	$-3.041256_{10}-005$	$2.989690_{10}-006$
6.000000_{10} 002	0	
$-9.278347_{10}-002$	0	$3.092783_{10}-006$

Darin ist zunächst die Prozedur HORNER vereinbart, sodann die Veränderlichen 'INTEGER' und 'REAL' sowie die Koeffizienten als Felder je nach Grad des Polynoms. A0 [0 : 4] ist die Vereinbarung für die Koeffizienten des Polynoms für die Biegelinie. Es folgt die Ausgabe der den Variablen q_0, E, I und ℓ durch Eingabe zugewiesenen Werte und die Zuweisung von Werten zu A, B, DX, wodurch Anfangs- und Endwerte sowie Schrittweite der Rechnung festgelegt werden. Der Zuweisung der Werte der Koeffizienten folgen die arithmetischen Zuweisungen, die vor der eigentlichen Rechnung ausgeführt werden können.

$$\frac{q_0 \ell}{EI}, \frac{q_0 \ell^2}{2EI}, \frac{q_0 \ell^3}{24EI}, \frac{q_0 \ell^4}{24EI}$$

Der Wert von $\frac{q_0}{EI}$ wird ausgegeben. Nach dem Drucken der Überschrift beginnt die Rechnung für x von a bis b in Schritten dx.
Für $\frac{x}{\ell}$ werden jeweils y und die Ableitung y', y'', y''' durch Aufruf von HORNER berechnet und ausgegeben.

4.2.11.4. Programm für das Verfahren von Runge-Kutta-Gill. Für die Lösung von Differentialgleichungssystemen der Form

$$y_i' = f_i (x, y_1, y_2, \ldots y_n) \quad i = 1, 2, \ldots n \tag{4.6}$$

ist für die Verwendung von Unterprogrammen für Datenverarbeitungsanlagen das Verfahren von Runge-Kutta durch Gill modifiziert (s. Abschn. 4.1.8). Die Anfangsbedingungen

$$y_{i0} = y_i (x_0) \quad i = 1, 2, \ldots n \tag{4.7}$$

seien vorgegeben. Dann besteht die Aufgabe, die das Verfahren lösen soll, darin, um einen Schritt mit der Schrittweite h weiterzurechnen und die Funktionswerte an der Stelle $x_0 + h$ zu ermitteln. Dieses Verfahren läßt sich dann mit den Werten an der Stelle $x_0 + h$ wiederholen, wobei sich die Werte an der Stelle $x_0 + 2h$ ergeben usw. Dabei wird eine Gleichung

$$y_0' \equiv 1 \tag{4.8}$$

hinzugefügt, um die Sonderstellung der unabhängigen Veränderlichen x aufzuheben.
Das Verfahren ist in der Prozedur RUKUGI dargestellt. Den Ablaufplan zeigt Bild 4.26, das Programm Tafel 4.27. Als Parameter sind in die Liste aufgenommen
1. das Feld Y mit den n + 1 Anfangswerten für den durchzuführenden Schritt,
2. die Schrittweite H,
3. die Felder K und Q mit jeweils n + 1 Elementen. K und Q enthalten Hilfsgrößen, die q_i, i = 0, 1 . . . n, sind zu Anfang = 0 zu setzen. Die Elemente von K werden berechnet.
4. N enthält den Wert von n,
5. YABL ist ein formaler Parameter, an dessen Stelle der Name der Prozedur stehen muß, in der die rechten Seiten f_i berechnet werden. YABL ist als 'PROCEDURE' spezifiziert. Im Programm hat der aktuelle Parameter den gleichen Namen. YABL ist als Prozedur vereinbart.
Ändert man die rechten Seiten, d. h. will man mit dem Programm ein anderes System lösen, so ist nur diese Prozedur YABL auszutauschen. Tafel 4.27 zeigt das Verfahren zur Lösung des Systems

$$y_1' = \frac{1}{y_2} \qquad y_2' = -\frac{1}{y_1}$$

Tafel 4.27

```
'BEGIN'
'COMMENT' PROGRAMM ZUM LOESEN EINES DIFFERENTIALGLEICHUNGSSYSTEMS
     MIT DEM VERFAHREN VON RUNGE-KUTTA-GILL;

'PROCEDURE' RUKUGI (Y,H,K,Q,N,YABL);
  'VALUE' H,N; 'ARRAY' Y,K,Q; 'REAL' H; 'INTEGER' N; 'PROCEDURE' YABL;
'BEGIN'
  'ARRAY' A,B,C[1:4]; 'INTEGER' I,J; 'REAL' D;
     A[1] := C[1] := C[4] := 0.5;
     A[2] := C[2] := 0.292893;
     A[3] := C[3] := 1.707107;
     A[4] := 0.1666667;
     B[1] := B[4] := 2.0;
     B[2] := B[3] := 1.0;
       'FOR' J:=1 'STEP' 1 'UNTIL' 4 'DO'
         'BEGIN'
           YABL (Y,K,N);
         'FOR' I:=0 'STEP' 1 'UNTIL' N 'DO'
           'BEGIN'
           D:= A[J] × (K[I] − B[J] × Q[I]);
           Y[I]:= Y[I] + H × D;
           Q[I]:= Q[I] + 3.0 × D − C[J] × K[I]
     'END' I-SCHLEIFE;
   'END' J-SCHLEIFE;
'END' PROCEDURE RUKUGI;

'PROCEDURE' AUSGABE (KNR,TEXT,ZV);
  'VALUE' KNR,ZV;
  'INTEGER' KNR,ZV;
  'STRING' TEXT;
  'BEGIN'
       'INTEGER' J,K;
       'IF' ZV 'LESS' 1 'THEN' 'GOTO' TE;
       OUTSYMBOL (KNR, '''',-3);
       'FOR' J:=1 'STEP' 1 'UNTIL' ZV 'DO'
       OUTSYMBOL (KNR, '''', -9);
  TE:  K:=LENGTH (TEXT);
       'IF' K 'EQUAL' 0 'THEN' 'GOTO' E;
       'FOR' J:=1 'STEP' 1 'UNTIL' K 'DO'
       OUTSYMBOL (KNR,TEXT,J);
E: 'END'      ENDE DER PROCEDURE AUSGABE;

'PROCEDURE' YABL (Y,K,N);
'VALUE' N;
'INTEGER' N; 'ARRAY' Y,K;
  'BEGIN'
       K[0] := 1.0;
       K[1] := 1.0/Y[2];
       K[2] := 1.0/Y[1]
  'END' PROCEDURE YABL;

'REAL' H,XE,B;
'INTEGER' N,I,P,M;
  INREAL (9,H); N:=H; INREAL (9,H); INREAL (9,XE); INREAL (9,B);
  P:=B;
```

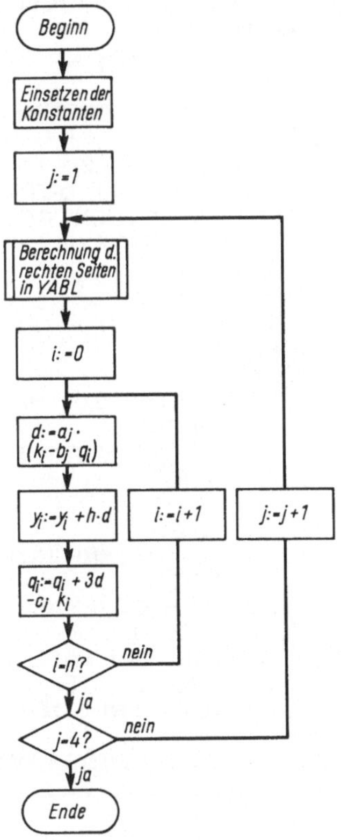

4.26 Programmablaufplan für das Verfahren von Runge-Kutta-Gill (Tafel 4.27)

```
'BEGIN'
   'ARRAY' K,Q,Y[0:N];
   AUSGABE (P, "LOESUNG DES DIFFERENTIALGLEICHUNGSSYSTEMS",3);
   AUSGABE (P, "--------------------------------------------------------------------",1);
   AUSGABE (P, "MIT DEM VERFAHREN VON RUNGE-KUTTA-GILL.",2);

   'FOR' I :=0 'STEP'1 'UNTIL' N 'DO'
   Q[I] := 0.0;

   'FOR' I :=0 'STEP' 1 'UNTIL' N 'DO'
   'BEGIN'
   INREAL (9,B); Y[I] :=B
   'END';
   AUSGABE (P, "   ARGUMENT                Y                 Q",3);
 LOESEN:
   AUSGABE (P, '''' ,2);
   OUTREAL (P, Y[0]); OUTREAL (P, Y[1]); OUTREAL (P, Q[1]);
   'IF' N 'LESS' 2 'THEN' 'GOTO' WEITER;
   'FOR' I:=2 'STEP' 1 'UNTIL' N 'DO'
     'BEGIN'
   AUSGABE (P, ''                    '',1); OUTREAL (P, Y[I]);
   OUTREAL (P, Q[I]);
   'END';
WEITER:
   'IF' H 'GREATER' 0.0 'THEN'
          'BEGIN'
               'IF' Y[0] 'NOTLESS' XE 'THEN' 'GOTO' ENDE
          'END'
                            'ELSE'
          'BEGIN'
               'IF' Y[0] 'NOTGREATER' XE 'THEN' 'GOTO' ENDE
          'END';
   RUKUGI (Y,H,K,Q,N,YABL);
   'GOTO' LOESEN;
ENDE: M:=LENGTH ("ENDE DER RECHNUNG; ");
   'FOR' I:=-3,-9, 1 'STEP' 1 'UNTIL' M 'DO';
OUTSYMBOL (P, "ENDE DER RECHNUNG; ",I);
'END'
'END'   ENDE DES PROGRAMMS;
```

Die Ausgabe von Texten geschieht mit Hilfe der Ausgabeprozedur. Ergebnisse zeigt Tafel 4.28.

4.2.11.5. Raumsondenflug im Vakuum. Das Programm zur Lösung eines Differentialgleichungssystems mit dem Verfahren von Runge-Kutta-Gill läßt sich verwenden, um das im Abschnitt 4.1.8 dargestellte Problem des Raumsondenfluges zu lösen. Das abgeänderte Programm ist in Tafel 4.29 wiedergegeben. Die Tafel 4.30 enthält das Ergebnis und den Abdruck des verwendeten Datenstreifens.

4.2.12. Blockstruktur. In dem in Tafel 4.27 dargestellten Programm sind drei Felder K, Q, Y mit den Indexgrenzen 0 und N vereinbart. Der Wert von N wird drei Zeilen vorher über H durch Eingabe zugewiesen

```
INREAL (9,H); N := H;
```

Tafel 4.28

DATENSTREIFEN:

2	0.1	1.5	0
0	1.0	1.0	

LOESUNG DES DIFFERENTIALGLEICHUNGSSYSTEMS

MIT DEM VERFAHREN VON RUNGE-KUTTA-GILL.

ARGUMENT	Y	Q
0	1.000000	0
	1.000000	0
$1.000000_{10}-001$	1.105170	0
	$9.048378_{10}-001$	0
$2.000001_{10}-001$	1.221401	0
	$8.187314_{10}-001$	0
$3.000002_{10}-001$	1.349856	0
	$7.408190_{10}-001$	0
$4.000002_{10}-001$	1.491821	0
	$6.703209_{10}-001$	0
$5.000002_{10}-001$	1.648716	0
	$6.065317_{10}-001$	0
$6.000001_{10}-001$	1.822112	0
	$5.488127_{10}-001$	0
$7.000000_{10}-001$	2.013744	0
	$4.965863_{10}-001$	0
$7.999999_{10}-001$	2.225531	0
	$4.493300_{10}-001$	0
$8.999998_{10}-001$	2.459591	0
	$4.065706_{10}-001$	0
$9.999997_{10}-001$	2.718268	0
	$3.678804_{10}-001$	0
1.099999	3.004149	0
	$3.328719_{10}-001$	0
1.199999	3.320097	0
	$3.011950_{10}-001$	0
1.299999	3.669274	0
	$2.725325_{10}-001$	0
1.399999	4.055175	0
	$2.465976_{10}-001$	0
1.499999	4.481659	0
	$2.231308_{10}-001$	0
1.599999	4.952997	0
	$2.018971_{10}-001$	0

ENDE DER RECHNUNG;

Tafel 4.29

```
'BEGIN'
'COMMENT' PROGRAMM ZUM LOESEN EINES DIFFERENTIALGLEICHUNGSSYSTEMS
     MIT DEM VERFAHREN VON RUNGE-KUTTA-GILL;

'PROCEDURE' RUKUGI (Y,H,K,Q,N,YABL);
  'VALUE' H,N; 'ARRAY' Y,K,Q; 'REAL' H; 'INTEGER' N; 'PROCEDURE' YABL;
'BEGIN'
  'ARRAY' A,B,C[1:4]; 'INTEGER' I,J; 'REAL' D;
     A[1] := C[1] := C[4] := 0.5;
     A[2] := C[2] := 0.292893;
     A[3] := C[3] := 1.707107;
     A[4] := 0.1666667;
     B[1] := B[4] := 2.0;
     B[2] := B[3] := 1.0;
        'FOR' J:=1 'STEP' 1 'UNTIL' 4 'DO'
          'BEGIN'
             YABL (Y,K,N);
          'FOR' I:=0 'STEP' 1 'UNTIL' N 'DO'
             'BEGIN'
             D := A[J] x (K[I] - B[J] x Q[I]);
             Y[I] := Y[I] + H x D;
             Q[I] := Q[I] + 3.0 x D - C[J] x K[I]
             'END' I-SCHLEIFE;
          'END' J-SCHLEIFE;
'END'   PROCEDURE RUKUGI;

'PROCEDURE' AUSGABE (KNR,TEXT,ZV);
  'VALUE' KNR,ZV;
  'INTEGER' KNR,ZV;
  'STRING' TEXT;
  'BEGIN'
       'INTEGER' J,K;
       'IF' ZV 'LESS' 1 'THEN' 'GOTO' TE;
       OUTSYMBOL (KNR, ' ' ' ' ,-3);
       'FOR' J:=1 'STEP' 1 'UNTIL' ZV 'DO'
       OUTSYMBOL (KNR, ' ' ' ' ,-9);
  TE:  K:=LENGTH (TEXT);
       'IF' K 'EQUAL' 0 'THEN' 'GOTO' E;
       'FOR' J:=1 'STEP' 1 'UNTIL' K 'DO'
       OUTSYMBOL (KNR,TEXT,J);
E: 'END'          ENDE DER PROCEDURE AUSGABE;

'PROCEDURE' YABL (Y,K,N);
'VALUE' N;
'INTEGER' N; 'ARRAY' Y,K;
  'BEGIN'
  K[0] := 1.0;
  B := (Y[2] + R) x (Y[2] + R);
  K[1] := - B/GR2;
  K[2] := - B x Y[0]/GR2
  'END'   PROCEDURE YABL;

'REAL' H,R,G,GR2,B; 'ARRAY' K,Q,Y[0:2];
'INTEGER' I,M,L,U,N;
```

```
INREAL (9,G); INREAL (9,R); GR2:=G*R*R;
INREAL (9,H); L:=H; INREAL (9,H); N:=H;
Q[0] := Q[1] := Q[2] := 0.0;
INREAL (9,B);  Y[0] := B;
INREAL (9,B);  Y[1] := B;
INREAL (9,B);  Y[2] := B;
'IF' G 'NOTGREATER' 0.0 'OR' B 'NOTGREATER' 0.0 'OR' Y[0] 'NOTGREATER' 0.0
   'OR' Y[2] 'LESS' 0.0 'OR' 2.0 × GR2 'NOTGREATER' Y[0] × Y[0] × (Y[3] + R) 'OR'
   N 'NOTGREATER' 0 'OR' L 'NOTGREATER' 0 'OR' L 'GREATER' N
'THEN'
   'BEGIN'
   AUSGABE (0, "FEHLERHAFTE EINGABE. ",3);'GOTO' ENDE;
      'END';
H := – Y[0]/N;

AUSGABE (0, "RAUMSONDENFLUG IN REINEM VAKUUM",3);
AUSGABE (0, "HIMMELSKOERPER-RADIUS    ",2);
OUTREAL (0,R/1000.0); AUSGABE (0, "KM",0);
AUSGABE (0, "SCHWEREBESCHLEUNIGUNG AUF DESSEN OBERFLAECHE",2);
OUTREAL (0,G); AUSGABE (0,"M/S × × 2",0);
AUSGABE (0,"GESCHWINDIGKEIT      FLUGDAUER         FLUGHOEHE",3);
AUSGABE (0, "          M/S                     SEK                  M",2);

'FOR' U:=0 'STEP' 1 'UNTIL' N 'DO'
   'BEGIN'
      'IF' U – U/L × L 'EQUAL' 0 'OR' U 'EQUAL' N 'THEN'
         'BEGIN'
            AUSGABE (0, ' ' ' ' ,1);
            OUTREAL (0,Y[0]); OUTREAL (0,Y[1]); OUTREAL (0,Y[2]);
         'END';
      'IF' U 'NOTEQUAL' N 'THEN'
         RUKUGI (Y,H,K,Q,2,YABL);
      'END';

   ENDE:  M:=LENGTH (' 'ENDE DER RECHNUNG; ' ');
            'FOR' I:= –3, –9, –9, –9, 1 'STEP' 1 'UNTIL' M 'DO'
            OUTSYMBOL (0, ' 'ENDE DER RECHNUNG; ' ' ,I);
'END'   ENDE DES PROGRAMMS;
```

Das ist nur möglich, weil vor der Vereinbarung der Felder ein neuer Block beginnt ('BEGIN'). Es ist nicht möglich, zu schreiben

```
INREAL (9,H); N := H;
'ARRAY' K, Q, Y[0 : N];
```

und zwar deswegen nicht, weil dann N einen Wert hat, aber die Vereinbarung erst nach zwei Anweisungen folgt. Das aber ist nicht statthaft.

Dagegen können in einem inneren Block neue Vereinbarungen getroffen werden. In Tafel 4.27 liegt folgende Struktur vor (die Prozedurvereinbarungen seien fortgelassen)

```
'BEGIN'
   'REAL' H, XE, B;
   'INTEGER' N, I, P, M;
   INREAL (9,H); N := H; INREAL (9,H); INREAL (9,XE); INREAL (9,B);
   P := B;
```

Tafel 4.30

```
RAUMSONDENFLUG IN REINEM VAKUUM

HIMMELSKOERPER-RADIUS            6.370000₁₀003 KM

SCHWEREBESCHLEUNIGUNG AUF DESSEN OBERFLAECHE 9.810000 M/S**2

GESCHWINDIGKEIT        FLUGDAUER              FLUGHOEHE
     M/S                  SEK                     M

 1.999999₁₀ 003        0                      2.000000₁₀ 005
 1.899999₁₀ 003        1.087914₁₀ 001         2.212136₁₀ 005
 1.800000₁₀ 003        2.182693₁₀ 001         2.414664₁₀ 005
 1.699999₁₀ 003        3.284035₁₀ 001         2.607394₁₀ 005
 1.599999₁₀ 003        4.391632₁₀ 001         2.790144₁₀ 005
 1.500000₁₀ 003        5.505163₁₀ 001         2.962735₁₀ 005
 1.400000₁₀ 003        6.624301₁₀ 001         3.125005₁₀ 005
 1.300000₁₀ 003        7.748709₁₀ 001         3.276796₁₀ 005
 1.199999₁₀ 003        8.878045₁₀ 001         3.417959₁₀ 005
 1.099999₁₀ 003        1.001195₁₀ 002         3.548356₁₀ 005
 9.999998₁₀ 002        1.115009₁₀ 002         3.667857₁₀ 005
 9.000000₁₀ 002        1.229208₁₀ 002         3.776343₁₀ 005
 8.000000₁₀ 002        1.343756₁₀ 002         3.873705₁₀ 005
 7.000000₁₀ 002        1.458615₁₀ 002         3.959848₁₀ 005
 6.000000₁₀ 002        1.573747₁₀ 002         4.034680₁₀ 005
 4.999999₁₀ 002        1.689115₁₀ 002         4.098132₁₀ 005
 4.000000₁₀ 002        1.804679₁₀ 002         4.150134₁₀ 005
 3.000000₁₀ 002        1.920401₁₀ 002         4.190636₁₀ 005
 2.000000₁₀ 002        2.036241₁₀ 002         4.219593₁₀ 005
 1.000000₁₀ 002        2.152161₁₀ 002         4.236980₁₀ 005
-6.230676₁₀-005        2.268120₁₀ 002         4.242777₁₀ 005

ENDE DER RECHNUNG;
```

Datenstreifen:

```
9.81       6.37₁₀6
5          100
2000       0            2₁₀5
```

```
        'BEGIN'
        'ARRAY' K, Q, Y[0 : N];
        . . .
        'END'
    'END' ENDE DES PROGRAMMS
```

Die Felder K, Q, Y können nur in dem inneren Block, nicht in dem äußeren angesprochen werden. Man spricht von l o k a l e n Namen (lokal in Bezug auf den inneren Block). Die Variablen H, XE, B, N, usw., die im äußeren Block vereinbart sind, können auch im inneren Block benutzt werden. Es handelt sich dann um sog. g l o b a l e Größen.

Man beachte, daß der Speicherplatz für K, Q und Y nicht schon bei der Übersetzung des

Programms bereitgestellt werden kann. Erst beim Rechenlauf wird der Wert von N zugewiesen, erst dann kann also der Speicherplatz reserviert werden, und zwar genau dann, wenn die Steuerung in den Block hineinführt. Nach Verlassen des Blockes wird der Speicherplatz wieder freigegeben. Es bedarf also während des Rechenlaufs einer ständigen Überwachung der Speicherverteilung.

Es ist auch möglich, eine Veränderliche in einem inneren Block neu zu vereinbaren. Enthält ein Programm z. B. zwei innere Blöcke, so kann ein Variablennamen in diesem neu vereinbart werden, z. B.

```
'BEGIN'
   S1 : X := Y
      'BEGIN'
         'REAL' S1
            'BEGIN'
               'PROCEDURE' S1 . . .
               . . .
            'END'
         . . .
      'END';
   'GOTO' S1
'END'
```

Hier wird die Vereinbarung über S1 (Marke) im äußeren Block beim Eintritt in den ersten inneren Block aufgehoben und S1 als 'REAL' vereinbart. Auch diese Vereinbarung wird beim Übergang in den zweiten inneren Block außer Kraft gesetzt. Hier wird S1 als 'PROCEDURE' festgelegt. Nach Verlassen der inneren Blöcke und Rückführung in den äußeren ist S1 wieder als Marke vereinbart und kann deshalb z. B. in einer unbedingten Anweisung erscheinen.

4.2.13. Verteiler. Eine weitere sprachliche Möglichkeit bietet sich in ALGOL durch die Vereinbarung sog. Verteiler 'SWITCH'. Sie sind zu denken als Zusammenfassung mehrerer Marken, die in einem Programm erscheinen. Es werde z. B. vereinbart

```
'SWITCH' ALPHA := S1, S2, AL, EXIT, L;
```

mit den Marken

```
S1, S2, AL, EXIT, L;
```

die irgendwo im Programm erscheinen und bestimmte Stellen kennzeichnen. Der Verteiler hat den Namen ALPHA. Dann gibt ein Index hinter ALPHA an, um welche Marke es sich handelt. Es ist also ALPHA [1] gleich S1, ALPHA [2] gleich S2, ALPHA [3] gleich AL usf.

Wird z. B. ALPHA [4] in einer unbedingten Anweisung verwendet

```
'GOTO' ALPHA [4];
```

so würde das Programm mit der Anweisung fortgeführt, die die Marke EXIT hat. Die bedingte Anweisung

```
'IF' A 'EQUAL' 0 'THEN' 'GOTO' ALPHA [1]
   'ELSE' 'IF' A 'LESS' 0 'THEN' 'GOTO' ALPHA [3]
                                  'ELSE' 'GOTO' ALPHA [2]
```

würde bewirken, daß falls $a = 0$ wahr ist, das Programm zur Anweisung mit der Marke S1 verzweigt. Falls $a \neq 0$ wird im Fall, daß $a < 0$, zu der mit der Marke AL, falls $a > 0$ zu der mit der Marke S2 verzweigt.

4.2.14. Ein Programm für die Berechnung statischer Größen. Es sei ein ebenes Kräftesystem in der Ebene gegeben, und zwar durch die Komponenten der Kräfte in x- und y-Richtung F_{xi} und F_{yi} und die Angriffspunkte der Kräfte x_i und y_i, $i = 1, 2, \ldots n$. Zu ermitteln seien:
1. die resultierende Kraft F_R.

$$F_R = \sqrt{F_{Rx}^2 + F_{Ry}^2} \text{ mit } F_{RX} = \sum_{i=1}^{n} F_{xi} \qquad F_{RY} = \sum_{i=1}^{n} F_{yi}$$

2. der Winkel φ, den die Wirkungslinie der Resultierenden mit der x-Achse bildet

$$\varphi = \begin{cases} \arctan \dfrac{F_{Ry}}{F_{Rx}}, & \text{falls } F_{Rx} \neq 0 \\ \pi/2, & \text{falls } F_{Rx} = 0 \end{cases}$$

3. das Moment im Nullpunkt

$$M_0 = M_{01} - M_{02} \text{ mit } M_{01} = \sum_{i=1}^{n} F_{yi}x_i \qquad M_{02} = \sum_{i=1}^{n} F_{xi}y_i$$

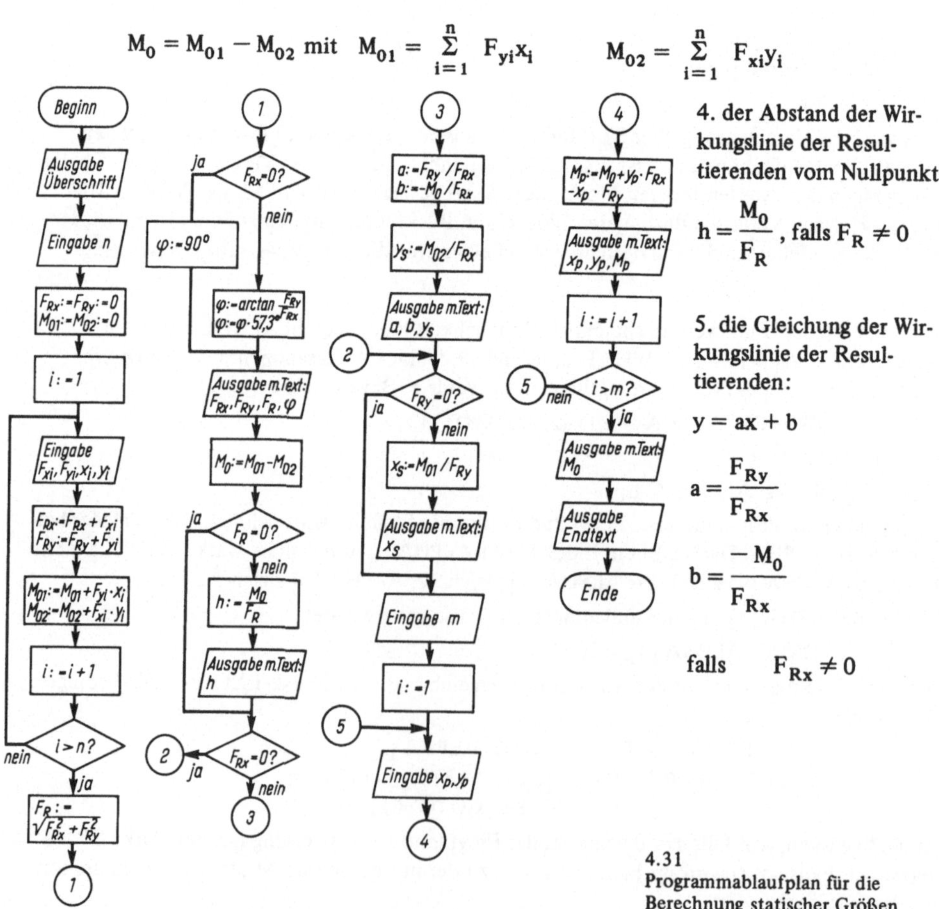

4. der Abstand der Wirkungslinie der Resultierenden vom Nullpunkt

$$h = \frac{M_0}{F_R}, \text{ falls } F_R \neq 0$$

5. die Gleichung der Wirkungslinie der Resultierenden:

$$y = ax + b$$

$$a = \frac{F_{Ry}}{F_{Rx}}$$

$$b = \frac{-M_0}{F_{Rx}}$$

falls $F_{Rx} \neq 0$

4.31
Programmablaufplan für die Berechnung statischer Größen

Tafel 4.32

```
'BEGIN' 'COMMENT'  BERECHNUNG DER RESULTIERENDEN KRAFT FR BELIEBIGER
                   KRAEFTE IN DER EBENE, FERNER BERECHNUNG DES DREH-
                   MOMENTES UM DEN PUNKT P;
        'REAL' FXI, FYI, XI, YI, M01, M02, FRX, FRY, PHI, FR, M0, XS, YS, XP, YP,
             MP, H, A, B;
          'INTEGER' N, M, I, J;
          'FOR' I := -3, -9, -9, -9, 1 'STEP' 1 'UNTIL' 34 'DO'
          OUTSYMBOL (0, ''BERECHNUNG VON FRX, FRY, M01, M02:'', I);
          INREAL (9,XI); N := XI;
             FRX := FRY := M01 := M02 := 0; 'FOR' I := 1 'STEP' 1 'UNTIL' N 'DO'
          'BEGIN'
             INREAL (9,FXI); INREAL (9,FYI); INREAL (9,XI); INREAL (9, YI);
             FRX := FRX + FXI; FRY := FRY + FYI;
             M01 := M01 + FYI × XI; M02 := M02 + FXI × YI;
          'END';
             FR := SQRT (FRX × FRX + FRY × FRY);
          'IF' FRX 'EQUAL' 0 'THEN' 'BEGIN' PHI := 90; 'GOTO' ZM1; 'END';
             PHI := ARCTAN (FRY/FRX); PHI := PHI × 57.2958;
ZM1:      'FOR' I := -3, -9, -9, 1 'STEP' 1 'UNTIL' 16 'DO'
          OUTSYMBOL (0, ''KRAEFTEREDUKTION'', I);
          'FOR' I := -3, -9, 1 'STEP' 1 'UNTIL' 60, -3, -9 'DO'
          OUTSYMBOL (0, ' '    FRX                FRY               FR
                PHI ' ',I);
          OUTREAL (0, FRX); 'FOR' I := 1 'STEP' 1 'UNTIL' 3 'DO'
          OUTSYMBOL (0, ' '     ' ', I); OUTREAL (0, FRY); 'FOR' I := 1 'STEP' 1
          'UNTIL' 3 'DO' OUTSYMBOL (0, ' '     ' ',I); OUTREAL (0, FR);
          OUTREAL (0, PHI);
                M0 := M01 - M02; 'IF' FR 'EQUAL' 0 'THEN' 'GOTO' ZM2;
                H := M0/FR;
          'FOR' I := -3, -9, -9, -9, 1 'STEP' 1 'UNTIL' 42 'DO'
          OUTSYMBOL (0, ' 'ABSTAND H VON FR VOM KOORDINATENNULLPUNKT
                ' ',I);
          OUTREAL (0, H);
ZM2:      'IF' FRX 'EQUAL' 0 'THEN' 'GOTO' ZM3;
                A := FRY/FRX; B := - M0/FRX; YS := M02/FRX;
          'FOR' I := -3, -9, -9, 1 'STEP' 1 'UNTIL' 32 'DO'
          OUTSYMBOL (0, ' 'WIRKUNGSLINIE DER RESULTIERENDEN' ' , I);
          'FOR' I := -3, -9, 1 'STEP' 1 'UNTIL' 3 'DO'
          OUTSYMBOL (0, ' 'A=   ' ' , I); OUTREAL (0, A);
          'FOR' I := 1 'STEP' 1 'UNTIL' 6 'DO'
          OUTSYMBOL (0, ' '   B=  ' ' , I); OUTREAL (0, B);
          'FOR' I := -3, -9, -9, -9, 1 'STEP' 1 'UNTIL' 18 'DO'
          OUTSYMBOL (0, ' 'KRAEFTEMITTELPUNKT' ' , I);
          'FOR' I := -3, -3, 1 'STEP' 1 'UNTIL' 4 'DO'
          OUTSYMBOL (0, ' 'YS=  ' ' , I); OUTREAL (0, YS);
ZM3:      'IF' FRY 'EQUAL' 0 'THEN' 'GOTO' ZM4;
                XS := M01/FRY;
          'FOR' I := -3, -9, 1 'STEP' 1 'UNTIL' 4 'DO'
          OUTSYMBOL (0, ' 'XS=  ' ' , I); OUTREAL (0, XS);
ZM4:      INREAL (9, XI); M := XI;
                'FOR' I := -3, -9, -9, -9, 1 'STEP' 1 'UNTIL' 18 'DO'
          OUTSYMBOL (0, ' 'MOMENT IM PUNKTE P' ' , I);
          'FOR' J := 1 'STEP' 1 'UNTIL' M 'DO'
          'BEGIN'
```

```
            INREAL (9,XP); INREAL (9, YP);
            MP := M0 + YP × FRX − XP × FRY;
            'FOR' I := −3, −9, 1 'STEP' 1 'UNTIL' 4 'DO'
            OUTSYMBOL (0, ''XP= '', I); OUTREAL (0, XP);
            'FOR' I := 1 'STEP' 1 'UNTIL' 7 'DO'
            OUTSYMBOL (0, ''   YP= '', I); OUTREAL (0, YP);
            'FOR' I := 1 'STEP' 1 'UNTIL' 7 'DO'
            OUTSYMBOL (0, ''   MP= '', I); OUTREAL (0, MP);
         'END';
         'FOR' I := −3, −9, −9, −9, 1 'STEP' 1 'UNTIL' 11 'DO' OUTSYMBOL
         (0, ''MOMENT M0=   '', I);
         OUTREAL (0, M0); 'FOR' I := −3, −9, −9, −9, 1 'STEP' 1 'UNTIL' 17 'DO'
          OUTSYMBOL (0, ''RECHNUNG BEENDET;'', I);
'END'
```

Tafel 4.33

```
BERECHNUNG VON FRX, FRY, M01, M02:

KRAEFTEREDUKTION
  FRX                  FRY                 FR                 PHI
 2.694450             5.328420            5.970939           6.317541₁₀ 001

ABSTAND H VON FR VOM KOORDINATENNULLPUNKT 5.457847

WIRKUNGSLINIE DER RESULTIERENDEN
A =   1.977554           B = − 1.209466₁₀ 001

KRAEFTEMITTELPUNKT
YS = − 1.146881₁₀ 001
XS =   3.164764₁₀−001

MOMENT IM PUNKTE P
XP = − 1.000000          YP =   1.000000          MP =   4.061132₁₀ 001
XP =   5.000001          YP =   1.000000          MP =   8.640809
XP =   3.000000          YP = − 1.000000          MP =   1.390876₁₀ 001

MOMENT M0 =   3.258846₁₀ 001

RECHNUNG BEENDET;


BERECHNUNG VON FRX, FRY, M01, M02:

KRAEFTEREDUKTION
  FRX                  FRY                 FR                 PHI
 0                    4.999999₁₀ 002      5.000001₁₀ 002     9.000000₁₀ 001

ABSTAND H VON FR VOM KOORDINATENNULLPUNKT 3.503999
XS =   3.504000

MOMENT IM PUNKTE P
XP =   2.500000          YP = 0                     MP = 5.020000₁₀ 002
```

MOMENT M0 = 1.752000$_{10}$ 003

RECHNUNG BEENDET;

BERECHNUNG VON FRX, FRY, M01, M02:

KRAEFTEREDUKTION

FRX	FRY	FR	PHI
0	0	0	9.000000$_{10}$ 001

MOMENT IM PUNKTE P

XP = 2.500000	YP = 0	MP = − 3.000000$_{10}$ 002
XP = 7.500001	YP = 0	MP = − 3.000000$_{10}$ 002

MOMENT M0 = − 3.000000$_{10}$ 002

RECHNUNG BEENDET;

BERECHNUNG VON FRX, FRY, M01, M02:

KRAEFTEREDUKTION

FRX	FRY	FR	PHI
4.999999$_{10}$ 002	0	5.000001$_{10}$ 002	0

ABSTAND H VON FR VOM KOORDINATENNULLPUNKT − 3.504000

WIRKUNGSLINIE DER RESULTIERENDEN
A = 0 B = 3.504000

KRAEFTEMITTELPUNKT
YS = 3.504000

MOMENT IM PUNKTE P
XP = 0 YP = 2.500000 MP = − 5.020000$_{10}$ 002

MOMENT M0 = − 1.752000$_{10}$ 003

RECHNUNG BEENDET;

BERECHNUNG VON FRX, FRY, M01, M02:

KRAEFTEREDUKTION

FRX	FRY	FR	PHI
0	0	0	9.000000$_{10}$ 001

MOMENT IM PUNKTE P
XP = 1.700000 YP = 0 MP = 0

MOMENT M0 = 0

RECHNUNG BEENDET;

Tafel 4.34

```
DATENSTREIFEN:

     5,         2.82842,       2.82842,        − 4,      − 4,
                2.59808,     − 1.5,             0,       − 4,
                0,             5,               3,         0,
              − 1.73205,     − 1,               2,         3,
              − 1,             0,               0,         4,

                     3,      − 1,        1,
                               5,        1,
                               3,      − 1;

2      0.0        208.0        0.0        0.0
       0.0        292.0        6.0        0.0
       2.5          0.0;
2     30.0         30.0        0.0        0.0
    − 30.0       − 30.0       10.0        0.0
2      2.5          0.0
       7.5          0.0;
2    208.0          0.0        0.0        0.0
     292.0          0.0        0.0        6.0
1      0.0          2.5;

4     50.0          0.0        1.7        0.0
    − 70.0          0.0        0.8        0.0
    − 30.0          0.0        1.1        0.0
      50.0          0.0        0.0        0.0
1      1.7          0.0;
```

6. der Kräftemittelpunkt:

$$X_s = \frac{M_{01}}{F_{Ry}}, \quad \text{falls} \quad F_{Ry} \neq 0 \qquad\qquad Y_s = \frac{M_{02}}{F_{RX}}, \quad \text{falls} \quad F_{Rx} \neq 0$$

7. das Moment in m Punkten P_j mit den Koordinaten X_j und Y_j

$$M_0 = M_0 + Y_j \cdot F_{RX} - X_i \cdot F_{RY}$$

Den Programmablaufplan zeigt Bild 4.31. Das ALGOL-Programm ist in Tafel 4.32 wiedergegeben. Tafel 4.33 gibt die Ergebnisse für den in Tafel 4.34 wiedergegebenen Datenstreifen wieder. Die Kräftesysteme sind in Bild 4.35 dargestellt.

4.2.15. Berechnung der Biegelinie eines elastisch gebetteten Trägers. Die Biegelinie des in Bild 4.36 dargestellten elastisch gebetteten Trägers erfüllt die Differentialgleichung

$$\frac{d^4y}{dx^4} + \frac{K}{EI}y = \frac{q_0}{EI}$$

Die Randbegingungen lauten, falls aus Symmetriegründen nur die rechte Seite betrachtet wird

$$\frac{dy}{dx}\Big|_{x=0} = 0 \qquad \frac{d^2y}{dx^2}\Big|_{x=\ell} = 0$$

$$\frac{d^3y}{dx^3}\Big|_{x=0} = \frac{F}{2EI} \qquad \frac{d^3y}{dx^3}\Big|_{x=\ell} = 0$$

Diese Differentialgleichung hat die Lösung

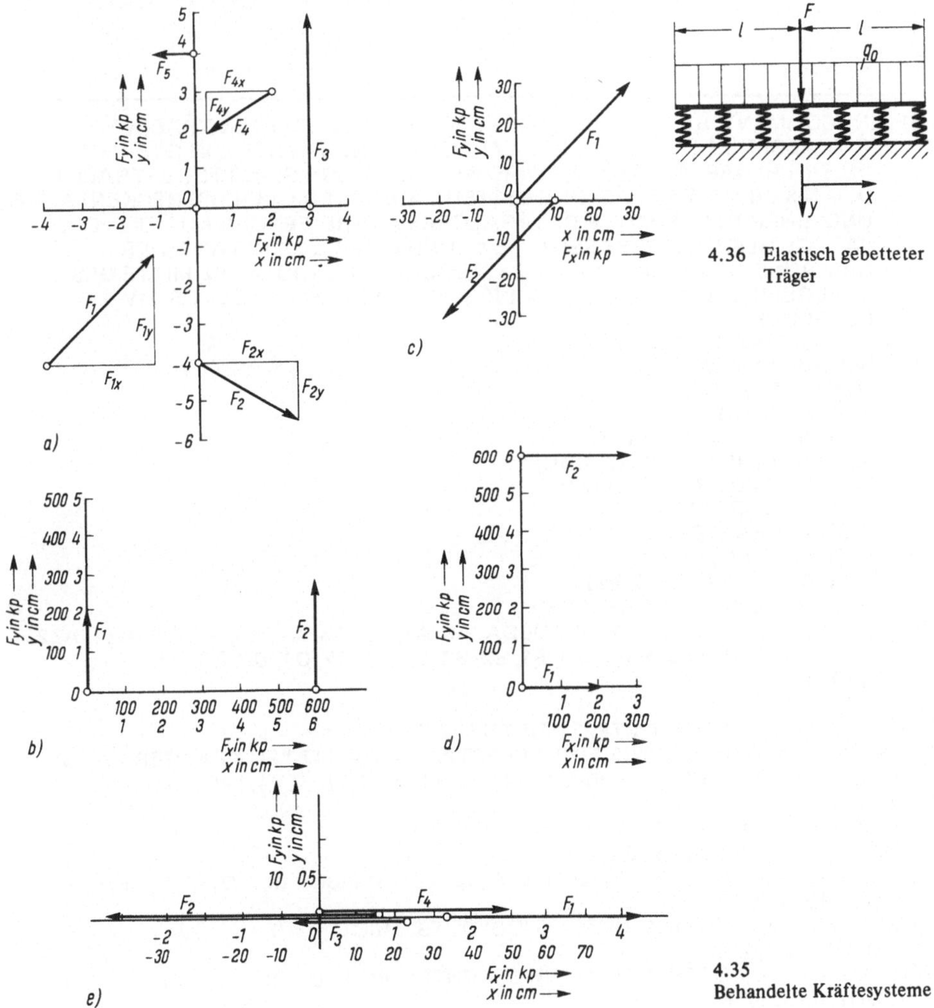

4.36 Elastisch gebetteter Träger

4.35 Behandelte Kräftesysteme

$$y = \frac{q_0}{K} + \frac{F}{2Kr}(s \cdot \cosh \lambda x \cdot \cos \lambda x - t \cdot \sinh \lambda x \cdot \sin \lambda x)$$

$$+ \frac{F}{2K}(\cosh \lambda x \cdot \sin \lambda x - \sinh \lambda x \cdot \cos \lambda x)$$

mit

$s = \cosh^2 \lambda \ell + \cos^2 \lambda \ell$

$t = \sinh^2 \lambda \ell + \sin^2 \lambda \ell$

$r = \cosh \lambda \ell \cdot \sinh \lambda \ell + \cos \lambda \ell \cdot \sin \lambda \ell \qquad \lambda = \sqrt[4]{\frac{K}{4EI}}$

Tafel 4.37 gibt das ALGOL-Programm wieder, Tafel 4.38 die mit ihm errechneten Ergebnisse für zwei verschiedene Fälle.

Tafel 4.37

```
'BEGIN' 'COMMENT' BIEGELINIE EINES ELASTISCH GEBETTETEN TRAEGERS.
    DER TRAEGER RUHE AUF INSGESAMT 2N GLEICHEN FEDERN IN GLEICHEN
        (KLEINEN) ABSTAENDEN. ER WIRD ALS ELASTISCH GEBETTET BETRACHTET
        (K = N x C/L). DIE BELASTUNG BESTEHE AUS EINER GLEICHSTRECKENLAST Q
        UND EINER IN DER MITTE DES TRAEGERS ANGREIFENDEN KRAFT F. DIE
        LAENGE DES TRAEGERS SEI 2L . E x I UND Q SEIEN KONSTANT. DER
        URSPRUNG DES KOORDINATENSYSTEMS (X = 0) WIRD IN DIE MITTE DES
        TRAEGERS GELEGT, DIE DURCHBIEGUNG (Y) NACH UNTEN POSITIV
        GERECHNET;
'REAL' 'PROCEDURE' SINH (X);
        'VALUE' X; 'REAL' X;
        'BEGIN' 'REAL' Z;
            Z := EXP (X);
            SINH := 0.5 x (Z - 1.0/Z)
        'END' REAL PROCEDURE SINH;
    'REAL' 'PROCEDURE' COSH (X);
        'VALUE' X; 'REAL' X;
        'BEGIN' 'REAL' Z;
            Z := EXP (X);
            COSH := 0.5 x (Z + 1.0/Z)
        'END' REAL PROCEDURE COSH;
'REAL' F, K, E, I, L, Q0, A, B, DX, LAMBDA, A0, A1, A2, A3, A4, A5, A6, AN, AZ1, AZ2,
            Y, X, YS1, YS2, YS3, YS4, B1, B2, B3, B4, C1, C2, D1, D2, D3, D4;
'INTEGER' J;

'FOR' J := -3, -9, -9, -9, 1 'STEP' 1 'UNTIL' 47 'DO'
OUTSYMBOL (0, ' 'BIEGELINIE EINES ELASTISCH GEBETTETEN TRAEGERS. ' ', J);
    INREAL (9, Q0); INREAL (9, F); INREAL (9, K); INREAL (9, E); INREAL (9, I);
INREAL (9, L);
    'FOR' J:= -3, -9, -9, 1 'STEP' 1 'UNTIL' 13 'DO'
OUTSYMBOL (0, ' 'EINGABEWERTE: ' ', J);
'FOR' J := -3, -9, -9, 1 'STEP' 1 'UNTIL' 4 'DO' OUTSYMBOL (0, ' 'Q0=    ' ', J);
        OUTREAL (0, Q0);
'FOR' J := -3, -9, 1 'STEP' 1 'UNTIL' 3 'DO' OUTSYMBOL (0, ' 'F=    ' ', J);
        OUTREAL (0, F);
'FOR' J := -3, -9, 1 'STEP' 1 'UNTIL' 3 'DO' OUTSYMBOL (0, ' 'K=    ' ', J);
        OUTREAL (0, K);
```

```
'FOR' J := -3, -9, 1 'STEP' 1 'UNTIL' 3 'DO' OUTSYMBOL (0, ''E=   '', J);
      OUTREAL (0, E);
'FOR' J := -3, -9, 1 'STEP' 1 'UNTIL' 3 'DO' OUTSYMBOL (0, '' I=   '', J);
      OUTREAL (0, I);
'FOR' J := -3, -9, 1 'STEP' 1 'UNTIL' 3 'DO' OUTSYMBOL (0, ''L=   '', J);
      OUTREAL (0, L);

INREAL (9, A); INREAL (9, B); INREAL (9, DX);
LAMBDA := (K/(4.0 × E × I)) 'POWER' 0.25;
A0 := LAMBDA × L; A1 := Q0/K; A2 := 0.5 × F × LAMBDA/K;
A3 := COSH (A0); A4 := SINH (A0); A5 := SIN (A0); A6 := COS (A0);
AN := A3 × A4 + A6 × A5;
AZ1 := A3 × A3 + A6 × A6; AZ2 := A4 × A4 + A5 × A5;
B1 := A2 × LAMBDA/AN;          C1 := AZ1 - AZ2;     D1 := AZ1/AN;
B2 := 2.0 × A2 × LAMBDA × LAMBDA; C2 := AZ1 + AZ2; D2 := AZ2/AN;
B3 := B2 × LAMBDA;                                 D3 := - C1/AN;
B4 := 2.0 × B3 × LAMBDA;                           D4 := C2/AN;
'FOR' J := -3, -9, 1 'STEP' 1 'UNTIL' 42 'DO'
OUTSYMBOL (0, ''       X                  Y              UND ABLEITUNGEN'', J);

    'FOR' X := A 'STEP' DX 'UNTIL' B 'DO'
      'BEGIN'
        A0 := LAMBDA × X;
        A3 := COSH (A0); A4 := SINH (A0); A5 := SIN (A0); A6 := COS (A0);
        Y := A1 + A2/AN × (AZ1 × A3 × A6 - AZ2 × A4 × A5) + A2 × (A3 × A5
                - A4 × A6);
        YS1 := B1 × (C1 × A4 × A6 - C2 × A3 × A5 + 2.0 × AN × A4 × A5);
        YS2 := B2 × (- D2 × A3 × A6 - D1 × A4 × A5+ A4 × A6 + A3 × A5);
        YS3 := B3 × (D3 × A3 × A5 - D4 × A4 × A6 + 2.0 × A3 × A6);
        YS4 := B4 × (- D1 × A3 × A6 + D2 × A4 × A5 + A4 × A6 - A3 × A5);
        'FOR' J := -3, -9 'DO' OUTSYMBOL (0, ''   '', J);
        OUTREAL (0, X); OUTREAL (0, Y); OUTREAL (0, YS1); OUTREAL (0, YS2);
          'FOR' J:= -3, -9 'DO' OUTSYMBOL (0, '''', J);
        OUTREAL (0, YS3); OUTREAL (0, YS4);
      'END' ENDE DER BERECHNUNG DER BIEGELINIE;

'FOR' J := -3, -9, -9, -9, 1 'STEP' 1 'UNTIL' 18 'DO'
  OUTSYMBOL (0, ''ENDE DER RECHNUNG;'', J);

'END' ENDE DES PROGRAMMS;
```

Im Programm sind zunächst zwei Funktionsprozeduren für die Berechnung von sinh (x) und cosh (x) vereinbart nach ihrer Definition

$$\sinh(x) = \frac{1}{2}(e^x - e^{-x}) \quad \text{und} \quad \cosh(x) = \frac{1}{2}(e^x + e^{-x})$$

Die durch Eingabe der Größen q_0, F, K, E und I zugewiesenen Werte werden mit Text ausgeschrieben. Die Rechnung wird von a beginnend bis b in Schritten Δx durchgeführt. Vorher jedoch werden alle Werte von Ausdrücken berechnet, die nicht von x abhängen, z. B.

$$\lambda = \sqrt[4]{\frac{K}{4EI}}$$

Tafel 4.38

DATENSTREIFEN:

15	1500	200	2.1$_{10}$6	1830	100
0	100	10;			

BIEGELINIE EINES ELASTISCH GEBETTETEN TRAEGERS.

EINGABEWERTE:

Q0 = 1.500000$_{10}$ 001
F = 1.500000$_{10}$ 003
K = 2.000000$_{10}$ 002
E = 2.100000$_{10}$ 006
I = 1.829999$_{10}$ 003
L = 1.000000$_{10}$ 002

X	Y	UND ABLEITUNGEN	
0	1.209406$_{10}$−001	0	−8.789376$_{10}$−006
1.951608$_{10}$−007	−2.390887$_{10}$−009		
1.000000$_{10}$ 001	1.205327$_{10}$−001	−7.853391$_{10}$−005	−6.957131$_{10}$−006
1.713240$_{10}$−007	−2.369658$_{10}$−009		
2.000000$_{10}$ 001	1.194271$_{10}$−001	−1.399320$_{10}$−004	−5.361552$_{10}$−006
1.478886$_{10}$−007	−2.312119$_{10}$−009		
3.000000$_{10}$ 001	1.177834$_{10}$−001	−1.865352$_{10}$−004	−3.996945$_{10}$−006
1.251749$_{10}$−007	−2.226575$_{10}$−009		
4.000000$_{10}$ 001	1.157381$_{10}$−001	−2.206129$_{10}$−004	−2.854828$_{10}$−006
1.034266$_{10}$−007	−2.120134$_{10}$−009		
5.000001$_{10}$ 001	1.134056$_{10}$−001	−2.443382$_{10}$−004	−1.924595$_{10}$−006
8.282203$_{10}$−008	−1.998744$_{10}$−009		
6.000001$_{10}$ 001	1.108790$_{10}$−001	−2.597707$_{10}$−004	−1.194152$_{10}$−006
6.348532$_{10}$−008	−1.867250$_{10}$−009		
7.000000$_{10}$ 001	1.082314$_{10}$−001	−2.688432$_{10}$−004	−6.503875$_{10}$−007
4.549776$_{10}$−008	−1.729460$_{10}$−009		
8.000000$_{10}$ 001	1.055173$_{10}$−001	−2.733551$_{10}$−004	−2.795389$_{10}$−007
2.890756$_{10}$−008	−1.588213$_{10}$−009		
9.000000$_{10}$ 001	1.027739$_{10}$−001	−2.749636$_{10}$−004	−6.749833$_{10}$−008
1.373855$_{10}$−008	−1.445440$_{10}$−009		
1.000000$_{10}$ 002	1.000227$_{10}$−001	−2.751867$_{10}$−004	2.178348$_{10}$−012
2.326498$_{10}$−014	−1.302254$_{10}$−009		

ENDE DER RECHNUNG;

DATENSTREIFEN:

15	1000	200	2.1$_{10}$6	1830	100
0	100	10			

BIEGELINIE EINES ELASTISCH GEBETTETEN TRAEGERS.

EINGABEWERTE:

Q0 = 1.500000$_{10}$ 001
F = 9.999998$_{10}$ 002
K = 2.000000$_{10}$ 002
E = 2.100000$_{10}$ 006
I = 1.829999$_{10}$ 003
L = 1.000000$_{10}$ 002

X	Y	UND ABLEITUNGEN	
0	$1.056271_{10}{-001}$	0	$-5.859584_{10}{-006}$
$1.301071_{10}{-007}$	$-1.593925_{10}{-009}$		
$1.000000_{10}\ 001$	$1.053551_{10}{-001}$	$-5.235594_{10}{-005}$	$-4.638087_{10}{-006}$
$1.142160_{10}{-007}$	$-1.579772_{10}{-009}$		
$2.000000_{10}\ 001$	$1.046180_{10}{-001}$	$-9.328804_{10}{-005}$	$-3.574368_{10}{-006}$
$9.859242_{10}{-008}$	$-1.541412_{10}{-009}$		
$3.000000_{10}\ 001$	$1.035222_{10}{-001}$	$-1.243568_{10}{-004}$	$-2.664631_{10}{-006}$
$8.344999_{10}{-008}$	$-1.484383_{10}{-009}$		
$4.000000_{10}\ 001$	$1.021587_{10}{-001}$	$-1.470753_{10}{-004}$	$-1.903218_{10}{-006}$
$6.895110_{10}{-008}$	$-1.413423_{10}{-009}$		
$5.000001_{10}\ 001$	$1.006037_{10}{-001}$	$-1.628921_{10}{-004}$	$-1.283063_{10}{-006}$
$5.521470_{10}{-008}$	$-1.332496_{10}{-009}$		
$6.000001_{10}\ 001$	$9.891935_{10}{-002}$	$-1.731804_{10}{-004}$	$-7.961014_{10}{-007}$
$4.232355_{10}{-008}$	$-1.244833_{10}{-009}$		
$7.000000_{10}\ 001$	$9.715428_{10}{-002}$	$-1.792289_{10}{-004}$	$-4.335916_{10}{-007}$
$3.033185_{10}{-008}$	$-1.152973_{10}{-009}$		
$8.000000_{10}\ 001$	$9.534491_{10}{-002}$	$-1.822367_{10}{-004}$	$-1.863592_{10}{-007}$
$1.927170_{10}{-008}$	$-1.058809_{10}{-009}$		
$9.000000_{10}\ 001$	$9.351599_{10}{-002}$	$-1.833091_{10}{-004}$	$-4.499888_{10}{-008}$
$9.159036_{10}{-009}$	$-9.636268_{10}{-010}$		
$1.000000_{10}\ 002$	$9.168180_{10}{-002}$	$-1.834578_{10}{-004}$ 1	$1.452232_{10}{-012}$
$1.550999_{10}{-014}$	$-8.681699_{10}{-010}$		

ENDE DER RECHNUNG;

Außer y werden dann die erste bis vierte Ableitung in einer Schleife berechnet, deren Steuerungsanweisung

```
'FOR' X := A 'STEP' DX 'UNTIL' B 'DO'
```

lautet. Die Ableitungen sind mit YS1, YS2, YS3 und YS4 bezeichnet.

4.3. Einführung in PL/I

PL/I (Programming Language One) ist eine in den Jahren 1963 bis 1966 von IBM gemeinsam mit den Benutzerorganisationen GUIDE und SHARE geschaffene universelle Programmiersprache, die sich für die Behandlung technischer Probleme ebenso eignet wie für kaufmännische Aufgaben. PL/I besitzt wesentliche Elemente der klassischen problemorientierten Sprachen ALGOL, COBOL und FORTRAN, bietet jedoch darüber hinaus eine reiche Fülle in der Praxis entwickelter Möglichkeiten. An den Lernenden werden daher entsprechend höhere Anforderungen gestellt. Dieser Abschnitt enthält eine Einführung in die Sprache und soll zum Studium der ausführlichen Lehr- und Handbücher anregen. Eine erhebliche Anzahl von Sprachelementen kann daher nur angedeutet werden oder muß hier sogar unerwähnt bleiben.

PL/I ist eine weitgehend anlagenunabhängige, problemorientierte Sprache. Das vom Anwender geschriebene Quellprogramm wird vor seiner Verwendung mittels eines PL/I-Kompilierers in das Objektprogramm übersetzt. IBM bietet gegenwärtig zwei Kompilierer an, den OS-Kompilierer für PL/I F-Stufe und den DOS-Kompilierer für PL/I D-Stufe. Letzterer ist für Anlagen mit recht begrenzter Kapazität bestimmt; man kann deswegen auch nur eine beträchtlich eingeschränkte Untermenge (Subset) des PL/I-Sprachumfangs verwenden, der dem PL/I-F-Benutzer zur Verfügung steht. Die diesem Kapitel beigefügten vollständigen Programme verwenden nur Sprachelemente des Subsets und nur den 48-Zeichen-Satz, während sich die allgemeinen Erläuterungen auf den vollen Sprachumfang beziehen.

Beispiel 1. Tafel 4.39 enthält ein PL/I-Programm zur Auflösung der Normalform der quadratischen Gleichung

$$x^2 + px + q = 0$$

Das Quellprogramm wird zumeist auf Lochkarten in den Spalten 2 bis 72 abgelocht und in dieser Form vom PL/I-Kompilierer gelesen. Dieser Übersetzer erzeugt ein frei verschiebliches Objektprogramm, das auf einem Großraumspeicher zwischengespeichert und bei Bedarf auch auf Lochkarten ausgegeben wird. Ein Ladeprogramm (Linkage Editor Programm) lädt dieses Objektprogramm dann in den vorgesehenen Speicherbereich.

Tafel 4.39 Wurzeln der quadratischen Gleichung in Normalform

```
QUADGL..  PROCEDURE OPTIONS (MAIN),.
          /* REELLE LOESUNGEN DER QUADRATISCHEN GLEICHUNG
             X * * 2 + P * X + Q = 0 */
          DECLARE (P, Q, DISKR, X1, X2) FLOAT,.
          GET LIST (P, Q),.
          PUT LIST (P, Q),.
          DISKR = (P/2) * * 2 - Q,.
          IF DISKR LT 0 THEN GO TO ENDE,.
          X1 = - P/2 + SQRT (DISKR),.
          X2 = - P/2 - SQRT (DISKR),.
          PUT LIST (X1, X2),.
ENDE..    END QUADGL,.
```

Eingabe:

2 − 2.5

Ausgabe:

2.00000E + 00 − 2.50000E + 00 8.70829E − 01 − 2.87083E + 00

Z e i c h e n v o r r a t . Zur Erstellung eines Quellprogramms bedient man sich, je nach Maschinenausrüstung, des 60-Zeichen-Satzes oder des 48-Zeichen-Satzes.

6 0 - Z e i c h e n - S a t z . Der 60-Zeichen-Satz enthält

Gruppe 1:	29	alphabetische Zeichen
		$, #, @, 26 Buchstaben
Gruppe 2:	10	Dezimalziffern
Gruppe 3:	21	Sonderzeichen
		Leerzeichen
	=	Gleichheitszeichen (Ergibtzeichen)
	+	Pluszeichen (Additionszeichen)

− Minuszeichen (Subtraktionszeichen)
* Stern (Multiplikationszeichen)
/ Schrägstrich (Divisionszeichen)
(Linke Klammer
) Rechte Klammer
, Komma
. Punkt
' Apostroph
% Prozentzeichen
; Semikolon
: Doppelpunkt
¬ Nicht-Zeichen
& Und-Zeichen
| Oder-Zeichen
> Größer-als-Zeichen
< Kleiner-als-Zeichen
_ Unterstreichungszeichen
? Fragezeichen

Zehn Sonderzeichenkombinationen haben spezielle Funktionen

** Potenzierung
|| Verkettung
>= Größer als oder gleich
<= Kleiner als oder gleich
¬= Nicht gleich
¬> Nicht größer als
¬< Nicht kleiner als
/* Beginn eines Kommentars
*/ Ende eines Kommentars
−> Zeigersymbol

48-Zeichen-Satz. Der 48-Zeichen-Satz enthält

Gruppe 1: 27 alphabetische Zeichen
$, 26 Buchstaben
Gruppe 2: 10 Dezimalziffern
Gruppe 3: 11 Sonderzeichen
Leerzeichen = + − * / ( ) , . '

Die Zeichen # @ _ ? werden im 48-Zeichen-Satz nicht verwendet. Anstelle der übrigen Sonderzeichen des 60-Zeichen-Satzes und der dort gebräuchlichen Kombinationen schreibt man hier

// Prozentzeichen
,. Semikolon
.. Doppelpunkt
LT Kleiner als
GT Größer als
OR Oder
AND Und
NOT Nicht

CAT Verkettung
GE Größer als oder gleich
LE Kleiner als oder gleich
NE Nicht gleich
NL Nicht kleiner als
NG Nicht größer als
PT Zeigersymbol

Die hierbei verwendeten Buchstabenkombinationen gelten bei Verwendung des 48-Zeichen-Satzes als feste, reservierte Wörter, die für andere Zwecke nicht verwendet werden dürfen. Alle sonstigen Schlüsselwörter, im obigen Beispiel (Tafel 4.39) PROCEDURE, OPTIONS, MAIN, DECLARE, FLOAT, GET, PUT, LIST, IF, THEN, GO, TO und END, gelten nicht als reservierte Wörter. Sie werden vom Kompilierer nur im entsprechenden Zusammenhang als Schlüsselwörter erkannt und verarbeitet.

B e z e i c h n e r . Daten, Anweisungen, Eingangsstellen und Dateien lassen sich durch Angabe eines Bezeichners kennzeichnen. Ein solcher Name besteht aus 1 bis 31 alphanumerischen Zeichen und dem Unterstreichungszeichen. Jeder Bezeichner beginnt mit einem alphabetischen Zeichen. Dateien- und Programmbezeichner, die auch von einem Betriebssystem verarbeitet werden, unterliegen zusätzlichen Einschränkungen.
Gültige Bezeichnungen sind z. B.

X, Zahl31416, $_BETRAG, ZWEITE_ABLEITUNG, #_@$, NMINUS1,

während folgende Namen nicht verwendet werden können:

X-ACHSE, 7BUERGEN, 3M_COMPANY, LINEARES GLEICHUNGSSYSTEM, Z3.1416

A u f b a u e i n e s P r o g r a m m s . Ein PL/I-Programm besteht aus einer oder mehreren P r o z e d u r e n , jede Prozedur aus S t a t e m e n t s . Ein Statement enthält V e r e i n - b a r u n g e n oder A n w e i s u n g e n , kann sich über mehrere Zeilen erstrecken und wird durch ein Semikolon abgeschlossen. Statements können Namen erhalten, indem man Marken voranstellt, die durch einen Doppelpunkt abgeschlossen werden. Zur Abgrenzung benachbart stehender Sprachelemente verwendet man im Bedarfsfalle Leerzeichen. Anstelle dieser Leerzeichen kann beliebiger K o m m e n t a r , der durch die Zeichenpaare /* und */ begrenzt wird, geschrieben werden.

In Beispiel 1 (Tafel 4.39) enthält die erste Zeile die Vereinbarung, daß die Prozedur QUADGL eine Hauptprozedur ist, also nach Übersetzung und Bereitstellung vom Betriebssystem initialisiert wird. – Nun folgen zwei Kommentarzeilen, darauf folgt eine Vereinbarung, daß die Eingabewerte P und Q, die Zwischengröße DISKR und die Ergebniswerte X1 und X2 in der Standardgleitpunktform zu speichern sind. Anweisungen zum Lesen und Schreiben der Eingabewerte und, falls möglich, zum Berechnen der Ergebniswerte stehen in den nächsten sechs Zeilen. Nun folgt die END-Anweisung der Hauptprozedur, die sowohl bei der Übersetzung als auch beim Programmlauf das Ende des Programms angibt.

4.3.1. Verarbeitung arithmetischer Daten. PL/I unterscheidet Programmsteuerdaten und Problemdaten. Statementmarken gehören in die erste, arithmetische Daten und Kettendaten in die zweite Kategorie. Die Charakteristiken der Daten können in DECLARE-Vereinbarungen durch A t t r i b u t e festgelegt werden.

Attribute arithmetischer Daten. Die Attribute einer arithmetischen Konstanten leiten sich aus ihrer Gestalt her. Arithmetischen Variablen müssen jedoch die Attribute Skalierung, Basis, Modus und Genauigkeit zugeordnet werden. Die Skalierung ist entweder FIXED für Festpunkt- oder FLOAT für Gleitpunktgrößen. Das Basis-Attribut DECIMAL sorgt für dezimale, BINARY für duale Speicherung. Das Modus-Attribut REAL bezieht sich auf reelle Zahlen, COMPLEX bewirkt die Speicherung als Zahlenpaar mit Real- und Imaginärteil. Das Genauigkeits-Attribut (p, q) legt die Anzahl p der zu speichernden Ziffern fest, wobei das Komma bei Festpunktgrößen hinter der letzten Ziffer, bei Gleitpunktgrößen vor der ersten Ziffer zu denken ist. Bei Festpunktgrößen wird durch den Skalenfaktor q eine andere Kommastellung erreicht: Die ganze Zahl ist mit Basis^{-q} multipliziert zu denken. Das Genauigkeitsattribut bezieht sich auf die gewählte Basis, sorgt bei GET LIST für stellengerechte Eingabe und steuert das Format bei Ausgabe durch PUT LIST. Es muß in der DECLARE-Vereinbarung einem der anderen Attribute unmittelbar folgen. Tafel 4.40 zeigt arithmetische Konstanten und die ihnen automatisch zugewiesenen Attribute. Dabei bedeutet das nachgesetzte B, daß es sich um eine Dualzahl handelt; E leitet die Exponentenangabe bei Gleitpunktzahlen ein.

Tafel 4.40 Attribute arithmetischer Größen

Konstante	Attribute
72.398	FIXED DECIMAL REAL (5, 3)
984	FIXED DECIMAL REAL (3)
0.00243	FIXED DECIMAL REAL (3, 5)
876000	FIXED DECIMAL REAL (3, − 3)
1101011.01101B	FIXED BINARY REAL (12, 5)
1000100B	FIXED BINARY REAL (5, − 2)
0.000000001B	FIXED BINARY REAL (1, 9)
234.5E + 7	FLOAT DECIMAL REAL (4)
236E − 2	FLOAT DECIMAL REAL (3)
0.001101E5B	FLOAT BINARY REAL (4)

Standardattribute. Falls nicht alle Attribute einer arithmetischen Variablen explizit vereinbart werden, benutzt der Kompilierer vorgeschriebene Standardattribute entsprechend folgenden Regeln:

1. Der Bezeichner erscheint in keiner DECLARE-Vereinbarung
a) Der Name beginnt mit I, J, K, L, M oder N
Standardattribute: FIXED BINARY REAL (15, 0)
b) Der Name beginnt nicht mit I, J, K, L, M oder N
Standardattribute: FLOAT DECIMAL REAL (6)

2. Der Bezeichner erscheint in einer DECLARE-Vereinbarung, jedoch
a) ohne Skalierungsattribut.
Standardattribut: FLOAT
b) ohne Basisattribut. Standardattribut: DECIMAL
c) ohne Modusattribut. Standardattribut: REAL
d) ohne Genauigkeitsattribut. Die verwendete Genauigkeit ergibt sich aus folgender Aufstellung:

Attribute	Standard-Genauigkeit
FIXED DECIMAL	(5)
FIXED BINARY	(15)
FLOAT DECIMAL	(6)
FLOAT BINARY	(21)

I n t e r n e D a r s t e l l u n g . Die interne Darstellung arithmetischer Größen ist systemabhängig und kann von der durch die Attribute festgelegten Form abweichen, wobei jedoch stets die vorgeschriebene Genauigkeit gewährleistet sein muß.

Bei IBM ist die Zahlenspeicherung wie folgt festgelegt: Dezimale Festpunktzahlen werden in gepackter Form, d. h. mit zwei Dezimalziffern je Byte und dem Vorzeichen in den hintersten vier Bits, gespeichert. Duale Festpunktzahlen werden grundsätzlich als 32-bit-Zahlen verarbeitet. Gleitpunktzahlen erscheinen intern stets als echte Sedezimalbrüche mit einem zwischen − 64 und + 63 liegenden Sedezimalexponenten im ersten Byte. Die Mantisse ist je nach geforderter Genauigkeit drei oder sieben Bytes lang.

A r i t h m e t i s c h e A u s d r ü c k e . Arithmetische Größen werden in arithmetischen Ausdrücken berechnet. Solche Ausdrücke bestehen aus Operanden, Operatoren und Klammern, im einfachsten Falle nur aus einem Operanden. Die arithmetischen Operatoren unterliegen zur Feststellung der Rangordnung der Einteilung

+	Vorzeichen	
−	Vorzeichen	höchste Stufe
* *	Potenzierung	
*	Multiplikation	mittlere Stufe
/	Division	
+	Addition	niedrigste Stufe.
−	Subtraktion	

Bei Ausführung mehrerer Operationen hat die höhere Stufe stets Vorrang. Innerhalb der höchsten Stufe erfolgt die Verarbeitung von rechts nach links, innerhalb jeder anderen Stufe von links nach rechts. Durch geeignetes Setzen von Klammern kann man die Vorrangigkeit im gewünschten Sinne beeinflussen.

A + B * C	bedeutet	A + (B * C)
A/B * C	bedeutet	(A/B) * C
A * * B * C	bedeutet	(A * * B) * C
A * * B * * C	bedeutet	A * * (B * * C)
− A * * B	bedeutet	− (A * * B)

Die A u s f ü h r u n g s a r t d e r P o t e n z i e r u n g hängt von der Basis und vom Exponenten ab:

Basis = 0 und Exponent ≦ 0: Berechnung wird abgebrochen
Basis = 0 und Exponent > 0: Wert 0
Basis ≠ 0 und Exponent = 0: Wert 1
Basis ≠ 0 und Exponent FIXED mit Skalenfaktor q ≦ 0: Berechnung durch fortgesetzte Multiplikation

Basis $\neq 0$ und Exponent $\neq 0$ und nicht FIXED mit Skalenfaktor $q \leqq 0$: Berechnung über die Exponential- und Logarithmusfunktion, falls Basis > 0, Berechnung wird abgebrochen, falls Basis < 0.

Verknüpfung arithmetischer Größen mit unterschiedlichen Attributen. Arithmetische Größen, die durch Addition, Subtraktion, Multiplikation oder Division zu verknüpfen sind, werden zuvor intern so umgewandelt, daß sie übereinstimmende Attribute haben. Hierbei sind die Attribute FLOAT, BINARY und COMPLEX maßgebend. Bei unterschiedlicher Genauigkeit wird die höhere gewählt.

Ausführliche Umwandlungstabellen findet man in den PL/I-Handbüchern. Man spart Speicherplatz und Rechenzeit, wenn man die Verarbeitung gemischter Ausdrücke vermeidet.

Ergibtanweisung. Die Anweisung

```
A = B + C;
```

ordnet der Variablen A den Wert zu, der sich durch Addition der unter B und C stehenden Werte ergibt. Allgemein lautet die Gestalt der Ergibtanweisung

variablenbezeichnung = ausdruck;

oder auch

marke: variablenbezeichnung = ausdruck;

wobei die entsprechenden Elemente der Sprache durch kleingeschriebene Wörter angedeutet sind. Die Ergibtanweisung

```
ZAEHLUNG: N = N + 1;
```

hat den Namen ZAEHLUNG und dient der Erhöhung der Variablen N um 1. Eine Wertzuweisung für A und B zugleich leistet die Ergibtanweisung

```
A, B = C;
```

Es wäre verkehrt, dafür A = B = C; zu schreiben, da hierin das zweite Gleichheitszeichen als logischer Operator aufgefaßt wird, so daß A den Wert 1 oder 0 erhält, je nachdem B gleich C ist oder nicht. Falls die Zielvariable einer Ergibtanweisung andere Attribute besitzt als die errechnete Größe des Ausdrucks, erfolgt bei der Wertzuweisung auch die Umwandlung.

4.3.2. Programmsteuerungsanweisungen. Durch Steuerungsanweisungen kann der lineare Ablauf eines Programms gestoppt und woanders fortgesetzt werden.

GO TO - Anweisung. Die Anweisung

```
GO TO marke;
```

bewirkt die Fortsetzung des Programms bei dem hinter GO TO genannten Statement.

IF - Anweisungen

Beispiel 2. Tafel 4.41 enthält ein Programm zur Berechnung des Mittelwertes und der Streuung einer Folge ganzzahliger dreistelliger Meßwerte. Die Folge gilt als beendet, sobald die Zahl 999 gelesen wird. Eine entsprechende Programmsteuerung erfolgt in der IF-Anweisung. Falls zuvor gar keine Meßwerte zu verarbeiten waren, erfolgt eine Fehlermeldung und die Programmbeendigung durch die RETURN-Anweisung.

Einseitige IF - Anweisung. Die Anweisung

IF bedingung THEN anweisung;

bewirkt, falls die Bedingung erfüllt ist, den Einschub der hinter THEN angegebenen einen Anweisung (Bild 4.42). Die Anweisung

Tafel 4.41 Mittelwert und Streuung von Meßdaten

```
STREU. .  PROCEDURE OPTIONS (MAIN),.
          /* MITTELWERT UND STREUUNG EINER MESSWERTFOLGE */
          DECLARE (ZAEHLER FIXED (5), SUMME FIXED (7), QUADRAT FIXED (10))
                INITIAL (0), X FIXED (3), (MITTELWERT, STREUUNG) FLOAT (4),.
SCHLEIFE. . GET LIST (X),.
           IF X = 999 THEN GO TO RECHNUNG,.
           PUT LIST (X),.
           ZAEHLER = ZAEHLER + 1,.
           SUMME = SUMME + X,.
           QUADRAT = QUADRAT + X * X,.
           IF ZAEHLER LE 9999 THEN GO TO SCHLEIFE,.
FEHLER. .  PUT LIST ('FALSCHE EINGABE'),. RETURN,.
RECHNUNG. .IF ZAEHLER = 0 THEN GO TO FEHLER,.
           MITTELWERT = SUMME/ZAEHLER,.
           STREUUNG = QUADRAT/ZAEHLER - MITTELWERT * * 2,.
           PUT LIST (MITTELWERT, STREUUNG),.
           END STREU,.
```

Eingabe:

```
667  -155  -934  131   963  -363  755  128  707  144  825
255   167  -171  416  -156  -110
725  -728   804  999
```

Ausgabe:

```
  667          -155          -934          131          963
 -363           755           128          707          144
  825           255           167         -171          416
 -156          -110           725         -728          804
2.035E + 02   2.705E + 05
```

```
IF A < 0 THEN A = - A;
```

kann man verwenden, um die in A gespeicherte Zahl durch ihren Betrag zu ersetzen.

Zweiseitige IF-Anweisung. Falls bei der Anweisung

IF bedingung THEN anweisung1;
ELSE anweisung2;

die darin genannte Bedingung erfüllt, ist, wird die hinter THEN genannte Anweisung ausgeführt, die hinter ELSE stehende übergangen; falls die Bedingung nicht erfüllt ist, wird dagegen die erste Anweisung übergangen und die zweite ausgeführt (Bild 4.43). Die erwähnte Anweisung A = B = C; läßt sich ersetzen durch

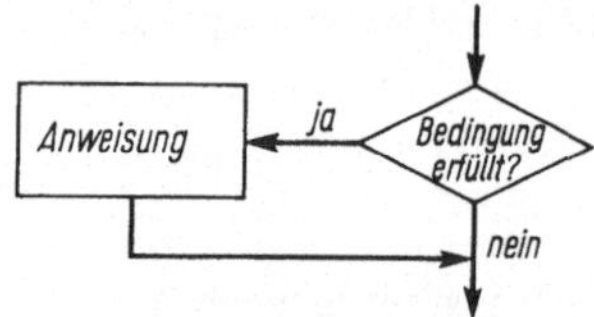

4.42 Einseitige IF-Anweisung

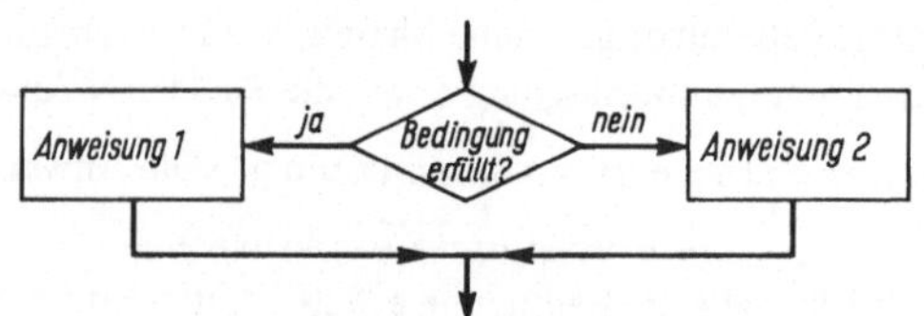

4.43 Zweiseitige IF-Anweisung

```
IF B = C THEN A = 1;
              ELSE A = 0;
```

Man beachte, daß die eingeschobene Anweisung ein GO TO-Statement sein kann, so daß der effektive Ablauf dadurch geändert wird.

Schachtelungen von IF-Anweisungen. Sowohl die THEN- als auch die ELSE-Klausel kann wiederum eine IF-Anweisung enthalten. Die wechselseitige Verwendung ein- und zweiseitiger IF-Anweisungen erfordert besondere Sorgfalt. Im Programmausschnitt

```
IF ABS (XNEU – XALT) >= EPSILON * ABS (XNEU)
   THEN IF ITERATIONSZAEHLER < 20 THEN GO TO NEUE_ITERATION;
   ELSE GO TO GENAUIGKEIT_ERREICHT;
ABBRUCH: PUT LIST ('KEINE KONVERGENZ');
```

soll über die Fortsetzung eines Iterationsverfahrens entschieden werden. Falls die vorgeschriebene relative Genauigkeit erreicht ist, soll das Verfahren erfolgreich beendet werden (Statement GENAUIGKEIT_ERREICHT). Falls sie nicht erreicht ist, soll ein neuer Iterationsschritt (Statement NEUE_ITERATION) folgen, solange noch nicht 20 solcher Schritte durchlaufen worden sind. Sonst soll das Verfahren abgebrochen werden

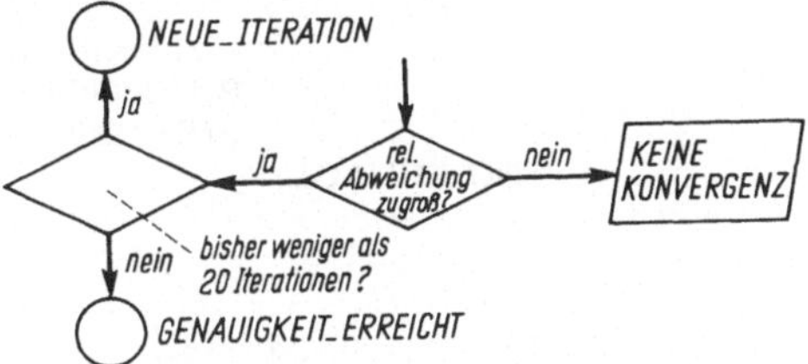

4.44 Falsche Schachtelung von IF-Anweisungen

(Statement ABBRUCH). Obwohl die ELSE-Klausel genau unter der zugehörigen THEN-Klausel steht, läuft das Programm falsch ab (Bild 4.44). Dieser ungewollte Programmablauf entsteht dadurch, daß eine ELSE-Klausel stets der nächstgelegenen, bisher ELSE-freien IF-Anweisung zugeordnet wird. Im obigen Beispiel vermeidet man diese ungewollte Zuordnung durch Einfügung der ELSE-Klausel mit einer leeren Anweisung.

```
IF ABS (XNEU – XALT) >= EPSILON * ABS (XNEU)
   THEN IF ITERATIONSZAEHLER < 20 THEN
              GO TO NEUE_ITERATION;
                                   ELSE;
   ELSE GO TO GENAUIGKEIT_ERREICHT;
ABBRUCH: PUT LIST ('KEINE KONVERGENZ');
```

DO-Gruppe

Beispiel 3. Tafel 4.45 enthält ein Programm zur Auflösung der allgemeinen quadratischen Gleichung $ax^2 + bx + c = 0$ mit reellen Koeffizienten a, b, c. Die im Falle $a \neq 0$ vorhandenen beiden reellen oder komplexen Lösungen werden, zerlegt in Real- und Imaginärteil, als Zahlenpaare gedruckt. Dabei bedeutet die in der PUT LIST-Anweisung vermerkte Option SKIP, daß mit dem Ausdrucken am Anfang einer neuen Zeile begonnen wird. In diesem Programmbeispiel wird die Ausführung mehrerer Anweisungen innerhalb einer Klausel verlangt. Dies erreicht man durch Verwendung einer DO-Gruppe

Tafel 4.45 Auflösung der allgemeinen quadratischen Gleichung

```
AQUAGL..  PROCEDURE OPTIONS (MAIN),.
          /* ALLGEMEINE QUADRATISCHE GLEICHUNG */
          DECLARE (A, B, C, D) FLOAT,.
NEUEGL..  GET LIST (A),. IF A = 999 THEN RETURN,.
          GET LIST (B, C),. PUT SKIP (3) LIST (A, B, C),.
          IF A = 0 THEN IF B = 0 THEN IF C = 0
                                THEN PUT SKIP LIST ('LOESUNG BELIEBIG'),.
                                ELSE PUT SKIP LIST ('KEINE LOESUNG'),.
                               ELSE PUT SKIP LIST (- C/B),.
                  ELSE DO,.
                       D = B * B - 4 * A * C,. X2 = - B/(A + A),.
                       IF D LT 0 THEN DO,.
                                   X1 = X2,.
                                   Y1 = SQRT (- D)/(A + A),. Y2 = - Y1,.
                                   END,.
                              ELSE DO,.
                                   X1 = X2 + SQRT(D)/(A + A),. Y1 = 0,.
                                   X2 = X2 + X2 - X1,. Y2 = 0,.
                                   END,.
                       PUT SKIP LIST (X1,'   + J *', Y1),.
                       PUT SKIP LIST (X2,'   + J *', Y2),.
                       END,. GO TO NEUEGL,.
          END AQUAGL,.
```

Eingabe:

```
- 0.384    0.219    - 0.775    0.5    - 1.5    1.125
0 2 6, ,0,8, , ,0 999
```

Ausgabe:

```
- 3.84000E - 01      2.19000E - 01     - 7.75000E - 01
  2.85156E - 01         + J *          - 1.39173E + 00
  2.85156E - 01         + J *            1.39173E + 00

  5.00000E - 01    - 1.50000E + 00       1.12500E + 00
  1.50000E + 00         + J *            0.00000E + 00
  1.50000E + 00         + J *            0.00000E + 00

  0.00000E + 00      2.00000E + 00       6.00000E + 00
- 3.00000E + 00

  0.00000E + 00      0.00000E + 00       8.00000E + 00
KEINE LOESUNG

  0.00000E + 00      0.00000E + 00       0.00000E + 00
LOESUNG BELIEBIG
```

```
DO;
anweisungen;
END;
```

die alle darin enthaltenen Anweisungen formal zu einem einzigen Statement klammert.

DO - A n w e i s u n g . Wenn eine Reihe von Anweisungen wiederholt ausgeführt werden soll, so verwendet man dazu zweckmäßig eine DO-Anweisung. Man unterscheidet d r e i T y p e n d e r DO - A n w e i s u n g :

DO-Gruppe, bedingte DO-Anweisung, DO-Anweisung mit Laufvariablen.

DO - G r u p p e . Die DO-Gruppe beginnt mit DO; und endet mit END; und faßt die dazwischen stehenden Anweisungen so zusammen, daß sie wie eine Anweisung wirken. Damit können z. B. auch in der THEN- und ELSE-Klausel Anweisungsgruppen untergebracht werden. Die DO-Gruppe arbeitet nicht iterativ.

B e d i n g t e DO - A n w e i s u n g . Eine bedingt wiederholte Ausführung der in der DO-Anweisung befindlichen Anweisungen ermöglicht die bedingte DO-Anweisung

```
DO WHILE (bedingung);
anweisungen;
END;
```

Die Anweisungen zwischen DO und END werden immer wieder ausgeführt, solange die angegebene Bedingung erfüllt ist. Sobald diese nicht mehr gültig ist, wird das Programm mit der Anweisung hinter END; fortgesetzt. Man kann diese Anweisung für Iterationsverfahren verwenden, z. B. für die iterative Quadratwurzelberechnung aus a mit dem Newtonschen Verfahren

$$x_{neu} = (x_{alt} + \frac{a}{x_{alt}})/2$$

Dies geschieht in dem Programmausschnitt

```
XALT = 0;
XNEU = A;
DO WHILE (ABS (XNEU – XALT) >= 0.000005 * ABS (XNEU));
      XALT = XNEU;
      XNEU = (XALT + A/XALT)/2;
END;
```

Die bedingte DO-Anweisung sollte man nur dann einsetzen, wenn sichergestellt ist, daß wirklich keine Endlos-Schleife entstehen kann.

DO - A n w e i s u n g m i t L a u f v a r i a b l e n . Dieser dritte Typ der DO-Anweisung ist der umfassendste, schließt jedoch die beiden anderen Typen nicht ein. Unter der allgemein üblichen Vereinbarung, daß Elemente, die in eckigen Klammern stehen, wahlweise auftreten können, solche in geschweiften Klammern dagegen alternativ auftreten müssen, läßt sich dieser Typ so beschreiben:

```
DO variable = spezifikation1 [, spezifikation2] usw. [, spezifikation n];
anweisungen;
END;
```

Hierbei bedeutet „spezifikation“

```
                 [TO ausdruck2] [BY ausdruck3]
ausdruck1   [ {                                  } ] [WHILE (bedingung)]
                 [BY ausdruck4] [TO ausdruck5]
```

Die DO-Anweisung

```
DO variable = ausdruck1 TO ausdruck2 BY ausdruck3 WHILE (bedingung);
anweisungen;
END;
```

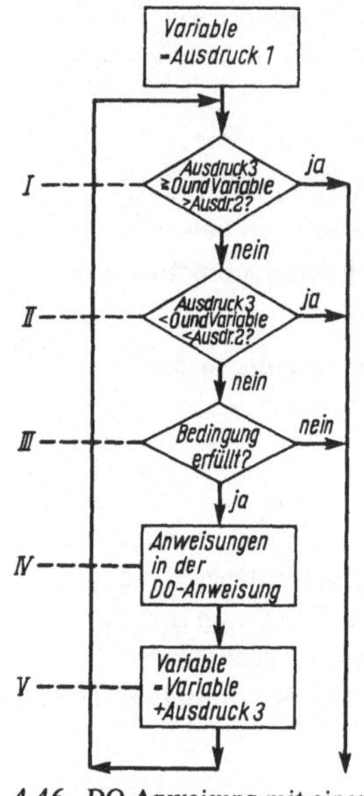

4.46 DO-Anweisung mit einer Laufvariablen und einer WHILE-Klausel

entspricht dem in Bild 4.46 angegebenen Programmablauf.

Beim Fehlen einzelner Elemente der Spezifikation erfolgen Standardreaktionen:

1. TO ausdruck2 fehle, BY ausdruck3 sei vorhanden.
Die Abfragen I und II entfallen.
2. TO ausdruck2 sei vorhanden, BY ausdruck3 fehle.
Es wird ausdruck3 = 1 gesetzt.
3. TO ausdruck2 fehle, BY ausdruck3 fehle, WHILE (bedingung) sei vorhanden. Die Abfragen I und II und die Erhöhung V entfallen.
4. TO ausdruck2 fehle, BY ausdruck3 fehle, WHILE (bedingung) fehle. Die Abfragen I, II und III und die Erhöhung V entfallen. Die Anweisungsfolge IV wird nur einmal durchlaufen.
5. WHILE (bedingung) fehle.
Die Abfrage V entfällt.

Das Betreten von DO-Statements ist mit Ausnahme der DO-Gruppe nur über die DO-Zeile erlaubt.
Die DO-Anweisung mit einer Laufvariablen

```
DO ZAHL = 4, 6, - 3 BY - 2 TO - 8, 1 BY 1 WHILE (ZAHL < 5),
          13, 18, 20 TO 27 WHILE (ZAHL/2 >= 11), 30;
    PUT LIST (ZAHL);
END;
```

bewirkt das Ausdrucken der Zahlenfolge 4, 6, − 3, − 5, − 7, 1, 2, 3, 4, 13, 18, 30.

Verschachteln von DO-Anweisungen. Mehrere DO-Anweisungen können verschachtelt werden, wie in nachstehendem Programmausschnitt zur Berechnung aller Primzahlen unter 1000.

```
DO N = 2, 3 BY 2 TO 1000;
   DO I = 3 BY 2 WHILE (I * I <= N);
      J = N/I;
      IF J * I = N THEN GO TO END_N;
   END;
   PUT LIST (N);
END_N: END;
```

DO-Schleifen dürfen sich nicht überlappen. Wenn verschachtelte DO-Schleifen an derselben Stelle enden, genügt es, eine Anweisung „END marke;“ zu geben, in der die Marke der zur äußersten Schleife gehörigen DO-Zeile genannt wird. Sämtliche davorgehörigen fehlenden END-Anweisungen werden vom Kompilierer implizit gesetzt.

Beispiel 4. Tafel 4.47 enthält ein Programm zur Berechnung eines Schubkurbelgetriebes. Aus den Schubstangenlängen r und ℓ und der Umdrehungszahl n der Kurbel werden (mit $\lambda = r/\ell$)

Tafel 4.47 Bewegungsablauf beim Schubkurbelgetriebe

```
KURBEL..  PROCEDURE OPTIONS (MAIN),.
          /* BERECHNUNG EINES SCHUBKURBELGETRIEBES */
          DECLARE R FIXED (4, 1), L FIXED (5, 1), N FIXED (5, 1),
                PHIGRAD FIXED (5, 2), (PHI, LAMBDA, OMEGA, C, S, V, A) FLOAT,
                PR PICTURE '---9.V9', (PL, PN) PICTURE '-----9.V9',
                (J, ANZAHL) FIXED (6),.
          GET LIST (R, L, N, ANZAHL),.
          PR = R,. PL = L,. PN = N,.
          PUT LIST ('SCHUBKURBELGETRIEBE'),. PUT SKIP (2),.
          PUT LIST ('R = ' CAT PR CAT ' CM', 'L = ' CAT PL CAT ' CM',
                    'N = ' CAT PN CAT ' /MIN'),. PUT SKIP (3),.
          IF R LE 0 OR L LE 2 * R OR N LE 0 OR ANZAHL LE 0
                THEN DO,. PUT LIST ('EINGABEFEHLER'),. RETURN,. END,.
          LAMBDA = R/L,. OMEGA = N * 0.10471976,.
          PUT LIST (' PHI (GR)',' S (CM) ',' V (CM/S) ',' A (CM/S * * 2)'),.
          PUT SKIP,.
          DO J = 0 TO ANZAHL,.
             PHI = 6.28319 * J/ANZAHL,. PHIGRAD = 360 * J/ANZAHL,.
             C = SQRT (1 - LAMBDA * * 2 * SIN (PHI) * * 2),.
             S = R * (1 + (1 - C)/LAMBDA - COS (PHI)),.
             V = OMEGA * R * SIN (PHI) * (1 + LAMBDA * COS (PHI)/C),.
             A = OMEGA * * 2 * R * (COS (PHI) + LAMBDA * (((LAMBDA * SIN(PHI))
                   * * 2 - 2) * SIN (PHI) * * 2 + 1)/C * * 3),.
             PUT SKIP LIST (PHIGRAD, S, V, A),.
          END,.
          END KURBEL,.
```

Eingabe:

50 375 100 9

Ausgabe:

```
SCHUBKURBELGETRIEBE
R = 50.0 CM        L = 375.0 CM        N = 100.0/MIN

PHI (GR)     S (CM)              V (CM/S)             A (CM/S * * 2)
  0.00     0.00000E + 00       0.00000E + 00         6.21419E + 03
 40.00     1.30776E + 01       3.71066E + 02         4.33091E + 03
 80.00     4.45645E + 01       5.27687E + 02         2.59527E + 02
120.00     7.75084E + 01       4.23016E + 02       - 3.10707E + 03
160.00     9.73747E + 01       1.56620E + 02       - 4.59046E + 03
200.00     9.73747E + 01     - 1.56621E + 02       - 4.59046E + 03
240.00     7.75083E + 01     - 4.23017E + 02       - 3.10706E + 03
280.00     4.45643E + 01     - 5.27687E + 02         2.59548E + 02
320.00     1.30774E + 01     - 3.71064E + 02         4.33093E + 03
360.00     0.00000E + 00       2.65035E - 03         6.21419E + 03
```

Weg s, Geschwindigkeit v und Beschleunigung a des Kolbens berechnet (Bild 4.48)

$$s = r \cdot [1 + \frac{1}{\lambda} \cdot (1 - \sqrt{1 - \lambda^2 \sin^2 \varphi}) - \cos \varphi]$$

$$v = \omega \cdot r \cdot \sin\varphi \cdot [1 + \frac{\lambda \cos\varphi}{\sqrt{1 - \lambda^2 \sin^2\varphi}}]$$

$$a = \omega^2 \cdot r \cdot [\cos\varphi + \lambda \frac{\lambda^2 \sin^4\varphi - 2\sin^2\varphi + 1}{(\sqrt{1 - \lambda^2 \sin^2\varphi})^3}]$$

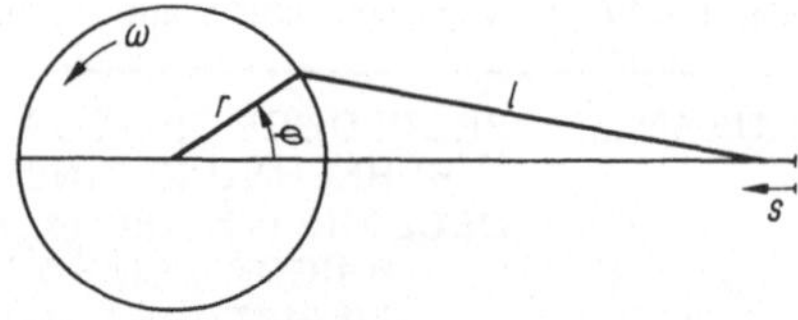

4.48 Schubkurbelgetriebe

Die Rechnung beginnt stets mit $\varphi = 0$. Die Anzahl der weiteren Winkel bis einschließlich 360^0 liest das Programm aus der Datenkarte, auf der demnach enthalten sein müssen: r/cm, ℓ/cm, n · min, Anzahl der gewünschten Winkel. Eine Erklärung der Ein- und Ausgabeanweisungen findet man im Abschnitt 4.3.4.

Die Variablen PR, PL, PN werden durch das Attribut PICTURE als numerische Zeichenketten vereinbart, weil im PL/I-Subset gewöhnliche arithmetische Daten nicht gekettet werden können.

ON - B e d i n g u n g . Beim Programmlauf kann, z. B. infolge extremer Eingabedaten oder eines logischen Fehlers im Quellprogramm, eine Situation eintreten, die als ungewöhnlich angesehen werden muß, etwa indem arithmetisch Überlauf entstanden oder durch Null zu dividieren war. Vielleicht sollte das Programm auch Daten einlesen, obwohl schon sämtliche Daten verarbeitet worden waren. Diese und eine Anzahl weiterer Situationen werden vom Rechner dauernd überprüft, sofern die entsprechenden Bedingungen handlungsfähig gemacht worden waren. Dazu werden am Anfang eines Programms automatisch die wichtigsten Bedingungen aktiviert, etwa die OVERFLOW-Bedingung zur Erkennung von Gleitpunkt-Überlauf, die ZERODIVIDE-Bedingung für Divisionen durch Null oder die ENDFILE-Bedingung, die darüber wacht, ob noch genügend Eingabedaten vorhanden sind. Tritt eine ungewöhnliche Situation im Sinne einer solchen Bedingung ein, so veranlaßt diese die entsprechende Bedingungsmaßnahme. Wenn nichts anderes festgelegt ist, tritt die Standardmaßnahme in Kraft, die meistens darin besteht, einen Fehlertext zu schreiben und das Programm zu beenden. Der Programmierer kann eine davon abweichende Maßnahme in einer entsprechenden ON-Anweisung

$$\text{ON bedingungsname } \left\{ \begin{matrix} \text{SYSTEM} \\ \text{ON-einheit} \end{matrix} \right\};$$

anordnen. ON-Einheit ist dabei eine einzelne Anweisung (außer IF, DO oder ON) oder ein BEGIN-Block, d. h. ein Block von Anweisungen, der mit BEGIN; anfängt und mit END; endet. SYSTEM bedeutet, daß die Standardmaßnahme ergriffen werden soll. Die ON-Anweisung steht meistens am Anfang des Programms und kommt nur zum Zuge, wenn die Bedingung aktiv ist und eine entsprechende Situation eingetreten ist.

```
ON OVERFLOW GO TO UEBERLAUF_MELDUNG;
```

bewirkt, falls während der weiteren Rechnung Gleitpunkt-Überlauf eintritt, von dort einen Sprung zur Anweisung mit der Marke UEBERLAUF_MELDUNG.

```
ON ZERODIVIDE K = K + 1;
```

veranlaßt in dem Moment, da eine Division durch Null eintritt, den Zählvorgang. Danach läuft das Programm hinter der Division weiter.

```
ON FIXEDOVERFLOW;
```

hat zur Folge, daß für den Fall eines Festpunktüberlaufs (Ergebnis größer als im Rechner speicherbar) die Leeranweisung ausgeführt wird, bevor das Programm weitergeht. Das bedeutet aber, daß ein derartiger Überlauf ignoriert wird.

Man kann Bedingungen für einzelne Anweisungen oder Anweisungsblöcke aktivieren bzw. aussetzen, indem man Bedingungspräfixe setzt.

So bedeutet etwa

```
(SIZE, NOFIXEDOVERFLOW): A = B + C;
```

daß während der Ausführung dieser Anweisung die Bedingung FIXEDOVERFLOW ausgeschaltet wird, dafür aber die Bedingung SIZE, die normalerweise inaktiv ist, aktiviert werden soll. SIZE registriert alle Fälle, in denen bei der Zuweisung einer Variablen links signifikante Ziffern verlorengehen. Wenn im obigen Beispiel nicht die SIZE-Standardmaßnahme verwendet werden soll, schreibt man z. B.

```
(SIZE, NOFIXEDOVERFLOW):  BEGIN;
                          ON SIZE GO TO ZAHL_ZU_GROSS;
                          A = B + C;
                          END;
```

4.3.3. Verarbeitung von Kettendaten

Kettendaten. Eine Folge von Zeichen, die logisch als ein Datenelement anzusehen sind, nennt man eine Zeichenkette, eine entsprechende Folge von Binärziffern heißt eine Bitkette. Derartige Ketten treten explizit besonders bei der Textverarbeitung und bei Verknüpfungen logischer Art auf. Implizit werden in jedem Programm bei der Ein- und Ausgabe und bei der Auswertung von Bedingungen derartige Ketten aufgebaut. Eine Zeichenkette kann jedes der zugelassenen Zeichen enthalten. Jedes Zeichen wird bei IBM im EBCDI-Code in einem Byte gespeichert. Bei Bitketten werden jeweils 8 Bits in einem Byte linksbündig mit Nullenfüllung im letzten Byte gespeichert. Bei IBM/360 können Ketten 0 bis 32767 Elemente enthalten.

Kettenkonstanten. Wie bei arithmetischen Größen, kann man auch bei Kettendaten Konstanten verwenden. Um beim Lesen des Programms Verwechslungen mit arithmetischen Konstanten auszuschließen und um die in der Konstanten vorkommenden Leerzeichen genau abzugrenzen, muß jede Kettenkonstante in Apostrophs eingeschlossen werden. Folgt danach der Buchstabe B, so gilt die Konstante als Bitkettenkonstante.

Zeichenkettenkonstante: 'zeichenkette'
Bitkettenkonstante: 'bitkette'B

In der angegebenen Zeichenkette können alle Zeichen des verwendeten Zeichensatzes vorkommen. Zur Vermeidung von Verwechslungen innerer Apostrophs mit dem schließenden Apostroph hat man festgelegt, daß das Apostroph als Element einer Zeichenkette durch zwei unmittelbar aufeinanderfolgende Apostrophs anzudeuten ist. Der Kompilierer erkennt daraus das eine Apostroph. Vor das einleitende Apostroph kann man eingeklammert einen Wiederholungsfaktor schreiben, so daß die gespeicherte Kette aus einer entsprechenden Anzahl von Wiederholungen der angegebenen Kette besteht. Beispiele für Zeichenkettenkonstanten sind

'DAS␣IST␣EINE␣ZEICHENKETTE␣DER␣LAENGE␣39'
'SHAKESPEARE''S␣''''HAMLET'''''
(gespeichert wird SHAKESPEARE'S␣''HAMLET'')
(2)'MA' (gespeichert wird MAMA)

'10111001' (Zeichenkette aus 8 Bytes)
' ' (Nullkette, nicht im Subset zu verwenden)
(10)'⊔' (Zeichenkette aus 10 Leerzeichen)

Beispiele für Bitkettenkonstanten:

'1'B
'10111001'B (Bitkette aus 8 Bits, gespeichert in einem Byte)
(6)'1011'B (gespeichert wird 101110111011101110111011)

Kettenvariablen. Eine arithmetische Variable kann man entweder explizit in einer DECLARE-Anweisung oder implizit entsprechend dem ersten Buchstaben ihres Bezeichners vereinbaren. Kettenvariablen müssen grundsätzlich in einem DECLARE-Statement definiert werden. Als Kettenattribut verwendet man CHARACTER für Zeichenketten und BIT für Bitketten. Jeweils dahinter wird die Kettenlänge eingeklammert angegeben. Ein zusätzliches Attribut VARYING zeigt an, daß die Kette während des Programmablaufs eine bis zur angegebenen Zahl veränderliche Länge haben kann.

Beispiel für die Vereinbarung von Kettenvariablen:

```
DECLARE Y CHARACTER (9), MERKER BIT (1) INITIAL ('0'B),
        (NAME, ADRESSE) CHARACTER (30) VARYING,
        SCHALTER BIT (15) VARYING;
```

Kettenvariablen werden stets in ihrer aktuellen Länge verarbeitet.

Ergibtanweisung für Ketten. Ergibtanweisungen für Ketten werden linksbündig ausgeführt. Wenn das Zielfeld kürzer als das Quellfeld ist, werden rechts die restlichen Elemente des Quellfeldes abgeschnitten. Wenn das Zielfeld größer als das Quellfeld ist, wird rechts aufgefüllt – bei Zeichenketten mit Leerzeichen, bei Bitketten mit Nullen.

Eine Ergibtanweisung, die einer Kettenvariablen einen Wert von anderem Typ zuweist, erzwingt eine vorherige Umwandlung nach denselben Regeln, die auch für die Konversion bei Datenverknüpfungen gelten.

Verknüpfungen von Ketten. Ketten, die sich in arithmetische Größen umwandeln lassen, können arithmetisch verknüpft werden. Viel wichtiger sind Verknüpfungen durch eigens für Ketten geschaffene Operatoren

Logische Operatoren: ¬ , &, |
Verkettung: ||
Vergleichsoperatoren: <, <=, ¬<, =, ¬=, >, >=, ¬>

Logische Operatoren. Die logischen Operatoren ¬ (Negation), & (Konjunktion), | (Disjunktion) verknüpfen letztlich Bitketten zu Bitketten bitweise gemäß folgender Verknüpfungstabelle:

A	B	¬A	¬B	A & B	A|B
0	0	1	1	0	0
0	1	1	0	0	1
1	0	0	1	0	1
1	1	0	0	1	1

Bei unterschiedlicher Länge der Operanden wird der kürzere rechtsseitig mit Nullen verlängert. Bei zusammengesetzten Verknüpfungen hat die Negation Vorrang vor der Konjunktion, die

Konjunktion Vorrang vor der Disjunktion. Ein Operand, der keine Bitkette ist, wird unmittelbar vor Ausführung der logischen Operation intern in eine Bitkette umgewandelt. Hierbei werden die auch sonst gültigen Regeln für die Umwandlung in eine Bitkette verwendet:

Arithmetische Größe → Bitkette. Die Umwandlung betrifft bei Festpunktzahlen den ganzzahligen Bestandteil, bei Gleitpunktzahlen die Mantisse. Das Vorzeichen bleibt unberücksichtigt. Unter Verwendung der Funktion CEIL, die in PL/I übrigens ebenso eingebaut ist wie etwa ABS, SIN und SQRT, und deren Funktionswert die kleinste ganze Zahl größer oder gleich dem Funktionsargument ist, kann man die Umrechnung so beschreiben:

Quellenattribute	Bitkettenlänge
DECIMAL FIXED (p, q) mit $p \geqq q$	CEIL $(3.32 \cdot (p - q))$
DECIMAL FIXED (p, q) mit $p < q$	0
DECIMAL FLOAT (p)	CEIL $(3.32 \cdot p)$
BINARY FIXED (p, q) mit $p \geqq q$	$p - q$
BINARY FIXED (p, q) mit $p < q$	0
BINARY FLOAT (p)	p

Beispiele:

Quellenattribute	Quellengröße	Bitkette
DECIMAL FIXED (2, 0)	-84	1010100
DECIMAL FLOAT (3)	$6.50 = 0.0110100_2 \cdot 16^1$	0110100000
BINARY FIXED (8, 6)	1.101100	01
BINARY FLOAT (8)	$0.00010001 \cdot 16^3$	00010001

Zeichenkette → Bitkette. Nur die Zeichen 0 und 1 werden umgewandelt und ergeben die Bits 0 und 1. Alle anderen Zeichen setzen die CONVERSION-Bedingung.

Verkettung. Durch die Verkettung || (im Subset durch das Schlüsselwort CAT) werden zwei Ketten zu einer Kette gekoppelt. Wenn z. B. A die Kette 'FLUEGEL' und B die Kette 'MUTTER' bezeichnet, ergibt A || B die Kette 'FLUEGELMUTTER'. Falls beide Operanden Bitketten sind, ist auch das Ergebnis eine Bitkette. In allen anderen Fällen ist das Resultat eine Zeichenkette, wobei Operanden, die noch keine Zeichenkette sind, intern entsprechend umgewandelt werden. Diese Konversion in eine Zeichenkette ist in den vorherigen Programmbeispielen bei der Ausgabe bereits verwendet worden, da mit PUT LIST Zeichenketten ausgedruckt, andere Größen demnach vorher umgewandelt werden.

Bitkette → Zeichenkette. Die Bits 0 und 1 werden umgewandelt in die Zeichen 0 und 1.

DECIMAL FIXED (p,q) mit $p \geqq q \geqq 0$ → Zeichenkette. Die Zahl wird in eine Zeichenkette der Länge $p + 3$ umgewandelt. Führende Nullen, außer der Null am Ende des ganzzahligen Bestandteils, werden durch Leerzeichen ersetzt. Falls die Zahl negativ ist, wird ein Minuszeichen gleitend vor die erste Ziffer gesetzt. Im Falle $q > 0$ erscheint ein Dezimalpunkt zwischen dem ganzzahligen und dem gebrochenen Bestandteil.

Beispiele:

Quellenattribute	Quellengröße	Zeichenkette
DECIMAL FIXED (5)	2497	␣␣␣␣2497
DECIMAL FIXED (4, 1)	− 121.7	␣− 121.7
DECIMAL FIXED (3, 3)	−.567	− 0.567

DECIMAL FIXED (p, q) mit $p < q$ oder $q < 0$ → Zeichenkette. Die Zahl wird in eine Zeichenkette der Länge $p + 3 + k$ umgewandelt. Hierbei bedeutet k die Anzahl der Ziffern der Zahl $|q|$. Der Bedeutung von q gemäß erscheint die Zahl als p-stellige ganze Zahl – mit Unterdrückung der führenden Nullen und zusätzlich mit gleitendem Minus- bzw. Leerzeichen am Anfang der Zahl – mit angefügtem Skalenfaktor 10^{-q}, der in der Form $F - q$ vermerkt wird.

Beispiele:

Quellenattribute	Quellengröße	Zeichenkette
DECIMAL FIXED (4, 5)	0.01274	␣1274F − 5
DECIMAL FIXED (3, 6)	− 0.000002	␣␣− 2F − 6
DECIMAL FIXED (5,−2)	379000	␣␣3790F + 2

DECIMAL FLOAT (p) → Zeichenkette. Die Zeichenkette hat die Länge $p + 6$, denn außer den p Mantissenziffern enthält die Kette das Vorzeichen der Mantisse (Leerzeichen bei positiven, Minuszeichen bei negativen Zahlen), den Dezimalpunkt, E zu Beginn des Exponententeils, das Exponentenvorzeichen und zwei Exponentenstellen. Die erste gültige Mantissenstelle wird vor den Dezimalpunkt gesetzt.

Beispiele:

Quellenattribute	Quellengröße	Zeichenkette
DECIMAL FLOAT (6)	$0.173500 \cdot 10^{12}$	␣1.73500E + 11
DECIMAL FLOAT (5)	$-0.16632 \cdot 10^{-2}$	− 1.6632E − 03

Binäre arithmetische Größe → Zeichenkette. Intern erfolgt zunächst eine Umwandlung in eine dezimale arithmetische Größe, die dann gemäß den eben beschriebenen Regeln konvertiert wird. Für die Umwandlung in die Dezimaldarstellung gelten folgende Vorschriften:

Quellenattribute	Zwischenattribute
BINARY FIXED (p, q) mit $q \geqq 0$	DECIMAL FIXED (1 + CEIL (p/3.32), CEIL (q/3.32))
BINARY FIXED (p, q) mit $q < 0$	DECIMAL FIXED (1 + CEIL (p/3.32), 1 − CEIL (ABS (q)/3.32))
BINARY FLOAT (p)	DECIMAL FLOAT (CEIL (p/3.32))

Beispiele:

Quellenattribute	Quellengröße
BINARY FIXED (3, 3)	0.011_2
BINARY FIXED (15)	1000000000000_2
BINARY FIXED (1, 8)	$1 \cdot 2^{-8}$
BINARY FIXED (3, − 4)	$110_2 \cdot 2^4$
BINARY FLOAT (8)	$0.00010001 \cdot 16^3$

Zwischenattribute	Zwischengröße	Zeichenkette
DECIMAL FIXED (2, 1)	0.3	␣␣0.3
DECIMAL FIXED (6)	4096	␣␣␣␣␣4096
DECIMAL FIXED (2, 3)	$3 \cdot 10^{-3}$	␣␣3F − 3
DECIMAL FIXED (2, − 1)	$9 \cdot 10^1$	␣␣9F + 1
DECIMAL FLOAT (3)	$0.272 \cdot 10^3$	␣2.72E + 02

Vergleichsoperatoren. Die Vergleichsoperatoren

$$<, <=, \neg<, =, \neg=, >, >=, \neg>$$

verknüpfen die beiden Operanden zu einer Bitkette der Länge 1. Das Ergebnis ist '1'B, wenn der Vergleich wahr ist, sonst '0'B. Abhängig von den Attributen der Operanden unterscheidet man drei Vergleichstypen:

1. Algebraischer Vergleich
2. Zeichenkettenvergleich
3. Bitkettenvergleich.

Diese Reihenfolge entspricht der Typenpriorität. Bei jedem Vergleich wird diejenige Vergleichsart gewählt, die zu dem Operanden mit der höheren Priorität gehört. Der andere Operand wird gegebenenfalls umgewandelt.

Algebraischer Vergleich. Beide Operanden werden auf einheitliche Form gebracht. Hierbei dominiert bei unterschiedlicher Skalierung FLOAT, bei unterschiedlicher Basis BINARY. Bei unterschiedlicher Genauigkeit wird die höhere gewählt. Der Vergleich erfolgt nach den arithmetischen Regeln. Beim Modus COMPLEX dürfen nur die Vergleichsoperatoren = und ¬= verwendet werden.

Beispiele:

$-3>-2$	ergibt	**'0'B**
$3\neg<3$	ergibt	**'1'B**
$5=-5$	ergibt	**'0'B**

Zeichenkettenvergleich. Die beiden Zeichenketten werden byteweise von links nach rechts verglichen. Die kürzere der beiden Ketten wird rechts durch Leerzeichen verlängert gedacht. Die Wertigkeit eines Bytes ergibt sich bei IBM aus seiner Position im EBCDI-Code.

Bitkettenvergleich. Die beiden Bitketten werden bitweise von links nach rechts verglichen. Die kürzere der beiden Ketten wird rechts durch Null verlängert gedacht. Bit 1 ist größer als Bit 0.

Beispiel: Der Ausdruck (A < = B) > (C ¬= D) ergibt '0'B, wenn A größer als B ist und wenn A nicht größer als B und zugleich C ungleich D ist. Man erhält '1'B, wenn A nicht größer als B und C gleich D ist.

Rangfolge der Operatoren. Arithmetische und logische Operatoren kann man beliebig gemischt in Ausdrücken verwenden. Die Abarbeitung innerhalb eines Ausdrucks erfolgt entsprechend der Rangfolge der Operatoren:

Höchste Stufe:	Potenzierung * *, Vorzeichen +, Vorzeichen −, Negation ¬
2. Stufe:	Multiplikation *, Division /
3. Stufe:	Addition +, Subtraktion −
4. Stufe:	Verkettung ǁ
5. Stufe:	Vergleiche <, < =, ¬<, =, ¬=, >, > =, ¬>
6. Stufe:	Konjunktion &
Niedrigste Stufe:	Disjunktion I

Innerhalb der höchsten Stufe erfolgt die Verarbeitung von rechts nach links, bei allen anderen Stufen von links nach rechts, sofern nicht durch das Einfügen von Klammern eine andere Reihenfolge erzwungen wird.

Beispiel 1. Der Ausdruck

```
−A * * B + C = 5 & D < E I F / G < H
```

wird ebenso verarbeitet wie

```
((((− (A * * B)) + C) = 5) & (D < E)) I ((F/G) < H)
```

Man erhält '1'B, wenn − (A * * B) + C gleich 5 und gleichzeitig D < E ist, oder wenn F/G kleiner H ist.

2. Innerhalb eines Programms sei zu prüfen, ob ein Dreieck mit den Seiten A, B, C gleichschenklig oder rechtwinklig ist oder keines von beiden. Im ersten Fall sei das Programm bei der Anweisung mit der Marke SPEZIAL, sonst bei NORMAL fortzusetzen. Die Prüfanweisung lautet

```
IF A = B I B = C I C = A I C * C = A * A + B * B I A * A
    = B * B + C * C I B * B = C * C + A * A
THEN GO TO SPEZIAL; ELSE GO TO NORMAL;
```

Man beachte, daß das Zeichen = je nach seiner Stellung entweder ein Zuweisungszeichen oder ein Vergleichsoperator ist. Im anfänglich erwähnten Anweisungsbeispiel A = B = C; hat das erste Gleichheitszeichen die Bedeutung eines Ergibtzeichens. Nach A wird das Resultat von B = C gebracht, so daß dieses Gleichheitszeichen ein Vergleichsoperator ist. Der Größe A wird in dieser Anweisung demnach entweder '0'B oder '1'B zugewiesen.

4.3.4. Reihenweise Ein- und Ausgabe. In PL/I verwendet man entweder die Ein- und Ausgabe mit satzweiser oder diejenige mit reihenweiser Übertragung. Bei der satzweisen Übertragung besteht die Datenmenge aus einer Anzahl logischer Sätze. Jeder Satz enthält eine oder mehrere Daten. Mit einer Anweisung wird jeweils ein Satz ohne Umwandlung der Daten übertragen. Satzweise Übertragung ist folglich besonders für die Datenübertragung auf externe Zwischenspeicher geschaffen, ebenso für Aufgaben, bei denen der überwiegende Teil der Eingabedaten unverändert auszugeben ist.

Mit der reihenweisen Ein- und Ausgabe ist die Umwandlung der Daten von der externen Zeichenform in die interne Darstellungsform verbunden. Die externen Daten werden als eine kontinuierliche Zeichenfolge angesehen. Eine möglicherweise vorhandene Einteilung in logische oder physische Sätze wird nur auf ausdrückliche Anforderung hin nicht ignoriert. Wenn sich die Eingabedaten auf Lochkarten befinden, stellt das Ende einer Karte nicht notwendig die Grenze zwischen zwei Daten dar; ausgabeseitig kann man das Drucken eines Wertes über das Ende einer Zeile hinweg in die nächste Zeile fortsetzen. PL/I bietet jedoch auch Möglichkeiten, diese natürlichen Grenzen beachten zu lassen. Die reihenweise Übertragung erfolgt wertweise, so daß die Anweisungen GET und PUT eine Liste der zu übertragenden Daten enthalten müssen. Intern wird dabei ein Zeiger mitgeführt, der auf das nächste zu übertragende Zeichen weist. Die Eingabe-Anweisung hat die Form

```
GET [FILE (dateiname)] [COPY] [SKIP [(ausdruck)]] datenspezifikation;
```

für die Ausgabe schreibt man

```
                              PAGE LINE (ausdruck1)
PUT [FILE (dateiname)]  [{ SKIP [(ausdruck2)]          }] [datenspezifikation];
                              LINE (ausdruck)
```

FILE (dateiname) spezifiziert die angesprochene Datei, die vereinbart und implizit oder explizit eröffnet sein muß. PL/I gestattet die Verwendung einer Standard-Eingabedatei SYSIN und einer Standard-Ausgabedatei SYSPRINT, bei denen FILE (dateiname) nicht geschrieben zu werden braucht. Im Regelfall erfolgt dann die Eingabe über Lochkarten, die Ausgabe über einen Schnelldrucker. – COPY veranlaßt während der Eingabe gleichzeitig die Ausgabe der gelesenen Daten über die Standard-Ausgabedatei. – SKIP (ausdruck) setzt den Datei-Zeiger um so viele Sätze weiter, wie in „ausdruck" angegeben ist, bevor die Datenübertragung beginnt. Wenn SYSIN sich auf Lochkarten bezieht, entspricht ein Satz einer Lochkarte. Bei Ausgabe auf SYSPRINT ist ein Satz gleich einer Druckzeile. SKIP wird wie SKIP (1) behandelt. – PAGE und LINE können nur für Druck-Dateien verwendet werden und bewirken dann vor dem Drucken den Übergang zu einer neuen Druckseite bzw. zu der Druckzeile mit der angegebenen Zeilennummer. Wenn bei der Ausgabe keine Datenspezifikation angegeben wird, erfolgt nur eine Satzsteuerung. – „datenspezifikation" enthält die Ein-/Ausgabeart LIST, DATA oder EDIT und, in Klammern gesetzt, die Liste der zu übertragenden Daten. Falls EDIT verwendet wird, folgt darauf in Klammern die Information über die externe Form der Daten.

LIST-gesteuerte Datenübertragung. Besonders in technischen Anwendungsfällen verwendet man gern die LIST-gesteuerte Datenübertragung.

Eingabe. Beim Einlesen von Daten können die Daten auf dem externen Datenträger weitgehend formatfrei stehen. Ein oder mehrere Leerzeichen dienen der Abgrenzung einer Größe vor der nächsten. Man kann statt dessen auch eine Trennung durch ein Komma, das zudem beliebig in Leerzeichen eingebettet sein darf, verwenden. Die Größen auf dem externen Medium müssen den Regeln für die Konstanten genügen, so daß Zeichenkettenwerte durch Apostrophs einzugrenzen sind und Bitkettenwerte außerdem noch ein nachgestelltes B aufweisen müssen. Wenn auf dem Eingabemedium zwei Kommas hintereinander erscheinen, bleibt die entsprechende Größe in der Datenliste ungeändert. – Die gelesenen Werte werden den Attributen der zugehörigen Größen angeglichen und ersetzen die bisherigen Werte.

Beispiel: Es sei A = 03.29; B = – 281.4; C = '101101'B; D = 'ABC'
Hierbei seien die Attribute der Variablen gleich denen der genannten Konstanten.
Die Anweisung

```
GET LIST (A, C, B, D);
```

bewirkt, wenn auf dem Standard-Eingabemedium steht

− 34.29 '01'B, , 'UVWXY',

daß danach gilt A = − 34.29; B = − 281.4; C = '010000'B; D = 'UVW'.

A u s g a b e . In der Datenliste können auch Ausdrücke vorkommen. Sieht man von den etwa spezifizierten Satzsteuerungen ab, so erfolgt die Ausgabe der Werte wiederum reihenweise in Form von Konstanten. Dabei werden Größen, die nicht Zeichenketten sind, intern entsprechend den Konvertierungsregeln umgewandelt. Die Ausgabeform einer Größe wird durch deren Attribute bestimmt. Zeichenketten werden zudem durch einschließende Apostrophs, Bitketten durch einschließende Apostrophs und ein nachgestelltes B gekennzeichnet. Ein Leerzeichen trennt die externen Darstellungsformen der Daten. Bei D r u c k d a t e i e n entfällt die Apostrophierung der Z e i c h e n -ketten, so daß ein übersichtliches Druckbild entsteht. Bei Druckdateien beginnt die Ausgabe, statt mit genau einem Leerzeichen, bei der nächsten Tabulatorposition. IBM verwendet standardmäßig die Positionen 1, 25, 49, 73, 97, 121. Bei den Programmen auf den Tafeln 4.39, 4.41 und 4.47 sind diese Positionen durch ein Vorlaufprogramm geändert worden.

B e i s p i e l : Es sei A = 0006.3, B = 082.4. Die Attribute der Variablen seien durch ihre Werte angedeutet. Wenn der Schnelldrucker als Standard-Ausgabemedium verwendet wird, erzeugt die Anweisung

```
PUT LIST ('H = ␣'||A||'␣CM', B||'␣GRAD␣CELSIUS');
```

folgenden Ausdruck:

H = ␣␣␣␣6.3␣CM␣␣␣␣␣␣␣␣␣␣␣␣␣82.4␣GRAD␣CELSIUS

DATA - g e s t e u e r t e D a t e n ü b e r t r a g u n g . Die DATA-gesteuerte Datenübertragung eignet sich besonders für das Testen eines Programms, da bei dieser Art die externe Form der Daten stets mit dem Namen der zugehörigen Variablen verbunden ist. Daraus folgt, daß im Gegensatz zur LIST-gesteuerten Ausgabe konstante Zwischentexte, die keiner Variablen zugeordnet sind, DATA-gesteuert nicht ausgegeben werden können. Auf dem externen Medium muß die Größe, die DATA-gesteuert übertragen werden soll, im Format

variablenbezeichnung = konstante

erscheinen.

E i n g a b e . Da extern jede Größe ihre Variablenbezeichnung bei sich führt, erübrigt sich eine Datenliste in der Eingabeanweisung. PL/I kennt dennoch beide Anweisungsformen:

```
GET DATA;
GET DATA (datenliste);
```

In beiden Fällen dürfen extern nur Bezeichnungen auftreten, die innerhalb des gerade arbeitenden Programmblocks bekannt sind. Die zweite Form gestattet darüber hinaus nur die Veränderung der in der Liste genannten Variablen. In beiden Fällen wird die Bedingung NAME gesetzt, wenn eine unbekannte bzw. unzulässige Variablenbezeichnung angetroffen wird. Wenn keine ON NAME-Anweisung gegeben war, ignoriert das System das falsche Datenfeld und setzt die weitere Bearbeitung der GET DATA-Anweisung fort. Im allgemeinen enthält die Datenreihe mehrere Datenfelder, die durch Leerzeichen oder durch ein Komma, das seinerseits beliebig in Leerzeichen eingeschlossen sein darf, zu trennen sind. Es brauchen weder alle in der Datenliste genannten Variablen in der Datenreihe aufzutreten, noch braucht die durch die Datenliste festgelegte Reihenfolge eingehalten zu werden. Die Datenreihe für den gegenwärtigen GET DATA-Aufruf gilt als beendet, sobald ein Semikolon als Trennzeichen auftritt. Wenn die Datenreihe überhaupt keine weiteren Elemente mehr aufweist (END OF FILE), gilt der GET DATA-Aufruf ebenfalls als beendet.

Beispiel:

```
DECLARE (A, B, C) FIXED,
        D FLOAT INITIAL (0),
        E CHARACTER (4) INITIAL ('FREI');
...
GET DATA;
...
GET DATA (B, E);
...
```

Datenreihe:

C = 1, E = 'ANNE', A = − 1, B = 0; E = 'BIBI';

Nach der Anweisung GET DATA; gilt

A = − 1, B = 0, C = 1, D = 0, E = 'ANNE',

Nach der Anweisung GET DATA (B, E) gilt

A = − 1, B = 0, C = 1, D = 0, E = 'BIBI'.

Ausgabe. Die beiden Ausgabearten

PUT DATA;

PUT DATA (datenliste);

haben bei der Ausgabe wesentlich verschiedene Bedeutungen. Im zweiten Falle enthält die Datenliste eine Aufzählung aller auszugebenden Variablen. Bei der Form PUT DATA; fehlt diese Liste, darum gibt das System die Werte aller in dem gerade laufenden Programmblock bekannten Variablen, stets einschließlich der Variablenbezeichnungen, aus. Die einzelnen Elemente der Datenreihe werden, außer bei Druckdateien, durch genau ein Leerzeichen getrennt. Die Datenreihe wird durch ein Semikolon abgeschlossen. Bei Druckdateien beginnt die Ausgabe jedes Elementes bei der nächsten Tabulatorposition. Die Formate der auszugebenden Variablen errechnen sich aus ihren Attributen.

Beispiel. Unter der Annahme, daß sich die Standard-Ausgabedatei auf den Schnelldrucker bezieht, erhält man als Ergebnis des Programmausschnitts

```
DECLARE (A, B)  DECIMAL FIXED (5, 2),
         C      DECIMAL FLOAT (6);
...
A = − 3.4; B = − 471.11; C = 64.1E − 12;
PUT DATA (A, C);
PUT DATA (B);
...
```

den Ausdruck

A = ␣␣␣ − 3.40␣␣␣␣␣␣␣␣␣␣␣␣␣␣C = ␣6.41000E − 12; ␣␣␣␣␣␣␣␣␣B = − 471.11;

Im Gegensatz zur LIST-gesteuerten Ausgabe werden bei DATA-gesteuerter Ausgabe auch bei den Druckdateien Zeichenketten durch Apostrophs eingeschlossen, Apostrophs innerhalb einer Zeichenkette also durch Apostrophpaare dargestellt.

EDIT-gesteuerte Datenübertragung. Bei der LIST- und bei der DATA-gesteuerten Datenübertragung wird über das Format der Eingabedaten nur vorausgesetzt, daß sich aus jedem Wert der Datenreihe schließlich eine Konstante mit den Attributen der Zielgröße bilden läßt. Ein Element der Reihe gilt als beendet, wenn ein Leerzeichen oder ein Komma auftritt. Ausgabeseitig resultiert bei diesen Arten der Datenübertragung das Format einer zu übertragenden Größe aus ihren explizit oder implizit erklärten Attributen. Die EDIT-gesteuerte Datenübertragung hingegen arbeitet mit eigenen, zu der Anweisung gehörigen Formatangaben und gestattet dadurch eine erhebliche Flexibilität. In den Übertragungsanweisungen

```
GET
{     }  EDIT (datenliste)␣(formatliste);
PUT
```

gehört zu jedem Element der Datenliste ein Element der Formatliste mit den Angaben über das Übertragungsformat. Eine Übertragungsanweisung enthält mindestens ein derartiges Listenpaar. Die Formatliste kann aus drei Arten von Formatelementen bestehen, den Datenformatelementen, den Steuerformatelementen und den R-Formatelementen. Datenformatelemente beschreiben die Daten in der Datenreihe, Steuerformatelemente braucht man für Seiten-, Zeilen- und Abstandssteuerungen, R-Formatelemente gestatten die Verwendung fremder Formatlisten. Bei der EDIT-gesteuerten Übertragung bestimmt die Datenliste, welche Größen einzulesen bzw. auszugeben sind. Datenliste und Formatliste werden von links nach rechts verarbeitet, wobei die Übertragung eines Datenelementes erst beginnen kann, wenn das nächste Datenformatelement an der Reihe ist. Davorliegende Steuerformatelemente können ohne Rückgriff auf die Datenliste ausgeführt werden. Im folgenden Beispiel folgt aus der Datenliste, daß die drei Größen A, B, C zu übertragen sind, von denen A und B arithmetisch sind, während C eine Zeichenkette darstellt.

Datenliste: (A, B, C)
Formatliste: (SKIP (2), COLUMN (60), F (4, 2), X (5), F (5), A (10), COLUMN (90))
Aktionen: SKIP (2): Vorschub auf den Anfang der übernächsten Zeile;
COLUMN (60): Vorschub auf Spalte 60 dieser Zeile;
F (4, 2): Übertragung von A im Format F (4, 2);
X (5): Vorschub um fünf Spalten dieser Zeile;
F (5): Übertragung von B im Format F (5);
A (10): Übertragung von C im Format A (10).
Das Formatelement COLUMN (90) kommt nicht mehr zum Zuge, da die Datenliste abgearbeitet ist.

Die Übertragung gilt als beendet, wenn die Datenliste abgearbeitet ist. Natürlich kann auch einmal die Formatliste vor der Datenliste verbraucht sein. In diesem Falle wird die Formatliste von neuem verwendet.

Datenliste: (A, B)
Formatliste: (SKIP (1), F (4, 2), COLUMN (60))
Aktionen: SKIP (1), Übertragung von A mit Format F (4, 2), COLUMN (60),
SKIP (1), Übertragung von B mit Format F (4, 2).

Allgemein hat die Formatliste die Gestalt

```
     formatelement          , formatelement
  ({ n␣formatelement } [{   , n␣formatelement }    . . . usw. ])
     n␣(formatliste)        , n␣(formatliste)
```

Hierbei ist n ein Wiederholungsfaktor; das nachfolgende Element arbeitet, als sei es n-mal geschrieben worden. n kann ein in Klammern gesetzter Ausdruck oder eine vorzeichenlose ganze Zahl sein.

Für die Datenliste gelten die gleichen Vorschriften wie bei der LIST- und der DATA-gesteuerten Übertragung: Eingabeseitig enthält sie eine Folge von Variablenbezeichnungen, ausgabeseitig können in der Folge auch Ausdrücke auftreten. Die Datenreihe auf dem Eingabemedium ist als eine fortlaufende Zeichenkette anzusehen, die erst durch die Datenformatelemente in eine Folge von Daten aufgegliedert wird. Bei der Ausgabe bildet sich am Ende wiederum eine fortlaufende Zeichenkette, die jedoch durch Seiten- oder Zeilensteuerelemente unterbrochen sein kann. Die bei LIST- und DATA-gesteuerter Ausgabe verwendeten Tabulatorpositionen des Druckers bleiben hier wirkungslos.

Datenformatelemente. Die Datenformatelemente steuern formatmäßig die zugehörigen Daten. Es gibt vier verschiedene Arten von Datenformatelementen, nämlich zwei Arten für arithmetische Größen und je eine Art für Zeichenketten und für Bitketten:

F (w [,d [,p]])	Festpunkt
E (w, d [,s])	Gleitpunkt
C (reelles Formatelement [,reelles Formatelement])	
A [(w)]	Zeichenkette
B [(w)]	Bitkette

Hierbei bestimmt

w die Anzahl der Zeichen des externen Feldes,
d die Anzahl der Ziffern hinter dem Dezimalpunkt,
p den Skalierungsfaktor,
s die Anzahl der Mantissenziffern.

Zusätzlich gibt es das P-Datenformat zur Übertragung von numerischen Zeichenketten, die das PICTURE-Attribut erhalten haben. Diese PICTURE-Größen werden hauptsächlich bei kaufmännischen Problemen verwendet und deswegen in dieser Einführung nur einmal (Tafel 4.47) benutzt.

Binäre arithmetische Größen werden dezimal übertragen und haben deswegen keine eigenen Datenformatschlüssel.

F (w [,d [,p]]). Das F-Formatelement wird für arithmetische Größen verwendet, die extern in Festpunktform erscheinen. w gibt die Anzahl der Zeichen innerhalb der externen Zeichenkette an. Im Falle der Eingabe kann die Größe innerhalb des w-stelligen Feldes irgendwo als Festpunktkonstante auftreten. Vor und hinter der Zahl können Leerzeichen stehen. Enthält das Feld nur Leerzeichen, so wird die Zahl als Null interpretiert. Wenn im externen Feld ein Dezimalpunkt vorhanden ist, bleibt die Angabe d im Formatelement wirkungslos. Wenn extern kein Dezimalpunkt existiert, gelten die d hinteren Ziffern des externen Feldes als Dezimalbruchziffern. Nicht vorhandenes d wird wie d = 0 behandelt. Das Formatelement kann zusätzlich einen Skalierungsfaktor p aufweisen, der eine Multiplikation der externen Zahl mit 10^p vor der Zuweisung an die Variable bewirkt. Im Gegensatz zu w und d kann p sowohl positiv als auch negativ sein. – Die so erhaltene Zahl wird den Attributen der Zielvariablen angepaßt und abgespeichert.

Bei der Ausgabe wandelt das System die interne Größe zunächst in eine Festpunktzahl um. Falls ein Skalierungsfaktor angegeben ist, erfolgt dabei gleichzeitig eine Multiplikation mit 10^p. Die externe Zeichendarstellung dieser Zahl wird nun rechtsbündig in das w-stellige Feld gebracht. Falls das Formatelement nur die Feldlänge w aufweist, wird nur der ganzzahlige Bestandteil ohne Dezimalpunkt übertragen. Sonst füllen d Stellen hinter dem Komma, davor der Dezimalpunkt, davor $w - d - 1$ Stellen vor dem Komma das externe Feld. Führende Nullen werden vor dem Dezimalpunkt durch Leerzeichen ersetzt.

Wenn bei der Eingabe oder bei der Ausgabe signifikante Ziffern oder das Vorzeichen verlorengehen, weil am Ziel nicht genügend Platz vorhanden ist, wird die Bedingung SIZE gesetzt, die, wenn sie aktiviert worden ist, zur Ausgabe einer Fehlermeldung und zum Abbruch des Programmablaufs führt.

B e i s p i e l :

```
DECLARE (A, B) DECIMAL FIXED (4,2),
             C DECIMAL FLOAT (8);
...
GET EDIT (A, B, C) (F (7, 3), F (4), F (12, 1, -4));
PUT EDIT (A, B, C) (F (10, 3), F (9, 4), F (14, 2, 6));
```

Wenn man die Datenreihe

␣− 386746.23␣␣␣␣␣␣␣␣21.5

eingibt, lautet das Resultat

␣␣␣− 38.670␣␣␣␣␣6.23␣␣␣␣␣␣␣2150.00

E (w, d [,s]). Extern in Gleitpunktform dargestellte arithmetische Größen werden über das E-Datenformatelement gesteuert. Die externen Formen einer Gleitpunktkonstanten lassen sich so beschreiben:

$$\text{Festpunktkonstante } [\left\{ \begin{matrix} [E]\ \{\pm\} \\ E\ [\{\pm\}] \end{matrix} \right\} \text{ Exponent}]$$

w gibt die Länge des externen Zahlenfeldes innerhalb der Datenkette an. Im Falle der E i n g a b e kann die Gleitpunktkonstante innerhalb des Feldes beliebig von Leerzeichen umgeben sein. Wenn das gesamte Feld jedoch aus Leerzeichen besteht, wird die Bedingung CONVERSION gesetzt, so daß der Programmlauf nach Ausgabe einer Fehlermeldung abgebrochen wird. Die Festpunktkonstante bildet die Mantisse der Gleitpunktzahl. Enthält sie einen Dezimalpunkt, so bleibt die Angabe d im Formatelement wirkungslos, sonst werden die d hinteren Ziffern als Ziffern hinter dem Komma angesehen. Die Angabe von s ist bei der Eingabe bedeutungslos. Der Exponent muß eine vorzeichenlose Zahl sein. Die Gleitpunktkonstante errechnet sich aus der Festpunktkonstanten durch Multiplikation mit der zum Exponententeil gehörigen Zehnerpotenz. Fehlender Exponententeil wird zu Null angenommen. – Die so erhaltene Gleitpunktzahl wird den Attributen der Zielvariablen angepaßt und abgespeichert.

Bei der A u s g a b e hat dic Gleitpunktzahl extern die Form

[−] s − d Ziffern . d Ziffern E {±} zweistelliger Exponent

Im Falle d = 0 entfällt auch der Dezimalpunkt. Insgesamt enthält die Zahl s signifikante Ziffern. Wenn s im Formatelement nicht angegeben worden ist, gilt $s = d + 1$. Die Gleitpunktzahl wird so normalisiert, daß die vorderste Ziffer der Mantisse von Null verschieden ist.
Im Exponenten findet keine Nullenunterdrückung statt.

Wenn bei irgendeiner Übertragung signifikante Ziffern oder das Minuszeichen abgeschnitten werden, setzt das System die Bedingung SIZE.

B e i s p i e l :

```
DECLARE A DECIMAL FIXED (10, 4),
          B DECIMAL FLOAT (6),
          C DECIMAL FLOAT (2);
...
GET EDIT (A, B, C) (E (12, 4), E (15, 1), E (8, 3));
PUT EDIT (A, B, C) (E (12, 0, 2), E (16, 2), E (10, 3, 3));
```

Bei Eingabe der Datenreihe

␣␣− 0.1E4␣␣␣␣␣␣␣␣␣␣␣␣␣␣2 + 2␣␣␣.133E − 12

erhält man als Ausgabe

␣␣␣␣␣− 10E + 02␣␣␣␣␣␣␣␣␣2.00E + 01␣␣.133E − 12

C (r e e l l e s F o r m a t e l e m e n t [, r e e l l e s F o r m a t e l e m e n t]) . Dieses Formatelement überträgt komplexe Größen. Das erste Formatelement bezieht sich auf den Realteil, das zweite auf den Imaginärteil. Wenn das zweite Element nicht angegeben wird, haben die beiden Teile das gleiche Format. Extern befinden sich beide Teile hintereinander in der Datenreihe, ohne daß dem Imaginärteil ein I angehängt wird.

A [(w)]. Die Übertragung von Zeichenketten geschieht über den Formatschlüssel A. w gibt die Länge der externen Zeichenkette an. Apostrophs werden wie alle anderen Zeichen behandelt. Bei der E i n g a b e ist die Angabe von w erforderlich. Die nächsten w Zeichen der externen Datenreihe werden geholt und als Zeichenkette interpretiert. Diese Kette wird linksbündig unter der Zielvariablen gespeichert, wobei im Falle unterschiedlicher Kettenlängen rechts Leerzeichen angehängt bzw. Zeichen der externen Kette abgeschnitten werden. Wenn bei der A u s g a b e im Formatelement die Angabe von w fehlt, wird die aktuelle Länge der auszugebenden Kette verwendet. Die Übertragung erfolgt linksbündig, gegebenenfalls mit Abschneiden der Zeichen oder Auffüllung mit Leerzeichen am rechten Ende.

B e i s p i e l :

```
DECLARE (A, B, C) CHARACTER (10);
...
GET EDIT (A, B, C) (A (10), 2   A (5));
PUT EDIT (A, B, C) (A (7), A (8), A (5));
```

Bei Eingabe der Datenreihe

␣␣␣ELLIPSEKREISPUNKT

erhält man als Ausgabe

␣␣␣ELLIKREIS␣␣␣PUNKT

B [(w)]. Dieses Formatelement beschreibt die externe Darstellung von Bitketten. Jedes Bit wird durch eines der Zeichen 0 oder 1 dargestellt. w gibt die Länge des externen Feldes an. Die Kette ist weder in Apostrophs eingefaßt noch durch ein nachgestelltes B gekennzeichnet. Bei der Eingabe kann die Bitkette irgendwo innerhalb der w Zeichen stehen. Vorangehende oder nachgestellte Leerzeichen werden dabei ignoriert. w muß im Formatelement unbedingt angegeben werden. Innerhalb der eigentlichen Kette dürfen nur die Zeichen 0 und 1 auftreten, sonst setzt das System die Bedingung CONVERSION. – Die Übertragung erfolgt linksbündig, gegebenenfalls mit Abschneiden der Bits oder mit Nullen-Auffüllung am rechten Ende der Bitkette.

Bei der A u s g a b e kann w fehlen. Dann gilt die aktuelle Länge der zu übertragenden Bitkette als Länge der externen Kette. Im Falle ungleicher Längen wird am rechten Ende abgeschnitten bzw. mit Leerzeichen aufgefüllt.

Beispiel:

```
DECLARE (A, B, C) BIT (12);
. . .
GET EDIT (A, B, C) (B (5), B (12), B (10));
PUT EDIT (A, B, C) (B (7), B (15), B (12));
```

Bei Eingabe der Datenreihe

␣␣1␣␣0100010100111111110011

erhält man als Ausgabe

1000000010001010011␣␣␣111111001100

S t e u e r f o r m a t e l e m e n t e . Bei der Erläuterung der Steuerformatelemente werden die Begriffe „Zeile" und „Spalte" verwendet, da diese Formatelemente hauptsächlich für Druckdateien benutzt werden. Mehrere unter ihnen lassen sich jedoch auch auf Nicht-Druckdateien anwenden; dann sind diese Begriffe durch die allgemeineren Bezeichnungen „Satz" und „Position im Satz" zu ersetzen. Steuerformatelemente arbeiten ohne Bezug auf die Datenliste. Sie kommen aber nur dann zum Zuge, wenn die Datenliste noch nicht abgearbeitet ist.

PAGE. Seitenvorschub: Der Druckvorgang wird am Anfang der neuen Seite fortgesetzt. Das PAGE-Formatelement darf nur bei Druckdateien verwendet werden.

LINE (n). Der Druckvorgang wird am Anfang der n-ten Zeile fortgesetzt. Wenn auf der gegenwärtigen Seite diese Zeile schon durchlaufen ist oder eine ungültige Zeilennummer angegeben wird, setzt das System die Bedingung ENDPAGE, d. h. im Regelfall erfolgt der Übergang an den Anfang einer neuen Seite. – Das LINE-Formatelement darf nur bei Druckdateien verwendet werden.

SKIP (n). Es erfolgt ein Übergang an den Anfang derjenigen Zeile, die n Zeilen hinter der gegenwärtigen Zeile liegt. Wenn n nicht angegeben ist, wird 1 genommen. Nur bei Druckdateien darf n auch Null sein.

COLUMN (n). Es erfolgt ein Übergang in die n-te Spalte der gegenwärtigen Zeile bzw., wenn diese Spalte bereits passiert war, in die n-te Spalte der nächsten Zeile.

X (n). Durch dieses Formatelement werden die nächsten n Zeichen der Datenreihe übergangen, bei Ausgabe-Anweisungen also n Leerzeichen in die Reihe eingefügt.

Beispiel:

```
DECLARE (A, B, C) CHARACTER (3);
GET EDIT (A, B, C) (COLUMN (1), A (3), X (2), A (1), SKIP, A (5));
PUT EDIT (A, B, C) (PAGE, LINE (3), A (3), COLUMN (10), A (3), X (6), A (3));
```

Bei Eingabe der Datenreihe

ABCDEFGHIJKLMNOPQR (1. Satz)
STUVWXYZ (2. Satz)

erhält man als Ausgabe

ABC␣␣␣␣␣␣F␣␣␣␣␣␣␣␣STU (3. Zeile einer neuen Seite)

Beispiel 5. Das Programm in Tafel 4.49 berechnet, wie häufig die einzelnen Buchstaben des Alphabets in einem 255 Zeichen langen Text vorkommen. Der Text wird vom Standard-Eingabemedium, hier von Lochkarten, EDIT-gesteuert – also ohne einschließende Apostrophs – gelesen und ausgegeben. Das Programm verwendet die beiden eingebauten Funktionen INDEX und SUBSTR. Die Zeichenkettenfunktion INDEX (kette1, kette2) stellt fest, ob die zweite Kette irgendwo vollständig in der ersten Kette vorkommt und nennt, falls das zutrifft, diejenige Position innerhalb der ersten Kette, wo die zweite Kette erstmalig beginnt, sonst Null. INDEX ('ABCACBCABAC', 'AC') liefert demnach den Wert 4. Aus einer Zeichenkette kann man mit SUBSTR (kette, anfangsposition, länge) eine Teilkette zwecks eigenständiger Bearbeitung herausgreifen. Die Teilkette wird durch ihre Anfangsposition innerhalb der Gesamtkette und durch ihre Länge festgelegt. SUBSTR ('ABCACBCABAC', 4, 2) liefert die Kette 'AC'. – Das Programm bestimmt Buchstabe für Buchstabe zunächst innerhalb der gesamten Zeichenkette, dann innerhalb der jeweils verbleibenden Teilkette die Position seines erstmaligen Auftretens. Der jeweilige Buchstabe, drei trennende Punkte und die berechnete Häufigkeit bilden die Ausgabe. Weil jede Zeile jedoch Platz für fünf derartige Resultate bietet, erfolgt die Ausgabe einmal mit einer Formatliste, die mit einem Zeilenwechsel beginnt, und viermal mit einer Formatliste, bei der zunächst vier trennende Leerzeichen gedruckt werden. Hierbei verwendet das Programm die eingebaute Funktion MOD zur Restbestimmung: MOD (L – 1, 5) liefert den Rest bei der Division der Größe L – 1 durch 5. Unterschiedliche Formatlisten kann man aufrufen, indem man in der entsprechenden Übertragungsanweisung nicht die Formatliste selbst, sondern ein R-Formatelement notiert. Die darin enthaltene M a r k e n - v a r i a b l e MARKE weist entweder auf die FORMAT-Anweisung NEU (mit Seitensteuerung) oder auf die FORMAT-Anweisung ALT (mit vier Leerzeichen). Markenvariablen werden mit dem Attribut LABEL erklärt.

R - F o r m a t e l e m e n t . Das R-Formatelement R (markenangabe) bedeutet, daß zur Ausführungszeit an seine Stelle die Formatliste tritt, die in derjenigen FORMAT-Anweisung steht, deren Marke man dem R-Formatelement entnehmen kann.

B e i s p i e l :

```
DECLARE FORM LABEL;
. . .
IF ABS (A) < 1E4   THEN LABEL = FEST;
                   ELSE LABEL = GLEIT;
PUT EDIT (A) (R (FORM));
FEST: FORMAT (F (10, 3));
GLEIT: FORMAT (E (10, 3));
```

4.3.5. Datengruppierungen. In allen bisher erläuterten Fällen stehen die verwendeten Daten zumindest formal beziehungslos nebeneinander. Jede Variable stellt ein einziges Element dar und wird als E l e m e n t - V a r i a b l e bezeichnet. Viele Probleme, z. B. das Rechnen mit Matrizen oder die Verarbeitung von Lohnlisten, erfordern die Möglichkeit einer Datengruppierung. PL/I bietet zwei Arten, die B e r e i c h s b i l d u n g und die S t r u k t u - r i e r u n g .

B e r e i c h e . Ein Bereich ist eine n-dimensionale Gruppierung von Datenelementen mit übereinstimmenden Attributen. Die Bezeichnung der Datenelemente erfolgt durch den Bereichsnamen und die Indizes-Angabe innerhalb des Bereichs. Man verwendet nur ganzzahlige Indizes. Ein n-dimensionaler Bereich hat n Indexpositionen. Bereiche müssen vereinbart werden, wobei anstelle der Element-Variablen der Bereichsname und dahinter in

Tafel 4.49 Buchstabenzählung im Text

```
EXTEXT. . PROCEDURE OPTIONS (MAIN),.
          /* BUCHSTABENHAEUFIGKEIT IM TEXT */
          DECLARE ALPHABET CHARACTER (26)
                                    INITIAL ('ABCDEFGHIJKLMNOPQRSTUVWXYZ'),
                   TEXT CHARACTER (255), BUCHSTABE CHARACTER (1),
                   MARKE LABEL,
                   (HAEUFIGKEIT, L, K, ABSPOS) FIXED,.
          GET EDIT (TEXT) (A (255)),.
          PUT PAGE EDIT (SUBSTR (TEXT, 1, 80)) (A),.
          PUT SKIP EDIT (SUBSTR (TEXT, 81, 80)) (A),.
          PUT SKIP EDIT (SUBSTR (TEXT, 161, 80)) (A),.
          PUT SKIP EDIT (SUBSTR (TEXT, 241, 15)) (A),. PUT SKIP,.
          DO L = 1 TO 26,.
             BUCHSTABE = SUBSTR (ALPHABET, L, 1),.
             HAEUFIGKEIT = 0,.
             ABSPOS = INDEX (TEXT, BUCHSTABE),.
             DO WHILE (ABSPOS NE 0),.
                K = 0,.
                HAEUFIGKEIT = HAEUFIGKEIT + 1,.
                DO ABSPOS = ABSPOS + 1 TO 255 WHILE (K = 0),.
                   K = INDEX (SUBSTR (TEXT, ABSPOS, 1), BUCHSTABE),.
                END,. IF K = 0 THEN ABSPOS = 0,.
             END,.
DRUCK. .     IF MOD (L - 1, 5) = 0   THEN MARKE = NEU,.
                                     ELSE MARKE = ALT,.
               PUT EDIT (BUCHSTABE CAT ' . . . ', HAEUFIGKEIT, ' MAL')
                        (R (MARKE), A, F (4), A),.
     NEU. . FORMAT (SKIP),.
     ALT. . FORMAT (X (4)),.
          END,.
          END EXTEXT,.
```

Eingabe:

'SAGE DEUTLICHER, WIE UND WENN. DU BIST UNS NICHT IMMER KLAR.'
GUTE LEUTE, WISST IHR DENN,
OB ICH MIRS SELBER WAR.
GOETHE

Ausgabe:

```
'SAGE DEUTLICHER, WIE UND WENN. DU BIST UNS NICHT IMMER KLAR.'
GUTE LEUTE, WISST IHR DENN,
OB ICH MIRS SELBER WAR.
GOETHE
A . . . 3 MAL    B . . . 3 MAL    C . . . 3 MAL    D . . . 4 MAL    E . . . 14 MAL
F . . . 0 MAL    G . . . 3 MAL    H . . . 5 MAL    I . . . 9 MAL    J . . .  0 MAL
K . . . 1 MAL    L . . . 4 MAL    M . . . 3 MAL    N . . . 5 MAL    O . . .  2 MAL
P . . . 0 MAL    Q . . . 0 MAL    R . . . 7 MAL    S . . . 6 MAL    T . . .  7 MAL
U . . . 6 MAL    V . . . 0 MAL    W . . . 4 MAL    X . . . 0 MAL    Y . . .  0 MAL
Z . . . 0 MAL
```

Klammern und durch Kommas getrennt die Grenzen der einzelnen Dimensionen geschrieben werden. Untere und obere Grenze werden durch einen Doppelpunkt getrennt. Enthält die

Vereinbarung nur eine Angabe je Dimension, so wird diese als obere Grenze und 1 als untere Grenze angenommen.

```
DECLARE A (-4: -2,5) DECIMAL FIXED (7, 3);
```

vereinbart einen zweidimensionalen Bereich. Der erste Index kann die Werte − 4, − 3, − 2, der zweite die Werte 1, 2, 3, 4, 5 annehmen. Der Bereich enthält demnach 15 Elemente, sämtlich mit den Attributen DECIMAL FIXED (7, 3):

A (− 4, 1), A (− 4, 2), A (− 4, 3), A (− 4, 4), A (− 4, 5)
A (− 3, 1), A (− 3, 2), A (− 3, 3), A (− 3, 4), A (− 3, 5)
A (− 2, 1), A (− 2, 2), A (− 2, 3), A (− 2, 4), A (− 2, 5)

Wenn auf den gesamten Bereich Bezug genommen werden soll, wird nur der Bereichsname genannt. Ein einzelnes Element des Bereichs wird durch den Bereichsnamen und die vollständige Liste der zu ihm gehörenden Indexwerte aufgerufen. Diese Indexwerte können Ausdrücke sein, die nach Abtrennung gebrochener Bestandteile gültige Indexwerte liefern. Wenn z. B. I = 3, K = 5 und L = 8 gilt, stellt A (I − K,L/K + I) einen Aufruf des Elementes A (− 2, 4) dar.

In PL/I gibt es Elementausdrücke, Bereichsausdrücke und Strukturausdrücke. Ein Elementausdruck liefert einen einzigen Wert, ein Bereichsausdruck einen Bereich, ein Strukturausdruck eine Struktur. In einem Bereichsausdruck muß mindestens ein Bereichsoperand vorkommen. Ein solcher Ausdruck wird Element für Element ausgewertet (wobei ein Index um so häufiger variiert wird, je weiter rechts er steht), so daß alle Bereichsoperanden eines Ausdrucks identische Grenzen besitzen müssen. Alle bisher für einzelne Elemente verwendeten Operatoren können in Bereichsausdrücken verwendet werden. Die Zuordnung zu einem Zielbereich erfolgt durch die Ergibtanweisung.

Beispiel: Mit

```
DECLARE (A (3, 4), B (3, 4)) DECIMAL FIXED,
        C (3, 4) DECIMAL FLOAT,
        D (3, 4) BINARY FIXED;
```

können z. B. folgende Anweisungen gegeben werden:

```
D = A > B;
IF D (1, 2) = D (3, 4)  THEN C = - A * A + B/3;
                        ELSE  C = 2.18 * B/A - 15;
```

Man beachte, daß A ∗ A eine elementweise Multiplikation bewirkt und nicht eine Matrixmultiplikation. PL/I bietet die Möglichkeit, Unterbereiche zu spezifizieren, bei denen nur einige Indizes variieren, während die übrigen festgelegt sind. Dies geschieht, indem man statt der variierenden Indizes einen Stern schreibt. Die Anweisung

A (∗ ,J) = A (∗ ,J) − P ∗ A (∗ ,I);

in der P eine Element-Variable sein soll, zieht von jedem Element der Spalte J das P-fache des entsprechenden Elementes der Spalte I ab. – Ein Bereichsaufruf, der an jeder Indexposition einen Stern hat, bezieht sich auf den gesamten Bereich.

Beispiel 6. Tafel 4.50 enthält ein Programm zur Inversion einer Matrix und zur Simultanauflösung linearer Gleichungssysteme mit übereinstimmender Koeffizientenmatrix. Die Rechnung erfolgt nach dem Stiefel-Verfahren mit Bestimmung des optimalen Drehelementes. Da es im Subset die Möglichkeit, mit Unterbereichen zu arbeiten, nicht gibt, war es erforder-

Tafel 4.50 Auflösung linearer Gleichungssysteme nach Stiefel

```
STIFEL..  PROCEDURE OPTIONS (MAIN),.
          DECLARE UEBERSCHRIFT CHARACTER (60), (A (30, 30), D) FLOAT (16),
                (II (30), JJ (30), Z (30), S (30), I, J, K, L, M, N) FIXED (2),.
          GET LIST (UEBERSCHRIFT, M, N),.
          PUT PAGE LIST (UEBERSCHRIFT),. PUT SKIP (2) LIST (M, N),.
          IF M LE 0 OR N LT M OR N GT 30 THEN
          DO,. PUT LIST ('EINGABEFEHLER'),. RETURN,. END,.
          GET LIST (((A (I, J) DO J = 1 TO N) DO I = 1 TO M)),.
          PUT SKIP (2) LIST ('EINGABE'),.
          DO I = 1 TO M,.
             PUT SKIP EDIT ((A (I, J) DO J = 1 TO N)) (R (FORM)),. END,.
FORM..    FORMAT (SKIP, 5 E (14, 5)),.
          ON OVERFLOW GO TO FEHLER,. ON ZERODIVIDE GO TO FEHLER,.
PIVOT..   DO L = 1 TO M,.
             D = - 1,.
             DO I = 1 TO M,. DO K = 1 TO L - 1,.
                             IF II (K) = I THEN GO TO ENDI,. END,.
             DO J = 1 TO M,. DO K = 1 TO L - 1,.
                             IF JJ (K) = J THEN GO TO ENDJ,. END,.
                IF ABS (A (I, J)) GT D THEN DO,. D = ABS (A (I, J)),.
                                            II (L) = I,. JJ (L) = J,. END,.
             ENDJ.. END,. ENDI.. END,.
            D = A (II (L), JJ (L)),.
            A (II (L), JJ (L)) = 1,.
            DO I = 1 TO M,.
               A (I, JJ (L)) = A (I, JJ (L))/D,. END,.   /*DREHSPALTE */
            DO J = 1 TO JJ (L) - 1, JJ (L) + 1 TO N,.   /*ALLE UEBRIGEN */
               D = A (II (L), J),. A (II (L), J) = 0,.
               DO I = 1 TO M,. A (I, J) = A (I, J) - D * A (I, JJ (L)),.
            END,. END,.
          END PIVOT,.
          DO K = 1 TO M,. Z (JJ (K)) = II (K),. S (II (K)) = JJ (K),. END,.
          PUT PAGE LIST (UEBERSCHRIFT),.
          PUT SKIP (2) LIST (M, N),. PUT SKIP (2) LIST ('ERGEBNIS'),.
          DO I = 1 TO M,.
          PUT SKIP EDIT ((A (Z (I), S (J)) DO J = 1 TO M),
                        (A (Z (I), J) DO J = M + 1 TO N)) (R (FORM)),. END,.
          GO TO ENDE,.
FEHLER..  PUT PAGE LIST ('ERGEBNIS HIER NICHT BESTIMMBAR'),.
ENDE..    PUT PAGE,. END STIFEL,.
```

Eingabe:

```
'LINEARES GLEICHUNGSSYSTEM 3 * 4'  3 4
3 4 2 -1 -2 2 1 3 1 -7 -1 -12
```

Ausgabe:

```
LINEARES GLEICHUNGSSYSTEM 3 * 4
    3                    4
EINGABE
  3.00000E+00      4.00000E+00      2.00000E+00     -1.00000E+00
 -2.00000E+00      2.00000E+00      1.00000E+00      3.00000E+00
  1.00000E+00     -7.00000E+00     -1.00000E+00     -1.20000E+01
```

```
LINEARES GLEICHUNGSSYSTEM 3 * 4
   3                                 4
ERGEBNIS
  1.42857E-01     -2.85714E-01      .00000E+00      1.00000E+00
 -2.85714E-02     -1.42857E-01    -2.00000E-01     -2.00000E+00
  3.42857E-01      7.14286E-01     4.00000E-01      3.00000E+00
```

Eingabe:

```
'LIN. GLEICHUNGSSYSTEM, VIELE LOESUNGEN' 3 4
3 1 1 -2 1 -1 2 -3 1 3 -3 4
```

Ausgabe:

```
LIN. GLEICHUNGSSYSTEM, VIELE LOESUNGEN
   3                         4
EINGABE
  3.00000E+00      1.00000E+00     1.00000E+00     -2.00000E+00
  1.00000E+00     -1.00000E+00     2.00000E+00     -3.00000E+00
  1.00000E+00      3.00000E+00    -3.00000E+00      4.00000E+00

LIN. GLEICHUNGSSYSTEM, VIELE LOESUNGEN
   3                         4
ERGEBNIS
 -1.35108E+15      2.70216E+15     1.35108E+15      8.00000E-01
  2.25180E+15     -4.50360E+15    -2.25180E+15     -1.00000E+00
  1.80144E+15     -3.60288E+15    -1.80144E+15      6.00000E-01
```

Eingabe:

```
'LIN. GLEICHUNGSSYSTEM OHNE LOESUNGEN' 4 5
1 1 1 1 -2 2 1 -1 1 -3 3 2 0 2 -4 1 0 -2 0 -5
```

Ausgabe:

```
LIN. GLEICHUNGSSYSTEM OHNE LOESUNGEN
   4                         5
EINGABE
  1.00000E+00  1.00000E+00   1.00000E+00  1.00000E+00  -2.00000E+00
  2.00000E+00  1.00000E+00  -1.00000E+00  1.00000E+00  -3.00000E+00
  3.00000E+00  2.00000E+00    .00000E+00  2.00000E+00  -4.00000E+00
  1.00000E+00   .00000E+00  -2.00000E+00   .00000E+00  -5.00000E+00

LIN. GLEICHUNGSSYSTEM OHNE LOESUNGEN
   4                         5
ERGEBNIS
   .00000E+00 -9.60768E+15   4.80384E+15  4.80384E+15   1.44115E+16
 -5.19230E+33  1.03846E+33   2.07692E+33 -3.11538E+33  -1.45384E+34
   .00000E+00 -4.80384E+15   2.40192E+15  2.40192E+15   7.20576E+15
  5.19230E+33 -1.03846E+33  -2.07692E+33  3.11538E+33   1.45384E+34
```

---

lich, eine entsprechende Anzahl von DO-Anweisungen zu verwenden. Das Programm verwendet die eingebaute Funktion ABS zur Berechnung des Betrages ihres Argumentes.

S t r u k t u r e n . Im Gegensatz zu den Bereichen, in denen alle Elemente gleiche Attribute besitzen und gleichberechtigt nebeneinanderstehen, stellt die Strukturierung eine Datengruppierung nach hierarchischem Prinzip dar. In einer Struktur haben die Datenelemente im allgemeinen unterschiedliche Attribute. Ihres logischen Zusammenhanges wegen werden die Daten zu Unter- und Oberbegriffen zusammengefaßt. Über der gesamten Struktur steht der Strukturname, z. B. AUTO. Die Struktur AUTO besteht aus gewissen Unterstrukturen, wie Motor, Beleuchtung, Bereifung, Innenausstattung, usw. Jede dieser Unterstrukturen besteht möglicherweise wiederum aus Unterstrukturen, bis man schließlich zu den Einzelteilen gelangt. Es kommt nun auf den speziellen Vorgang an, ob man die Gesamtstruktur, eine Unterstruktur oder ein einzelnes Element anspricht. Mit Vorteil wird man den Begriff Auto verwenden, wenn man ein Taxi ruft, statt die Gesamtheit aller Einzelteile aufzuzählen. Ist jedoch nur ein Radventil zu erneuern, dann wird man nicht eine Erneuerung der ganzen Unterstruktur Bereifung bestellen.

Eine Struktur muß vereinbart werden. Hierbei erhalten die einzelnen Stufen der Struktur Nummern. Die Hauptstruktur beginnt stets mit der Nummer 1; die Nummer einer Struktur muß stets größer sein als die Nummer jeder ihrer Oberstrukturen.

Die Aufgliederung einer Lohnlistenstruktur könnte (unter Vernachlässigung der Elementattribute) so aussehen:

```
1␣LOHNLISTE,
  2␣PERSONALIEN,
    3␣NAME,
      4␣NACHNAME,
      4␣VORNAME,
    3␣ANSCHRIFT,
      4␣ORT,
        5␣POSTLEITZAHL,
        5␣NAME,
      4␣STRASSE,
        5␣NAME,
        5␣HAUSNUMMER,
  2␣PERSONALNUMMER,
  2␣ARBEITSSTUNDEN,
    3␣NORMALSTUNDEN,
    3␣UEBERSTUNDEN,
  2␣STUNDENLOHN,
    3␣NORMALSTUNDEN,
    3␣UEBERSTUNDEN;
```

Die Hauptstruktur LOHNLISTE besteht aus den Unterstrukturen PERSONALIEN, ARBEITSSTUNDEN, STUNDENLOHN und aus dem Strukturelement PERSONALNUMMER. Die Unterstruktur PERSONALIEN wiederum enthält die beiden Unterstrukturen NAME und ANSCHRIFT. Während man bei NAME nunmehr direkt zu Strukturelementen gelangt, ist ANSCHRIFT nochmals in zwei Unterstrukturen aufgeteilt. Nur in der letzten Stufe repräsentieren die Namen einzelne Elemente, so daß bei der Struktur-Vereinbarung auch nur sie mit Attributen zu versehen sind. Innerhalb des Programms kann man die Gesamtstruktur, eine Unterstruktur oder ein Strukturelement zur Verarbeitung ansprechen. Hierbei verwendet man oft *gekennzeichnete Namen*, um Doppeldeutigkeiten zu vermeiden. Ein Name ist *vollständig* gekennzeichnet, wenn er, jeweils durch einen Punkt getrennt, aus der

Namensfolge a l l e r umfassenden Strukturen besteht. In der Lohnlistenstruktur sind LOHNLISTE. PERSONALIEN. ANSCHRIFT, LOHNLISTE. STRASSE, ANSCHRIFT. ORT Beispiele für gekennzeichnete Namen. Hierbei hätte man sich mit den einfachen Namen ANSCHRIFT, STRASSE, ORT begnügen können, da keine Verwechslung möglich ist. NORMALSTUNDEN hingegen bezeichnet sowohl ein Element der Unterstruktur ARBEITSSTUNDEN als auch eines der Unterstruktur STUNDENLOHN, so daß hier eine Kennzeichnung unbedingt erforderlich ist, z. B. ARBEITSSTUNDEN. NORMALSTUNDEN und STUNDENLOHN. NORMALSTUNDEN. Die Hauptstruktur LOHNLISTE enthält die Daten eines einzelnen Lohnempfängers. Wenn die Daten aller Beschäftigten untereinander verarbeitet werden sollen, muß man die einzelnen Strukturen unterscheiden, indem man z. B. einen B e r e i c h v o n S t r u k t u r e n definiert: 1␣LOHNLISTE(9999) bei maximal 9999 Arbeitnehmern. Wenn neben der Anschrift des ersten auch die des zweiten Wohnsitzes von Interesse ist, empfiehlt sich die Einführung eines Anschriftenbereiches. Damit ergibt sich als vollständige Vereinbarung der genannten Struktur

```
DECLARE 1␣LOHNLISTE(9999),
                 2␣PERSONALIEN,
                    3␣NAME,
                       4␣NACHNAME␣CHARACTER(30),
                       4␣VORNAME␣CHARACTER(15),
                    3␣ANSCHRIFT(2),
                       4␣ORT,
                          5␣POSTLEITZAHL␣DECIMAL␣FIXED(4),
                          5␣NAME␣CHARACTER(30),
                       4␣STRASSE,
                          5␣NAME␣CHARACTER(20),
                          5␣HAUSNUMMER␣DECIMAL␣FIXED(4),
                 2␣PERSONALNUMMER␣DECIMAL␣FIXED(6),
                 2␣ARBEITSSTUNDEN,
                    3␣NORMALSTUNDEN␣DECIMAL␣FIXED(3),
                    3␣UEBERSTUNDEN␣DECIMAL␣FIXED(3),
                 2␣STUNDENLOHN,
                    3␣NORMALSTUNDEN␣DECIMAL␣FIXED(2, 2),
                    3␣UEBERSTUNDEN␣DECIMAL␣FIXED(2, 2);
```

Die Postleitzahl des zweiten Wohnsitzes des Beschäftigten mit der Lohnliste Nr. 35 erhält man in

LOHNLISTE(35).PERSONALIEN.ANSCHRIFT(2).ORT.POSTLEITZAHL

Die einzelnen Bereichsindizes kann man zusammenziehen, die Bezeichnung einschränken, so daß auch

LOHNLISTE(35,2).POSTLEITZAHL

oder einfach

POSTLEITZAHL(35, 2)

ausreichen.

S t r u k t u r a u s d r ü c k e enthalten mindestens einen Strukturoperanden. Sind mehrere Strukturoperanden beteiligt, so müssen sie eine übereinstimmende Gliederung aufweisen. Daneben dürfen im Strukturausdruck nur noch Elementausdrücke auftreten. Alle Operationen eines Strukturausdrucks werden nacheinander mit jedem ihrer Elemente ausgeführt. Mit

Tafel 4.51 Newton-Verfahren zur Berechnung n-ter Wurzeln

```
NWURZ. .  PROCEDURE OPTIONS (MAIN),.
          /* N-TE WURZEL AUS A             KARTENART IN SP. 1
             KARTENART 1 . . . MAXIMALE ITERATIONSZAHL, GENAUIGKEIT
             KARTENART 2 . . . WURZELEXPONENT N, RADIKAND A
             KARTENART 9 . . . ENDE DES PROGRAMMS */
          DECLARE (N, MAXITZAHL INITIAL (20), I, NMINUS 1) FIXED (4),
                KA FIXED (1), (A, RELGEN INITIAL (5E - 6), XALT, XNEU, FAKTOR,
                ADURCHN) FLOAT,
                1 KARTE,  2 KARTENART CHARACTER (1),
                          2 KARTENREST CHARACTER (79),.
LESEN. .  GET EDIT (KARTE)  (A (1), A (79)),.
          IF KARTENART = '9' THEN RETURN,.
          IF KARTENART NE '1' AND KARTENART NE '2' THEN
             FEHLER. . DO,.
          PUT SKIP (2) LIST ('EINGABEFEHLER '),.
          PUT SKIP LIST (KARTENART CAT KARTENREST),. GO TO LESEN,. END,.
          GET STRING (KARTENREST) LIST (N, A),.
          IF N LE 0 THEN GO TO FEHLER,.
          IF KARTENART = '1' THEN IF A LE 0 THEN GO TO FEHLER,.
                                             ELSE DO,.
                                                  MAXITZAHL = N,.
                                                  RELGEN = A,.
                                                  GO TO LESEN,. END,.
          IF KARTENART NE '2' THEN GO TO FEHLER,.
          PUT SKIP (2) EDIT ('MAXIMAL', MAXITZAHL, 'ITERATIONEN. RELATIVE',
          'GENAUIGKEIT', RELGEN) (A, F (5), A, A, E (12, 5)),.
          PUT SKIP EDIT  ('DIE', N, '-TE WURZEL AUS', A, ' IST ')
                         (A, F (5), A, E (13, 5), A),.
          XALT = 0,. XNEU = A,.
          IF A LT 0 AND MOD (N, 2) = 0 THEN DO,.
                                            PUT EDIT ('NICHT REELL') (A),.
                                            GO TO LESEN,. END,.
          NMINUS1 = N - 1,. FAKTOR = NMINUS1/N,. ADURCHN = A/N,.
          DO I = 0 TO MAXITZAHL
             WHILE (ABS (XNEU - XALT) GT RELGEN * ABS (XNEU)),.
          XALT = XNEU,.
          XNEU = FAKTOR * XALT + ADURCHN/XALT * * NMINUS1,. END,.
          IF I = MAXITZAHL + 1 THEN DO.,
          PUT EDIT ('MIT', MAXITZAHL, 'ITERATIONEN NICHT BESTIMMBAR.',
          'XALT =', XALT,' XNEU =', XNEU) (A, F (5), A, A, E (13,5), A, E (13,5)),.
          GO TO LESEN,. END,.
          IF I = 0 THEN DRUCK. . DO,.  PUT EDIT (XNEU) (E (12, 5)),.
                                       GO TO LESEN,. END,.
          IF I = 1 THEN PUT EDIT ('NACH EINER ITERATION ') (A),.
                  ELSE PUT EDIT ('NACH', I, ' ITERATIONEN ') (A, F (5), A),.
          GO TO DRUCK,. END NWURZ,.
```

Eingabe:

```
2 4 3
2 4 -3
1 5 -0.0005
1 5 0.00005
2 2 2
9 ENDE-KARTE
```

Ausgabe:

```
MAXIMAL 20 ITERATIONEN. RELATIVE GENAUIGKEIT 5.00000E − 06
DIE 4-TE WURZEL AUS 3.00000E + 00 IST NACH 7 ITERATIONEN 1.31607E + 00

MAXIMAL 20 ITERATIONEN. RELATIVE GENAUIGKEIT 5.00000E − 06
DIE 4-TE WURZEL AUS − 3.00000E + 00 IST NICHT REELL

EINGABEFEHLER
1 5 − 0.0005

MAXIMAL 5 ITERATIONEN. RELATIVE GENAUIGKEIT 5.00000E − 05
DIE 2-TE WURZEL AUS 2.00000E + 00 IST NACH 4 ITERATIONEN 1.41421E + 00
```

```
DECLARE 1␣STUNDENSUMME,
              2␣NORMAL␣DECIMAL␣FIXED(8)␣INITIAL(0),
              2␣UEBER␣DECIMAL␣FIXED(8)␣INITIAL(0);
```

erhält man durch

```
STUNDENSUMME = ARBEITSSTUNDEN(4) + ARBEITSSTUNDEN(81);
```

die Summe der Normal- und der Überstunden des 4. und des 81. Beschäftigten. PL/I bietet bei Ergibtanweisungen durch die Zuweisung BY NAME die Möglichkeit, auch Strukturen unterschiedlicher Gliederung zu verwenden, wobei dann nur solche Strukturelemente verknüpft und zugewiesen werden, die mit Ausnahme des Hauptstrukturnamens übereinstimmende Namen haben.

Beispiel 7. Tafel 4.51 enthält ein Programm zur näherungsweisen Berechnung n-ter Wurzeln aus Eingabezahlen a nach dem Newtonschen Verfahren. Solange der Anwender nichts anderes verlangt, wird mit einer relativen Genauigkeit von $5 \cdot 10^{-6}$ und mit maximal 20 Iterationen gearbeitet. Die Programmeingaben erfolgen über Lochkarten, die in Spalte 1 die jeweilige Kartenart tragen. Karten der Art 1 enthalten eine neue maximale Iterationszahl und eine neue relative Genauigkeit, Karten der Art 2 die Angabe von n und a. Kartenart 9 meldet das Ende der Berechnungen. Wenn vom Programm eine Datenkarte gelesen wird, ist demnach die Kartenart nicht vorherzusehen. Insbesondere ist es fraglich, ob in den Spalten 2 bis 80 überhaupt Zahlen gelocht sind. Eine LIST-gesteuerte Eingabe mit der Maßgabe, zwei Zahlen aus den Spalten 2 bis 80 zu entnehmen, führt zum Programmabbruch mit Fehlermeldung, sobald die Karte der Art 9 gelesen wird. Man umgeht diese Schwierigkeit, indem man den Inhalt jeder Karte zunächst in eine Struktur liest, die aus einer einstelligen und einer 79-stelligen Zeichenkette besteht. Sobald feststeht, daß es sich um eine Karte der Art 1 oder 2 handelt, werden aus der 79-stelligen Kette durch interne Übertragung die beiden Zahlen herausgesucht und nach entsprechender Umwandlung gespeichert. Dies erreicht man durch eine modifizierte GET LIST-Anweisung, bei der die Option STRING (anstelle der impliziten Option FILE) darauf hinweist, daß die Daten einer intern gespeicherten Quellkette zu entnehmen sind.

4.3.6. Eingefügte Funktionen. In den vorangegangenen Beispielen sind bereits häufig *Funktionsaufrufe* als Operanden in Ausdrücken oder selbst als Ausdrücke verwendet worden. PL/I bietet zahlreiche eingefügte Funktionen, die den Programmieraufwand erheblich verringern. Die Menge der zur Verfügung stehenden Funktionen hängt davon ab, welche Kompilierstufe verwendet werden kann. Man informiert sich deswegen zweckmäßig anhand des gültigen PL/I-Handbuches.

Die eingefügten Funktionen werden wie folgt eingeteilt:

1. Eingefügte Funktionen für Berechnungen
2. Eingefügte Funktionen für Bedingungen
3. Eingefügte Funktionen für basisbezogenen Speicher
4. Eingefügte Funktionen für Multitasking
5. Gemischte eingefügte Funktionen
6. Pseudovariable

Eingefügte Funktionen für Berechnungen. Die Funktionen dieser Gruppe erleichtern die Programmierung arithmetischer oder mathematischer Operationen und die Handhabung von Ketten und Bereichen. Man unterscheidet eingefügte arithmetische und mathematische Funktionen, eingefügte Kettenfunktionen und eingefügte Funktionen für die Behandlung von Bereichen.

Eingefügte arithmetische Funktionen erwarten als Argumente im allgemeinen Element- oder Bereichsausdrücke. Wenn ein Bereich als Argument auftritt, ist das Ergebnis der Funktion ebenfalls ein Bereich, wobei die Funktion auf jedes Element des Bereiches angewendet wird. Die Anweisung

```
Y = ABS (X);
```

veranlaßt, wenn X (100) und Y (100) vereinbart war, die Speicherung der Beträge sämtlicher 100 Zahlen des Bereiches X im Bereich Y.

Es gibt arithmetische Funktionen für die Datenumwandlung, die Maximum- und Minimumbestimmung, die Vorzeichenbestimmung und die Rundung. Mit Hilfe entsprechender Funktionen kann man ferner eine Steuerung der Ergebnisgenauigkeit bei den Grundoperationen veranlassen.

Die Liste der eingefügten mathematischen Funktionen besteht beim PL/I-F-Kompilierer aus

ATAN (x, y)	COSH (x)	LOG10 (x)	SQRT (x)
ATAND (x, y)	ERF (x)	LOG2 (x)	TAN (x)
ATANH (x)	ERFC (x)	SIN (x)	TAND (x)
COS (x)	EXP (x)	SIND (x)	TANH (x)
COSD (x)	LOG (x)	SINH (x)	

Das nachgesetzte D bedeutet, daß der beteiligte Winkel im Gradmaß angegeben ist. Die Argumente können im allgemeinen Element- oder Bereichsausdrücke sein und in vielen Fällen auch komplexe Werte annehmen.

Bei den eingefügten Kettenfunktion können die Argumente im allgemeinen ebenfalls aus Element- oder Bereichsausdrücken bestehen. Zu diesen Funktionen zählen INDEX und SUBSTR zum Kettensuchen und zur Teilkettenverarbeitung, LENGTH zur Bestimmung von Kettenlängen, BOOL zur Booleschen Verknüpfung und eine Anzahl von Kettenfunktionen für spezielle Aufgaben. Die eingefügten Bereichsfunktionen SUM (a) und PROD (a) – a repräsentiert einen Bereich – errechnen die Summe bzw. das Produkt aller Bereichselemente. Entsprechend verknüpfen ALL (a) und ANY (a) alle Bitketten eines Bereiches konjunktiv bzw. disjunktiv. Die Funktion POLY (a, x) berechnet ein Polynom mit Koeffizienten aus dem Bereich a. Zwei andere Funktionen ermitteln die gegenwärtigen Grenzen der einzelnen Dimensionen für den vorgegebenen Bereich.

Eingefügte Funktionen für Bedingungen. Diese Funktionen erleichtern dem Programmierer die Suche für den Grund einer wirksam gewordenen ON-Bedingung.

Beispielsweise liefert ONCHAR dasjenige Zeichen, das zum Setzen der CONVERSION-Bedingung geführt hat.

G e m i s c h t e e i n g e f ü g t e F u n k t i o n e n . Erwähnenswert sind die Funktionen DATE und TIME zur Ausgabe des gegenwärtigen Datums (Jahr, Monat, Tag) bzw. der momentanen Uhrzeit (Stunde, Minute, Sekunde, Millisekunde). In dieser Gruppe befindet sich ferner die Funktion LINENO zur Ermittlung der gegenwärtigen Zeilennummer der Druckdatei und die Funktion COUNT, mit der man die Anzahl der bei der letzten GET- oder PUT-Anweisung übertragenen Datenelemente bestimmen kann.

P s e u d o v a r i a b l e . Der Aufruf einer eingefügten Funktion gilt als Ausdruck; er kann folglich überall dort erfolgen, wo ein Ausdruck erlaubt ist, z. B. als Operand eines umfassenderen Ausdrucks. Einige eingefügte Funktionen können jedoch auch als Pseudovariable auftreten, folglich überall dort stehen, wo Variable zugelassen sind, z. B. auf der linken Seite einer Ergibtanweisung. In diesen Fällen liefern die eingebauten Funktionen keine Werte, sondern empfangen Daten.

Die Anweisung

```
ONCHAR = 0;
```

in der ON-Einheit einer CONVERSION-Bedingung bewirkt, daß das Zeichen 0 den gegenwärtigen Wert der eingebauten Funktion ONCHAR ersetzt und beim neuen Versuch der Umwandlung verwendet wird.

```
GET LIST (SUBSTR (KETTE, I, J));
```

bewirkt, daß eine Zeichenkette eingelesen wird, von der die J ersten Zeichen in der Zeichenkette KETTE ab Zeichen Nr. I gespeichert werden. Hierbei können I und J Bereichsnamen sein, wenn auch KETTE ein Bereichsname ist und alle Bereiche identische Grenzen besitzen.

Es ist nicht gestattet, Pseudovariable zu schachteln, so daß die Anweisung

```
SUBSTR (SUBSTR (KETTE, 3, 4), 2, 1) = 'A';
```

zurückgewiesen würde.

4.3.7. Blockstruktur. Programmablaufsteuerung. Speicherplatzzuweisung. Eine wesentliche Erleichterung besonders bei der Programmierung umfangreicher Projekte ist die Möglichkeit, PL/I-Programme in einzelne Blöcke zu unterteilen, die ihrerseits wiederum beliebig geschachtelte Blöcke enthalten können. Dadurch können Namen lokalisiert und Variablenzuordnungen beschränkt werden. PL/I unterscheidet PROCEDURE- und BEGIN-Blöcke. Jedes PL/I-Programm besteht aus mindestens einer externen, also nicht mehr in einer anderen enthaltenen Prozedur, der H a u p t p r o z e d u r , die man an der Eintragung MAIN in der OPTIONS-Liste der PROCEDURE-Vereinbarung erkennt; sie bleibt während des gesamten Programmablaufs aktiv. Daneben können weitere externe Prozeduren vorhanden sein, die dann getrennt übersetzt werden müssen. Interne Prozeduren werden stets von einem anderen Block umschlossen.

Beispiel 8. Die Biegelinie eines beidseitig aufgelagerten Trägers mit Streckenlast wird in dem Programm auf Tafel 4.52 berechnet. Das Programm besteht aus einer externen Prozedur, der Hauptprozedur BIEGEL. Darin enthalten ist die interne Funktionsprozedur HORNER, die, wie die eingefügte Bereichsbehandlungsfunktion POLY, Polynomwerte ermittelt. BIEGEL hat LIST-gesteuerte Eingabe und erwartet auf Lochkarten die Werte der Streckenlast $q_0/(\mathrm{kp/cm})$, des Elastizitätsmoduls $E/(\mathrm{kp/cm}^2)$, des Flächenträgheitsmomentes I/cm^4, der Trägerlänge ℓ/cm, der Endpunktkoordinaten a/cm und b/cm und der Schrittweite h/cm.

Tafel 4.52 Biegelinie eines beidseitig aufgelagerten Trägers

```
BIEGEL.. PROCEDURE OPTIONS (MAIN),.
         /* BIEGELINIE EINES BEIDSEITIG AUFGELAGERTEN TRAEGERS
            MIT STRECKENLAST */
         DECLARE (Q0, E, I, L, A, B, H, FAKTOR, Z,
               C0 (5) INITIAL (1, - 2, 0, 1, 0), C1 (5) INITIAL (4, - 6, 0, 1),
               C2 (5) INITIAL (12, - 12, 0), C3 (5) INITIAL (24, - 12)) FLOAT,.
         GET LIST (Q0, E, I, L, A, B, H),.
         PUT EDIT ('BIEGELINIE EINES BEIDSEITIG AUFGELAGERTEN TRAEGERS'
             ,' MIT STRECKENLAST', 'Q0 =', Q0,' KP/CM', 'I =', I,
               ' CM * * 4', 'E =', E, ' KP/CM * * 2', 'L =', L, ' CM', 'A =', A,
               ' CM', 'B =', B, ' CM', 'H =', H, ' CM')
               (COLUMN (1), A, A, SKIP (2), A, F (6, 2), A, X (7), A, F  (8, 1), A,
               X (6), A, E (12, 15), A, COLUMN (1), A, F (7, 1), A, X (1),
               3 (X (6), A, F (7, 1), A)),. PUT SKIP (3),.
         IF Q0 LE 0 OR E LE 0 OR I LE 0 OR L LE 0 OR A LT B AND H LE 0
            OR A GT B AND H GE 0 THEN DO,. PUT LIST ('EINGABEFEHLER'),.
                                         RETURN,. END,.
         PUT EDIT ('X/CM', 'Y/CM', 'Y' ' ', 'Y' ' ' ' * CM', 'Y' ' ' ' ' ' * CM * * 2')
               (COLUMN (4), A, X (7), A, X (12), A, X (11), A, X (8), A),.
         PUT SKIP (2),. FAKTOR = Q0 * L * * 4/(24 * E * I),.
         DO Z = A/L BY H/L TO B/L,.
            PUT EDIT (Z * L, FAKTOR * HORNER (4, C0, Z), FAKTOR * HORNER
                      (3, C1, Z)/L, FAKTOR * HORNER (2, C2, Z)/L * * 2, FAKTOR
                      * HORNER (1, C3, Z)/L * * 3) (COLUMN (1), F (7,1), 4 E (15, 5)),.
            END,.

HORNER.. PROCEDURE (GRAD, POLKOEFF, ARG),. /* HORNER-SCHEMA */
         DECLARE (POLKOEFF (5), ARG, F INITIAL (0)) FLOAT,
              GRAD FIXED (1), I FIXED (3),.
         DO I = 1 TO GRAD + 1,.
              F = F * ARG + POLKOEFF (I),. END,.
         RETURN (F),. END HORNER,.
         END BIEGEL,.
```

Eingabe:

2 1E5 1940 600 0 600 10

Ausgabe:

```
BIEGELINIE EINES BEIDSEITIG AUFGELAGERTEN TRAEGERS MIT STRECKENLAST

Q0 =  2.00 KP/CM          I = 1940.0 CM * * 4      E = 1.00000E + 05 KP/CM * * 2
L  = 600.0 CM             A=.0 CM                  B = 600.0 CM     H = 10.0 CM

X/CM      Y/CM              Y'               Y'' * CM          Y''' * CM * * 2

   .0     .00000E + 00     9.27835E - 02      .00000E + 00     - 3.09278E - 06
 10.0    9.27324E - 01     9.26306E - 02    - 3.04124E - 05    - 2.98969E - 06
 20.0    1.85162E + 00     9.21787E - 02    - 5.97938E - 05    - 2.88660E - 06
 30.0    2.76994E + 00     9.14382E - 02    - 8.81443E - 05    - 2.78351E - 06
 40.0    3.67945E + 00     9.04192E - 02    - 1.15464E - 04    - 2.68041E - 06
 50.0    4.57743E + 00     8.91323E - 02    - 1.41753E - 04    - 2.57732E - 06
 60.0    5.46124E + 00     8.75877E - 02    - 1.67010E - 04    - 2.47423E - 06
```

70.0	6.32835E + 00	8.57955E − 02	− 1.91237E − 04	− 2.37114E − 06
80.0	7.17636E + 00	8.37663E − 02	− 2.14433E − 04	− 2.26804E − 06
90.0	8.00292E + 00	8.15104E − 02	− 2.36598E − 04	− 2.16495E − 06
100.0	8.80584E + 00	7.90378E − 02	− 2.57732E − 04	− 2.06186E − 06
110.0	9.58299E + 00	7.63591E − 02	− 2.77835E − 04	− 1.95876E − 06
120.0	1.03324E + 01	7.34845E − 02	− 2.96907E − 04	− 1.85567E − 06
130.0	1.10521E + 01	7.04244E − 02	− 3.14948E − 04	− 1.75258E − 06
140.0	1.17403E + 01	6.71891E − 02	− 3.31959E − 04	− 1.64949E − 06
150.0	1.23953E + 01	6.37887E − 02	− 3.47938E − 04	− 1.54639E − 06
160.0	1.30155E + 01	6.02337E − 02	− 3.62887E − 04	− 1.44330E − 06
170.0	1.35995E + 01	5.65344E − 02	− 3.76804E − 04	− 1.34021E − 06
180.0	1.41458E + 01	5.27011E − 02	− 3.89691E − 04	− 1.23711E − 06
190.0	1.46531E + 01	4.87441E − 02	− 4.01546E − 04	− 1.13402E − 06
200.0	1.51203E + 01	4.46736E − 02	− 4.12371E − 04	− 1.03093E − 06
210.0	1.55462E + 01	4.05001E − 02	− 4.22165E − 04	− 9.27837E − 07
220.0	1.59300E + 01	3.62338E − 02	− 4.30928E − 04	− 8.24745E − 07
230.0	1.62706E + 01	3.18850E − 02	− 4.38660E − 04	− 7.21652E − 07
240.0	1.65674E + 01	2.74640E − 02	− 4.45361E − 04	− 6.18559E − 07
250.0	1.68197E + 01	2.29812E − 02	− 4.51031E − 04	− 5.15466E − 07
260.0	1.70269E + 01	1.84469E − 02	− 4.55670E − 04	− 4.12374E − 07
270.0	1.71885E + 01	1.38713E − 02	− 4.59278E − 04	− 3.09281E − 07
280.0	1.73042E + 01	9.26474E − 03	− 4.61856E − 04	− 2.06188E − 07
290.0	1.73737E + 01	4.63760E − 03	− 4.63402E − 04	− 1.03095E − 07
300.0	1.73969E + 01	1.21667E − 07	− 4.63918E − 04	− 2.70372E − 12
310.0	1.73737E + 01	− 4.63725E − 03	− 4.63402E − 04	1.03090E − 07
320.0	1.73042E + 01	− 9.26441E − 03	− 4.61856E − 04	2.06183E − 07
330.0	1.71885E + 01	− 1.38710E − 02	− 4.59278E − 04	3.09275E − 07
340.0	1.70269E + 01	− 1.84465E − 02	− 4.55670E − 04	4.12368E − 07
350.0	1.68197E + 01	− 2.29810E − 02	− 4.51031E − 04	5.15461E − 07
360.0	1.65674E + 01	− 2.74637E − 02	− 4.45361E − 04	6.18554E − 07
370.0	1.62706E + 01	− 3.18847E − 02	− 4.38660E − 04	7.21646E − 07
380.0	1.59300E + 01	− 3.62335E − 02	− 4.30928E − 04	8.24739E − 07
390.0	1.55462E + 01	− 4.04998E − 02	− 4.22165E − 04	9.27832E − 07
400.0	1.51203E + 01	− 4.46733E − 02	− 4.12371E − 04	1.03092E − 06
410.0	1.46531E + 01	− 4.87438E − 02	− 4.01547E − 04	1.13402E − 06
420.0	1.41458E + 01	− 5.27009E − 02	− 3.89691E − 04	1.23711E − 06
430.0	1.35995E + 01	− 5.65341E − 02	− 3.76805E − 04	1.34020E − 06
440.0	1.30156E + 01	− 6.02335E − 02	− 3.62887E − 04	1.44329E − 06
450.0	1.23953E + 01	− 6.37885E − 02	− 3.47939E − 04	1.54638E − 06
460.0	1.17403E + 01	− 6.71888E − 02	− 3.31959E − 04	1.64948E − 06
470.0	1.10521E + 01	− 7.04243E − 02	− 3.14949E − 04	1.75257E − 06
480.0	1.03324E + 01	− 7.34844E − 02	− 2.96908E − 04	1.85566E − 06
490.0	9.58305E + 00	− 7.63590E − 02	− 2.77836E − 04	1.95876E − 06
500.0	8.80589E + 00	− 7.90376E − 02	− 2.57733E − 04	2.06185E − 06
510.0	8.00297E + 00	− 8.15101E − 02	− 2.36599E − 04	2.16494E − 06
520.0	7.17643E + 00	− 8.37662E − 02	− 2.14434E − 04	2.26803E − 06
530.0	6.32842E + 00	− 8.57954E − 02	− 1.91238E − 04	2.37113E − 06
540.0	5.46130E + 00	− 8.75875E − 02	− 1.67012E − 04	2.47422E − 06
550.0	4.57748E + 00	− 8.91322E − 02	− 1.41754E − 04	2.57731E − 06
560.0	3.67954E + 00	− 9.04192E − 02	− 1.15465E − 04	2.68041E − 06
570.0	2.77002E + 00	− 9.14380E − 02	− 8.81459E − 05	2.78350E − 06
580.0	1.85169E + 00	− 9.21786E − 02	− 5.97954E − 05	2.88659E − 06
590.0	9.27386E − 01	− 9.26305E − 02	− 3.04141E − 05	2.98968E − 06
600.0	9.95459E − 05	− 9.27835E − 02	− 1.76970E − 09	3.09278E − 06

P R O C E D U R E - B l o c k . Jeder PROCEDURE-Block beginnt mit einer PROCEDURE-Vereinbarung und endet mit der zugehörigen END-Anweisung. Die Marke der PROCEDURE-Vereinbarung ist der Prozedurname. Im Regelfall wird die Prozedur durch den Aufruf dieses Namens betreten. Jeder andere mögliche Eingang in eine Prozedur ist durch eine ENTRY-Vereinbarung zu kennzeichnen. Eine Aktivierung der Prozedur ist nur über Prozedur-Aufrufe möglich, nicht aber durch den sequentiellen Programmablauf. Bei einer U n t e r p r o - g r a m m - P r o z e d u r erfolgt der Aufruf in einer speziellen CALL-Anweisung mit dem Prozedur-Eingangsnamen und gegebenenfalls einer Liste der aktuellen Prozedur-Argumente:

```
CALL RUKUGI (ANFANGSVTH, DELTAV, 5E — 6);
```

ist der Aufruf einer Prozedur mit dem Eingangsnamen RUKUGI und den drei Argumenten ANFANGSVTH, DELTAV, 5E – 6, mit denen die Prozedur arbeiten soll (Tafel 4.53). Den Argumenten beim Prozedur-Aufruf müssen in der Prozedur P a r a m e t e r gegenüberstehen, die in der Prozedur vereinbart und beim Aufruf durch die Namen der aktuellen Argumente ersetzt werden:

```
RUKUGI: PROCEDURE (Y, DY1, RELGEN);
```

Falls gewisse Argumente keinen Namen besitzen, weil sie z. B. aus arithmetischen Ausdrücken bestehen, werden Scheinargumente gebildet, deren Namen beim Aufruf die Parameterplätze einnehmen. Bei einer F u n k t i o n s p r o z e d u r erfolgt der Aufruf wie bei den eingefügten Funktionen durch das Auftreten des Funktionsnamens mit der Argumentenliste innerhalb eines Ausdrucks. Die Attribute des Funktionswertes können in seiner PROCEDURE-Vereinbarung explizit vereinbart werden. Wird darauf verzichtet, so verwendet der Kompilierer die Standardattribute, die zu einer Variablen mit dem Prozedurnamen gehören. Wenn eine von der Standardform verschiedene Vereinbarung des Funktionswertes erfolgt, muß die aufrufende Prozedur ebenfalls eine entsprechende Vereinbarung des Funktionsnamens in einer RETURNS-Deklaration enthalten.

PL/I bietet die Möglichkeit, r e k u r s i v e P r o z e d u r e n , d. h. Prozeduren, die im aktiven Zustand von sich selbst oder von anderen aktiven Prozeduren erneut aktiviert werden können, zu definieren. Die Beendigung einer Prozedur geschieht im allgemeinen durch eine RETURN-Anweisung. Bei Funktionsprozeduren hat man

RETURN (elementausdruck);

zu schreiben, wobei der Elementausdruck den berechneten Funktionswert darstellt. RETURN in der Hauptprozedur beendet das Programm. Prozeduren werden außerdem durch eine GO TO-Anweisung inaktiv, wenn zu einer Stelle verzweigt wird, die außerhalb der Prozedur liegt. Auf diese Weise kann man sehr einfach Fehlerausgänge für Prozeduren festlegen. Man hat dabei jedoch zu beachten, daß im Falle der Funktionsprozeduren kein Funktionswert übergeben wird. Sollte die Stelle, zu der verzweigt wird, in einem Block liegen, der die Prozedur mit der GO TO-Anweisung nicht direkt, sondern über andere Blöcke aktiviert hat, so werden diese ebenfalls beendet. – Wenn während des Ablaufs die END-Anweisung der Prozedur erreicht wird, erfolgt die gleiche Beendigung wie bei der RETURN-Anweisung.

Beispiel 9. Tafel 4.53 enthält ein Programm zur numerischen Berechnung der Flugbahn einer Raumsonde im Vakuum. Dieses Programm besteht aus der Hauptprozedur SONDE, der externen Prozedur RUKUGI (mit der internen Prozedur GILL) und den beiden externen Funktionsprozeduren F und G. Die Flugbahn wird mit der Runge-Kutta-Gill-Methode ermittelt, wobei das System

Tafel 4.53 Flugbahn einer Raumsonde

```
SONDE. . PROCEDURE OPTIONS (MAIN),.
         /* RUNGE-KUTTA-GILL-VERFAHREN ZUR NUMERISCHEN BERECHNUNG
            DER FLUGBAHN EINER RAUMSONDE */
         DECLARE (ANFANGSVTH (3), DELTA, DELTAV, G, (R, A) EXTERNAL)
              FLOAT,
              (SCHRITTZAHL, DRUCKSPRUNGZAHL) FIXED (4),
              MAXFAK EXTERNAL STATIC FIXED (4) INITIAL (1),
              RUKUGI EXTERNAL ENTRY,.
         ON OVERFLOW GO TO OVER,. ON FIXEDOVERFLOW GO TO FOVER,.
         ON SIZE GO TO DATENF,.
(SIZE).. GET LIST (G, R, ANFANGSVTH (3), ANFANGSVTH (1),
                   SCHRITTZAHL, DRUCKSPRUNGZAHL),.
         A = G * R * R,. ANFANGSVTH (2) = 0,.
         IF G LE 0 OR R LE 0 OR ANFANGSVTH (1) LE 0 OR
              ANFANGSVTH (3) LT 0 OR
              2 * A LE ANFANGSVTH (1) * * 2 * (ANFANGSVTH (3) + R) OR
              SCHRITTZAHL LE 0 OR DRUCKSPRUNGZAHL LE 0 OR
              DRUCKSPRUNGZAHL GT SCHRITTZAHL THEN DO,.
FALSCHEINGABE. . PUT LIST (G, R, ANFANGSVTH (3), ANFANGSVTH (1),
                           SCHRITTZAHL, DRUCKSPRUNGZAHL,
                           'EINGABEFEHLER'),. RETURN,. END,.
         PUT EDIT ('RAUMSONDENFLUG IN REINEM VAKUUM',
                   'HIMMELSKOERPER-RADIUS', R/1000, ' KM',
                   'SCHWEREBESCHLEUNIGUNG AUF DESSEN',
                   'OBERFLAECHE', G, ' METER/SEK * * 2',
                   'GESCHW.     FLUGDAUER     FLUGHOEHE',
                   ' (M/S)          (SEK)           (METER)')
                 (A, SKIP (3), A, F (8), A, SKIP (2), A, SKIP, A,
                   F (8, 3), A, SKIP (3), A, SKIP, A),. PUT SKIP (2),.
         PUT EDIT (ANFANGSVTH) (R (FORMAT)),.
FORMAT. . FORMAT (COLUMN (1), F (6), 2 E (13, 3)),.
         DELTA = - ANFANGSVTH (1)/SCHRITTZAHL,.
         DO K = 1 TO SCHRITTZAHL,.
         DELTAV = DELTA,.
         CALL RUKUGI (ANFANGSVTH, DELTAV, 5E - 6),.
         IF MOD (K, DRUCKSPRUNGZAHL) = 0 OR K = SCHRITTZAHL THEN
              PUT EDIT (ANFANGSVTH) (R (FORMAT)),. END,.
         PUT PAGE EDIT ('EFFEKTIVE MAXIMALSCHRITTZAHL',
                   MAXFAK * SCHRITTZAHL) (A, F (8)),. RETURN,.
DATENF. . PUT LIST ('FALSCHE ODER ZU GROSSE DATEN AUF DER LOCHKARTE'),.
         RETURN,.
OVER. .  PUT SKIP (2) LIST ('ABBRUCH WEGEN UEBERLAUF'),. RETURN,.
FOVER. . PUT SKIP (2) LIST ('ABBRUCH WEGEN ZU GERINGER SCHRITTWEITE'),.
         END SONDE,.

RUKUGI. . PROCEDURE (Y, DY1, RELGEN),.
         DECLARE (Y (3), YANF (3), YDOPP (3), QANF (3), QDOPP (3),
                   DY1, RELGEN, DELTA) FLOAT,
                   ZAEHLER FIXED (4),
                   (Q (3) FLOAT INITIAL ((3) 0),
                   MAXFAK EXTERNAL FIXED (4) INITIAL (1),
                   FAKTOR FIXED (4) INITIAL (1)) STATIC,
                   MERKER BIT (1),.
         ZAEHLER = FAKTOR,. DY1 = DY1/FAKTOR,.
```

```
INTERV.. YANF = Y,. QANF = Q;. MERKER = '0'B,.
GILLER.. Y = YANF,. Q = QANF,. YDOPP = YANF,. QDOPP = QANF,.
         CALL GILL (YDOPP, QDOPP, DY1),.
         CALL GILL (Y, Q, DY1/2),. CALL GILL (Y, Q, DY1/2),.
         DELTA = MAX (ABS ((Y (2) - YDOPP (2))/Y (2)),
                      ABS ((Y (3) - YDOPP (3))/Y (3)))/15,.
         IF DELTA GE 10 * RELGEN THEN DO,. MERKER = '1'B,. DY1 = DY1/2,.
                                    FAKTOR = 2 * FAKTOR,.
                                    IF FAKTOR GT MAXFAK THEN
                                       MAXFAK = FAKTOR,.
                                    ZAEHLER = 2 * ZAEHLER,.
                                    GO TO GILLER,. END,.
         IF DELTA LE 0.15 * RELGEN AND NOT MERKER AND
               MOD (ZAEHLER, 2) = 0 THEN DO,. DY1 = 2 * DY1,.
                                    FAKTOR = FAKTOR/2,.
                                    ZAEHLER = ZAEHLER/2,.
                                    GO TO GILLER,. END,.
         Y = Y + (Y - YDOPP)/15,.
         ZAEHLER = ZAEHLER - 1,.
         IF ZAEHLER NE 0 THEN GO TO INTERV,.
GILL..   PROCEDURE (Y, Q, H),.
         DECLARE (Y (3), Q (3), K (3) INITIAL (1), H,
                  A (4), INITIAL (0.5, 0.2928932, 1.707107, 0.1666667),
                  B (4) INITIAL (2, 1, 1, 2),
                  C (4) INITIAL (0.5, 0.2928932, 1.707107, 0.5)) FLOAT,
                  (I, J) FIXED (1), (F, G) EXTERNAL ENTRY,.
         DO J = 1 TO 4,.
         K (2) = F (Y),. K (3) = G (Y),.
         Y = Y + H * (A (J) * (K - B (J) * Q)),.
         Q = Q + 3 * (A (J) * (K - B (J) * Q)) - C (J) * K,.
         END,.
         END GILL,.
         END RUKUGI,.

F..      PROCEDURE (Y),.
         DECLARE (Y (3), (R, A) EXTERNAL) FLOAT,.
         RETURN (- (Y (3) + R) * * 2/A),.
         END,.

G..      PROCEDURE (Y),.
         DECLARE (Y (3), (R, A) EXTERNAL) FLOAT,.
         RETURN (- Y (1) * (Y (3) + R) * * 2/A),.
         END,.
```

Eingabe:

9.81 6.37E6 200000 2000 100 5

Ausgabe:

```
RAUMSONDENFLUG IN REINEM VAKUUM

HIMMELSKOERPER-RADIUS 6370 KM

SCHWEREBESCHLEUNIGUNG AUF DESSEN
OBERFLAECHE 9.810 METER/SEK * * 2
```

GESCHW. (M/S)	FLUGDAUER (SEK)	FLUGHOEHE (METER)
2000	.000E + 00	2.000E + 05
1900	1.088E + 01	2.212E + 05
1800	2.183E + 01	2.415E + 05
1700	3.284E + 01	2.607E + 05
1600	4.392E + 01	2.790E + 05
1500	5.505E + 01	2.963E + 05
1400	6.624E + 01	3.125E + 05
1300	7.749E + 01	3.277E + 05
1200	8.878E + 01	3.418E + 05
1100	1.001E + 02	3.548E + 05
1000	1.115E + 02	3.668E + 05
900	1.229E + 02	3.776E + 05
800	1.344E + 02	3.874E + 05
700	1.459E + 02	3.960E + 05
600	1.574E + 02	4.035E + 05
500	1.689E + 02	4.098E + 05
400	1.805E + 02	4.150E + 05
300	1.920E + 02	4.190E + 05
200	2.036E + 02	4.219E + 05
100	2.152E + 02	4.237E + 05
-0	2.268E + 02	4.243E + 05

EFFEKTIVE MAXIMALSCHRITTZAHL 100

$$\frac{dy_1}{dv} = \frac{dv}{dv} = 1 \qquad \frac{dy_2}{dv} = \frac{dt}{dv} = -\frac{(h+R)^2}{g \cdot R^2} \qquad \frac{dy_3}{dv} = \frac{dh}{dv} = -\frac{v \cdot (h+R)^2}{g \cdot R^2}$$

(Fluggeschwindigkeit v, Flugzeit t, Flughöhe h, Planetenradius R, Schwerebeschleunigung g auf der Planetenoberfläche) mit den Anfangsbedingungen

$$y_1\,(v_0) = v_0 \;\; ; \;\; y_2\,(v_0) = t_0 \;\; ; \;\; y_3\,(v_0) = h_0$$

integriert wird. Die Größen g und R tauchen in verschiedenen externen Prozeduren auf. Durch entsprechende EXTERNAL-Vereinbarungen sind ihre Namen über die definierende Prozedur hinaus bekannt.

Die Eingabe ist LIST-gesteuert, die Ausgabe erfolgt formatiert. Das Programm führt mindestens so viele Berechnungsschritte aus, wie eingabeseitig festgelegt worden ist, im Beispiel also 100 Schritte. Nicht jeder Schritt braucht gedruckt zu werden; im Beispiel bedeutet 5 als letzte Eingabezahl, daß nur jeder fünfte Wert ausgegeben werden soll. – Falls die vorgeschriebene Rechengenauigkeit es erfordert, werden zeitweise weitere Zwischenpunkte errechnet. Die Schlußzeile des Ausdrucks gibt nun an, wieviele Rechenschritte hätten ausgeführt werden müssen, wenn das gesamte Intervall mit der kleinsten verwendeten Schrittweite hätte durchlaufen werden müssen.

B E G I N - B l o c k . Ein BEGIN-Block beginnt mit der BEGIN-Vereinbarung und endet mit der zugehörigen END-Anweisung. Die BEGIN-Anweisung braucht nicht unbedingt eine Marke zu tragen. Ein BEGIN-Block wird im Regelfall im Zuge der normalen Ablauffolge aktiviert, er kann aber auch über eine GO TO-Anweisung zur BEGIN-Vereinbarung betreten werden. Ein BEGIN-Block wird dadurch beendet, daß entweder die END-Anweisung erreicht wird, oder daß eine GO TO-Anweisung zu einer außerhalb dieses Blocks liegenden Stelle auszuführen ist. Alle zwischengestuften Blöcke werden dabei ebenfalls beendet. Von der Möglichkeit, ein Programm in PROCEDURE-Blöcke aufzuteilen, macht man hauptsächlich dann Gebrauch, wenn das Problem aus mehreren, nur lose zusammenhängenden Teilen besteht, die jedes für sich programmiert werden sollen, oder wenn Bausteine anderer Programme einzubauen sind. Dagegen bieten sich BEGIN-Blöcke an, wenn es hauptsächlich um eine sparsame Speicherbelegung geht und man z. B. dynamische Bereichszuweisungen wünscht. In dem Programm zur Matrixinversion und Gleichungsauflösung könnte man den Bereich A so speichern, daß nur die Plätze zugewiesen werden, die man zur Speicherung der M · N Matrixelemente benötigt, indem man A (M, N) als Bereichsvereinbarung deklariert. Da die in einem Block erforderlichen Platzzuweisungen während des Programmablaufs bei Betreten dieses Blockes in einem „Prolog" erfolgen, setzt die Vereinbarung A (M, N) voraus, daß dann M und N schon bekannt sind, also in einem darüberliegenden Block vereinbart und mit Werten versorgt sein müssen. Die betreffenden Anweisungen des Programms mit dynamischer Bereichszuweisung könnten so aussehen:

```
STIFEL:  PROCEDURE OPTIONS (MAIN);
         DECLARE (M, N) FIXED (2);...
         GET LIST (M, N);...
         MATIN: BEGIN;
                DECLARE A(M, N) FLOAT (16);...
                END MATIN;...
         END STIFEL;
```

Nur im Block MATIN ist hierin dem Bereich A die notwendige Anzahl von Speicherplätzen zugewiesen.

Speicherplatzzuordnung. Die Zuordnung von Speicherplatz zu Variablen kann entweder statisch oder dynamisch erfolgen. Im ersten Fall bleibt die Zuordnung ungeändert, solange das Programm abläuft, im zweiten Fall gibt die Variable ihren Platz frei, sobald ihr Block verlassen wird, bzw. der Programmierer eine entsprechende Anweisung erteilt. PL/I-Programme arbeiten meistens mit dynamisch zugeordneten Variablen. Hierin unterscheidet man nochmals die Typen AUTOMATIC mit blockgesteuerter und CONTROLLED bzw. BASED mit anweisungsgesteuerter Speicherzuordnung.

Gültigkeitsbereich der Vereinbarung von Namen. Innerhalb eines Programms kann ein Name verschiedene Bedeutungen haben, von denen während des Ablaufs jeweils nur eine gültig ist. Wenn ein Programm aus verschiedenen, unabhängig voneinander programmierten Teilen besteht, braucht daher im allgemeinen keine besondere Vorsorge bezüglich der Wahl von Namen getroffen zu werden, wenn die Regeln über ihren Gültigkeitsbereich beachtet werden: Der gesamte Programmtext eines Blockes zwischen der PROCEDURE- bzw. BEGIN-Anweisung und der zugehörigen END-Anweisung heißt enthalten im Block. Davon heißt derjenige Teil intern im Block, der in keinem darin geschachtelten Block enthalten ist. Die Marken einer PROCEDURE- bzw. BEGIN-Anweisung und jeder ENTRY-Anweisung sind nicht in ihrem Block enthalten, sondern intern zu dem enthaltenden Block. Der Gültigkeitsbereich eines Namens hängt nun davon ab, ob eine explizite, eine implizite oder eine textabhängige Vereinbarung vorliegt. Ein Name gilt als explizit vereinbart, wenn er in einer DECLARE-Anweisung oder in einer Parameterliste auftritt, oder wenn er als Anweisungsmarke oder als Marke einer PROCEDURE- oder ENTRY-Vereinbarung auftritt. Ein explizit vereinbarter Name ist in dem Block gültig, in dem die Vereinbarung

Tafel 4.54 Gültigkeitsbereiche von Vereinbarungen

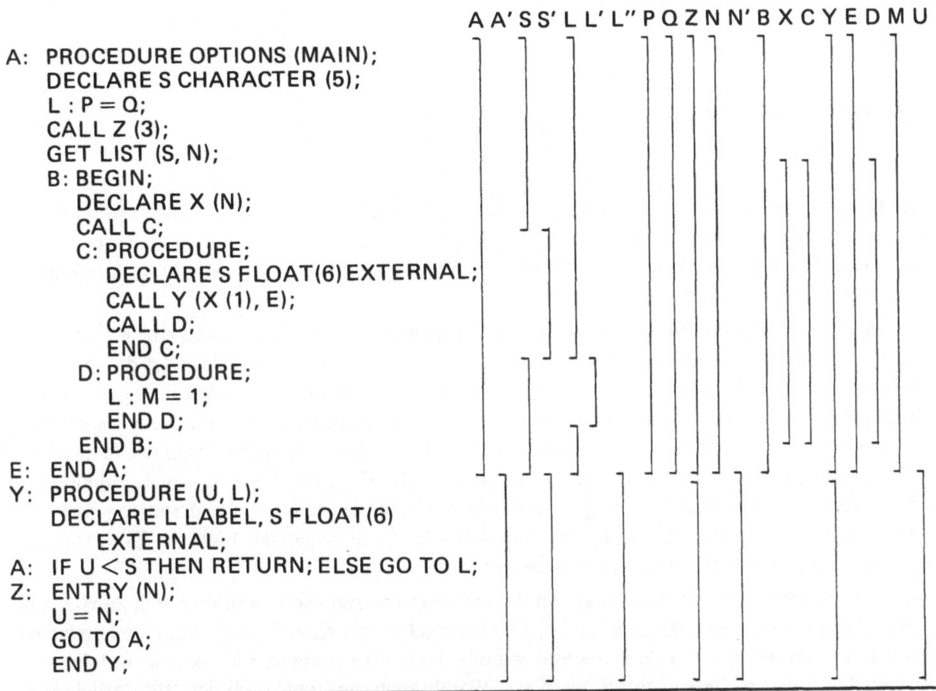

intern ist, wobei jedoch alle diejenigen darin enthaltenen Blöcke ausgenommen sind, in denen sich eine erneute explizite Vereinbarung desselben Namens befindet. – T e x t a b h ä n g i g vereinbart ist ein nicht explizit vereinbarter Name, der z. B. auf der linken Seite einer Ergibtanweisung, vor dem Ergibtzeichen einer DO-Anweisung oder in einer GET-Anweisung auftritt oder als Prozedurname in einer CALL-Anweisung oder in einem Funktionsaufruf verwendet wird. Letztere erhalten automatisch die Attribute ENTRY und EXTERNAL. Eine textabhängige Vereinbarung wirkt wie eine explizite Vereinbarung intern zur umfassenden e x t e r n e n Prozedur. Innerhalb des Gültigkeitsbereiches einer expliziten Vereinbarung kann ein Name nicht erneut textabhängig erklärt werden. – Ein Name gilt als i m p l i z i t vereinbart, wenn er weder explizit noch textabhängig erklärt worden ist. Der Gültigkeitsbereich ist der gleiche wie bei textabhängiger Vereinbarung. Wenn z. B. fälschlicherweise B = A + U; programmiert worden ist anstelle von B = A + V; und U sonst nicht vorkommt, gilt U als implizit vereinbart. Eine implizite Vereinbarung wirkt wie eine textabhängige Vereinbarung.

Ein Name, der sogar in einer anderen externen Prozedur wiedererkannt werden soll, ist in beiden Vereinbarungen durch das Attribut EXTERNAL zu kennzeichnen. Dateinamen und die Eingangsnamen externer Prozeduren erhalten standardmäßig das EXTERNAL-, alle anderen Vereinbarungen das INTERNAL-Attribut. Tafel 4.54 zeigt ein willkürlich konstruiertes Programm, bei dem die einzelnen Gültigkeitsbereiche rechtsseitig durch senkrechte Striche angedeutet sind. Die einzelnen Bedeutungen eines mehrfach benutzten Namens sind dabei durch angehängte Apostrophs angedeutet.

5. Probleme beim Einsatz eines Digitalrechners

Zur Lösung technisch-wissenschaftlicher Aufgaben gehören in den meisten Fällen umfangreiche numerische Berechnungen, die den Einsatz eines Digitalrechners wünschenswert erscheinen lassen. Hierbei ergeben sich eine Fülle von Problemen, die in diesem Abschnitt zumindest angedeutet werden sollen.

Ein technisches Problem präsentiert sich zunächst einmal so eingekleidet, daß eine eingehende Untersuchung erforderlich ist, um den mathematischen Kern herauszuschälen. Ist das endlich geschafft, so fängt die eigentliche Arbeit erst an, denn nun beginnt die Suche einer geeigneten Lösungsmethode. Man wird ziemlich schnell entscheiden können, ob eine manuelle Berechnung genügt oder ob ein Digitalrechner einzusetzen ist – schon davon hängt die Wahl der Methode ab. Einen Entschluß, manuell zu rechnen, sollte man aber in jedem Falle nochmals gründlich überprüfen, denn die Erfahrung zeigt, daß häufig mit einer Erweiterung der ursprünglichen Aufgabenstellung zu rechnen ist, so daß man sich schließlich wegen der Fülle des Zahlenmaterials doch für den Digitalrechnereinsatz entscheiden wird.

Wenn die Ausrechnung einem Digitalrechner übertragen werden soll, wird man sich zunächst in dessen Programmbibliothek umsehen, ob für eine solche oder eine ähnliche Aufgabe bereits ein Programm existiert, welche Berechnungsmethode dabei verwendet worden ist, mit welcher Genauigkeit die Resultate ermittelt werden – womit auch die Frage nach der erforderlichen Rechenzeit verbunden ist –, welche Eingabedaten in welcher Form erforderlich sind, und wie die Ergebnisse ausgegeben werden. Im günstigsten Falle entspricht das vorhandene Programm allen Erwartungen, so daß die Lösung der gestellten Aufgabe damit möglich ist. Anderenfalls muß ein eigener Weg gesucht werden. Nur selten besteht die Aufgabe aus einer Ansammlung geschlossener Formeln, in die man nur die Eingangswerte einzusetzen braucht. Häufig steckt in der Aufgabe z. B. die Suche nach Nullstellen algebraischer oder transzendenter Funktionen, die Notwendigkeit, Werte einer in Tabellenform vorliegenden, vielleicht empirischen Funktion zu interpolieren, gewöhnliche oder partielle Differentialgleichungen numerisch zu integrieren. Für jede dieser Aufgaben bieten sich eine Fülle numerischer Verfahren an, unter denen es kein generell bestes gibt. Vielmehr muß man sehr sorgfältig prüfen, welche Methode der konkreten Aufgabe am ehesten angepaßt ist. Das hängt sehr davon ab, wie genau die Eingabewerte sind, wie gut das Problem konditioniert ist, welche Genauigkeitsforderungen an die Ergebnisse gestellt werden, welchen Einfluß also die einzelnen Fehlerarten haben dürfen.

M e ß w e r t f e h l e r werden von außen in den Rechner hineingetragen. Ihre Größenordnung zu kennen ist für die Aufstellung des Programms unerläßlich, um die Genauigkeit der Ergebnisse abschätzen und die Datenausgabe entsprechend steuern zu können. I r r t ü m e r bei der manuellen Dateneingabe darf man nicht einfach leugnen. Daher müssen im Programm so weit wie möglich Plausibilitätskontrollen eingebaut werden.

U m w a n d l u n g s f e h l e r entstehen bei der Eingabe und bei der Ausgabe von Daten dadurch, daß einerseits die Anzahl der speicherbaren Stellen einer Zahl begrenzt ist, daß andererseits die interne Zahlendarstellung, zumindest wenn man – wie bei technischen Problemen fast ausnahmslos erforderlich – Gleitpunktzahlen verwendet, dual ist. Der Digitalrechner verwendet dann statt der wahren Eingabewerte nur Näherungswerte; statt der daraus berechneten wahren Resultate gibt er nur genäherte Werte aus. Die Dezimalzahl 0,1 z. B. stellt sich im Dualsystem als periodischer Dualbruch $0{,}0\overline{0011}$ dar, so daß 0,1 in keinem Dualrechner exakt berechnet werden kann. Bei Verwendung einer 21-bit-Mantisse beträgt die Abweichung etwa $2^{-25} = 3 \cdot 10^{-8}$. Wenn nun ein Verfahren mit dem Anfangswert 0 und der Schrittweite 0,1 arbeitet, hat man bei Ausgabe dieser Werte spätestens nach 17 Schritten mit Abweichungen in der sechsten Ziffer nach dem Komma zu rechnen, da ausgabeseitig bei der Umwandlung noch gerundet wird. Der bei der Umwandlung entstandene Fehler wächst von Schritt zu Schritt und führt nach einigen hundert Rechnungen dazu, daß mit ganz anderen als den gewünschten Werten gerechnet wird. – Umwandlungsfehler entstehen außerdem bei Exponentenumrechnungen zwischen externer dezimaler und interner dualer Gleitpunktdarstellung.

R u n d u n g s f e h l e r entstehen bei den Verknüpfungen insbesondere von Gleitpunktzahlen durch Additionen, Subtraktionen, Multiplikationen und Divisionen dadurch, daß für die Resultate der Verknüpfungen nur ebensoviele Stellen zur Verfügung stehen wie für die einzelnen Operanden. Durch Rundung bemüht man sich zwar, eine möglichst gute Näherung zu gewinnen, dennoch bleibt meistens ein Fehler übrig. Einmal entstandene Rundungsfehler können sich fortpflanzen und das Resultat einer längeren Kette von Operationen vollständig verfälschen, wie dies bei schlecht konditionierten Problemen geschieht. Um eine einigermaßen exakte Lösung zu erhalten, muß hier mit erhöhter Genauigkeit gerechnet werden, d. h. für die Darstellung der Zahlen müssen mehr Stellen als sonst üblich zur Verfügung gestellt werden. In vielen Programmiersprachen sind spezielle Sprachelemente für das Rechnen mit erhöhter Genauigkeit vorgesehen, so daß keine besonderen programmtechnischen Schwierigkeiten entstehen. Man muß sich allerdings vergegenwärtigen, daß die Verwendung erhöhter Genauigkeit mit einem erheblichen Ansteigen der Rechenzeit verbunden ist. – Im allgemeinen sind die Rundungsfehler jedoch wesentlich kleiner als die durch die Meßungenauigkeit eingeschleppten Fehler; dennoch muß man in der Lage sein, den Einfluß der Rundungsfehler abzuschätzen, um das Programm daraufhin testen zu können, ob es frei von Programmierfehlern ist.

Aus der Wahl des Verfahrens ergeben sich weitere mögliche Fehlerquellen. Wenn z. B. eine Funktion aus einer Wertetabelle durch Interpolation berechnet wird, wenn man mit Hilfe der Simpson-Regel integriert oder Differentialgleichungen mit Runge-Kutta oder Differenzenverfahren löst, weicht man von dem wahren Ergebnis dadurch ab, daß man statt der eigentlich geltenden Formeln Näherungsausdrücke benutzt, die durch Abbruch in der Potenzreihenentwicklung der gesuchten Funktion entstehen. Die hierbei auftretenden Abweichungen nennt man A b b r u c h f e h l e r. Durch Grob- und Feinrechnungen kann man ein gewisse Korrektur vornehmen, wobei jedoch zu beachten bleibt, daß einmal entstandene Abbruchfehler bei weiteren Rechenschritten sich als Ungenauigkeiten der Eingangswerte niederschlagen, so daß die dann entstehenden Resultate in mehrfacher Hinsicht ungenau sind. Über eine größere Distanz hinweg liefert daher eine Korrektur durch Grob- und Feinrechnung häufig keine brauchbaren Resultate.

Zur Nullstellenbestimmung von Funktionen verwendet man gerne das Newtonsche Näherungsverfahren, das unter gewissen Voraussetzungen bei jedem Rechenschritt eine Verbesserung des momentanen Schätzwertes vornimmt

$$x_{neu} = f(x_{alt}).$$

Das Iterationsverfahren ist beendet, wenn $x_{neu} = x_{alt}$ gilt. Praktisch kann man darauf im allgemeinen nicht warten, da es infolge von Rundungsfehlern zu Oszillationen kommen kann. Es ist üblich, wenn auch nicht immer ganz korrekt, die relative oder absolute Differenz zwischen x_{alt} und x_{neu} als Kriterium zu verwenden, also das Verfahren zu beenden, sobald der Unterschied unterhalb einer vorgegebenen Schranke liegt. Vorsichtshalber sollte dabei außerdem festgelegt werden, wie oft maximal iteriert werden darf, um Endlosschleifen infolge zu hoher Genauigkeitsforderungen zu vermeiden. Man kann aber auch festlegen, daß das Verfahren dann zu beenden ist, wenn die Differenzen aufeinanderfolgender Werte betragsmäßig nicht mehr fallen, da sich dann die Rundungsfehler bemerkbar machen, jedenfalls sobald man der wahren Lösung nahe genug ist. – Man muß also mit einer Abweichung vom wahren Wert rechnen. Wenn nun, wie bei der Nullstellensuche von Polynomen durch Abspalten eines Linearfaktors, eine Vereinfachung des Problems unter Verwendung des errechneten Wertes vorgenommen wird, ist anzunehmen, daß die weiteren Rechnungen entsprechend fehlerbehaftet sind. Es empfiehlt sich, am Ende die erhaltenen Werte nur als Schätzwerte für eine Nachiteration am ursprünglichen Problem zu verwenden, bei der Nullstellenberechnung von Polynomen also jede einzelne Nullstellenberechnung unter Verwendung des ursprünglichen Polynoms zu verbessern.

Nachdem die Problemanalyse so weit fortgeschritten ist, daß die Entscheidung über die Berechnungsmethode getroffen worden ist, beginnt die Vorbereitung der Programmierung. Zunächst legt man Medium und Form der Ein- und Ausgabedaten fest. Sofern die Eingabedaten über Lochkarten und in einem bestimmten Format gelesen werden, benutzt man dazu zweckmäßig ein Karteneinteilungsformular. Tafel 4.7 zeigt eine solche Karteneinteilung.

Man achte weiterhin darauf, daß ausgabeseitig nicht nur die Ergebniswerte erscheinen, sondern daß dabei auch alle Eingabewerte ersichtlich sind. Wenn die Ausgabe über einen Drucker erfolgt, legt man die Ausgabeform in einem Druckbild fest, in dem für variable Daten die üblichen Bezeichnungen verwendet werden, nämlich X für den Ausdruck eines beliebigen Zeichens, 9 für eine Dezimalziffer, Z für eine Dezimalziffer mit Unterdrückung führender Nullen, das Minuszeichen für die Vorzeichenausgabe mit der Maßgabe, ein Minuszeichen bei negativen, ein Leerzeichen bei positiven Zahlen zu drucken (Tafel 4.8).

Die Programmierung beginnt mit der Aufstellung eines Programmablaufplanes, gegebenenfalls auch eines Datenflußplanes. Für die Niederschrift des Programms verwendet man, wenn irgend möglich, vorgedruckte Programmformulare, schon um zu lange Zeilen zu vermeiden, und vor allem, um Irrtümer beim Ablochen des Programms weitgehend auszuschließen. Das gelochte Programm listet man auf und vergleicht es mit der Niederschrift, die man danach nicht mehr verwenden sollte.

Bevor das Programm erstmalig übersetzt und getestet werden kann, müssen Testdaten zusammengestellt werden, mit deren Hilfe das Programm vollständig auf Funktionstüchtigkeit geprüft werden soll. Folglich sind die Daten so auszuwählen, daß jeder Teil des Programms wenigstens einmal dabei angesprochen wird. Zweckmäßig notiert man sich bei den einzelnen Testdatensätzen, welche Reaktion man jeweils darauf vom Programm erwartet. Dazu gehört auch, daß man sich die numerischen Testresultate in entsprechender Genauigkeit vorher verschafft, wobei die einzugebenden Testdaten hierbei als exakte Werte anzusehen sind. Man darf sich daher nicht damit begnügen, derartige Resultate z. B. mit dem Rechenschieber zu ermitteln. Die Auswahl der erforderlichen Testresultate erfolgt wiederum so, daß alle Teile des Programms abgedeckt werden. Bei größeren Aufgaben sollte man das Programm für diese

Testzwecke so ergänzen, daß auch Zwischenresultate gedruckt werden, um das Testen zu erleichtern.

Beim Übersetzen des Programms erhält man eine Aufstellung der vom Übersetzer entdeckten formalen Fehler – logische Fehler herauszusuchen bleibt dem Programmierer überlassen. Die Fehlerliste erscheint dabei meistens in verschlüsselter Form mit Angabe der Zeilennummer der fehlerhaften Anweisung und einem Fehlercode, dessen Bedeutung man dem zur Anlage gehörigen Übersetzerhandbuch entnehmen kann. Je nach Güte des Übersetzers wird diese Fehlererläuterung mehr oder weniger zutreffend sein. Es empfiehlt sich zu versuchen, alle entstandenen Fehlermeldungen zu analysieren, damit eine wirkungsvolle Korrektur vorgenommen werden kann. Es kann allerdings auch vorkommen, daß ein Fehler derart viele Folgefehler nach sich zieht, daß eine vollständige Aufklärung unmöglich ist. – Bei der anschließenden Korrektur des Programms ist zu prüfen, ob der bisherige Programmablaufplan ebenfalls zu ändern ist, denn alle Programmunterlagen sollten stets auf dem neuesten Stand gehalten werden.

Einer fehlerfreien Übersetzung schließt sich der erste Testlauf an. Im besten Falle liefert das Programm Resultate, die man überprüfen kann; häufig verirrt es sich aber in einer Endlosschleife, die auf logische Fehler im Programm zurückzuführen ist. Dann wird man anhand eines Speicherabzugs versuchen, die Schleife zu lokalisieren und die Fehler zu finden. Es kann dabei vorkommen, daß das Programm sich selbst zerstört hat, so daß im Speicherabzug keine brauchbaren Informationen mehr zu finden sind. In einem solchen Falle leistet ein in den meisten Betriebssystemen vorhandenes Überwachungsprogramm TRACE gute Dienste, das während der Rechnung laufend die wichtigsten Registerinhalte ausdruckt. Nach entsprechender Korrektur beginnt man mit einem neuen Testlauf, bis schließlich Resultate geliefert werden, die alsdann mit den errechneten Testresultaten zu vergleichen sind. Sowohl infolge von Umwandlungs- und Rundungsfehlern als auch infolge von Programmfehlern können hierbei Unterschiede auftreten, so daß die Ursache etwaiger Abweichungen genau zu klären ist. Hierbei empfiehlt sich wiederum die Ausgabe und Kontrolle möglichst vieler Zwischenwerte. Wenn das Programm so weit getestet worden ist, daß keine Fehler mehr festzustellen sind, beginnt die P r o g r a m m - D o k u m e n t a t i o n . Diese vom Programmierer meist als lästig empfundene Arbeit kann nicht hoch genug eingeschätzt werden, denn nur wenn sie sorgfältig ausgeführt worden ist, kann man einerseits erfolgreich mit dem Programm arbeiten, andererseits spätere Änderungen in vernünftiger Zeit vornehmen. Zur Programmdokumentation gehören

1. Datenflußplan
2. Operator-Anweisung
3. Programm-Kurzbeschreibung
4. Lochkarten- und sonstige Satzeinteilungen
5. Druckbild
6. Ausführliche Programmbeschreibung
7. Programmablaufplan
8. Programmausdruck
9. Vom Übersetzer gelieferter Ausdruck
10. Aufstellung der Testdaten mit Abschätzung der Testergebnisse
11. Testspiele

Zu den Programmunterlagen gehören außerdem das Quell- und das Maschinencodeprogramm auf den entsprechenden Datenträgern.

Obige Aufstellung gilt für selbständige Programme. Bei dem Aufbau einer Programmbibliothek ist andererseits großer Wert darauf zu legen, eine möglichst große Anzahl von Unterprogrammen zur Verfügung zu haben, um komplexere Aufgaben mühelos durch einen bausteinartigen Zusammenbau vorhandener Unterprogramme zu lösen. Die Dokumentation eines Unterprogramms geschieht getrennt für das Unterprogramm und für das zugehörige Test- oder Rahmenprogramm. Bei der Unterprogrammdokumentation entfallen meistens die Punkte, die sich auf die Ein- und Ausgabe von Daten beziehen, da nur in Ausnahmefällen vom Unterprogramm her externe Datenbewegungen veranlaßt werden.

An die Stelle der Operator-Anweisung tritt beim Unterprogramm die Benutzer-Anweisung, worin der Unterprogrammaufruf und die Parameterübergabe genau zu schildern sind. In der ausführlichen Programmbeschreibung sind bei Unterprogrammen die Hinweise auf Rechengenauigkeit und Rechenzeit von besonderer Wichtigkeit. Die Programmbibliothek einer DVA darf nicht einer Programmsammlung gleichen, in der sich jedes Stück von den anderen durch besondere Eigenheiten abhebt, sondern es muß dafür gesorgt werden, daß die Unterprogramme einheitlich behandelt werden können, indem z. B. eine einheitliche Aufrufform verwendet wird. Sofern die Unterprogramme in einer problemorientierten Sprache verfaßt wurden, sind diese Forderungen zum größten Teil von selbst erfüllt, nicht aber bei Unterprogrammen in maschinenorientierter Sprache.

Nur wenn die Programmbibliothek alle Dokumentationen vollständig enthält, wenn sie übersichtlich angeordnet ist und wenn sie stets auf dem neuesten Stand gehalten wird, kann sie wirkungsvoll eingesetzt werden und damit die Menge der Probleme, die sich beim Einsatz eines Digitalrechners ergeben, wesentlich reduzieren.

6. Anwendungen der Datenverarbeitung im Bauwesen

Die elektronische Datenverarbeitung hat seit ihren Anfängen bei den Bauingenieuren großes Interesse gefunden. Einer der maßgebenden Pioniere der Computerentwicklung, Konrad Zuse, ist von Haus aus Bauingenieur. Diese Interessenkombination muß einen nicht verwundern, denn von der Planung bis zur Fertigstellung eines Bauwerkes im Hoch- oder Tiefbau fallen im allgemeinen große Mengen von Zahlen und anderen Daten an, die in umfangreichen Rechenoperationen zu verarbeiten sind. Nicht zuletzt auf ihnen gründen wichtige Entscheidungen während der Planung und Fertigung. Solchen Aufgaben ist die automatische Datenverarbeitung wie keine andere Rechenhilfe zuvor in hohem Maße gewachsen.

Um die DV für seine Zwecke zu nutzen, legte der Bauingenieur zunächst die ihm geläufigen Rechenverfahren der Programmierung zugrunde. Beim Einsatz der DVA ergab sich aber rasch eine Rückwirkung auf das jeweilige Fachgebiet, das heißt, die Möglichkeiten der DV verändern die Betrachtungsweise und teilweise auch die Arbeitsweise der Bauingenieure. Neue Verfahren wurden und werden entwickelt und programmiert, die den Fähigkeiten der Rechner besser angepaßt sind. Zum Beispiel wird der in der Mathematik schon lange eingeführte Matrizenkalkül wegen seiner übersichtlichen Programmierbarkeit nun auch in der Statik verwendet. In diesem Zusammenhang seien die Übertragungsmatrizen für Durchlaufträger, die Methode der finiten Elemente sowie die Matrizenverfahren für Fachwerke erwähnt.

Auch Problemstellungen, die bei den bisher zur Verfügung stehenden Rechenhilfen schon einfach wegen des zu großen Arbeitsaufwandes unbewältigt bleiben mußten, können nun durch die DV mit ihren hohen Rechengeschwindigkeiten gelöst werden. Es wird jetzt möglich, auch bei umfangreichen Planungsaufgaben mehrere Varianten durchzurechnen, um die beste Lösung zu finden. Z. B. auf den Straßenbau angewendet bedeutet das, daß sich die optimale Gradiente elektronisch ermitteln läßt, wobei die Optimierung auf verschiedene Ziele hin erfolgen kann: auf ein Minimum an Baukosten, auf ein Minimum an Betriebskosten, aber auch auf ein Minimum an Erdbewegungen, Brückenflächen oder ähnlichem.

Ein umfassender Einsatz der DV erfordert eine „Integration", das heißt, daß die Arbeitsgänge zusammengefaßt werden und ineinandergreifen. In einer ersten Integrationsstufe werden mehrere Teilprobleme durch ein übergeordnetes Programm in einem Arbeitsgang gelöst. Ein Beispiel: Bei der Planung einer Brücke wird man die Querschnittsberechnung, die Aufstellung und Auswertung der Einflußlinien sowie die Spannungsnachweise geschlossen behandeln. Solche Teilintegrationen von Programmen sind schon für viele Gebiete des Bauwesens erreicht. Ziel der Entwicklung aber ist, für alle Aufgaben des Bauwesens ein automatisch ablaufendes Programmsystem aufzustellen. Der Ablauf soll regelbar sein, das heißt, er muß nach Bedarf gestoppt, verändert und wiederholt werden können. Alle Zwischenergebnisse werden in einem Speichersystem verwaltet. Sie müssen dabei einzeln abrufbar und geschützt sein. Ein derartiges baukastenartig aufgebautes Informationssystem wird zur Zeit erarbeitet.

Was den Einsatz der DV in der Berufspraxis angeht, so wird der Ingenieur nach wie vor einfache, wenig umfangreiche und leicht prüfbare Berechnungen mit dem Rechenschieber oder mit den herkömmlichen Rechenmaschinen, zu denen besonders die elektronsich arbeitenden Tischrechner zu zählen sind, durchführen. Aber er muß wissen, wann für seine Probleme die Verwendung einer DVA sinnvoll wird. Zur Erleichterung der Rechen- und Schreibarbeit bei kurzen, in sich geschlossenen Rechengängen wird ein Kleincomputer bereits gute Dienste leisten. Bei schwierigen, umfangreicheren und schlecht kontrollierbaren Berechnungen wird die Frage, ob der Einsatz einer DVA sinnvoll ist, zu bejahen sein. Dies gilt vor allem dann, wenn es sich um ständige Wiederholung derselben oder ähnlicher Arbeitsgänge handelt. Es empfiehlt sich zuerst festzustellen, ob für die vorliegende Aufgabe bereits ein Programm existiert. Das kann sich lohnen, weil die Programmbibliotheken der Computerfirmen und der Rechenzentren heute schon recht umfangreich sind.

Zur Anwendung eines Bibliotheksprogrammes muß der Benutzer sein Problem präzise formulieren und die erwarteten Ergebnisse möglichst abschätzen. Er sollte die Programmbeschreibung so genau studieren, daß er den Ablauf der einzelnen Programmschritte übersehen und die zugrunde gelegten Annahmen beurteilen kann. Dann sind die Eingangsdaten aufzubereiten und auf ihre Richtigkeit zu überprüfen. Nur bei Beobachtung größter Sorgfalt kann man brauchbare Ergebnisse erwarten. Anfallende Ergebnisdaten sollten jeweils stichprobenartig kontrolliert werden. Nach dem Programmablauf kommen die gewünschten Resultate meist in Form von Tabellen vom Rechenzentrum zurück. Diese Ergebnisdaten müssen nun gedeutet und genutzt werden. Bei guten Programmen enthält der Ausdruck außer den Eingabedaten genügend erläuternden Text und in übersichtlicher Form nur (!) das notwendige Zahlenmaterial. Im Vermessungswesen und im Straßenbau ist es zweckmäßig, die Ergebniswerte durch automatische Zeichengeräte direkt graphisch darstellen oder entsprechende Pläne anfertigen zu lassen. Auch werden oft die Ergebnisse auf Karten oder Streifen gestanzt und erneut als Eingabewerte für anschließende Programme verwendet.

Wird für die gestellte Aufgabe kein brauchbares allgemeines Programm gefunden, so kann ein spezielles Programm in einer problemorientierten Sprache geplant und neu aufgestellt werden – vorausgesetzt, der Aufwand lohnt sich (s. Abschn. 3 und 4, in denen das Programmieren besprochen ist). Bei der Mathematisierung, dem ersten Schritt des Programmierens, greife man zweckmäßig auf Verfahren zurück, die eine möglichst große innere Häufigkeit ergeben, bei denen sich also der Rechenablauf auf wenige kurze, nach Bedarf häufig eingesetzte Programmteile stützt. In der Statik zum Beispiel sind Iterationsverfahren, Übertragungsverfahren und Matrizenoperationen unter diesem Gesichtspunkt ideal. Ein spezielles Programm kann man unter verschiedenen Aspekten planen. In einem Fall möchte man ein schnelles Programm erreichen, im anderen möglichst wenig Speicherplatz belegen, vielleicht strebt man aber auch besondere Anschaulichkeit und leichte Lesbarkeit an. Ein Gesichtspunkt schließt im wesentlichen die beiden anderen aus oder schränkt sie zumindest ein. Die äußere Häufigkeit, das ist die möglichst allgemeine Anwendbarkeit eines Programmes, sollte nur so weit getrieben werden, daß unter den drei genannten Gesichtspunkten keine allzugroßen Nachteile entstehen. Falls das zu entwickelnde Programm häufig verwendet werden soll, oder falls Schwierigkeiten auftreten, wendet man sich am besten an einen DV-Spezialisten. Der Ingenieur steht dann vor der Aufgabe, sich mit dem Programmierer über sein Problem zu verständigen. Die zu dieser Verständigung notwendigen Begriffe und Kenntnisse sollten in Zukunft jedem Studenten des Bauwesens in einer DV-Grundausbildung vermittelt werden.

Die Aufgabe der Festigkeitslehre ist die Berechnung von Spannungen und Formänderungen. Dazu werden die Querschnittswerte – Fläche, Schwerpunktslage, Trägheitsmomente und Lage der Hauptachsen – für beliebige Querschnittsformen benötigt. Dieses Problem ist in Abschn. 6.1.1 behandelt. Die zur Spannungs- bzw. Formänderungsberechnung außerdem notwendigen Schnittgrößen – Biegemomente, Querkräfte, Normalkräfte und andere – werden durch die Methoden der Statik für die verschiedensten statischen Systeme bei verschiedenartiger Belastung geliefert. Firmen und Rechenzentren stellen viele spezielle Programme zur Bestimmung von Querschnittswerten, Schnittgrößen, Spannungen und Formänderungen zur Verfügung. Ihre Programmverzeichnisse geben einen guten Überblick. Besonders wichtige Systeme sind: Fachwerke, Durchlaufträger, Rahmen und Trägerroste. Weitere Programme findet man unter den Stichworten Stahlbetonbau, Stahlbau, Grundbau. Als Grundbauprobleme seien Pfahlroste, Spundwände, die Spannungsverteilung unter Fundamenten und die Setzungsberechnungen genannt. Die Vielfalt der vorkommenden statischen Systeme ist so groß, daß oft keines der genannten speziellen Programme anwendbar ist. Für solche Tragwerke, zum Beispiel Gemischtsysteme, gibt es allgemeiner gültige Programme, die meist eine freie Dateneingabe erlauben. Die Programmsprachen FRAN, RASTA, STRESS, STRIP und ähnliche, die auch für ebene und räumliche Fachwerke, Durchlaufträger, Rahmen, Trägerroste, teils sogar für Flächentragwerke wie Platten, Schalen und Faltwerke benutzt werden können, liefern ebenfalls Schnittgrößen und Formänderungen. Bei vielen Statik-Programmen werden die ungünstigsten Werte für die Schnittgrößen so bestimmt, daß aus allen denkbaren Laststellungen automatisch die jeweils maßgebenden Fälle herausgesucht werden. Diese Untersuchungen sind im Hochbau verhältnismäßig einfach, die Ermittlung der Summeneinflußlinien im Brückenbau beispielsweise erfordert jedoch bei komplizierten Lastenzügen umfangreiche Rechenarbeit.

Bei den heute verwendeten Statik-Programmen gehören die Querschnittsabmessungen zu den Eingabewerten, obwohl sie letzten Endes gesucht sind. Der Konstrukteur muß bei der elektronischen wie bei der konventionellen Berechnung Werte für die Stabquerschnitte vor Beginn des Rechengangs schätzen. Besonders bei statisch unbestimmten Systemen kann diese Vordimensionierung recht beschwerlich sein. Deshalb fordert die Praxis für die Zukunft Programmsysteme, welche auch die Dimensionierung als Ergebnis liefern.

Der Statiker und Konstrukteur wird heute schon dadurch stark entlastet, daß sich die meisten Teilprobleme elektronisch bearbeiten lassen. Hierzu werden oft, wie bereits erwähnt, Kleincomputer mit großem Erfolg eingesetzt. Es fehlt jedoch zur Zeit noch die Möglichkeit, die Einzelprogramme nahtlos so aneinanderzureihen, daß komplette prüffähige statische Berechnungen automatisch ausgedruckt werden. Durch eine neu zu schaffende problemorientierte „Ingenieursprache", die der Rechenanlage wie dem Benutzer direkt verständlich ist, sollte dies in Zukunft erreicht werden können.

Die Berechnung der Stahlbeton-Tragwerke stützt sich auf die Methoden der Statik und der Festigkeitslehre. Für die Bestimmung der Schnittgrößen und der Formänderungen aller vorkommenden Systeme liegen Programme vor. Besondere Merkmale des Stahlbetons sind die inhomogenen Querschnitte, deren Zugzone meist als gerissen zu betrachten ist. Die auf dem „n-Verfahren" beruhende gebundene Bemessung – das ist die Ermittlung der Bewehrungsflächen für einen gegebenen Betonquerschnitt bei gegebenen Schnittgrößen – ist bei einfachen Flächen nicht problematisch. In der neuen DIN 1045 ist jedoch das n-freie Traglastverfahren vorgesehen. Hierbei tritt als neues Problem auf, daß das Hookesche Gesetz nicht gilt, sondern die empirisch gefundenen Spannungsdehnungslinien für Beton gekrümmt sind. Die Berechnung des Tragmoments muß deshalb numerisch durchgeführt werden. Dann sind auch ganz beliebige Querschnitte, die als polygonal umgrenzt dargestellt werden, erfaßbar. Man geht von beliebigen, vernünftigen Randdehnungen aus, ermittelt die Biegedruckkraft nach Größe und Lage und überprüft das Gleichgewicht. Falls noch kein Gleichgewicht besteht, ist die Rechnung mit einer neuen Annahme für die Randdehnungen zu wiederholen. Die elektronische Berechnung der beschriebenen Arbeitsgänge ist noch nicht allgemein gebräuchlich. Die Programmlisten für Stahlbeton enthalten jedoch eine ganze Reihe von Einzelproblemen, zum Beispiel auch die automatische Aufstellung von Stahllisten.

Im Spannbetonbau rechnet man für Gebrauchslasten mit homogenen Querschnittswerten (Zustand I). Sind diese vorgegeben und ist die Spannkraft bekannt, so können mit Hilfe der DV die Längsspannungen für die einzelnen Lastfälle ermittelt und überlagert werden. Bei beliebiger Spanngliedführung lassen sich die Ordinaten der Spannglieder, die Umlenkwinkel und damit die Verluste an Vorspannkraft infolge Reibung berechnen. Für frei wählbare Schnittstellen eines Trägers können der Spannkraftverlust infolge Schwinden und Kriechen, sowie die zur Rissesicherung erforderliche schlaffe Bewehrung bestimmt werden. Der Nachweis der Sicherheit unter rechnerischer Bruchlast kann für Zustand II bei gegebener Vordehnung entweder bei vorgegebenem Spannstahlquerschnitt oder durch Bemessung des erforderlichen Spannstahlquerschnittes geführt werden. Die Berechnung der Hauptzugspannungen aus den Längs- und Schubspannungen und die gegebenenfalls erforderliche Bewehrung für die Schubsicherung kann ebenfalls programmiert werden. Für Vorspannung mit sofortigem Verbund liegen Programme vor, welche die aufgezählten Teilprobleme enthalten und somit den gesamten Berechnungsablauf durchführen (s. Abschn. 6.1.3). Es ist auch für Vorspannung mit nachträglichem Verbund und beliebiger Spanngliedführung wünschenswert, alle Teilprobleme in ein Programm einzubeziehen und damit den Ingenieur von Rechenarbeiten erheblichen Umfanges zu entlasten.

Für Stahlbau-Konstruktionen gelten die grundsätzlichen Probleme der Statik und der Festigkeitslehre. Spezielle Probleme des Stahlbaus, für die bereits weitgehend Einzelprogramme vorliegen, sind z. B. Querschnittswerte für zusammengesetzte geschweißte Träger, Berechnung der Wölbkrafttorsion, Traglastprobleme und Stabilitätsprobleme wie Knicken, Kippen und Beulen. Man kann auch Trägerverbindungen, Stöße und Lager elektronisch berechnen. Die Informationsverarbeitung in der Stahlbauwerkstatt wird in Zukunft in immer stärkerem Maße automatisiert werden. Es ist ein Programmsystem geplant, das den Entwurf einer optimalen Stahlskelettkonstruktion liefert, wobei eine Integration der statischen Berechnung und der Preiskalkulation angestrebt wird. Schließlich soll die DV für die Optimierung von Berechnung, Konstruktion und Werkstattfertigung im Stahlbau eingesetzt werden.

Schon früh wurden Computerprogramme für den Straßenbau geplant, um den Ingenieur von den umfangreichen Routinearbeiten für Entwurf, Ausführung und Abrechnung zu entlasten. Man hatte ursprünglich Daten aus graphischen Vorentwürfen entnommen und teils rechnerisch, teils zeichnerisch weiterverarbeitet. Es wurde nun notwendig, die bestehenden Verfahren zu mathematisieren, um zunächst Teilprogramme zu erhalten, die ein möglichst geschlossenes System darstellen. Ergebnisse eines Programmes sollen so formuliert sein, daß sie als Eingabedaten für ein anderes Programm verwendet werden können. Die Straßenbau-Richtlinien müssen dabei beachtet werden. Änderungen, die sich im Verlauf der Planung ergeben, können vom Programm noch berücksichtigt werden.

Die Grundprobleme im Straßenbau sind die Linienführung im Grundriß (Trassierung), im Aufriß (Gradiente) und die Massenberechnung. Für die Ausführung werden Absteckungswerte und Höhenkoten benötigt. Die Linienführung für Verkehrsknotenpunkte ist ein besonderes Problem. Für die zu planende Straße ist der Sichtraum zu prüfen. Für alle diese Arbeiten liegen von mehreren Firmen für verschiedene Maschinentypen Programme vor, die zum Teil bereits voll integriert arbeiten. Zu ihrer Verwendung sind die Eingabedaten zu erstellen, in Formulare einzutragen und schließlich die Ausgabedaten weiterzuverarbeiten, wie es für den Gebrauch von Bibliotheksprogrammen auf Seite 190 geschildert ist. An dieser Stelle soll kurz auf Einzelheiten eingegangen werden. Mit einem Trassierungsprogramm wird die Linienführung der Straße durch die Festlegung der Hauptpunkte und der Elemente eines Systems von Geraden, Kreisen und Übergangsbögen (Klotoiden) bestimmt. Im Absteckungsprogramm werden aus den Hauptpunkten Koordinaten oder andere Absteckungswerte für eine Reihe von Stationspunkten auf der Straßenachse berechnet. Für die damit festliegende Trasse sind nun die Geländehöhen und die Bodenverhältnisse festzustellen. Nun kann die elektronische Berechnung des Deckenbuches anschließen. Eingabewerte sind die Breiten der einzelnen Straßenelemente, der Mittelstreifen, Fahrbahn, Nebenspur usw. mit den zugehörigen Querneigungen. Die Breiten können veränderlich sein, Randstreifen können eine begrenzte Länge haben. Schließlich ist das Tangentengerüst der Gradienten mit Festlegungen über die Art der Ausrundung einzugeben. Das Programm bestimmt dann die Ausrundungselemente und die Maße der charakteristischen Querschnittspunkte sowie die Höhenkoten von Decke und Planum. Diese Daten werden weiterverwendet zur Mengenberechnung des Erd- und Mutterbodens, getrennt nach Abtrag und Auftrag, sowie der Grunderwerbsflächen. Zu den Eingabewerten gehören auch die Böschungsneigungen für Ab- und Auftrag und die Angaben über die Entwässerungsmulden. Zur Bestimmung der Geländedurchstoßpunkte muß das Programm Auftrag und Einschnitt unterscheiden und bei Sonderfällen, wenn z. B. kein Böschungsendpunkt gefunden wird, eine entsprechende Meldung ausdrucken.

Ein solches Programmsystem im Straßenbau kann ein Baustein der zukünftigen integrierten Datenverarbeitung im Bauwesen sein. Es wird noch verbessert und ergänzt werden durch weitere dreidimensionale Programme und Optimalisierungsprogramme. Beispielsweise wird man die optimale Trasse nach verschiedenen Gesichtspunkten elektronisch ermitteln können.

Im B a u b e t r i e b tritt bei der Planung von ablaufabhängigen Arbeiten das besondere Problem auf, die technologischen Abhängigkeiten des Bauwerks mit den arbeitstechnischen und organisatorischen Gegebenheiten des Bauablaufs zu koordinieren. Für die Lösung dieser Aufgabe wurden in den Jahren 1956/58 verschiedene Verfahren der N e t z p l a n t e c h n i k – auch Netzwerktechnik oder Netzwerkanalyse genannt – entwickelt, die eine Optimierung des Bauablaufs ermöglichen. Der Projektleiter wird damit in die Lage versetzt, den für den Ablauf kritischen Weg zu erkennen und durch geeignete Maßnahmen die Einhaltung der vorgesehenen Termine und Kosten sicherzustellen. Bei den meisten Bauaufträgen ergeben sich durch nicht exakt vorherbestimmbare Einflüsse Zeitverschiebungen, die rasche Entscheidungen des Bauführers und kurzfristige Umstellungen des Bauablaufs erfordern, wenn der geplante Fertigstellungstermin eingehalten werden soll. Diese Änderungen sind umso schwieriger aufeinander abzustimmen, je mehr Vorgänge davon betroffen werden.

Für Projekte größeren Umfangs ist der Einsatz von DVA sinnvoll. Durch die Anwendung von geeigneten Programmen können viele Schwierigkeiten der normalen Bauplanung und Bauüberwachung überwunden und nachteilige äußere Einflüsse korrigiert werden. Vom Beginn der Planung beim Bauherrn und Architekten über Massenermittlung, Ausschreibung und Durchführung der Arbeiten bis zur Abrechnung der Leistungen einschließlich Kostenkontrolle sind viele Unterlagen aufzustellen und anfallende Zahlen zu verarbeiten. Ob es sich hier um den Bauablauf selbst, um Randarbeiten oder auch Routinearbeit der Verwaltung handelt, bei größeren Projekten sollte der Einsatz von DVA immer ins Kalkül gezogen werden.

In das V e r m e s s u n g s w e s e n fand die DV sehr bald Eingang, wie aus speziellen vermessungstechnischen Entwicklungen (Zuse, Seifers) hervorgeht. In einem ersten Stadium der Programmentwicklung wurden lediglich rechnerische Einzelprobleme behandelt (s. Abschn. 6.3.1). In einer zweiten Phase, etwa ab 1967, wurden diese vielfältigen Einzelprogramme zu größeren integrierten Programmsystemen zusammengeschlossen. Inzwischen liegen solche Systeme für die Teilgebiete der Ingenieurvermessung, der Katastervermessung, der Landesvermessung und der photogrammetrischen Vermessung vor und sind ständig im Einsatz (s. Abschn. 6.3.2). In einer dritten Entwicklungsphase wird zur Zeit an der Erstellung einer umfassenden Fachdatenbank gearbeitet, die wiederum die verschiedenen vorliegenden Programmsysteme zusammenfassen soll und zwar unter gleichzeitigem Einschluß sämtlicher anfallender Verwaltungsarbeiten, wie z. B. Kataster- und Grundbuchfortführung.

Beim Einsatz der DV im Vermessungswesen entstehen einige organisatorische und technische Probleme besonderer Art, von denen hier drei hervorgehoben seien:

1. Es fallen stets sehr große Mengen von zu bearbeitenden Meßdaten an, die auf Datenträger übertragen werden müssen. Diese langwierige und fehleranfällige Arbeit ist nur durch zunehmenden Einsatz automatisch registrierender Meßgeräte (digitale Theodolite und Entfernungsmesser) befriedigend zu lösen.

2. Außerdem stimmen vielfach das mathematische und das stochastische Modell nicht hinreichend überein, oder es gehen Identifizierungs- und unregelmäßige Fehler in die Rechnung ein. Der Benutzer von integrierten Programmsystemen wird häufig gezwungen, eine Rechnung vorzeitig abzubrechen und sie auf ihre Glaubwürdigkeit zu überprüfen.

3. Die durch die Berechnung entstehenden Ergebnisse, die Punktkoordinaten, sind schließlich in der Regel dauerhaft aufzubewahren (externe Speicher) und außerdem meist graphisch darzustellen (Katasterkarten).

Die DV wird in der W a s s e r w i r t s c h a f t in erheblichem Maße eingesetzt, um große Datenmengen aus statistischen Erhebungen für Planungszwecke (wie beispielsweise Pegelwerte) zu verarbeiten und um die komplizierten und umfangreichen Berechnungen auf dem Gebiet der Hydraulik und der Rohrnetze durchzuführen. Auch bei der Planung und Ausführung von Baumaßnahmen im Wasserbau rechnet man weitgehend elektronisch. Als Beispiele für die Anwendung von Prozeßrechnern seien genannt: die Hochwasserregelung in wichtigen Gebieten, die Überwachung der Gewässergüte und die Steuerung des Betriebes von Wasserkraftanlagen. Im letztgenannten Fall werden hydraulische, elektrische und meteorologische Meßwerte verarbeitet, um stets mit einem optimalen Betriebsprogramm, das der Rechner liefert, zu fahren. Weitere interessante Einzelprobleme sind die Berechnung der Wasserspiegellage in offenen Gerinnen, und zwar einmal für den stationären Fall $Q = \text{const.}$ und für den instationären Fall einer Hochwasserwelle, was einen besonders großen Rechenaufwand erfordert. Die problemorientierte Programmiersprache HYDRO wurde zur Behandlung von solchen allgemeinen wasserbaulichen Aufgaben geschaffen.

Gebiete des Bauingenieurwesens, die mit DV arbeiten, sind auch das Verkehrswesen und das Eisenbahnwesen. Auf sie kann nicht eingegangen werden. Die hier gegebene Übersicht kann schon deshalb nicht vollständig sein, weil durch die rasche technische Entwicklung im Bauwesen ständig neue Teilgebiete mit speziellen Problemen hinzukommen. Der im Bauwesen arbeitende Ingenieur wird jedenfalls, wo immer er auch tätig sein mag, bei Behörden, bei Firmen der Bauindustrie oder Ingenieurbüros, einen in Zukunft enger werdenden Kontakt mit der Datenverarbeitung haben müssen.

6.1. Statik und konstruktiver Ingenieurbau

6.1.1. Querschnittswerte

A l l g e m e i n e s . Die Berechnung von Querschnittswerten ist eine der grundlegenden Aufgaben der Statik und Festigkeitslehre. Deshalb wird dieses Problem gewählt, um die Schritte zu zeigen, die notwendig zu einem Programm in einer problemorientierten Sprache führen. Man vergleiche hierzu auch den Abschn. 3.1. Zunächst wird die Aufgabenstellung beschrieben, dann das Lösungsverfahren, das mit der Problemanalyse gekoppelt ist, skizziert. Daraus ergibt sich der Ablaufplan des Programms; schließlich wird dann das fertige Programm dargestellt und besprochen.

P r o b l e m b e s c h r e i b u n g . Gegeben ist eine beliebige polygonal umgrenzte Fläche durch die Koordinaten ihrer Eckpunkte (Bild 6.1a). Gesucht sind für den eingeschlossenen Querschnitt: Flächeninhalt, statische Momente, Trägheitsmomente, Zentrifugalmoment, Lage des Schwerpunktes, Hauptachsen mit Drehwinkel und Hauptträgheitsmomente.

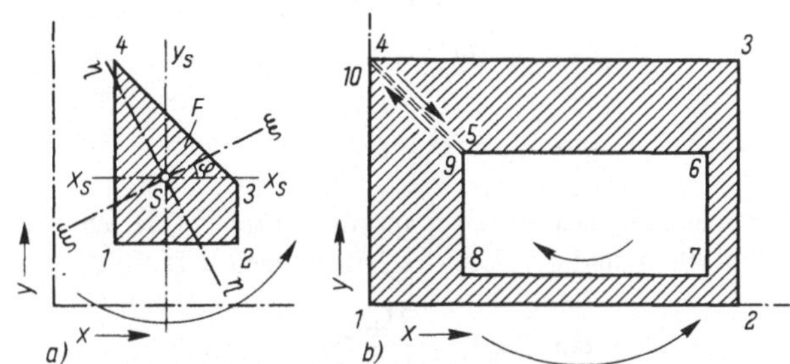

6.1 Polygonal umgrenzte Flächen mit Angabe der Punktnumerierung für Vollquerschnitt und Hohlquerschnitt

L ö s u n g s v e r f a h r e n u n d P r o b l e m a n a l y s e . Die Mathematisierung, also der mathematische Kern für den ersten Teil des Problems, liegt vor. Für die Berechnung der auf ein angenommenes Koordinatensystem bezogenen Querschnittswerte findet man in der Literatur[1]) die nachstehenden Formeln für den Flächeninhalt.

$$F = \frac{1}{2} \sum_{i=1}^{n} (x_i y_{i+1} - x_{i+1} y_i) \tag{6.1}$$

die statischen Momente

$$S_x = \frac{1}{6} \sum_{i=1}^{n} [(x_i y_{i+1} - x_{i+1} y_i)(y_i + y_{i+1})]$$
$$S_y = \frac{1}{6} \sum_{i=1}^{n} [(x_i y_{i+1} - x_{i+1} y_i)(x_i + x_{i+1})] \tag{6.2}$$

die Trägheitsmomente

$$J_x = \frac{1}{12} \sum_{i=1}^{n} [(x_i y_{i+1} - x_{i+1} y_i)([y_i + y_{i+1}]^2 - y_i y_{i+1})]$$
$$J_y = \frac{1}{12} \sum_{i=1}^{n} [(x_i y_{i+1} - x_{i+1} y_i)([x_i + x_{i+1}]^2 - x_i x_{i+1})] \tag{6.3}$$

[1]) F l e ß n e r , H.: Ein Beitrag zur Ermittlung von Querschnittswerten mit Hilfe elektronischer Rechenanlagen. Der Bauingenieur **37** (1962) 146–149.

und das Zentrifugalmoment

$$J_{xy} = \frac{1}{12} \sum_{i=1}^{n} \{(x_i y_{i+1} - x_{i+1} y_i) [(x_i + x_{i+1})(y_i + y_{i+1}) - \frac{1}{2}(x_i y_{i+1} + x_{i+1} y_i)]\} \tag{6.4}$$

Der Flächeninhalt ergibt sich aus der ersten Formel positiv, wenn die Numerierung der Punkte in aufsteigender Reihenfolge entgegengesetzt zum Uhrzeigersinn vorgenommen wird. Für Hohlräume muß der Umfahrungssinn umgekehrt sein. Die Endpunkte der gedachten Doppellinie zum Aufschneiden einer Fläche mit Hohlraum bekommen doppelte Numerierung (s. Bild 6.1b).

Aus der Definition des Flächenschwerpunktes erhält man seine Lage im gewählten Koordinatensystem

$$x_S = \frac{S_y}{F}, \qquad y_S = \frac{S_x}{F} \tag{6.5}$$

Der Steinersche Satz liefert die auf die Schwerachsen bezogenen Trägheitsmomente

$$J_{xS} = J_x - F y_S^2 \qquad J_{yS} = J_y - F x_S^2$$
$$J_{xyS} = J_{xy} - F x_S y_S \tag{6.6}$$

Für Spannungsnachweise bei unsymmetrischen Querschnitten braucht man die Richtung der Hauptachsen und die Hauptträgheitsmomente. Dafür gilt

$$t = \tan(2\varphi_0) = \frac{2J_{xyS}}{J_{yS} - J_{xS}} \tag{6.7}$$

$$\varphi_0 = \frac{1}{2} \arctan t \tag{6.8}$$

$$A_1 = \frac{1}{2}(J_{xS} + J_{yS})$$

$$A_2 = \left| \frac{1}{2}(J_{xS} - J_{yS}) \cos(2\varphi_0) - J_{xyS} \sin(2\varphi_0) \right| \tag{6.9}$$

$$\max J = J_\xi = A_1 + A_2 \qquad \min J = J_\eta = A_1 - A_2$$

Bis zur Berechnung der Eingangswerte für Gl. (6.7) bis (6.9) war der Gang der Berechnung, von den Summierungen abgesehen, linear. Dadurch, daß nun Fallunterscheidungen notwendig werden, entstehen im Ablauf Verzweigungen und Sprünge. Es muß z. B. vermieden werden, daß bei der Ausführung der Gl. (6.7) eine Division bei $J_{yS} = J_{xS}$, also verschwindendem Nenner vorkommt. In Tafel 6.2 sind alle denkbaren Kombinationen für die Fälle $J_{xS} \lesseqqgtr J_{yS}$ und $J_{xyS} \lesseqqgtr 0$ angegeben. φ_0 ist der aus dem Hauptwert der Standardfunktion arctan t stammende Winkel. Für den wirklichen Achsendrehwinkel φ soll gelten, daß er sich innerhalb $-90°$ und $+90°$ bewegt und daß er zwischen der positiven x-Achse und der positiven Hauptachse ξ liegt, für die J_ξ das Maximum ist. Trifft man diese Verabredung, so liegt die Richtung der ξ-Achse fest. Im Bild 6.3 sind die verschiedenen Querschnittstypen für die Fälle a bis h dargestellt, wie sie im Ablaufplan erfaßt und programmiert werden.

Tafel 6.2 Fallunterscheidungen für die Drehung der x_S-Achse in die Richtung der ξ-Achse

	$J_{xS} < J_{yS}$			$J_{xS} = J_{yS}$			$J_{xS} > J_{yS}$		
J_{xyS}	<0	$=0$	>0	<0	$=0$	>0	<0	$=0$	>0
t	<0	$=0$	>0	$-\infty$	0/0	$+\infty$	>0	$=0$	<0
φ_0	<0	$=0$	>0	$-45°$	unbestimmt	$+45°$	>0	$=0$	<0
φ	$\varphi_0 + 90°$	$90°$	$\varphi_0 - 90°$	$+45°$		$-45°$	φ_0	$=0$	φ_0
Fall	a	b	c	d		e	f	g	h

Der unbestimmte Fall wird ausgelassen, weil er als Sonderfall (Fläche ist Quadrat, Achteck usw. oder Kreis) mit fertigen Formeln zu lösen ist. Ein eventueller Programmlauf soll der Einfachheit halber $\varphi = 45°$ ergeben. Damit ist der vorgesehene Rechengang einschließlich der Sonderfälle festgelegt. Die Ausgabe soll nicht hier, sondern bei den Programmen betrachtet werden.

A b l a u f p l a n . Der erste Teil des Ablaufplanes bis zur Berechnung von J_{xS}, J_{yS} und J_{xyS} braucht wegen der Linearität nicht bildlich dargestellt zu werden. Es genügt eine kurze Erläuterung der Einzelschritte, die dann lediglich der Reihe nach in eine Programmiersprache zu übersetzen sind. Die Eingabewerte sind: die Anzahl der Eckpunkte n, und n Wertepaare x_i und y_i, die Koordinaten der Eckpunkte. Die gelesenen Werte sollen unter der Überschrift „Polygonpunkte" in der Ausgabe wieder tabelliert werden. Als Zahlenfelder werden außer den Koordinaten x_i und y_i die Hilfsgrößen

$$a_i = x_i y_{i+1} - x_{i+1} y_i,$$
$$a_{xi} = x_i + x_{i+1} \quad \text{und} \quad a_{yi} = y_i + y_{i+1} \tag{6.10}$$

eingeführt und gespeichert, damit sie nicht mehrfach zahlenmäßig berechnet werden müssen. Zur Bildung der Summen in den Formeln für F, S_x, S_y, J_x, J_y und J_{xy} werden nach dem Nullsetzen die endgültigen Summenwerte in einer Laufanweisung schrittweise aufgebaut. Hierzu sei auf Abschn. 4.2.7 (ALGOL), 4.1.4 (FORTRAN) und 4.3.2 (PL/I) verwiesen. Danach werden die Bruchteile der Summen berücksichtigt, die Schwerpunktskoordinaten ermittelt und schließlich die Flächenmomente für die Schwerachsen berechnet. Nun stehen die Ausgangswerte für die Untersuchung der einzelnen Fälle a bis h zur Verfügung. In Bild 6.4 ist der nicht mehr lineare Teil des Ablaufplanes dargestellt. Zunächst ist zu entscheiden, ob $J_{xS} = J_{yS}$ ist. Falls dies zutrifft, gilt Gl. (6.7) für t nicht, sondern der Absolutwert von φ_0 ist 45°. Die dann folgende Bedingung lautet $J_{xyS} > 0$. Ist sie erfüllt, so gilt Fall e, und φ wird $-45°$. Andernfalls ($J_{xyS} \leqq 0$) bleibt $\varphi = +45°$ (Fall d). Für die beiden Fälle e und d ist $2\varphi_0 = 90°$, und die beiden ersten Gl. (6.9) vereinfachen sich zu

$$A_1 = J_{xS} \qquad A_2 = J_{xyS} \tag{6.11}$$

Schließlich kann der nach der Übergangsstelle W (Weiter) noch folgende Schlußteil ablaufen.

Sind die beiden Trägheitsmomente J_{xS} und J_{yS} nicht gleich, was im allgemeinen der Fall ist, so ist in Gl. (6.7) der Nenner ungleich Null und t kann berechnet werden. Weiter können φ_0 und die beiden Summanden A_1 und A_2 gespeichert werden. Die endgültigen Werte φ hängen nun laut Tafel 6.2 noch davon ab, welcher der beiden Werte J_{xS} und J_{yS} der größere ist und welches Vorzeichen J_{xyS} hat. Der Ablauf ist hier so gesteuert, daß zunächst nach $J_{xS} > J_{yS}$ verzweigt wird. Ist diese Bedingung erfüllt, so bleibt $\varphi = \varphi_0$, was bei gleichem Namen PHI für beide Größen eine Leeranweisung ergibt, die entfallen kann. Es kann vorwärts zu W gesprungen werden (Fälle f, g und h). Nun steht noch das linke Drittel der Tafel 6.2 offen. Für diesen Fall gilt das Nein der vorangegangenen Bedingung $J_{xS} > J_{yS}$. Hier muß, je nachdem ob $J_{xyS} > 0$ stimmt oder nicht, 90° von φ_0 abgezogen (Fall c) oder zugezählt werden (Fall a mit $J_{xyS} < 0$ und Fall b mit $J_{xyS} = 0$). Anschließend setzt sich die Rechnung wieder bei W fort.

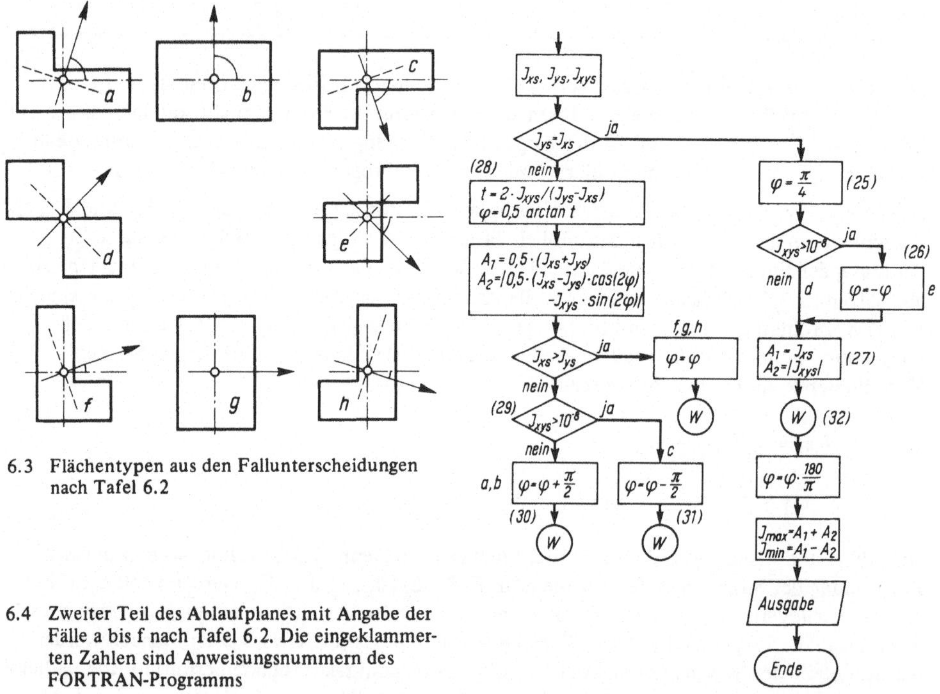

6.3 Flächentypen aus den Fallunterscheidungen nach Tafel 6.2

6.4 Zweiter Teil des Ablaufplanes mit Angabe der Fälle a bis f nach Tafel 6.2. Die eingeklammerten Zahlen sind Anweisungsnummern des FORTRAN-Programms

Nach W folgt noch die Umwandlung von φ ins Gradmaß und die Berechnung der beiden Hauptträgheitsmomente aus A_1 und A_2. Schließlich wird die Ausgabe der Ergebnisdaten veranlaßt. Im Ablaufplan (Bild 6.4) sind die Fälle a bis h dort gekennzeichnet, wo jeweils die Wertzuweisungen an φ erfolgen. Auch einige Anweisungsnummern des FORTRAN-Programmes, die ebenfalls diese Fälle betreffen, sind im Ablaufplan eingetragen. Im Programm wurde in den Vergleichen anstelle der 0 als Genauigkeitsschranke 10^{-8} eingesetzt, damit auch bei einer kleinen Rechenungenauigkeit die richtige Verzweigung durchgeführt wird.

P r o g r a m m i e r u n g i n A L G O L 60. Wie bereits erläutert, konnte der erste Programmteil direkt aus bekannten Formeln und dem besprochenen Summierungsverfahren aufgestellt

Tafel 6.5 ALGOL 60-Programm

```
'BEGIN' 'COMMENT' QUERSCHNITTSBERECHNUNG, FLAECHE POLYGONAL
                  UMGRENZT, N ECKPUNKTE, KOORDINATEN X/Y.,

      'REAL' F, SX, SY, JX, JY, JXY, YS, XS, JXS, JYS, JXYS,
             TAN2FI, PHI, PHIGRD, A1, A2, JMAX, JMIN, PI.,
      'INTEGER' N, I.,
      'ARRAY' X, Y (/1 . . 31/), A, AX, AY (/1 . . 30/).,


      ININTEGER (0, N)., PI .= 3.14159265359.,
      SYSACT (1, 15, 1).,
      OUTSTRING (1, '('    POLYGONPUNKTE')').,  SYSACT (1, 14, 2).,
      OUTSTRING (1, '('            X                    Y')').,
      SYSACT (1, 14, 1).,

      'FOR' I .= 1 'STEP' 1 'UNTIL' N 'DO'                'BEGIN'
        INREAL (0, X(/I/))., INREAL (0, Y (/I/)).,
      OUTINTEGER (1, I)., OUTREAL (1, X (/I/)).,
      OUTREAL (1, Y(/I/))., SYSACT (1, 14, 1)             'END'.,

        X (/N + 1/) .= X (/1/)., Y (/N + 1/) .= Y (/1/).,

      'FOR' I .= 1 'STEP' 1 'UNTIL' N 'DO'                                     'BEGIN'
        A (/I/) .= X (/I/) * Y (/I + 1/) - X (/I + 1/) * Y (/I/).,
        AX (/I/) .= X (/I/) + X (/I + 1/).,
        AY (/I/) .= Y (/I/) + Y (/I + 1/)                                      'END'.,

      F .= SX .= SY .= JX .= JY .= JXY .= 0.,

      'FOR' I .= 1 'STEP' 1 'UNTIL' N 'DO'                'BEGIN'
        F .= F + A (/I/) .,
        SX .= SX + A (/I/) * AY (/I/).,
        SY .= SY + A (/I/) * AX (/I/).,
        JX .= JX + A (/I/) * (AY (/I/) * * 2 - Y (/I/) * Y (/I + 1/)).,
        JY .= JY + A (/I/) * (AX (/I/) * * 2 - X (/I/) * X (/I + 1/)).,
        JXY .= JXY + A (/I/) * (AX (/I/) * AY (/I/) - (X (/I/) * Y (/I + 1/) +
                  X (/I + 1/) * Y (/I/))/2)               'END'.,

        F .= F/2.,
        SX .= SX/6.,       SY .= SY/6.,
        JX .= JX/12.,      JY .= JY/12.,
        JXY .= JXY/12.,

        YS .= SX/F.,       XS .= SY/F.,

        JXS .= JX - YS * * 2 * F.,
        JYS .= JY - XS * * 2 * F.,
        JXYS .= JXY - XS * YS * F.,

      'IF' JYS 'EQUAL' JXS 'THEN'                                              'BEGIN'
             PHI .= PI/4.,
             'IF' JXYS 'GREATER' '-8 'THEN' PHI .= - PHI.,
             A1 .= JXS.,
             A2 .= ABS (JXYS).,
```

```
                'GOTO' W                                    'END'.,

            TAN2FI .= 2 * JXYS/(JYS - JXS).,
            PHI .= .5 * ARCTAN (TAN2FI).,

            A1 .= .5 * (JXS + JYS).,
            A2 .= ABS (.5 * (JXS - JYS) * COS (2 * PHI)
                               - JXYS * SIN (2 * PHI)).,

         'IF' JXS 'GREATER' JYS 'THEN' 'GOTO' W.,
         'IF' JXYS 'GREATER' '- 8 'THEN'             'BEGIN'
                PHI .= PHI - PI/2.,
                'GOTO' W                             'END'.,
                PHI .= PHI + PI/2.,

   W. . PHIGRD .= PHI * 180/PI., 'COMMENT' ALTGRAD.,

            JMAX .= A1 + A2.,
            JMIN .= A1 - A2.,

      SYSACT (1, 14, 2).,
      OUTSTRING (1, '('   FLAECHE                SCHWERPUNKTSABSTAENDE')').,
      OUTSTRING (1, '('   TRAEGHEITSMOMENTE')')., SYSACT (1, 2, 36).,
      OUTSTRING (1, '('KOORD-ACHSEN              SCHWERACHSEN')').,
      SYSACT (1, 14, 1)., OUTREAL (1, F).,       SYSACT (1, 14, 2).,
      OUTSTRING (1, '('              X        ')')., OUTREAL (1, XS).,
      OUTREAL (1, JX)., OUTREAL (1, JXS)., SYSACT (1, 14, 1).,
      OUTSTRING (1, '('              Y        ')')., OUTREAL (1, YS).,
      OUTREAL (1, JY)., OUTREAL (1, JYS)., SYSACT (1, 14, 1).,
      OUTSTRING (1, '('              XY       ')')., SYSACT (1, 2, 34).,
      OUTREAL (1, JXY)., OUTREAL (1, JXYS)., SYSACT (1, 14, 2).,
      OUTSTRING (1, ')'   DREHUNG DER ACHSEN')')., SYSACT (1, 14, 1).,
      OUTSTRING (1, ')'      PHI =')')., OUTREAL (1, PHIGRD).,
      OUTSTRING (1, ')' ALTGRAD)')')., SYSACT (1, 14, 2).,
      OUTSTRING (1, '('   HAUPTTRAEGHEITSMOMENTE                 ')').,
      OUTSTRING (1, '('JMAX                JMIN')')., SYSACT (1, 2, 34).,
      OUTREAL (1, JMAX)., OUTREAL (1, JMIN)., SYSACT (1, 14, 3).,
   'END'
```

werden. Der zweite Teil des Programmes ist anhand des Ablaufplanes, der auf ALGOL zugeschnitten ist, entwickelt. Dazu sind die in Abschn. 4.2 behandelten Regeln anzuwenden. Das ALGOL-Programm, das in Tafel 6.5 vollständig wiedergegeben ist, soll nun noch kommentiert werden, weil Abschn. 4.2 auf die DVA Siemens 303 ausgerichtet ist, und das vorliegende Programm mit der IBM 1130 gerechnet wurde.

Die beiden Kompilierer unterscheiden sich in einigen Punkten voneinander, die zwar nicht grundsätzlicher Natur sind, aber bei der Anwendung doch beachtet werden müssen. Bei der IBM-Anlage [98] werden einige Zeichen für die Druckerausgabe umgewandelt, wie in Tafel 6.6 dargestellt ist (s. auch DIN 66006).

Die Ausgabe von Text hätte auch hier wie in Abschn. 4.2 mittels OUTSYMBOL und Laufanweisungen zeichenweise bewirkt werden können, im Programm werden aber stattdessen ganze Zeichenketten mittels OUTSTRING ausgegeben. Die Steuerung der Ausgabe erfolgt bei IBM 1130 mit den Prozeduren SYSACT. Im Aufruf SYSACT (K, N, I) bedeuten K die Kanalnummer des Ausgabegerätes, N die Kennziffer der Wirkungsweise und I die Anzahl der Zeichen, Zeilen oder Karten. Die wichtigsten im Programm vorkommenden Varianten sind:

SYSACT (1, 15, 1) bewirkt: neue Seite bei Druckerausgabe,
SYSACT (1, 14, 1) bewirkt: neue Zeile,
SYSACT (1, 14, 2) bewirkt: eine Leerzeile, dann neue Zeile,

allgemein also

SYSACT (1, 14, Z) bewirkt: Z − 1 Leerzeilen, dann neue Zeile,

und schließlich

SYSACT (1, 2, I) bewirkt: Einrücken auf das I-te Zeichen der laufenden Zeile, oder, falls der mitgeführte Zeichenzähler einen Wert ≧ I hat, der nächsten Zeile.

Für die Ausgabe von Dezimalzahlen wurde OUTREAL verwendet. Dadurch wird das sog. Standardformat $a_{10}b$ erzeugt, wobei a und b in der Form + D.8D bzw. + DD erscheinen und die $_{10}$ zum ' (Apostroph) umgewandelt ist. D soll (wie in den FORMAT-Zeichenketten von IBM 1130-ALGOL) eine Dezimalstelle bedeuten und + das Vorzeichen symbolisieren. Der verwendete ALGOL-Kompilierer erlaubt die Festkommaausgabe von Dezimalzahlen in beliebigen Formaten in Verbindung mit Text, ähnlich wie bei FORTRAN. Von dieser Möglichkeit wurde jedoch hier kein Gebrauch gemacht.

Tafel 6.6 Zeichendarstellung in ALGOL (links) und bei der IBM 1130 (rechts)

ALGOL		IBM 1130
;	→	. ,
:	→	. .
10	→	'
[	→	(/
]	→	/)
:=	→	.=
×	→	*

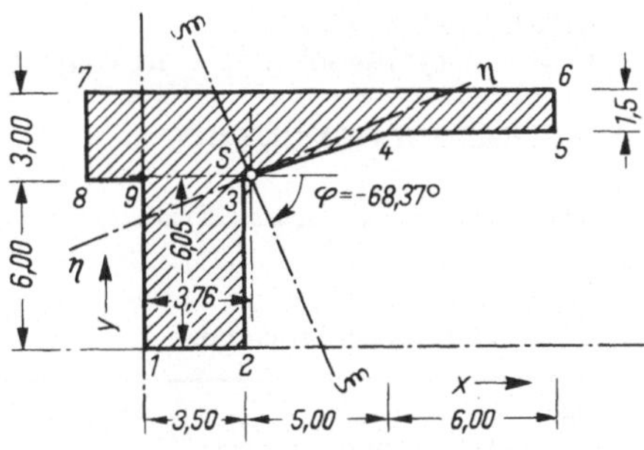

6.7 Querschnitt zum Beispiel 1 für das ALGOL-Programm mit dem berechneten Schwerpunkt und den Hauptachsen

Beispiel 1. Der in Bild 6.7 dargestellte Querschnitt wurde mit dem ALGOL-Programm berechnet. Die Ergebnisse sind in der Tafel 6.8 wiedergegeben.

Aus der rechten Spalte kann man ersehen, daß $J_{xS} < J_{yS}$ und $J_{xyS} > 0$ ist. Also handelt es sich um den Fall c in Tafel 6.2. Die ξ-Achse, für die J den überhaupt größten Wert J_ξ bekommt, ist gegenüber der x-Achse um 68,37° nach unten gedreht.

P r o g r a m m i e r u n g i n FORTRAN. Das in Tafel 6.9 wiedergegebene FORTRAN-Programm ist auf die IBM 1130 [101] abgestimmt. Hierbei stand nicht der volle, im Abschn. 4.1 dargestellte Umfang von FORTRAN zur Verfügung. Insbesondere fehlen die Vergleichsoperatoren. Trotzdem ist eine Codierung möglich, die sich eng an den Ablaufplan (Bild 6.4) anlehnt. Dies gelingt mit den arithmetischen IF-Anweisungen (s. Abschn. 4.1.4). Die zugehörigen Anweisungen 25 bis 32 sind im Ablaufplan angegeben.

Zu Beginn der Fallunterscheidungen ist zu prüfen, ob $J_{xS} = J_{yS}$ ist (ALGOL-Programm Zeile 0050). In FORTRAN steht dafür IF (JXS − JYS) 28, 25, 28. Der Ausgang „Ja" dieser ersten

Tafel 6.8 Ausgegebene Daten zum Zahlenbeispiel 1 – ALGOL

```
POLYGONPUNKTE

        X                       Y
1       0                       0
2       3.50000000' + 00        0
3       3.50000000' + 00        6.00000001' + 00
4       8.50000001' + 00        7.50000001' + 00
5       1.45000000' + 01        7.50000001' + 00
6       1.45000000' + 01        9.00000002' + 00
7     - 2.00000000' + 00        9.00000002' + 00
8     - 2.00000000' + 00        6.00000001' + 00
9       0                       6.00000001' + 00

FLAECHE             SCHWERPUNKTSABSTAENDE   TRAEGHEITSMOMENTE
                                            KOORD-ACHSEN       SCHWERACHSEN
5.77500000' + 01

          X         3.75757575' + 00        2.50284374' + 03   3.92224430' + 02
          Y         6.04545455' + 00        1.74481249' + 03   9.29418560' + 02
          XY                                1.56459375' + 03   2.52730114' + 02

DREHUNG DER ACHSEN
  PHI = - 6.83716490' + 01    ALTGRAD

HAUPTTRAEGHEITSMOMENTE                      JMAX               JMIN
                                            1.02962617' + 03   2.92016812' + 02
```

Tafel 6.9 FORTRAN-Programm

```
// FOR
*IOCS (CARD, 1132PRINTER)
*LIST SOURCE PROGRAM
*EXTENDED PRECISION
C        QUERSCHNITTSBERECHNUNG, FLAECHE POLYGONAL UMGRENZT,
C        N ECKPUNKTE, KOORDINATEN X/Y
         REAL JX, JY, JXY, JXS, JYS, JXYS, JMAX, JMIN
         DIMENSION X (31), Y (31), A (30), AX (30), AY (30)
     11  FORMAT (I6)
         READ (2, 11) N
         PI = 3.14159265359
     12  FORMAT (8F10.3)
         READ (2, 12) (X (I), Y (I), I = 1, N)
     13  FORMAT (1H1,'     POLYGONPUNKTE'//12X'X'7X'Y')
         WRITE (3, 13)
         DO 22 I = 1, N
     14  FORMAT (1H I6, 2(F8.3))
     22  WRITE (3, 14) I, X (I), Y (I)
         X (N + 1) = X (1)
         Y (N + 1) = Y (1)
         DO 23 I = 1, N
         A (I) = X (I) * Y (I + 1) - X (I + 1) * Y (I)
```

```
      AX (I) = X (I) + X (I + 1)
23    AY (I) = Y (I) + Y (I + 1)
      F = 0
      SX = 0
      SY = 0
      JX = 0
      JY = 0
      JXY = 0
      DO 24 I = 1, N
      F = F + A (I)
      SX = SX + A (I) * AY (I)
      SY = SY + A (I) * AX (I)
      JX = JX + A (I) * (AY (I) * * 2 - Y (I) * Y (I + 1))
      JY = JY + A (I) * (AX (I) * * 2 - X (I) * X (I + 1))
      JXY = JXY + A (I) * (AX (I) * AY (I) - (X (I) * Y (I + 1) + X (I + 1) * Y (I))/2)
24    CONTINUE
      F = F/2
      SX = SX/6
      SY = SY/6
      JX = JX/12
      JY = JY/12
      JXY = JXY/12
      YS = SX/F
      XS = SY/F
      JXS = JX - YS * * 2 * F
      JYS = JY - XS * * 2 * F
      JXYS = JXY - XS * YS * F
      IF (JYS - JXS) 28, 25, 28
25    PHI = PI/4
      IF (JXYS - 1.0E - 08) 27, 27, 26
26    PHI = - PI/4
27    A1 = JXS
      A2 = ABS (JXYS)
      GO TO 32
28    TAN2F = 2 * JXYS/(JYS - JXS)
      PHI = .5 * ATAN (TAN2F)
      A1 = .5 * (JXS + JYS)
      A2 = ABS (.5 * (JXS - JYS * COS (2 * PHI) - JXYS * SIN (2 * PHI))
      IF (JYS - JXS) 32, 32, 29
29    IF (JXYS - 1.0E - 08) 30, 30, 31
30    PHI = PHI + PI/2
      GO TO 32
31    PHI = PHI - PI/2
32    PHIGR = PHI * 180/PI
C     ALTGRAD
      JMAX = A1 + A2
      JMIN = A1 - A2
15    FORMAT (1H0/ 6X' FLAECHE'9X'SCHWERPUNKTSABSTAENDE   TRAEG
     1HEITSMOMENTE'/ 36X, 'KOORD-ACHSEN    SCHWERACHSEN'/E17.8
     2// 12 X'X'3X, 3 (E17.8)/12X'Y'3X, 3 (E17.8)/ 12X'XY'19X, 2 (E17.8)//
     36X'DREHUNG DER ACHSEN'/ 7X' PHI = 'F8.2, 2X'ALTGRAD'//
     46X'HAUPTTRAEGHEITSMOMENTE'12X'JMAX'13X'JMIN'/33X, 2 (E17.8)///)
      WRITE (3, 15) F, XS, JX, JXS, YS, JY, JYS, JXY, JXYS, PHIGR, JMAX, JMIN
      CALL EXIT
      END
```

Verzweigung im Ablaufplan entspricht wegen EQUAL dem Wert 0 für $J_{xS} - J_{yS}$. Demnach bekommt die auf das „Ja" folgende Anweisung PHI = PI/4 die mittlere der drei Anweisungsnummern, also 25. Zum „Nein" dieser Verzweigung gehören die erste und die dritte Anweisungsnummer, also 28. Die weiteren Verzweigungen wurden entsprechend programmiert, jedoch bekommen die jeweils auf das „Ja" folgenden Anweisungen wegen GREATER die letzte der drei Anweisungsnummern.

Die Ein- und Ausgabeanweisungen und -formate sind genau Abschn. 4.1.5 entsprechend formuliert. Die Ausgabedaten unterscheiden sich nur im Format einiger Zahlenwerte von der Ausgabe nach dem ALGOL-Programm.

Beispiel 2. Der in Bild 6.10 dargestellte Querschnitt wurde mit dem FORTRAN-Programm berechnet. Die Ergebnisse sind in der Tafel 6.11 wiedergegeben. Wegen $J_{xS} = J_{yS}$ und $J_{xyS} < 0$ handelt es sich hier um den Fall d der Tafel 6.2 mit $\varphi = 45°$.

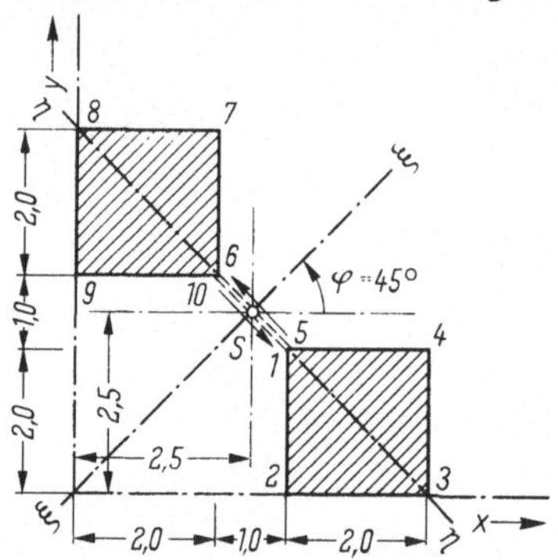

6.10 Querschnitt zum Beispiel 2 für das FORTRAN-Programm

Tafel 6.11 Ausgegebene Daten zum Zahlenbeispiel 2 – FORTRAN

POLYGONPUNKTE

	X	Y
1	3.000	2.000
2	3.000	0.000
3	5.000	0.000
4	5.000	2.000
5	3.000	2.000
6	2.000	3.000
7	2.000	5.000
8	0.000	5.000
9	0.000	3.000
10	2.000	3.000

FLAECHE		SCHWERPUNKTSABSTAENDE	TRAEGHEITSMOMENTE KOORD-ACHSEN	SCHWERACHSEN
0.80000000E 01				
	X	0.25000000E 01	0.70666666E 02	0.20666666E 02
	Y	0.25000000E 01	0.70666666E 02	0.20666666E 02
	XY		0.32000000E 02	−0.18000000E 02

DREHUNG DER ACHSEN
PHI = 45.00 ALTGRAD

HAUPTTRAEGHEITSMOMENTE	JMAX	JMIN
	0.38666666E 02	0.26666666E 01

Tafel 6.12 PL/I-Programm und SL/I-Programm

```
// JOB POLYGO
// OPTION LINK, LOG, NODECK, LIST, ERRS, 48C
// EXEC PL/I
POLYGO. .  PROCEDURE OPTIONS (MAIN),.
           /* QUERSCHNITTSBERECHNUNG, FLAECHE POLYGONAL UMGRENZT,
              N ECKPUNKTE, KOORDINATEN X/Y*/
           DECLARE (N, I) FIXED (2), (PI INITIAL (3, 141592653589793E0),
                   (F, SX, SY, JX, JY, JXY) INITIAL (0), PHI, PHIGRD,
                   JXS, JYS, JXYS, JMAX, JMIN, A1, A2, X (31), Y (31),
                   A (30), AX (30), AY (30), XS, YS) FLOAT (16),.
           GET LIST (N, (X (I), Y (I) DO I = 1 TO N)),.
           PUT PAGE EDIT ('POLYGONPUNKTE', 'X', 'Y')
                   (COLUMN (7), A, SKIP (2), COLUMN (12), A (8), A)
                   ((I, X (I), Y (I) DO I = 1 TO N))
                   (SKIP, F (6), 2 F (8, 3)),.
           X (N + 1) = X (1),. Y (N + 1) = Y (1),.
           DO I = 1 TO N,.
              A (I) = X (I) * Y (I + 1) - X (I + 1) * Y (I),.
              AX (I) = X (I) + X (I + 1),. AY (I) = Y (I) + Y (I + 1),.
              SX = SX + A (I) * AY (I),. SY = SY + A (I) * AX (I),.
              JX = JX + A (I) * (AY (I) * * 2 - Y (I) * Y (I + 1)),.
              JY = JY + A (I) * (AX (I) * * 2 - X (I) * X (I + 1)),.
              JXY = JXY + A (I) * (AX (I) * AY (I) - (X (I) * Y (I + 1) + X (I + 1)
                   * Y (I))/2),.
              F = F + A (I),.
           END,.
           F = F/2,. SX = SX/6,. SY = SY/6,.
           JX = JX/12,. JY = JY/12,. JXY = JXY/12,.
           YS = SX/F,. XS = SY/F,.
           JXS = JX - YS * * 2 * F,. JYS = JY - XS * * 2 * F,.
                 JXYS = JXY - XS * YS * F,.
           IF JYS = JXS THEN DO,. IF JXYS LE 1E - 8 THEN PHI = PI/4,.
                                                ELSE PHI = - PI/4,.
                                A1 = JXS,. A2 = ABS (JXYS),. END,.
                       ELSE DO,. PHI = ATAN (2 * JXYS/(JYS - JXS))/2,.
                                A1 = (JXS + JYS)/2,.
                                A2 = ABS ((JXS - JYS)/2 * COS (2 * PHI)
                                         - JXYS * SIN (2 * PHI)),.
                                IF JXYS LE 1E - 8 THEN PHI = PHI + PI/2,.
                                                ELSE PHI = PHI - PI/2,.
                          END,.
           PHIGRD = PHI * 180/PI,. /* ALTGRAD */
           JMAX = A1 + A2,.
           JMIN = A1 - A2,.
           PUT SKIP (3) EDIT ('FLAECHE', 'SCHWERPUNKTSABSTAENDE    ',
                          'TRAEGHEITSMOMENTE', 'KOORD-ACHSEN    ',
                          'SCHWERACHSEN', F, 'X', XS, JX, JXS,
                          'Y', YS, JY, JYS, 'XY', JXY, JXYS,
                          'DREHUNG DER ACHSEN', 'PHI =', PHIGRD,
                          'ALGTRAD', 'HAUPTTRAEGHEITSMOMENTE',
                          'JMAX', 'JMIN', JMAX, JMIN)
                         (X (6), A (10), A, A, COLUMN (36), A, A,
                          SKIP, E (15, 8), SKIP (2),
                          2 (COLUMN (13), A (2), 3 E (17,8)),
```

```
                                  COLUMN (13), A (19), 2 E (17, 8), SKIP (2),
                                  X (6), A, COLUMN (9), A, F (8, 2), X (2), A,
                                  SKIP (2), X (6), A (32), A (17), A, SKIP,
                                  COLUMN (32), 2 E (17, 8)),.
              END,.
/*
// EXEC LNKEDT
// EXEC
```

```
// XEQ SL1C
*ID    POLYGONFLAECHE
 POLYG. .   PROC.,
            /* QUERSCHNITTSBERECHNUNG, FLAECHE POLYGONAL UMGRENZT,
               N ECKPUNKTE, KOORDINATEN X/Y */
            DCL JX FLOAT, JY FLOAT, JXY FLOAT, JXS FLOAT, JYS FLOAT,
                JXYS FLOAT, JMAX FLOAT, JMIN FLOAT,
                X (31) FLOAT (15), Y (31) FLOAT (15), A (30) FLOAT (15),
                AX (30) FLOAT (15), AY (30) FLOAT (15),.
              PI = .314159265E01.,
              F = 0., SX = 0., SY = 0., JX = 0., JY = 0.,
              JXY = 0.,
            GET LIST (N).,
                DO I = 1 TO N.,
                GET LIST (X (I), Y (I)).,
                END,.
            PUT EDIT ('POLYGONPUNKTE', 'X', 'Y') (PAGE, COLUMN (7), A (13),
                     SKIP (2), COLUMN (12), A (8), A (1)).,
                DO I = 1 TO N.,
            PUT EDIT (I, X (I), Y (I)) (F (6), 2F (8, 3)).,
                END,.
            X (N + 1) = X (1),. Y (N + 1) = Y (1),.
            DO I = 1 TO N,.
              A (I) = X (I) * Y (I + 1) - X (I + 1) * Y (I),.
              AX (I) = X (I) + X (I + 1),. AY (I) = Y (I) + Y (I + 1),.
              SX = SX + A (I) * AY (I),. SY = SY + A (I) * AX (I),.
              JX = JX + A (I) * (AY (I) * * 2 - Y (I) * Y (I + 1)),.
              JY = JY + A (I) * (AX (I) * * 2 - X (I) * X (I + 1)),.
              JXY = JXY + A (I) * (AX (I) * AY (I) - (X (I) * Y (I + 1) + X (I + 1)
                    * Y (I))/2),.
              F = F + A (I),.
            END,.
            F = F/2,. SX = SX/6,. SY = SY/6,.
            JX = JX/12,. JY = JY/12,. JXY = JXY/12,.
            YS = SX/F,. XS = SY/F,.
            JXS = JX - YS * * 2 * F,. JYS = JY - XS * * 2 * F,.
                 JXYS = JXY - XS * YS * F,.
            IF JYS EQ JXS THEN DO,. IF JXYS LE 1E - 8 THEN PHI = PI/4,.
                                                   ELSE PHI = - PI/4,.
                                    A1 = JXS,. A2 = ABS (JXYS),. END,.
                          ELSE DO,. PHI = ATAN (2 * JXYS/(JYS - JXS))/2,.
                                    A1 = (JXS + JYS)/2,.
                                    A2 = ABS ((JXS - JYS)/2 * COS (2 * PHI)
                                            - JXYS * SIN (2 * PHI)),.
                                    IF JXYS LE 1E - 8 THEN PHI = PHI + PI/2,.
                                                   ELSE PHI = PHI - PI/2,.
                                END,.
```

```
        PHIGRD = PHI * 180/PI,. /* ALTGRAD */
        JMAX = A1 + A2,.
        JMIN = A1 - A2,.
        PUT EDIT (' FLAECHE SCHWERPUNKTSABSTAENDE   ' CAT
            'TRAEGHEITSMOMENTE', 'KOORD-ACHSEN SCHWERACHSEN' F)
            (SKIP (3), A (60), SKIP (1), COLUMN (36), A (29), SKIP (1), E (15,8)),.
        PUT EDIT ('X', XS, JX, JXS) (SKIP (1), X (13), A (2), 3E (17, 8)).,
        PUT EDIT ('Y', YS, JY, JYS) (X (13), A (2), 3E (17,8)).,
        PUT EDIT ('XY', JXY, JXYS) (X (13), A (19), 2E (17,8)).,
        PUT EDIT ('DREHUNG DER ACHSEN', 'PHI =', PHIGRD, 'ALTGRAD',
                'HAUPTTRAEGHEITSMOMENTE', 'JMAX', 'JMIN', JMAX, JMIN)
            (SKIP (1), X (6), A (18), SKIP (1), COLUMN (9), A (5), F (8, 2), X (2),
                A (7), SKIP (2), X (6), A (32), A (17), A (4), SKIP (1), X (32),
                2 E (17,8)).,
        END POLYG.,
*END
```

P r o g r a m m i e r u n g i n PL/I u n d SL/I. SL/I ist eine Untermenge von PL/I (s. Abschn. 4.3), wobei einige weitere Einschränkungen und Abweichungen zu beachten sind [103]. Um einen vollständigen Überblick zu geben, werden ohne besondere Erläuterungen in der Tafel 6.12 zuerst das PL/I-Programm (für die Anlage IBM 360-30), und anschließend das SL/I-Programm (für die IBM 1130 mit 16 K) wiedergegeben.

Beispiel 3. Der in Bild 6.13 dargestellte Querschnitt wurde mit den beiden vorstehenden Programmen berechnet. Die Ergebnisse sind in der Tafel 6.14 dargestellt.

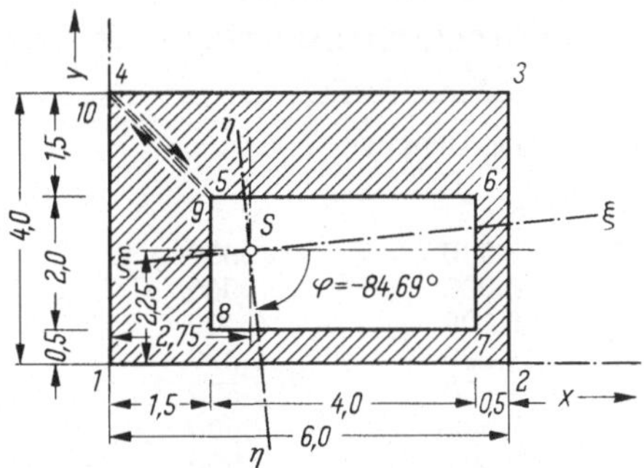

6.13 Querschnitt zum Beispiel 3 für das PL/I-Programm

Es sei noch einmal darauf hingewiesen, daß die Eingabedaten für alle vier Programme gleich sind, wie aus den Erläuterungen zum Ablaufplan hervorgeht. Für Beispiel 3 wurde eingegeben:

```
10
0.0     0.0     6.0     0.0     6.0     4.0     0.0     4.0
1.5     2.5     5.5     2.5     5.5     0.5     1.5     0.5
1.5     2.5     0.0     4.0
```

6.1.2. Rahmenberechnung

A l l g e m e i n e s . Aus den im einführenden Abschnitt genannten Tragwerken werden die Rahmen herausgegriffen und dargestellt. Es ist ein einstöckiges, ebenes Rahmentragwerk angenommen. Aus einer überschlägigen Vordimensionierung stammen die vorläufigen Quer-

Tafel 6.14 Ausgegebene Daten zum Zahlenbeispiel 3 – PL/I, SL/I

```
POLYGONPUNKTE

          X              Y
 1      .000           .000
 2     6.000           .000
 3     6.000          4.000
 4      .000          4.000
 5     1.500          2.500
 6     5.500          2.500
 7     5.500           .500
 8     1.500           .500
 9     1.500          2.500
10      .000          4.000
FLAECHE          SCHWERPUNKTSABSTAENDE   TRAEGHEITSMOMENTE
                                         KOORD-ACHSEN     SCHWERACHSEN
1.60000000E + 01

        X        2.75000000E + 00        1.07333333E + 02 2.63333333E + 01
        Y        2.25000000E + 00        1.79333333E + 02 5.83333333E + 01
        XY                               1.02000000E + 02 3.00000000E + 00

DREHUNG DER ACHSEN
   PHI = – 84.69 ALTGRAD
HAUPTTRAEGHEITSMOMENTE                   JMAX             JMIN
                                         5.86121529E + 01 2.60545127E + 01
------------------------------------------------------------------------
POLYGONPUNKTE

          X              Y
 1      .000           .000
 2     6.000           .000
 3     6.000          4.000
 4      .000          4.000
 5     1.500          2.500
 6     5.500          2.500
 7     5.500           .500
 8     1.500           .500
 9     1.500          2.500
10      .000          4.000

FLAECHE          SCHWERPUNKTSABSTAENDE   TRAEGHEITSMOMENTE
                                         KOORD-ACHSEN     SCHWERACHSEN
.16000000E + 002

        X        .27500000E + 001        .10733300E + 003 .26332990E + 002
        Y        .22500000E + 001        .17933290E + 003 .58332900E + 002
        XY                               .10200000E + 003 .30000000E + 001

DREHUNG DER ACHSEN
   PHI = – 84.69 ALTGRAD
HAUPTTRAEGHEITSMOMENTE                   JMAX             JMIN
                                         .58611710E + 002 .26054170E + 002
```

schnittsabmessungen und Werte (s. Abschn, 6.1.1), die für die statisch unbestimmte Berechnung bereits bekannt sein müssen. Die Aufgabe des Statikers ist es nun, den Verlauf der Schnittgrößen (Biegemoment, Querkraft und Normalkraft), insbesondere die Werte an den ungünstigsten Stellen des Rahmens zu berechnen, und dafür zu bemessen. Schließlich sind die vorhandenen Spannungen zu ermitteln und den zulässigen Werten gegenüberzustellen. Ergeben sich Spannungsüberschreitungen, so müssen die entsprechenden Querschnitte abgeändert werden. Mit den neuen Querschnittswerten muß dann die statische Berechnung wiederholt werden. Danach kann die endgültige Konstruktion erfolgen.

Handelt es sich bei dem Rahmen um ein System, das in der Praxis häufig vorkommt, beispielsweise um einen zweistieligen Rahmen, so kann man die Schnittgrößen mit Hilfe von fertigen Formeln oder Tabellen berechnen. Für das hier behandelte Beispiel wäre [90] geeignet; eine solche Berechnung ist jedoch nicht Gegenstand dieses Buches. Existiert die benötigte Rahmenformel oder Tabelle in der Literatur nicht, so ist man, wenn man die DVA nicht heranzieht, auf das Kraftgrößen oder Weggrößenverfahren angewiesen [93]. Auf die Weggrößenverfahren soll hier nicht näher eingegangen werden. Es sei dazu nur bemerkt, daß das System des Beispiels (s. Bild 6.15) verschiebliche Knoten hat, also z. B. das normale Crossverfahren nicht anwendbar ist. Die Behandlung des Beispiels mit dem Kraftgrößenverfahren wird unten dargestellt, soweit es für die Berechnung mit einer DVA notwendig ist.

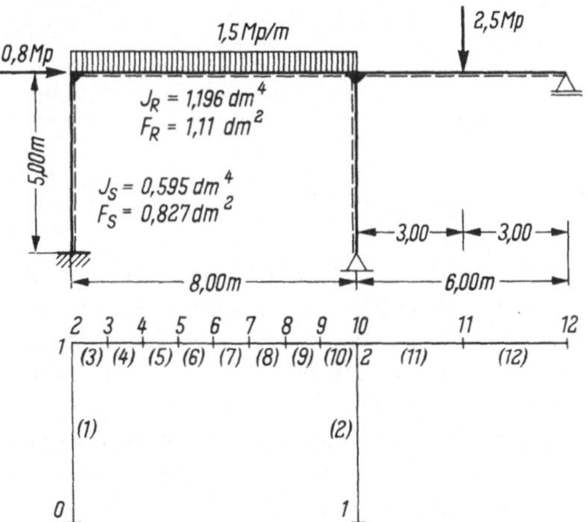

6.15 Rahmensystem mit Maßen, Querschnittswerten und Belastungen. Angabe der Punktnummern 0 bis 12 und der Teilstücknummern (1) bis (12) für das Programm MAIN1 – Kraftgrößenverfahren

Weist das Rahmensystem eine größere Zahl von statisch oder geometrischen Überzähligen auf, so ist der Einsatz einer DVA lohnend. Allerdings wird der Statiker im Normalfall keine eigenen Programme aufstellen, sondern vorhandene allgemeine Programme entweder selbst anwenden oder im Rechenzentrum anwenden lassen. Er kann sich anhand der jeweiligen Programmbeschreibung informieren, nach welchem Verfahren das Programm arbeitet, welche Annahmen und Vereinfachungen gelten, wie die Eingabedaten aufzustellen und die Ausgabedaten zu verwenden sind. Für das Aufstellen und Prüfen der Berechnung ist [95] zu beachten.

K r a f t g r ö ß e n v e r f a h r e n. Es soll die Anwendung von zwei allgemeinen Programmen gezeigt werden. Der in Bild 6.15 dargestellte Rahmen wird zunächst mit MAIN1 [99], einem FORTRAN-Programm der IBM, behandelt. Dieses Programm berechnet die Schnittgrößen beliebiger n-fach statisch unbestimmter Stabtragwerke nach dem Kraftgrößenverfahren. Die Aufstellung der Eingabedaten basiert auf der Einteilung des Systems in Teilstücke und deren Numerierung in aufsteigender Reihenfolge, wobei das Teilstück r begrenzt ist durch die Schnittpunkte r − 1 und r. Ein Schnittpunkt kann dabei mehr als eine Nummer haben. Wie bei der konventionellen Methode muß der Benutzer ein statisch bestimmtes Grundsystem (s. Bild 6.16) festlegen und die Unbekannten ansetzen. Die Zustandsflächen für die gewünschten Schnittgrößen werden für die Lastfälle der äußeren Belastung (X = 0) und die n Einheitsbelastungszustände ($X_i = 1$) aufgestellt. In Bild 6.16 sind nur die Momentenlinien wiedergegeben.

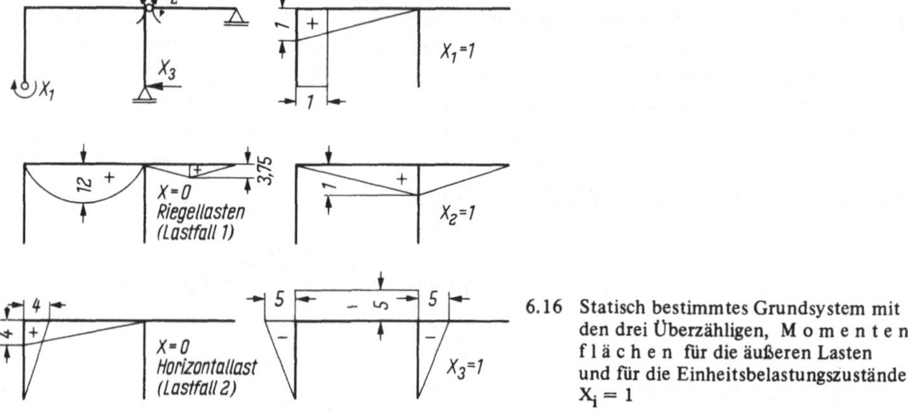

6.16 Statisch bestimmtes Grundsystem mit den drei Überzähligen, Momentenflächen für die äußeren Lasten und für die Einheitsbelastungszustände $X_i = 1$

Alle Eingabedaten sind mit festgelegten Formaten auf Karten abzulochen (s. Tafel 6.17). Nach einer Steuerkarte, die das Betriebssystem der Rechenanlage anspricht, folgen zwei Textkarten, auf denen beliebige Überschriften für die Ausgabedaten angegeben werden können. Die nächste Karte muß enthalten: Anzahl der Schnittkraftarten, Anzahl der Teilstücke des Systems, Anzahl der Lastfälle, Anzahl der statisch Unbestimmten. Danach folgen 2 Leitkarten für die erste Schnittkraftart: niedrigste und höchste Schnittnummer des Systems, sowie eine Textkarte für die Kennzeichnung der Schnittkraft in der Ausgabe (z. B. Moment). Vor den Datenkarten eines Datenblocks, der höchstens 20 Schnittnummern umfassen darf, wird eine Blockkarte eingegeben, die die niedrigste und höchste Schnittnummer des Blocks enthält. Im Beispiel ist nur ein Block erforderlich. Die Intervallängen, gekennzeichnet durch 51 in den beiden ersten Spalten, nehmen im Beispiel 3 Karten ein, wobei in den Spalten 5–7 und 11–13 von jeweils vier Teilstücknummern die erste und die letzte angegeben sind. Die folgende Karte (mit 14 in den beiden ersten Spalten) enthält den E-Modul, der im Beispiel für alle Schnittnummern konstant ist. Auf den nächsten 3 Karten (24 am Anfang) sind die Trägheitsmomente abgelocht. Die Kennziffern 3 bzw. 4 in der ersten Spalte bezeichnen die Karten mit den Ordinaten der Zustandsflächen M_0 bzw. M_i (s. Bild 6.16). Bei diesen Karten bedeuten die Ziffern der zweiten Spalte den Verlauf der Momentenlinien. Dabei symbolisieren 1 und 2 linearen, 3 parabolischen und 4 konstanten Kurvenverlauf. Die Ordinaten der Schnittgrößen sind in die Spalten 14 bis 23, 24 bis 33 usw. einzusetzen. In Spalte 4 steht bei den M_0-Karten die Lastfall-Nummer und bei den M_i-Karten die Nummer i der statisch Überzähligen, im Beispiel 1 bis 3. In den Spalten 5 bis 7 und 11 bis 13 findet man die Schnittnummern, zusätzlich

Tafel 6.17 Eingabedaten für das Rahmensystem nach Bild 6.15 zur Verarbeitung mit dem Programm MAIN1

```
// XEQ MAIN1
0 KRAFTGROESSENVERFAHREN
  ZWEISTIELIGER ZWEIFELDRAHMEN
  3  12  2   3
     0    12
0 MOMENT
     0    12
51      1      4       5.        5.       1.       1.
51      5      8       1.        1.       1.       1.
51      9     12       1.        1.       3.       3.
14      0     12   21000000.
24      0      1   0.0000595
24      1      2   0.0000595
24      2     12   0.0001196
34 1    0      2       0.
33 1    2   6 10       0.       12.       0.
31 1   10     11       0.        3.75
31 1   11     12       3.75      0.
31 2    0      1   0.            4.
34 2    1      2   0.
32 2    2     10   4.            0.
34 2   10     12   0.
44 1    0      1       1.
44 1    1      2       0.
42 1    2     10       1.        0.
44 1   10     12       0.
44 2    0      2       0.
42 2    2     10       0.        1.
42 2   10     12       1.        0.
41 3    0      1       0.       -5.
41 3    1      2       0.       -5.
44 3    2     10      -5.
44 3   10     12       0.
6202
     0    12
0 QUERKRAFT
     0    12
14      0     12    8000000.
24      0      1     0.00827
24      1      2     0.00827
24      2     12     0.0111
34 1    0      2       0.
32 1    2     10       6.       -6.
34 1   10     11       1.25
34 1   11     12      -1.25
34 2    0      1     0.8
34 2    1      2     0.
34 2    2     10    -0.5
34 2   10     12     0.
44 1    0      2       0.
44 1    2     10   -0.125
44 1   10     12       0.
44 2    0      2       0.
```

```
44 2   2     10     0.125
44 2  10     12    -0.166667
44 3   0      1      -1.
44 3   1      2       1.
44 3   2     12       0.
51     1      4       0.       0.       0.       0.
51     5      8       0.       0.       0.       0.
51     9     12       0.       0.       0.       0.
6201
   0       12
0 NORMALKRAFT
   0       12
51     1      4       5.       5.       1.       1.
51     5      8       1.       1.       1.       1.
51     9     12       1.       1.       3.       3.
14     0     12   21000000.
24     0      1    0.00827
24     1      2    0.00827
24     2     12    0.0111
34 1   0      1      -6.
34 1   1      2      -7.25
34 1   2     12       0.
34 2   0      1      0.5
34 2   1      2     -0.5
34 2   2     12      0.
44 1   0      1     0.125
44 1   1      2    -0.125
44 1   2     12      0.
44 2   0      1    -0.125
44 2   1      2    0.291667
44 2   2     12      0.
44 3   0      2      0.
44 3   2     10     -1.
44 3  10     12      0.
51     1      4      0.       0.       0.       0.
51     5      8      0.       0.       0.       0.
51     9     12      0.       0.       0.       0.
63
```

wird bei Parabeln die Nummer des Mittelschnitts in den Spalten 8 bis 10 angegeben. Allgemein gilt, daß bei ganzzahligen Größen wie Nummern und Kennziffern kein Dezimalpunkt stehen darf (I-Format), sonst aber ein Dezimalpunkt stehen sollte (F-Format). Die Daten für eine Schnittgröße werden durch eine Steuerkarte (hier 6202) abgeschlossen.

Werden die in der Tafel 6.17 dargestellten Daten für die Berechnung der Schnittgrößen in die IBM 1130 mit 8 K Kernspeicher und Plattenspeicher eingegeben, dann bewirkt das Programm MAIN1 die automatische Aufstellung der δ_{ik}-Matrix, deren Auflösung nach den X_i und die Superpositionen

$$Y_m = Y_{m0} + \sum_{i=1}^{n} X_i Y_{mi} \qquad (6.12)$$

wobei Y für M, Q und N steht, m jede der numerierten Schnittstellen sein kann und n die Anzahl der Unbekannten X ist. Die Ausgabedaten des Druckers für das Beispiel sind in der Tafel 6.18 wiedergegeben.

Tafel 6.18 Ausgegebene Daten des Programms MAIN1 für das Beispiel nach Bild 6.15

KRAFTGROESSENVERFAHREN
ZWEISTIELIGER ZWEIFELDRAHMEN

KOEFFIZIENTENMATRIX D (I, K)

1	1	0.50633372E − 02
2	1	0.53086993E − 03
3	1	− 0.17967037E − 01
1	2	0.53086993E − 03
2	2	0.18580451E − 02
3	2	− 0.79630501E − 02
1	3	− 0.17967037E − 01
2	3	− 0.79630501E − 02
3	3	0.14632374E 00

LASTGLIEDER B (J, L)

1	1	0.12541798E − 01
1	2	0.12250153E − 01
2	1	0.14781408E − 01
2	2	0.21234792E − 02
3	1	− 0.12541803E 00
3	2	− 0.58529481E − 01

UNBEKANNTE X (J, L)

1	1	− 0.13342118E 00
1	2	0.17410068E 01
2	1	0.55425644E 01
2	2	− 0.19910761E 00
3	1	− 0.57187938E 00
3	2	− 0.19705793E 00

KRAFTGROESSENVERFAHREN
ZWEISTIELIGER ZWEIFELDRAHMEN

MOMENT

I	LF.	S (I − 1)	S (I)
1	1	0.13342118E 00	− 0.27259755E 01
1	2	− 0.17410068E 01	0.12737038E 01
2	1	0.00000000E 00	− 0.28593964E 01
2	2	0.00000000E 00	− 0.98528957E 00
3	1	− 0.27259755E 01	0.18145263E 01
3	2	0.12737038E 01	0.10162179E 01

```
 4    1      0.18145263E  01      0.48550281E  01
 4    2      0.10162179E  01      0.75873220E  00

 5    1      0.48550281E  01      0.63955288E  01
 5    2      0.75873220E  00      0.50124657E  00

 6    1      0.63955288E  01      0.64360313E  01
 6    2      0.50124657E  00      0.24376067E  00

 7    1      0.64360313E  01      0.49765329E  01
 7    2      0.24376067E  00     -0.13724865E -01

 8    1      0.49765329E  01      0.20170345E  01
 8    2     -0.13724865E -01     -0.27121067E  00

 9    1      0.20170345E  01     -0.24424629E  01
 9    2     -0.27121067E  00     -0.52869630E  00

10    1     -0.24424629E  01     -0.84019603E  01
10    2     -0.52869630E  00     -0.78618204E  00

11    1     -0.55425644E  01      0.97871840E  00
11    2      0.19910761E  00      0.99553808E -01

12    1      0.97871840E  00      0.00000000E  00
12    2      0.99553808E -01      0.00000000E  00


KRAFTGROESSENVERFAHREN
ZWEISTIELIGER ZWEIFELDRAHMEN

QUERKRAFT
 I    LF.       S(I - 1)             S (I)

 1    1     -0.57187938E  00     -0.57187938E  00
 1    2      0.60294211E  00      0.60294199E  00

 2    1      0.57187938E  00      0.57187938E  00
 2    2      0.19705793E  00      0.19705793E  00

 3    1      0.52905025E  01      0.37905020E  01
 3    2     -0.25748574E  00     -0.25748574E  00

 4    1      0.37905020E  01      0.22905020E  01
 4    2     -0.25748574E  00     -0.25748574E  00

 5    1      0.22905020E  01      0.79050183E  00
 5    2     -0.25748574E  00     -0.25748574E  00

 6    1      0.79050183E  00     -0.70949816E  00
 6    2     -0.25748574E  00     -0.25748574E  00

 7    1     -0.70949816E  00     -0.22094984E  01
 7    2     -0.25748574E  00     -0.25748574E  00

 8    1     -0.22094984E  01     -0.37094979E  01
 8    2     -0.25748574E  00     -0.25748574E  00
```

9	1	−0.37094979E 01	−0.52094974E 01
9	2	−0.25748574E 00	−0.25748574E 00
10	1	−0.52094974E 01	−0.67094974E 01
10	2	−0.25748574E 00	−0.25748574E 00
11	1	0.21737628E 01	0.21737628E 01
11	2	−0.33184662E −01	−0.33184662E −01
12	1	−0.32623767E 00	−0.32623767E 00
12	2	−0.33184662E −01	−0.33184662E −01

KRAFTGROESSENVERFAHREN
ZWEISTIELIGER ZWEIFELDRAHMEN

NORMALKRAFT

I	LF.	S (I − 1)	S (I)
1	1	−0.52905025E 01	−0.52905025E 01
1	2	0.25748574E 00	0.25748574E 00
2	1	−0.88832607E 01	−0.88832607E 01
2	2	−0.22430104E 00	−0.22430104E 00
3	1	−0.57187938E 00	−0.57187938E 00
3	2	−0.19705793E 00	−0.19705793E 00
4	1	−0.57187938E 00	−0.57187938E 00
4	2	−0.19705793E 00	−0.19705793E 00
5	1	−0.57187938E 00	−0.57187938E 00
5	2	−0.19705793E 00	−0.19705793E 00
6	1	−0.57187938E 00	−0.57187938E 00
6	2	−0.19705793E 00	−0.19705793E 00
7	1	−0.57187938E 00	−0.57187938E 00
7	2	−0.19705793E 00	−0.19705793E 00
8	1	−0.57187938E 00	−0.57187938E 00
8	2	−0.19705793E 00	−0.19705793E 00
9	1	−0.57187938E 00	−0.57187938E 00
9	2	−0.19705793E 00	−0.19705793E 00
10	1	−0.57187938E 00	−0.57187938E 00
10	2	−0.19705793E 00	−0.19705793E 00
11	1	0.00000000E 00	0.00000000E 00
11	2	0.00000000E 00	0.00000000E 00
12	1	0.00000000E 00	0.00000000E 00
12	2	0.00000000E 00	0.00000000E 00

Für die beiden Lastfälle wurden außer der δ-Matrix die Unbekannten X und die Schnittgrößen an den Schnittstellen 0 bis 12 ausgedruckt. Bei allen Schnittgrößen gehört eine Zeile zu einem Teilstück r mit den begrenzenden Schnittpunkten r − 1 und r. Zur Veranschaulichung der Zahlenwerte dienen die Zustandsflächen im Bild 6.19. Die Auflagerreaktionen können den Zustandsflächen als Endschnittkräfte entnommen werden.

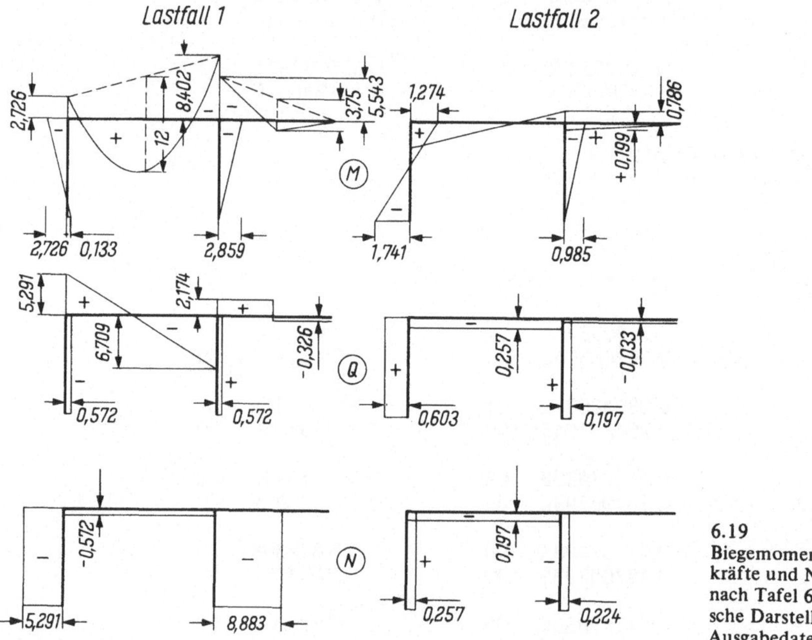

6.19 Biegemomente, Querkräfte und Normalkräfte nach Tafel 6.18 – grafische Darstellung der Ausgabedaten

MAIN1 bietet die Möglichkeit, bei den δ-Werten entweder nur den Anteil der Biegung oder zusätzlich noch die Anteile anderer Schnittgrößen mitzunehmen. Im Beispiel wird nur der Momentenanteil berücksichtigt, indem in Verbindung mit den entsprechenden Steuerkarten (6202 bzw. 6201) die Systemlängen für die Querkräfte und Normalkräfte gleich Null gesetzt wurden (s. Tafel 6.17). Mit dem Programm ist es auch möglich, mehrere Lastfälle einzeln oder in bestimmten Kombinationen zu berücksichtigen oder nicht zu berücksichtigen und dann ungünstig zu überlagern. Hiervon wurde im Beispiel kein Gebrauch gemacht. Die Vorbereitungszeit für das Programm MAIN1 ist für die praktische Anwendung zu groß, weil der Ansatz für das Kraftgrößenverfahren vom Benutzer durchgeführt werden muß. Für die Praxis sind allgemeinere Programme besser geeignet, wie im nächsten Abschnitt gezeigt wird. MAIN1 kann jedoch mit Vorteil für die Ausbildung in Statik eingesetzt werden.

STRESS. Als zweites allgemeines Programm soll nun STRESS ([100], [89]) besprochen werden. Es handelt sich um ein auf dem Weggrößenverfahren aufbauendes Programmiersystem, mit dem statische Berechnungen von Stabtragwerken mit Hilfe einer DVA gelöst werden können. STRESS besteht aus zwei Teilen, der Eingabesprache, auch STRESS-Sprache oder Quellenprogramm genannt, und dem Übersetzungs- und Ausführungsprogramm. Die STRESS-Sprache ist von der Fachsprache der Ingenieure hergeleitet und deshalb leicht zu handhaben. In dieser Sprache beschreibt der Benutzer sein Problem, indem er mit Kennworten und Zahlen eine

Reihe von Befehlen aufstellt, welche Art und Form des Systems, Abmessungen, Belastungen und die gewünschte Ausgabe definieren. Mit STRESS können ebene und räumliche Fachwerke, ebene und räumliche Rahmen und ebene Trägerroste berechnet werden. Die Stäbe müssen gerade sein und konstanten Querschnitt haben. Jeder Stab kann fest eingespannt oder gelenkig gelagert sein. Alle benötigten Lastfälle und Lastfallkombinationen können in einem Arbeitsgang behandelt werden. STRESS berechnet die gesuchten Schnittgrößen an den Stabenden, die Auflagerreaktionen und Formänderungen. Diese Ergebnisse kann man je für sich oder in beliebigen Kombinationen und über verschiedene Ausgabeeinheiten erhalten.

Bevor das STRESS-Quellenprogramm für das Rahmentragwerk des vorangegangenen Beispiels aufgestellt werden kann, sind die Knoten und Stäbe des Systems in aufsteigender Reihenfolge zu numerieren. Dann muß ein beliebiges, aber zweckmäßig zu wählendes XYZ-Koordinatensystem nach der Rechte-Hand-Regel eingeführt werden (s. Bild 6.20). Das xyz-Stabkoordinatensystem eines Stabes liegt dadurch fest, daß die x-Achse die positive Stabachsenrichtung ist

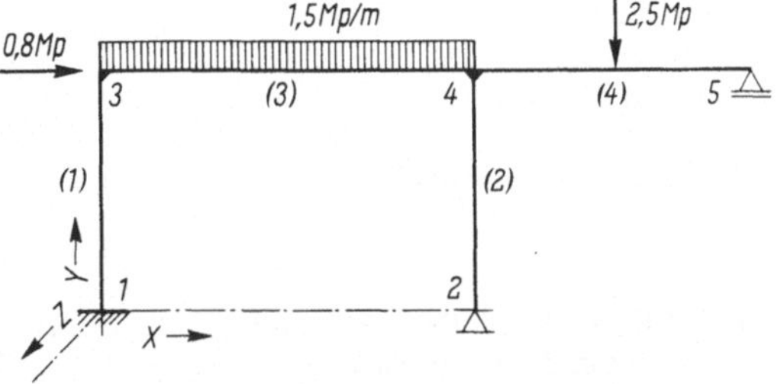

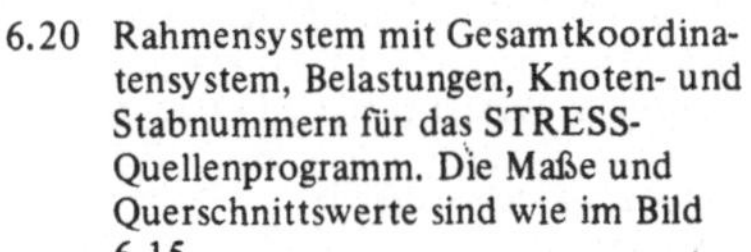
6.20 Rahmensystem mit Gesamtkoordinatensystem, Belastungen, Knoten- und Stabnummern für das STRESS-Quellenprogramm. Die Maße und Querschnittswerte sind wie im Bild 6.15

und die Achsen wieder ein Rechtssystem bilden. Auf die Koordinatensysteme wird noch eingegangen werden. Die Kennworte und Befehle der STRESS-Sprache sind in [100] zusammengestellt und erläutert. Man unterscheidet Leitbefehle (STRUCTURE und LOADING), systembeschreibende Befehle (z. B. NUMBER OF SUPPORTS), Systemkenngrößen (z. B. MEMBER PROPERTIES) und Belastungsdaten (z. B. JOINT LOADS). Die wichtigsten Worte sind in der Tafel 6.21 rechts neben dem Quellenprogramm erläutert. Für die Reihenfolge der einzelnen Befehle sind einige Regeln einzuhalten. So muß STRUCTURE das erste Wort eines Programms sein. Die Typenausgabe, die NUMBER-Angaben und die Knoten-Koordinaten folgen anschließend. Weitere Regeln betreffen die Art der Ausgabe (TABULATE). Das letzte Wort ist SOLVE. Das Quellenprogramm wird auf Karten abgelocht. Dabei sind lediglich folgende Punkte zu beachten: Nur die Spalten 1–72 dürfen benutzt werden; ganzzahlige Werte wie Nummern müssen ohne Dezimalpunkt und sonstige Zahlen dürfen nicht ohne Dezimalpunkt geschrieben werden. Kommentar- und Leerkarten müssen in der Spalte 1 ein * bekommen. Im übrigen ist die Eingabe nicht an bestimmte Kartenspalten gebunden.

Zusätzlich zu den Erläuterungen in der Tafel 6.21 soll noch auf einige Punkte genauer eingegangen werden. Sieht man für einen Knoten JOINT RELEASES nicht vor, so bekommt man die Ergebnisse für ein fest eingespanntes Auflager. Zur Beschreibung des Systems gehören also bei Gelenken die Momenten-Freigabe und bei Verschiebungsmöglichkeiten die Kraft-Freigabe. Freigaben können für Knoten oder auch mit MEMBER RELEASES für Stabenden (Bilder 6.22 und 6.23) vereinbart werden. Bei Auflagerknoten ist beides identisch. Deshalb hätte man im Beispiel anstelle der Knoten-Freigaben mit denselben Resul-

Tafel 6.21 STRESS-Quellenprogramm für das Beispiel nach Bild 6.20 mit Erläuterungen. Der senkrechte Strich und die rechts davon stehenden Kommentare gehören nicht zum Programm

```
STRUCTURE ZWEIFELDRAHMEN            I UEBERSCHRIFT
*                                   I
TYPE PLANE FRAME                    I TRAGWERKSTYP EBENER RAHMEN
NUMBER OF JOINTS        5           I ANZAHL DER KNOTEN
NUMBER OF MEMBERS       4           I ANZAHL DER STAEBE
NUMBER OF SUPPORTS      3           I ANZAHL DER LAGER
NUMBER OF LOADINGS      2           I ANZAHL DER LASTFAELLE
*                                   I
JOINT COORDINATES                   I KOORDINATEN DER KNOTENPUNKTE
1  0.  0.  S                        I    KNOTENNUMMER
2  8.  0.  S                        I    X-ORDINATE IN M
3  0.  5.                           I    Y-ORDINATE IN M
4  8.  5.                           I    S = AUFLAGERKNOTEN
5 14.  5.  S                        I
*                                   I
JOINT RELEASES                      I KNOTEN-FREIGABEN
   2 MOMENT Z                       I    KNOTEN 2. . MOMENT Z WIRD 0 (GE-
*                                   I       LENK)
   5 FORCE X MOMENT Z               I    KNOTEN 5. . MOMENT Z WIRD 0 (GE-
*                                   I       LENK)
*                                   I    UND KRAFT X WIRD 0 (GLEITLAGER)
*                                   I
MEMBER PROPERTIES PRISMATIC         I STABQUERSCHNITTSWERTE
   1 AX 0.00827  IZ 0.0000595       I    STABNUMMER
   2 AX 0.00827  IZ 0.0000595       I    QUERSCHNITTSFLAECHE IN M QUAD-
*                                   I       RAT
   3 AX 0.0111   IZ 0.0001196       I    TRAEGHEITSMOMENT
   4 AX 0.0111   IZ 0.0001196       I    UM DIE Z-ACHSE IN M HOCH 4
*                                   I
MEMBER INCIDENCES                   I STABORIENTIERUNG
   1 1 3                            I    STABNUMMER
   2 2 4                            I    STABANFANGSKNOTEN
   3 3 4                            I    STABENDKNOTEN
   4 4 5                            I
*                                   I
CONSTANTS E 21000000. ALL           I E-MODUL IN MP/M QUADRAT
*                                   I
LOADING 1 RIEGELBELASTUNG           I LASTFALL 1 UEBERSCHRIFT
TABULATE FORCES REACTIONS           I AUSDRUCK DER SCHNITTGROESSEN UND
*                                   I       REAKTIONEN
MEMBER LOADS                        I STABLASTEN
   3 FORCE Y UNIFORM - 1.5          I STAB 3, KRAFT Y, GLEICHSTRECKEN-
*                                   I       LAST 1.5 MP/M ENTGEGEN DER
*                                   I       POSITIVEN ACHSENRICHTUNG
   4 FORCE Y CONC P - 2.5 L 3.0     I STAB 4, KRAFT Y, EINZELLAST 2.5 MP
*                                   I       ENTGEGEN DER POSITIVEN ACHSEN-
*                                   I       RICHTUNG IN 3.0 M ABSTAND VOM
*                                   I       STABANFANG
*                                   I
LOADING 2 HORIZONTALLAST            I LASTFALL 2 UEBERSCHRIFT
TABULATE ALL                        I AUSDRUCK DER SCHNITTGROESSEN,
```

```
*                                    I      REAKTIONEN UND FORMAENDE-
*                                    I      RUNGEN
JOINT LOADS                          I KNOTENLASTEN
  3 FORCE X 0.8                      I KNOTEN 3, KRAFT X, 0.8 MP IN RICH-
*                                    I      TUNG DER POSITIVEN GLOBALEN
*                                    I      X-ACHSE
*                                    I
SOLVE                                I ENDE DER DATEN FUER DIESES BEISPIEL
```

taten auch programmieren können

```
MEMBER RELEASES
  2 START   MOMENT Z
  4 END     MOMENT Z
  4 END     FORCE X
```

Hierbei bedeuten START Stabanfangspunkt und END Stabendpunkt. Mit den MEMBER INCIDENCES sind für jeden Stab Anfang und Ende und somit die positive Richtung der Stabachse x festgelegt. Dies ist im Bild 6.24 für den Stab 1 des Beispiels dargestellt. Das Stabkoordinatensystem dient zur Richtungsangabe und zur Vorzeichenregelung für die angreifenden Stabbelastungen und für die ausgedruckten Stabendschnittgrößen (s. Bild 6.24). Das Gesamtkoordinatensystem hat entsprechende Funktionen für angreifende Knotenlasten (und -momente) und für die ausgedruckten Reaktionen und Verformungen.

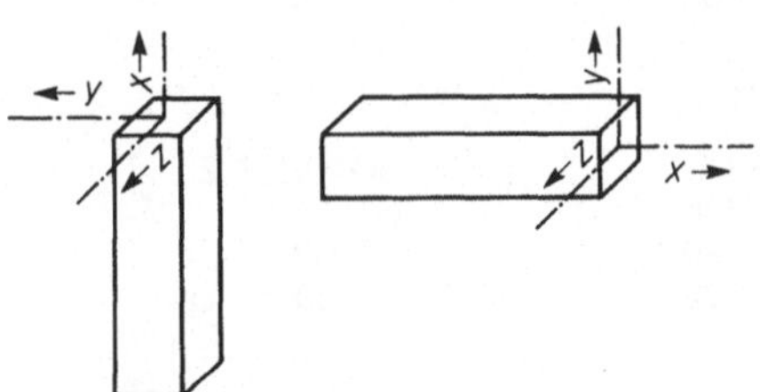

6.22 Stabkoordinatensysteme an je einem Stabende eines senkrechten und eines waagrechten Stabes

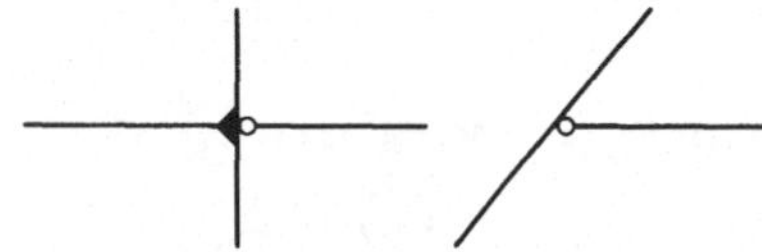

6.23 Stabenden mit Momentenfreigabe

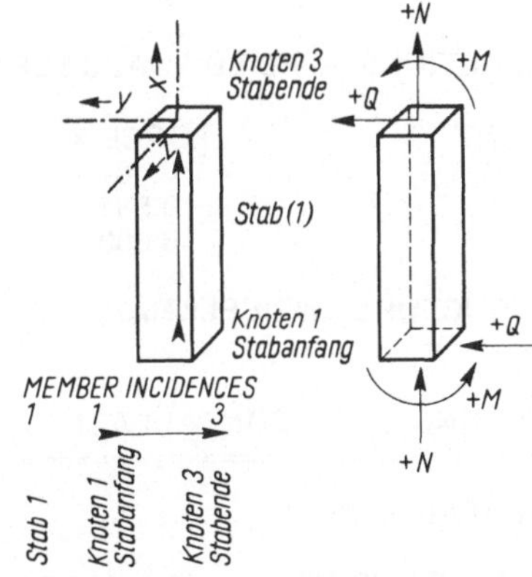

6.24 Festlegung des Stabkoordinatensystems und der Vorzeichenregelung der Schnittgrößen an den Stabenden durch MEMBER INCIDENCES

Ein positiv ausgegebenes Moment dreht als Rechtsschraube um die z-Achse, greift also entgegengesetzt zum Uhrzeigersinn am Stabende an. Eine positive Normalkraft wirkt am Stabende in Richtung der positiven x-Achse, eine positive Querkraft in Richtung der positiven y-Achse.

Das Beispiel wurde auf der IBM 1130 mit 8 K Kernspeicherkapazität und Plattenspeicher gerechnet, wobei eine Kassette ausschließlich STRESS gewidmet werden mußte. Der Ausdruck ist in der Tafel 6.25 dargestellt.

Tafel 6.25 Ausgegebene Daten des STRESS-Programmes für das Beispiel nach Bild 6.20

STRUCTURE ZWEIFELDRAHMEN
==

LOADING 1 RIEGELBELASTUNG
==

MEMBER FORCES

MEMBER	JOINT	AXIAL FORCE	SHEAR FORCE	MOMENT
1	1	5.286	−0.584	−0.14
1	3	−5.286	0.584	−2.78
2	2	8.890	0.584	0.00
2	4	−8.890	−0.584	2.92
3	3	0.584	5.286	2.78
3	4	−0.584	6.713	−8.49
4	4	−0.000	2.177	5.56
4	5	0.000	0.322	−0.00

APPLIED JOINT LOADS, FREE JOINTS

JOINT	FORCE X	FORCE Y	MOMENT Z
3	−0.000	0.000	0.00
4	−0.000	−0.000	−0.00

REACTIONS, APPLIED LOADS SUPPORT JOINTS

JOINT	FORCE X	FORCE Y	MOMENT Z
1	0.584	5.286	−0.14
2	−0.584	8.890	0.00
5	0.000	0.322	−0.00

STRUCTURE ZWEIFELDRAHMEN

LOADING 2 HORIZONTALLAST
==

MEMBER FORCES

MEMBER	JOINT	AXIAL FORCE	SHEAR FORCE	MOMENT
1	1	−0.257	0.603	1.74
1	3	0.257	−0.603	1.27
2	2	0.223	0.197	0.00
2	4	−0.223	−0.197	0.98
3	3	0.196	−0.257	−1.27
3	4	−0.196	0.257	−0.78
4	4	−0.000	−0.033	−0.20
4	5	0.000	0.033	0.00

APPLIED JOINT LOADS, FREE JOINTS

JOINT	FORCE X	FORCE Y	MOMENT Z
3	0.799	0.000	0.00
4	0.000	−0.000	0.00

REACTIONS, APPLIED LOADS SUPPORT JOINTS

JOINT	FORCE X	FORCE Y	MOMENT Z
1	− 0.603	− 0.257	1.74
2	− 0.197	0.223	0.00
5	0.000	0.033	0.00

FREE JOINT DISPLACEMENTS

JOINT	X-DISPLACEMENT	Y-DISPLACEMENT	ROTATION
3	0.0073	0.0000	− 0.0009
4	0.0073	− 0.0000	− 0.0001

SUPPORT JOINT DISPLACEMENTS

JOINT	X-DISPLACEMENT	Y-DISPLACEMENT	ROTATION
1	0.0000	0.0000	0.0000
2	0.0000	0.0000	− 0.0021
5	0.0073	0.0000	0.0000

Für den Lastfall 1 werden infolge des Befehls TABULATE FORCES REACTIONS die Schnittgrößen, die an den freien Knoten angesetzten Belastungen (nur im Lastfall 2 von 0 verschieden) und die an den Auflagerknoten entstehenden Reaktionen ausgedruckt. Im Lastfall 2 kommen, weil TABULATE ALL gewünscht war, noch die Verschiebungen und Verdrehungen an allen Knoten hinzu. Die Zahlenwerte der Ausgabe haben alle dieselben Einheiten wie die Eingabewerte, also Mp und m, sowie Mpm.

Der wichtigste Vorteil von STRESS gegenüber vergleichbaren Programmiersystemen ist die leichte Lesbarkeit der Quellenprogramme. Dies wird allerdings dadurch erkauft, daß die Aufstellung verhältnismäßig langwierig ist. Von Vorteil ist wiederum, daß das Programm während des Übersetzungsvorganges und während der Ausführungsphase auf Fehler kontrolliert wird. Seit kurzem gibt es zwei Zusatzprogramme zu STRESS. Das eine liefert eine Tabelle mit den Schnittgrößen an vorher gewählten Punkten zwischen den Stabknoten (MEMBER SECTIONAL FORCES). Das zweite Zusatzprogramm steuert einen Zeichenautomaten, der das eingegebene System einschließlich der Knoten- und Stabnumerierung aufzeichnet. Dies kann insbesondere zur Kontrolle der Eingabe dienen und Fehler aufzeigen, die das Ausführungsprogramm nicht findet.

Nun soll auch auf zwei Nachteile von STRESS hingewiesen werden. Während z. B. mit dem Programm Statik-CODE *Einflußlinien* für jede Schnittgröße ermittelt werden können, sind bei STRESS keine Einflußlinien vorgesehen. Es ist auch nicht möglich, am n − 1 fach statisch unbestimmten System nach dem Satz von Land Ordinaten für Einflußlinien zu erhalten, denn mit STRESS werden nur Knotenverformungen, aber keine Stabendverformungen ausgegeben, auch nicht mit dem genannten Zusatzprogramm für Stabschnittgrößen. Eine verfeiner-

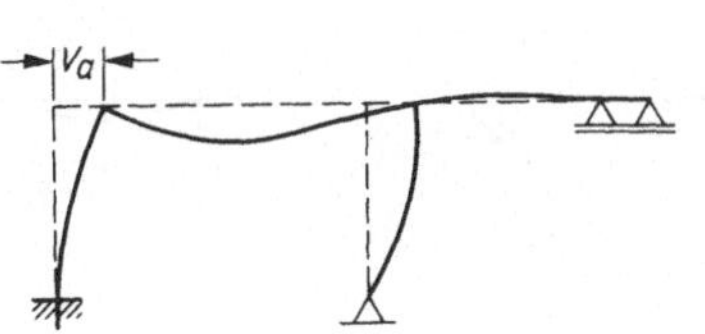

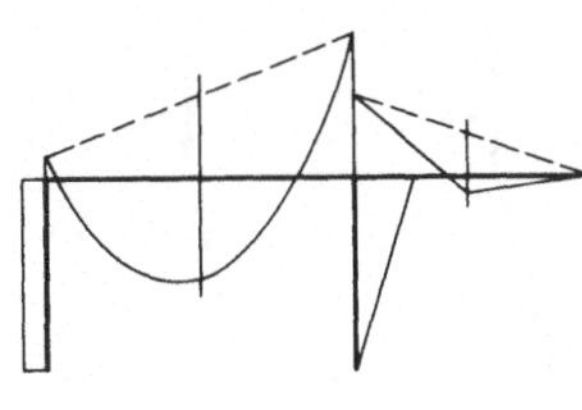

6.26 Verformungen und Biegemomente M_a aus dem ersten Lauf mit STRESS für das Beispiel nach Bild 6.20 – Ausgangswerte zur Berechnung nach Theorie II. Ordnung

Tafel 6.27 Ausgangswerte für Theorie II. Ordñung

STRUCTURE ZWEIFELDRAHMEN MP, CM

LOADING 3 UEBERLAGERUNG

==

MEMBER FORCES

MEMBER	JOINT	AXIAL FORCE	SHEAR FORCE	MOMENT
1	1	5.029	0.017	160.10
1	3	− 5.029	− 0.017	− 151.13
2	2	9.114	0.781	0.00
2	4	− 9.114	− 0.781	390.94
3	3	0.781	5.029	151.13
3	4	− 0.781	6.970	− 927.47
4	4	− 0.000	2.144	536.52
4	5	0.000	0.355	− 0.00

APPLIED JOINT LOADS, FREE JOINTS

JOINT	FORCE X	FORCE Y	MOMENT Z
3	0.799	0.000	0.00
4	− 0.000	− 0.000	− 0.00

REACTIONS, APPLIED LOADS SUPPORT JOINTS

JOINT	FORCE X	FORCE Y	MOMENT Z
1	− 0.017	5.029	160.10
2	− 0.781	9.114	0.00
5	0.000	0.355	− 0.00

FREE JOINT DISPLACEMENTS

JOINT	X-DISPLACEMENT	Y-DISPLACEMENT	ROTATION
3	1.5717	− 0.0144	− 0.0062
4	1.5690	− 0.0262	0.0020

SUPPORT JOINT DISPLACEMENTS

JOINT	X-DISPLACEMENT	Y-DISPLACEMENT	ROTATION
1	0.0000	0.0000	0.0000
2	0.0000	0.0000	− 0.0057
5	1.5690	0.0000	0.0001

te Einteilung des betreffenden Stabes in Verbindung mit der Anwendung der Definitionsmethode (wandernde Einzellast !) würde Einflußlinien liefern, aber mit etwa dem gleichen Auf-

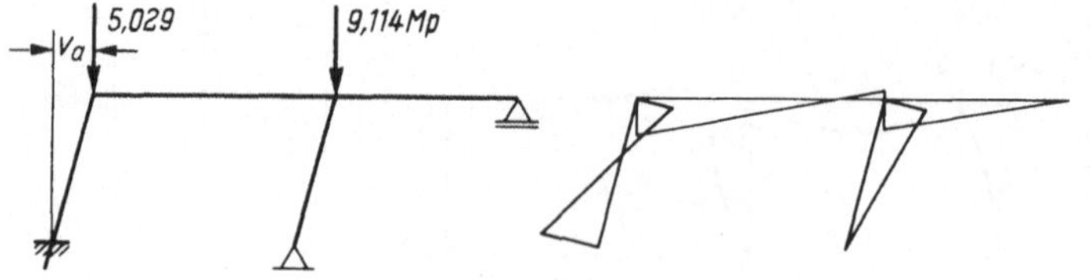

6.28
Ideal verformtes System und Stiellasten für den 2. Lauf zur Berechnung nach Theorie II. Ordnung mit STRESS, Biegemomente M_1 als Ergebnisse dieses Laufes

Tafel 6.29 STRESS-Programm für den zweiten Lauf zur Berechnung des Beispiels nach Theorie II. Ordnung

```
STRUCTURE ZWEIFELDRAHMEN MP, CM
*
TYPE PLANE FRAME
NUMBER OF JOINTS       5
NUMBER OF MEMBERS      4
NUMBER OF SUPPORTS     3
NUMBER OF LOADINGS     1
*
TABULATE ALL
JOINT COORDINATES
  1     0.        0.      S
  2   800.        0.      S
  3     1.570   500.
  4   801.570   500.
  5  1401.570   500.      S
*
JOINT RELEASES
  2  MOMENT Z
  5  FORCE X MOMENT Z
*
MEMBER PROPERTIES PRISMATIC
  1 AX  82.7  IZ   5950.
  2 AX  82.7  IZ   5950.
  3 AX 111.0  IZ  11960.
  4 AX 111.0  IZ  11960.
*
MEMBER INCIDENCES
  1   1   3
  2   2   4
  3   3   4
  4   4   5
*
CONSTANTS E 2100. ALL
*
LOADING STIEL-NORMALKRAEFTE
JOINT LOADS
3 FORCE Y  -5.029
4 FORCE Y  -9.114
SOLVE
PROBLEM CORRECTLY SPECIFIED, EXECUTION TO PROCEED.

STRUCTURE ZWEIFELDRAHMEN MP, CM
=============================================================

LOADING STIEL-NORMALKRAEFTE
=============================================================

MEMBER FORCES

MEMBER  JOINT    AXIAL FORCE     SHEAR FORCE     MOMENT
1       1          5.019           0.031          9.51
1       3         -5.019          -0.031          5.98
2       2          9.114           0.013          0.00
```

2	4	− 9.114	− 0.013	6.68
3	3	− 0.015	− 0.009	− 5.98
3	4	0.015	0.009	− 1.41
4	4	− 0.000	− 0.008	− 5.27
4	5	0.000	0.008	− 0.00

APPLIED JOINT LOADS, FREE JOINTS

JOINT	FORCE X	FORCE Y	MOMENT Z
3	− 0.000	− 5.028	0.00
4	0.000	− 9.113	0.00

REACTIONS, APPLIED LOADS SUPPORT JOINTS

JOINT	FORCE X	FORCE Y	MOMENT Z
1	− 0.015	5.019	9.51
2	0.015	9.114	0.00
5	0.000	0.008	− 0.00

FREE JOINT DISPLACEMENTS

JOINT	X-DISPLACEMENT	Y-DISPLACEMENT	ROTATION
3	0.0434	− 0.0145	− 0.0000
4	0.0435	− 0.0263	0.0000

SUPPORT JOINT DISPLACEMENTS

JOINT	X-DISPLACEMENT	Y-DISPLACEMENT	ROTATION
1	0.0000	0.0000	0.0000
2	0.0000	0.0000	− 0.0001
5	0.0435	0.0000	0.0000

wand könnten die erforderlichen Lastfälle selbst durchgerechnet werden, so daß die Auswertung bereits erledigt wäre und auf die Einflußlinien verzichtet werden könnte.

Mit dem Programmiersystem RASTA können Probleme der Theorie II. Ordnung automatisch gelöst werden, was bei STRESS nicht durchzuführen ist. Wie man jedoch auch mit STRESS die Schnitt- und Verformungsgrößen nach der Theorie II. Ordnung bestimmen kann, soll nun anhand des gewählten Beispiels gezeigt werden (Bild 6.26). In der Tafel 6.27 sind als Ergebnisse aus einem weiteren STRESS-Programm die Daten abgedruckt, die als Grundwerte der endgültigen Schnittgrößen nach der Theorie II. Ordnung dienen. Die beiden Lastfälle (s. Bild 6.20) wurden dabei überlagert. Um genauere Zahlenwerte zu erhalten, sind hier alle Längen in cm angegeben. In diesen Grundwerten, von denen insbesondere die Biegemomente betrachtet werden sollen, ist der Einfluß der Querbelastungen der Stäbe enthalten.

Aus der Tafel 6.27 geht auch die waagrechte Verschiebung des Riegels $v_a = 1{,}57$ cm hervor. Bei der Theorie II. Ordnung sind nun die Hebelarme aus den Verformungen mit in die Rechnung einzubeziehen. Zusätzliche Hebelarme finden nur noch die inneren Stablängskräfte vor. Während die kleinen Längskräfte der Riegel in einer Linie liegen, sind die viel größeren Längskräfte der Stiele, wenn man sie als richtungstreu betrachtet, um v_a gegeneinander versetzt. Man begeht nach Chwalla [88] einen nur geringen Fehler, wenn man die Biegelinie so idealisiert, daß nur die

Tafel 6.30 Riegelverschiebung und Biegemoment nach Theorie II. Ordnung für das Beispiel nach Bild 6.20

		1. Lauf	2. Lauf	Summe
Verschiebung v		1,572	0,043	1,615 cm
Biegemomente M				
Stab	Knoten			
1	1	160,10	9,51	169,61 Mpcm
1	3	− 151,13	5,98	− 145,15
2	2	0	0	0
2	4	390,94	6,68	397,62
3	3	151,13	− 5,98	145,15
3	4	− 927,47	− 1,41	− 928,88
4	4	536,52	− 5,27	531,25
4	5	0	0	0

Knotenverschiebungen berücksichtigt werden, und die Stäbe gerade bleiben. Die dafür notwendige Voraussetzung, daß die Stabkennzahl $\epsilon < 1{,}5$ sein muß, ist hier erfüllt, denn für den Stiel ergibt sich $\epsilon = 0{,}32$. Im Bild 6.26 ist die wirkliche und im Bild 6.28 die vereinfachte Biegelinie dargestellt, wie sie dem erforderlichen zweiten Programmlauf als statisches System zugrunde gelegt wird. Die Stiellängskräfte werden als äußere Knotenlasten angesetzt.

Quellenprogramm und Ergebnisdaten für den zweiten Lauf sind in Tafel 6.29 wiedergegeben. In Bild 6.28 sind die Biegemomente M_1 grafisch dargestellt.

Für die Fortsetzung der Rechnung interessiert die neue Knotenverschiebung $v_1 = 0{,}0435$ cm, die nun wiederum als Hebelarm zu berücksichtigen ist, und deshalb im dritten Lauf an die Stelle von v_a tritt. Im Prinzip bleibt das System unverändert, auch die Stiellasten können übernommen werden. Ein dritter Lauf ergibt entsprechend die Momente M_2 und die Verschiebung $v_2 = 0{,}0043$ cm. Dieser Lauf ist aber nicht mehr erforderlich, denn v_2 beträgt nur noch 0,27% von v_a. Auch bei den Momenten verläuft die Iteration befriedigend, bzw. ist die Grenze der numerischen Genauigkeit erreicht. Die endgültigen Werte nach der Theorie II. Ordnung erhält man schließlich durch Überlagerung der Ergebnisse aus den beiden Programmläufen (Tafel 6.30)

Mit diesem letzten Beispiel sollten die besonderen Möglichkeiten eines allgemeinen Programms gezeigt werden. Die Momente nach Theorie II. Ordnung könnten auch über den Ansatz einer Horizontalkraft in Riegelhöhe

$$H = \Sigma V \cdot v/h$$

ermittelt werden, wobei ΣV die Summe der Stiellasten, v die Horizontalverschiebung und h die Systemhöhe ist.

6.1.3. Spannbeton. Wie in der Einführung zu Abschn. 6 bemerkt, erfordert der Standsicherheitsnachweis für Spannbetonkonstruktionen einen hohen Rechenaufwand. Wegen dieses Aufwandes wird häufig auf die Optimierung der Konstruktion von Bauwerken und Bauteilen verzichtet.

Der sinnvolle Einsatz der DV ermöglicht dem Ingenieur durch die Entlastung von routinemäßiger Rechenarbeit, konstruktive und ausführungstechnische Probleme in den Vordergrund zu stellen.

Am Beispiel eines Spannbetondachbinders mit sofortigem Verbund, der in einem Fertigteilwerk im Spannbett hergestellt wird, werden Berechnungsablauf und Einsatz des in FORTRAN IV geschriebenen Programms IBM-Form 80700 für die DVA IBM 1130 demonstriert.

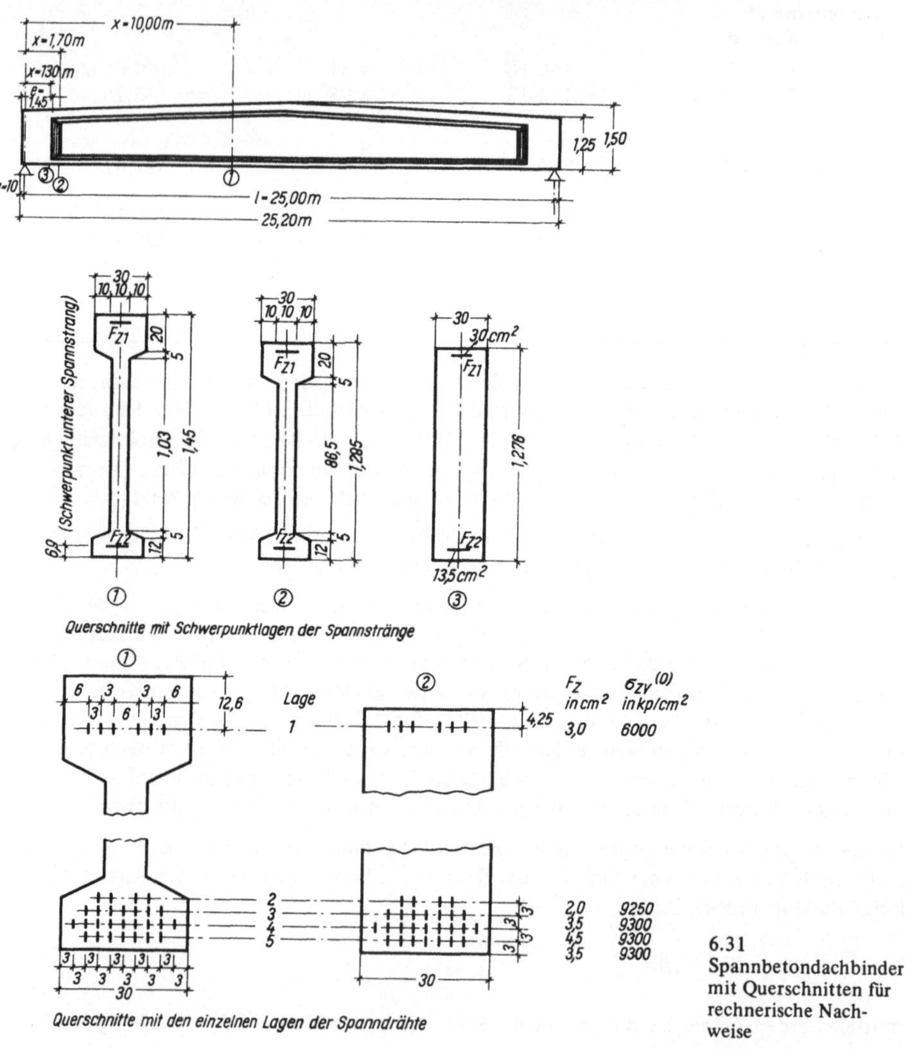

6.31 Spannbetondachbinder mit Querschnitten für rechnerische Nachweise

In Bild 6.31 ist der Dachbinder mit den nachzuweisenden Querschnitten dargestellt.

Es sind folgende Baustoffe vorgesehen: Spannstahl St 145/160 (Sigma Oval 50) $E_z = 2{,}1 \cdot 10^6$ kp/cm², Schlaffe Bewehrung St III b, Betongüte B 600 (schnell erhärtender Zement) $E_b = 4 \cdot 10^5$ kp/cm².

Die Vorspannung wird aufgebracht, wenn der Binder 80% seiner Würfelfestigkeit W_{28} erreicht hat (s. DIN 4227, Ziffer 5.1, Tafel 1, Zeile 2). Nach dem Vorspannen lagert der Binder drei Wochen im Freien. Anschließend erfolgt der Einbau in einem trockenen Innenraum.

Als äußere Lasten im Gebrauchszustand wirken: Nach dem Vorspannen das Eigengewicht g_1, nach dem Einbau aus der Dachdeckung (Gasbetondachplatte und doppelte, bekieste Papplage) $g_2 = 0{,}850$ Mp/m und als Verkehrslast (Schnee) $p = 0{,}375$ Mp/m.

Damit sind alle für die Berechnung des Trägers erforderlichen Daten angegeben. Folgende Zusammenstellung gibt – zunächst unabhängig von dem Programm – den nach DIN 4227 erforderlichen Berechnungsablauf in zweckmäßiger Reihenfolge an.

Bei den Einzelaufgaben sind die wichtigsten Formeln für die Berechnung angegeben, woraus der Rechenaufwand abgeschätzt werden kann.

1. Schnittgrößen aus äußeren Lasten (Bild 6.32). Auflagerkräfte A, B, sowie Querkräfte und Biegemomente für die Querschnitte 1, 2 und 3 sind zu berechnen.

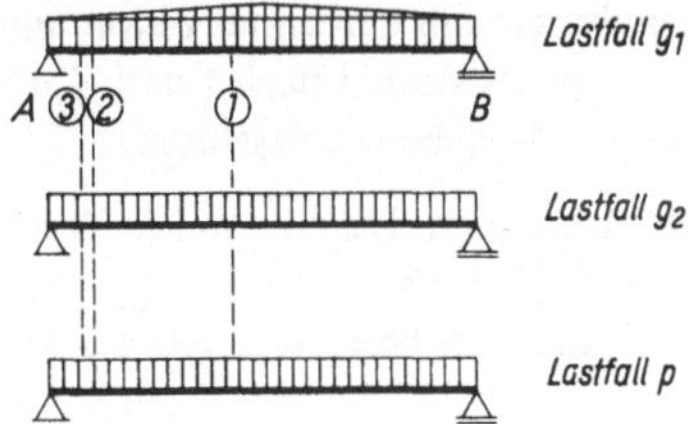

6.32 Lastfälle für Schnittgrößenbestimmung

2. Ideelle Querschnittswerte. Die erforderlichen Querschnittswerte sind in Bild 6.33 zusammengestellt. In den Formeln ist $n = E_z/E_b$.

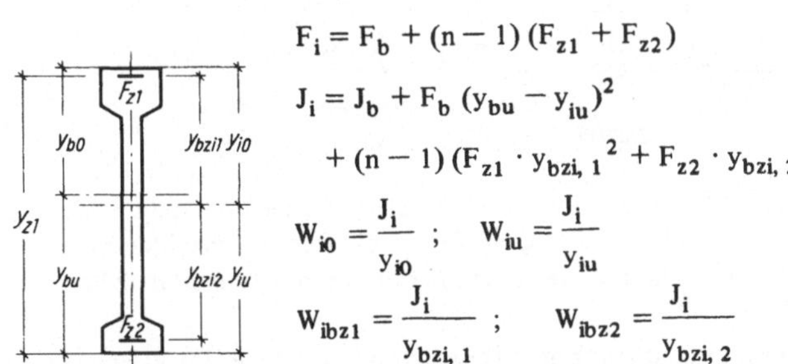

$$F_i = F_b + (n-1)(F_{z1} + F_{z2})$$

$$J_i = J_b + F_b\,(y_{bu} - y_{iu})^2 + (n-1)(F_{z1} \cdot y_{bzi,1}{}^2 + F_{z2} \cdot y_{bzi,2}{}^2)$$

$$W_{io} = \frac{J_i}{y_{io}}\,; \quad W_{iu} = \frac{J_i}{y_{iu}}$$

$$W_{ibz1} = \frac{J_i}{y_{bzi,1}}\,; \quad W_{ibz2} = \frac{J_i}{y_{bzi,2}}$$

6.33 Die erforderlichen Querschnittswerte

3. Lastfall Vorspannung. Für die Schnitte 1, 2 und 3 sind die nachstehend angegebenen Spannungen zu berechnen (Bild 6.34).

Bei Zusammenfassung der Spanndrähte eines Gurtes zu einem Spannstrang gilt:

$$\sigma_{bv,o} = -\frac{Z_{v1}^{(0)} + Z_{v2}^{(0)}}{F_i} - \frac{Z_{v1}^{(0)} \cdot y_{bzi1}}{W_{io}} + \frac{Z_{v2}^{(0)} \cdot y_{bzi2}}{W_{io}}$$

$$\sigma_{bv,u} = -\frac{Z_{v1}^{(0)} + Z_{v2}^{(0)}}{F_i} + \frac{Z_{v1}^{(0)} \cdot y_{bzi1}}{W_{iu}} - \frac{Z_{v2}^{(0)} \cdot y_{bzi2}}{W_{iu}}$$

$$\sigma_{bzv,1} = -\frac{Z_{v1}^{(0)} + Z_{v2}^{(0)}}{F_i} - \frac{Z_{v1}^{(0)} \cdot y_{bzi1}}{W_{ibz1}} + \frac{Z_{v2}^{(0)} \cdot y_{bzi2}}{W_{ibz1}}$$

$$\sigma_{bzv,2} = -\frac{Z_{v1}^{(0)} + Z_{v2}^{(0)}}{F_i} + \frac{Z_{v1}^{(0)} \cdot y_{bzi1}}{W_{ibz2}} - \frac{Z_{v2}^{(0)} \cdot y_{bzi2}}{W_{ibz2}}$$

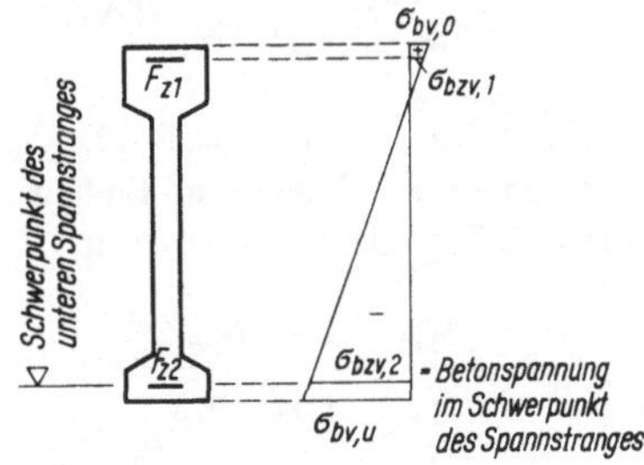

6.34 Betonspannung im Lastfall Vorspannung

Mit den Querschnitten und Spannbettspannungen der einzelnen Lagen nach Bild 6.31 ist

$$Z_{v1}^{(0)} = 3{,}0 \cdot 6000 \text{ kp} = 18000 \text{ kp}$$

und

$$Z_{v2}^{(0)} = [2{,}0 \cdot 9250 + (3{,}5 + 4{,}5 + 3{,}5) \cdot 9300] \text{ kp} = 125450 \text{ kp}$$

Die Spannungen im Spannstahl nach dem Lösen der Verankerung sind

$$\sigma_{zv} = \sigma_{zv}^{(0)} + n \cdot \sigma_{bzv}$$

Hierin ist $\sigma_{zv}^{(0)}$ die Spannbettspannung der einzelnen Lagen; für die Lagen 2 bis 5 des unteren Stranges kann mit genügender Genauigkeit $\sigma_{bzv} = \sigma_{bzv,2}$ gesetzt werden.

Das Programm berechnet Beton- und Stahlspannungen für die einzelnen Lagen mit Hilfe der Steifigkeitswerte α nach Rüsch/Kupfer in: (Franz, G., Hrsg.): Betonkalender 1971. Teil I. Berlin–München–Düsseldorf, S. 756–758.

4. Äußere Lasten im Gebrauchszustand. Für die Lastfälle g_1, g_2 und p sind die Betonspannungen $\sigma_b = M/W_i$ und die Stahlspannungen $\sigma_z = n \cdot \sigma_{bz}$ für die Schnitte 1, 2 und 3 zu berechnen (Bild 6.35).

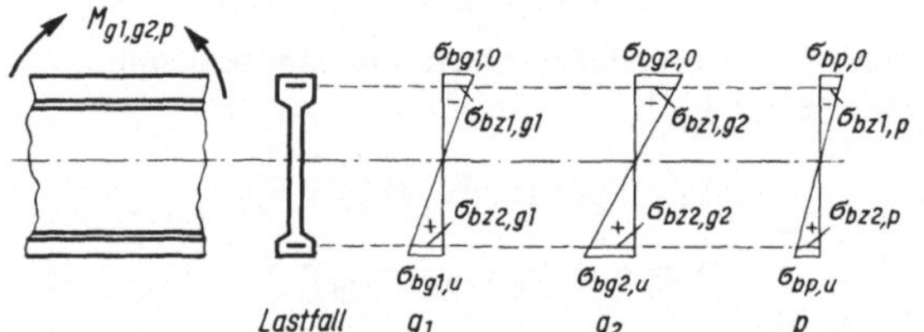

6.35 Betonspannungen für die Lastfälle g_1, g_2, p

5. Lastfall Schwinden und Kriechen (s + k). Nach DIN 4227, Ziffer 8, Tafel V, sind für Lagerung im Freien die Restkriechzahlen min $\varphi = 2{,}0 \cdot k$ und max $\varphi = 3{,}0 \cdot k$. Das Restschwindmaß für Bauteile mit Stärken dünner als 20 cm ist $\epsilon_S = 1{,}25 \cdot 20 \cdot 10^{-5} = 25 \cdot 10^{-5}$.

Für Lagerung in trockenen Innenräumen wird die Restkriechzahl max $\varphi = 4{,}0 \cdot k$ und das Restschwindmaß $\epsilon_S = 1{,}25 \cdot 30 \cdot 10^{-5} = 37{,}5 \cdot 10^{-5}$.

Zum Zeitpunkt t_1 des Vorspannens ist

$$\frac{W_{t1}}{W_\infty} = \frac{0{,}8 \cdot W_{28}}{1{,}15 \cdot W_{28}} = 0{,}7$$

und der Zeitbeiwert nach DIN 4227, Ziffer 8.3, Bild 2, $K_1 = 1{,}25$. Dabei hat der Beton ein Alter von etwa 7 Tagen. Zum Einbauzeitpunkt t_2 (3 Wochen nach dem Vorspannen) ist der Träger 28 Tage alt. Dafür wird mit

$$\frac{W_{t2}}{W_\infty} = \frac{1{,}0 \cdot W_{28}}{1{,}15 \cdot W_{28}} = 0{,}86$$

der Zeitbeiwert $K_2 = 0{,}75$.

Das Programm berechnet den Spannkraftverlust nach dem Kriechfaserverfahren in zwei Stufen:

1. Stufe von t_1 bis t_2 für die Lastfälle

$$v + g_1 \quad \text{mit} \quad \min \varphi_{t_1, t_2} = 2{,}0\,(1{,}25 - 0{,}75) = 1{,}0$$

$$\max \varphi_{t_1, t_2} = 3{,}0\,(1{,}25 - 0{,}75) = 1{,}5$$

und $$\epsilon_{s, t_1, t_2} = -\,25 \cdot 10^{-5}\,\frac{(1{,}25 - 0{,}75)}{1{,}25} = -\,10{,}0 \cdot 10^{-5}$$

2. Stufe von t_2 bis t_∞ für die Lastfälle

$$v + g_1 + g_2 \quad \text{mit} \quad \max \varphi_{t_2, t_\infty} = 4 \cdot 0{,}75 = 3{,}0$$

und $$\epsilon_{s, t_2, t_\infty} = -\,37{,}5 \cdot 10^{-5} \cdot \frac{0{,}75}{1{,}25} = -\,22{,}5 \cdot 10^{-5}$$

Die Spannungsveränderung am Ende der 1. Stufe infolge $\max \varphi_{t_1, t_2}$ und ϵ_{s, t_1, t_2} wird in der 2. Stufe berücksichtigt.

Der Fall min φ interessiert wegen des geringsten Spannkraftverlustes nur zum Zeitpunkt t_2, während im Endzustand t_∞ nur der Fall max φ von Bedeutung ist, so daß die Einflüsse aus $\max \varphi_{t_1, t_2}$, ϵ_{s, t_1, t_2}, $\max \varphi_{t_2, t_\infty}$ und $\epsilon_{s, t_2, t_\infty}$ zu überlagern sind.
Der Spannkraftverlust kann nun mit den Schwind- und Kriechwerten nach den Kriechfaserverfahren oder nach Näherungsverfahren berechnet werden. Der Rechenaufwand ist für zweisträngige Vorspannung erheblich. Mit bekanntem Spannkraftverlust werden die Betonrandspannungen infolge s + k proportional zum Lastfall Vorspannung ermittelt.

Die für die einzelnen Lastfälle v, g_1, g_2, p, min φ_{t_2} und max φ_{t_∞} berechneten Spannungen werden in einer Tabelle zusammengestellt und zu den ungünstigsten Werten überlagert.

6. Rissesicherung durch Zugkeildeckung. Nach DIN 4227, Ziffer 10.31, kann die Kraft des Betonzugkeils $Z_b = \int_{F_b(+)} \sigma_b \cdot dF_b$ für Zustand I berechnet werden. Die Spannungsreserve im Spannstahl $\sigma_{z\,Res} = \sigma_z \,\text{zul} - \sigma_{z,\,v+q+s+k} \leqq 2000\ \text{kp/cm}^2$ kann zur Aufnahme der Zugkeilkraft Z_b herangezogen werden, wenn die Spanndrähte über die Zugzone verteilt sind.

Die Reservekraft im Spannstahl beträgt $Z_{Res} = \sigma_{z\,Res} \cdot F_{z2}$. Durch schlaffe Bewehrung ist abzudecken $F_e = (Z_b - Z_{Res})\,/\sigma_e\,\text{zul}$, wobei σ_e zul für die schlaffe Bewehrung nach DIN 4227, Tafel VI, Zeile 41 bis 43, zu wählen ist.

7. Bruchsicherheitsnachweis – rechnerische Bruchlast. Die Bruchsicherheit wird durch Bemessung des erforderlichen Spannstahlquerschnittes unter rechnerischer Bruchlast nachgewiesen. Die Grenzwerte nach DIN 4227, Ziffer 12.21, sind

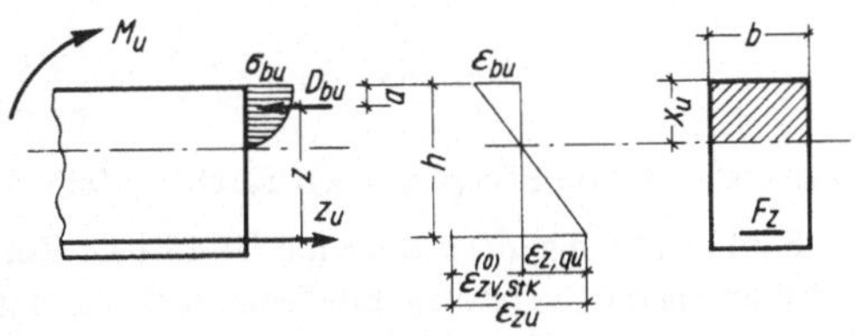

6.37 Größen für das Bemessungsverfahren

$$\epsilon_{bu} = 2\text{°}/_{oo}\,; \quad \sigma_{bu} = \frac{2}{3} \cdot \beta_w\,; \quad a = 0{,}4 \cdot x_u$$

Für den Leitwert $m_z = M_{zu}/(1{,}75bh^2 \cdot \beta_w)$ erhält man nach der Bemessungstafel von Rüsch/Kupfer (s. Betonkalender 1971, S. 779)

$$x = \xi \cdot h, \quad z = \zeta \cdot h \quad \text{und} \quad \epsilon_{z,qu} = \epsilon_{bzu}$$

Das Moment unter rechnerischer Bruchlast ist $M_{zu} = 1{,}75\ M_q$. Der erforderliche Spannstahlquerschnitt wird $F_{zerf} = M_{zu}/\sigma_{zu} \cdot z$, wobei σ_{zu} für die Gesamtdehnung ϵ_{zu} der Spannungs-Dehnungslinie des Spannstahls zu entnehmen ist.

Die Bruchsicherheit ist gewährleistet, wenn $F_{zvorh} \geqq F_{zerf}$.

8. Schubsicherung. Nach DIN 4227, Ziffer 13.2, sind die Hauptzugspannungen für Gebrauchslast und für rechnerische Bruchlast nachzuweisen (Bild 6.38). Überschreitet die Hauptspannung σ_I unter rechnerischer Bruchlast die Spannungen nach Tafel VI, Zeile 30 bis 32, so ist die schiefe Hauptzugkraft $Z_I = \sigma_I \cdot b \cdot \Delta x \sin \alpha_I$ durch schlaffe Bewehrung aufzunehmen. Die rechnerische Bruchlast ist durch Überlagerung der Lastfälle $v + 1{,}75 \cdot q + s + k$ gegeben.

Der Nachweis erfolgt im Bereich der Nullinie oder in der Druckzone nach den Gleichungen

$$\sigma_I = \frac{\sigma_x}{2} + \frac{1}{2}\sqrt{\sigma_x^2 + 4\tau^2} \qquad \text{(Hauptzug)}$$

und

$$\sigma_{II} = \frac{\sigma_x}{2} - \frac{1}{2}\sqrt{\sigma_x^2 + 4\tau^2}$$

für den Richtungswinkel $\tan 2\alpha = 2\tau/\sigma_x$.

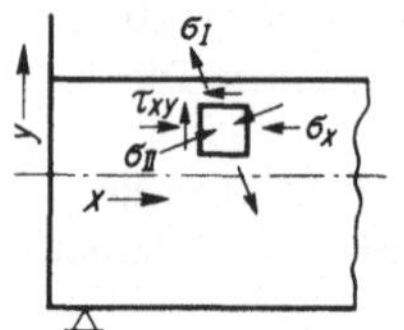

6.38 Definition der Spannung am Balkenelement

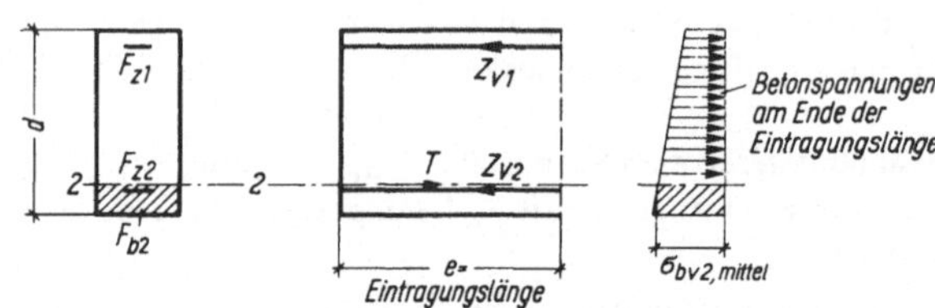

6.39 Berechnung der Schub- bzw. Spaltzugkraft

Die Betonlängsspannungen σ_x sind aus den entsprechenden Lastfällen bekannt. Die Schubspannung wird berechnet aus $\tau = Q \cdot S/I \cdot b$. Werden die obengenannten Hauptzugspannungen unter rechnerischer Bruchlast überschritten, dann ist die schlaffe Bewehrung $Fe_I = Z_I/\sigma_e$ zul in Richtung von Z_I bzw. σ_I einzulegen. Für senkrechte Bügel wird

$$Z_{Bü} = \sigma_I \cdot b \cdot \Delta x \quad \text{und} \quad Fe_{Bü} = \frac{Z_{Bü}}{\sigma_e\,\text{zul}}$$

Dabei ist σ_e zul für Bruchlast nach Tafel VI, Zeile 44 bis 46, zu wählen.

9. Einleitung der Spannkräfte. Zur Ermittlung der Spaltzugkraft wird bei Endverankerung durch Haftung und Reibung meist folgender Weg gewählt (s. Rüsch/Kupfer in: Betonkalender 1971, S. 804).

$T = Z_{v2} - \sigma_{bv,2\ mittel} \cdot F_{b2}$ entspricht der Spaltzugkraft (Bild 6.39). Bei untenliegendem Spannstrang ist die erforderliche Bügelbewehrung für $Z_{Bü} = T/3$ zu bemessen, womit $Fe_{Bü} = Z_{Bü}/\sigma_e$ zul. Die Bügel werden über die Eintragungslänge $e = \sqrt{s^2 + ü^2}$ verteilt. Es bedeuten: s = Störungslänge ≈ d und ü = Übertragungslänge für den Spannstahl gemäß Zulassung. Die Schubbewehrung am Trägerende kann für rechnerische Bruchlast nach dem Vorschlag von Rüsch/Kupfer in: Betonkalender 1971, S. 805, bemessen werden.

Nach dem Überblick über den Berechnungsablauf werden die Möglichkeiten des Programmeinsatzes zur Lösung der Einzelaufgaben erläutert. Für die Ermittlung der Schnittgrößen müssen Trägerformen zur Berechnung von g_1 sowie Lastarten, Lastbilder und Lastgrößen festgelegt werden. Das Programm bietet diesbezüglich eine Auswahl nach Bild 6.40.

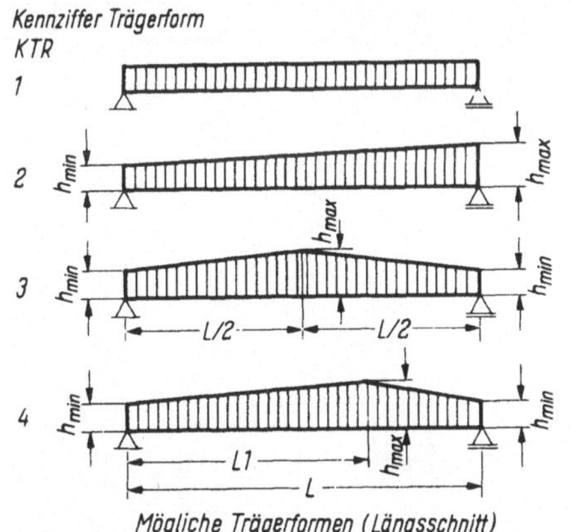

6.40 Mögliche Trägerformen und Lastbilder

Die Trägerform im Längsschnitt wird auf dem Eingabedatenformblatt, Kartenart 2, durch die Trägerformkennziffer KTR in Spalte 1 festgelegt (s. Tafel 6.41) [1]).

Die Lastbilder sind durch die Lastkennziffern G_2 und P den Lastarten bzw. Lastfällen zugeordnet (s. Kartenart 7 und 9, Tafel 6.42). Bei den Karten 7 und 9 wird die Nummer des Lastbildes durch die Spalte gekennzeichnet, in welche die Anzahl der Lastbilder eingetragen wird. Es sind entsprechend den 6 Lastbildern 6 Spalten vorhanden. Die Lastgrößen werden auf den Kartenarten 8 und 10 (s. Tafel 6.42) in Mp bzw. Mp/m eingetragen.

Stützweite und Trägerhöhe werden in Kartenart 2 notiert, wobei für geneigten Obergurt die höhenveränderliche Schicht NSD in Spalte 27 anzugeben ist (s. Tafel 6.41).

Weitere, für den gesamten Träger maßgebende Daten sind in die Kartenarten 3 bis 6 (s. Tafel 6.41) einzutragen.

Karte 3

E_z, E_b für die Berechnung von $n = E_z/E_b$. Erforderlich für ideelle Querschnittswerte und die Ermittlung der Stahlspannungen für alle Lastfälle (v, g_1, g_2, p, s + k),
$W_{28} = \beta_w$ Würfelfestigkeit des Betons,
σ_{Str}, σ_{Br} Stahlspannung an Streck- und Bruchgrenze,
ϵ_{Str}, ϵ_{Br} Stahldehnung an Streck- und Bruchgrenze sind für den Bruchsicherheitsnachweis erforderlich.

---

[1]) Genehmigter Nachdruck der Tafeln 6.41, 6.42 und 6.43a, b, c aus: Spannbetonträger, IBM-Form 80700 – Copyright IBM Deutschland.

Tafel 6.41 Trägerhauptdaten

Programm Spannbetonträger

Eingabedaten Formblatt 1/3

Kartenart 1

Datum		Bearbeiter		Trägerbezeichnung		Träger Nr.	
1 2 3 4 5 6 7 8	9 10	11 12 13 14 15 16 17 18 19 20 21 22	23 24 25	26 27 28 29 30 31 32 33 34 35 36 37 38 39 40 41 42 43 44 45 46 47 48 49 50 51 52 53	54 55 56	57 58 59 60	61 62 63 64 65 66
16.06.72		SCHROEDER		DACHBINDER			

Kartenart 2

KTR		L[m]		h_{min}[cm]		h_{max}[cm]		L_1[m]		NSD	
1	2	3 4 5 6 7	8	9 10 11 12 13	14	15 16 17 18 19	20	21 22 23 24 25	26	27	28 29
3		25.00		12,5.0		150				3	

Kartenart 3

ε_{Str}[10^6 Kp/cm²]		ε_{Br}[10^5 Kp/cm²]		W_{28}[Kp/cm²]		σ_{Str}[Kp/cm²]		σ_{Br}[Kp/cm²]		ε_{Str} 0/00		ε_{Br} 0/00	
1 2 3 4 5	6	7 8 9 10 11	12	13 14 15 16 17	18	19 20 21 22 23	24	25 26 27 28 29	30	31 32 33 34 35	36	37 38 39 40 41	42 43
2.1		4.0		600.0		14500		16000		7.2		80.0	

Kartenart 4

Fe_1[cm²]		Fe_2[cm²]		Fe_3[cm²]		Fe_4[cm²]		Fe_5[cm²]		Fe_6[cm²]	
1 2 3 4 5	6	7 8 9 10 11	12	13 14 15 16 17	18	19 20 21 22 23	24	25 26 27 28 29	30	31 32 33 34 35	36 37 38 39 40
3.0		2.0		3.5		4.5		3.5			

Kartenart 5

σ^0_{v1}[Kp/cm²]		σ^0_{v2}[Kp/cm²]		σ^0_{v3}[Kp/cm²]		σ^0_{v4}[Kp/cm²]		σ^0_{v5}[Kp/cm²]		σ^0_{v6}[Kp/cm²]	
1 2 3 4 5	6	7 8 9 10 11	12	13 14 15 16 17	18	19 20 21 22 23	24	25 26 27 28 29	30	31 32 33 34 35	36 37 38 39 40
6000.		9250.		9300.		9300.		9300.			

Kartenart 6

$\varphi_{1 min}$		$\varphi_{2 min}$		$\varphi_{1 max}$		$\varphi_{2 max}$		ε_{1min}[10^{-5}]		ε_{2min}[10^{-5}]		ε_{1max}[10^{-5}]		ε_{2max}[10^{-5}]	
1 2 3 4 5	6	7 8 9 10 11	12	13 14 15 16 17	18	19 20 21 22 23	24	25 26 27 28 29 30	31	32 33 34 35 36 37	38	39 40 41 42 43 44	45	46 47 48 49 50 51	52
1.0		0.0		1.5		3.0		-10.0		0.0		-10.0		-22.5	

KTR = Kennziffern Längsschnitt

KTR 1

KTR 2

KTR 3

KTR 4

NSD = Nummer der Schicht, die bei KTR 2–4 an Höhe zunimmt

Schicht 3

Schnitt A-A

NSD = 3

[Kp/cm²]

σ_{Br}

σ_{Str}

Verlauf der für die Berechnung angenommenen Spannungs-Dehnungslinie.

Dehnung [0/00]

ε_{Str} ε_{Br}

Tafel 6.42 Lastdaten

Programm Spannbetonträger

Eingabedaten Formblatt 2/3

Kartenart 7

Lastkennziffern G_2											
1	2	3	4	5	6	7	8	9	10	11	12 13 14
1		0		0		0		0		0	

Laskennz. = Anzahl der Lasten mit Lastbild 1 bis 6

Kartenart 8

G_2		b		a		G_2		b		a		G_2		b		a		G_2		b		a	
1 2 3 4 5	6	7 8 9 10 11	12	13 14 15 16 17	18 19	20 21 22 23 24	25	26 27 28 29 30	31	32 33 34 35 36	37 38	39 40 41 42 43	44	45 46 47 48 49	50	51 52 53 54 55	56 57	58 59 60 61 62	63	64 65 66 67 68	69	70 71 72 73 74	75 76
0.850		25.00		0.0																			

Kartenart 9

Lastkennziffern P											
1	2	3	4	5	6	7	8	9	10	11	12 13 14
1		0		0		0		0		0	

Lasten [Mp] Längen [m]

Kartenart 10

P		b		a		P		b		a		P		b		a		P		b		a	
1 2 3 4 5	6	7 8 9 10 11	12	13 14 15 16 17	18 19	20 21 22 23 24	25	26 27 28 29 30	31	32 33 34 35 36	37 38	39 40 41 42 43	44	45 46 47 48 49	50	51 52 53 54 55	56 57	58 59 60 61 62	63	64 65 66 67 68	69	70 71 72 73 74	75 76
0.375		25.00		0.0																			

Bemerkung: Das Programm benötigt ϵ_{Br} und σ_{Br}, um für Bruchdehnung $\epsilon_{zu} > \epsilon_{Str}$ den Spannungsanstieg im Fließbereich zu berücksichtigen, was heute für rechnerische Verfahren nicht üblich ist. Man läßt die Spannung im Fließbereich konstant mit $\sigma_{Str} = \beta_s$ bzw. $\beta_{0,2}$.

Karte 4
$Fe = F_z$, Spannstahlquerschnitte der einzelnen Lagen (vgl. Bild 6.31)

Karte 5
$\sigma_v^{(0)} = \sigma_{zv}^{(0)}$, Spannbettspannungen der einzelnen Lagen (vgl. Bild 6.31)

Karte 6
$\varphi_{1min}, \varphi_{1max}$, Kriechzahlen im ersten Belastungszeitraum von t_1 bis t_2,
$\varphi_{2min} = 0$, da kaum von Interesse,
φ_{2max}, Kriechzahl im zweiten Belastungszeitraum von t_2 bis t_∞
$\epsilon_{1min}, \epsilon_{1max}$, Schwindmaße im ersten Belastungszeitraum von t_1 bis t_2, im allgemeinen $\epsilon_{1min} = \epsilon_{1max}$,
$\epsilon_{2min} = 0$, da kaum von Interesse
ϵ_{2max}, Schwindmaß im zweiten Belastungszeitraum von t_2 bis t_∞.

Mit den Karten 1 bis 10 (s. Tafel 6.41 und 6.42) sind die für alle Schnitte maßgebenden „Trägerhauptdaten“ festgelegt.

Die jeweils nur einen Schnitt kennzeichnenden Daten, die sogenannten Querschnittsdaten, werden auf den Karten 11 bis 15 erfaßt. Für die im Berechnungsbeispiel gewählten Schnitte 1, 2 und 3 sind die Daten jeweils in Tafel 6.43a, b und c eingetragen.

Karte 11
Angabe der Schnittnummer

Karte 12
Abstand des Schnittes vom linken Auflager. Ferner wird hier durch die Bezeichnung = 0 und ≠ 0 in Kennziffernspalten der Ausdruck spezieller Ergebnisse nicht gefordert oder gefordert.

Karte 13
Höhe h der einzelnen Schichten des Querschnittes. Bei Querschnittssprung wegen Schichtdicke = 0, $h_i = h_{i+1}$

Karte 14
Breite b der einzelnen Schichten des Querschnittes,

Karte 15
Abstand e der einzelnen Lagen der Spannstähle von der Bezugsachse gemäß Tafel 6.43.

Für die Eingabe in die DVA muß folgende Anordnung der Karten eingehalten werden:

a) Trägerhauptdaten	Karten 1 bis 10,
b) Schnitt Nr. 1	Karte 11,
c) Querschnittsdaten für Schnitt 1	Karten 12 bis 15,
d) Schnitt Nr. 2	Karte 11,
e) Querschnittsdaten für Schnitt 2	Karten 12 bis 15,

usw.

Soll ein neuer Träger gerechnet werden, so muß nach der Querschnittskarte 15 des vorherigen Trägers eine Leerkarte liegen. Darauf folgen die Trägerhauptdaten des neuen Trägers, usw.

Die Datenausgabe beginnt mit einer Auflistung der eingegebenen Trägerhauptdaten von den Karten 1 bis 10 (s. Tafeln 6.44). Dabei weist der Ausdruck „Trägerart 3“ auf die Sattelform

Tafel 6.43a Querschnittsdaten Schnitt 1

Programm Spannbetonträger

Kartenart 11

Nr. Schn (1–2)	Nummer Schnitt immer ≠ 0 (3–16)
0 1	

Kartenart 12

K1	K2	K3	K4	K5	Schnitt X [m]
1	1	0	0	0	10.00

X = Abstand linkes Auflager-Schnitt

- K5: = 0 Spaltbewehrung wird nicht gerechnet; ≠ 0 Spaltbewehrung wird gerechnet
- K4: = 0 Schnitt liegt nicht im Bereich einer Auflagerverstärkung; ≠ 0 Schnitt liegt im Bereich einer Auflagerverstärkung
- K3: = 0 Hauptzugspannungen werden nicht gerechnet; ≠ 0 Hauptzugspannungen werden gerechnet
- K2: = 0 Bruchsicherheit wird nicht gerechnet; ≠ 0 Bruchsicherheit wird gerechnet
- K1: = 0 Eigengewicht wird nicht gedruckt; ≠ 0 Eigengewicht wird gedruckt

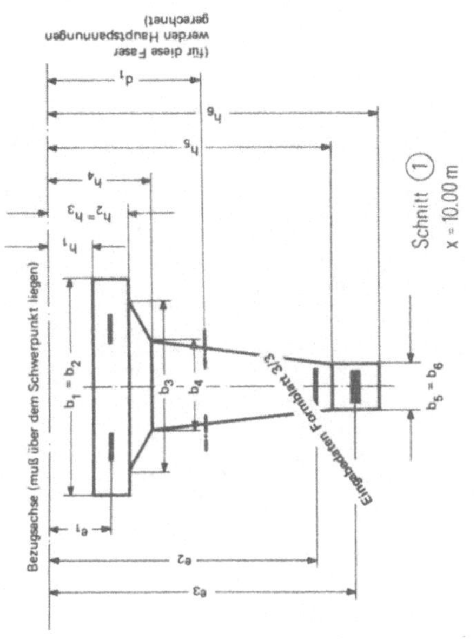

Kartenart 13

h_1 [cm]	h_2 [cm]	h_3 [cm]	h_4 [cm]	h_5 [cm]	h_6 [cm]	h_7 [cm]	h_8 [cm]	h_9 [cm]	d_1 [cm]
5.0	25.0	30.0	133.0	138.0	150.0				

Kartenart 14

b_1 [cm]	b_2 [cm]	b_3 [cm]	b_4 [cm]	b_5 [cm]	b_6 [cm]	b_7 [cm]	b_8 [cm]	b_9 [cm]
30.0	30.0	10.0	10.0	30.0	30.0			

Kartenart 15

e_1 [cm]	e_2 [cm]	e_3 [cm]	e_4 [cm]	e_5 [cm]	e_6 [cm]
17.6	138.0	141.0	144.0	147.0	

Achtung: Neue Trägerhauptdaten sind von den vorhergehenden durch eine Leerkarte zu trennen. Das Programm liest ohne Stop und Start die neuen Trägerhauptdaten.

unter Kennziffer KTR 3 hin. Bei der Wiedergabe der Schwind- und Kriechwerte ist zu sehen, daß $\varphi_{2min} = 0$ und $\epsilon_{2min} = 0$ eingegeben wurden. Unter Spannbewehrung und Vorspannung findet man die Querschnittswerte und Spannbettspannungen der einzelnen Lagen der Spanndrähte nach Bild 6.31 vor, die auf den Karten 4 und 5 eingegeben wurden. Aus den Lastkennziffern G_2 100000 und P 100000 ist ersichtlich, daß es sich bei den Lastfällen g_2 und p um je eine Gleichstreckenlast nach Lastbild 1 handelt, die sich wegen b bzw. B = 25,00 m über die ganze Trägerlänge erstreckt. Die Lastgrößen sind $g_2 = 0{,}85$ Mp/m und p = 0,375 Mp/m.

Tafel 6.43b Querschnittsdaten Schnitt 2

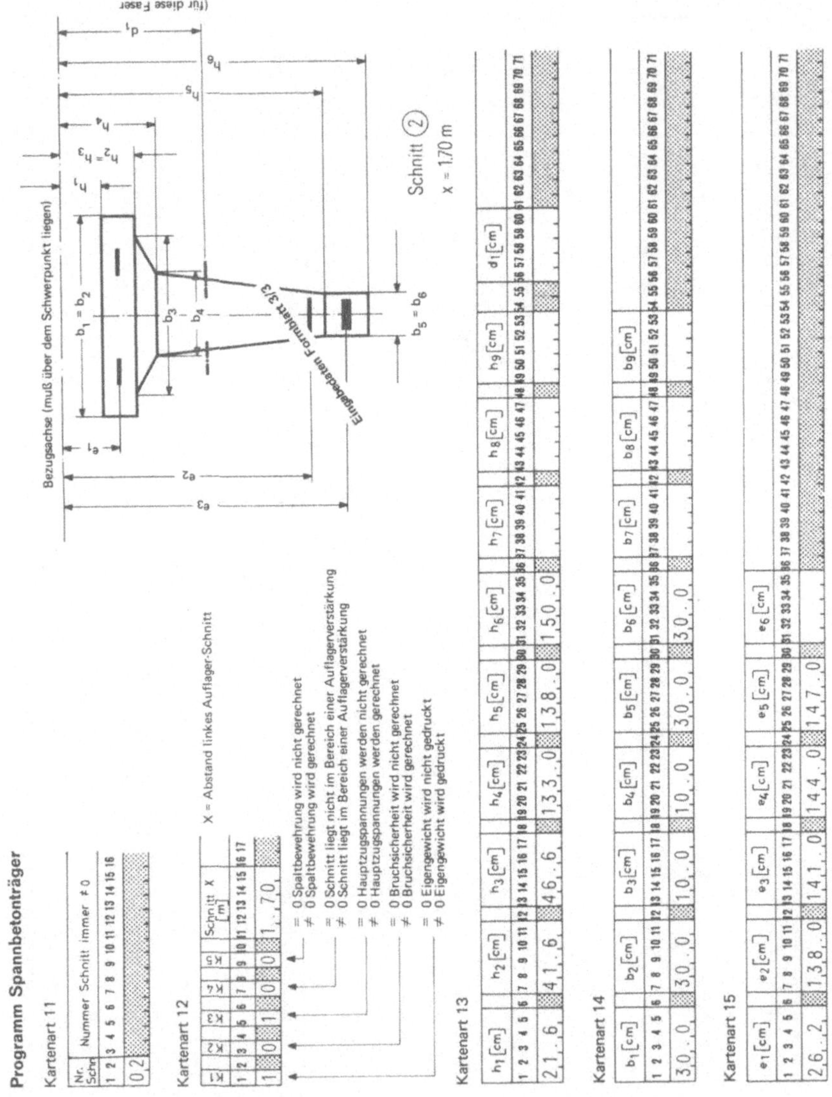

Programm Spannbetonträger

Kartenart 11

Nr. Schn	Nummer Schnitt immer ≠ 0
1 2	3 4 5 6 7 8 9 10 11 12 13 14 15 16
0 2	

Kartenart 12

K1	K2	K3	K4	K5	Schnitt X [m]
1	2 3	4 5	6 7	8 9	10 11 12 13 14 15 16 17
1	0	1	0	0	1.70

X = Abstand linkes Auflager-Schnitt

- K5: = 0 Spaltbewehrung wird nicht gerechnet; ≠ 0 Spaltbewehrung wird gerechnet
- K4: = 0 Schnitt liegt nicht im Bereich einer Auflagerverstärkung; ≠ 0 Schnitt liegt im Bereich einer Auflagerverstärkung
- K3: = 0 Hauptzugspannungen werden nicht gerechnet; ≠ 0 Hauptzugspannungen werden gerechnet
- K2: = 0 Bruchsicherheit wird nicht gerechnet; ≠ 0 Bruchsicherheit wird gerechnet
- K1: = 0 Eigengewicht wird nicht gedruckt; ≠ 0 Eigengewicht wird gedruckt

Kartenart 13

h_1 [cm]	h_2 [cm]	h_3 [cm]	h_4 [cm]	h_5 [cm]	h_6 [cm]	h_7 [cm]	h_8 [cm]	h_9 [cm]	d_1 [cm]	
1–5	7–11	13–17	19–23	25–29	31–35	37–41	43–47	49–53	56–60	61–71
21.6	41.6	46.6	133.0	138.0	150.0					

Kartenart 14

b_1 [cm]	b_2 [cm]	b_3 [cm]	b_4 [cm]	b_5 [cm]	b_6 [cm]	b_7 [cm]	b_8 [cm]	b_9 [cm]	
1–5	7–11	13–17	19–23	25–29	31–35	37–41	43–47	49–53	54–71
30.0	30.0	10.0	10.0	30.0	30.0				

Kartenart 15

e_1 [cm]	e_2 [cm]	e_3 [cm]	e_4 [cm]	e_5 [cm]	e_6 [cm]	
1–5	7–11	13–17	19–23	25–29	31–35	36–71
26.2	138.0	141.0	144.0	147.0		

Achtung: Neue Trägerhauptdaten sind von den vorhergehenden durch eine Leerkarte zu trennen. Das Programm liest ohne Stop und Start die neuen Trägerhauptdaten.

Auf Tafel 6.44b sind alle für Schnitt 1 erforderlichen rechnerischen Nachweise ausgedruckt. Zuerst die Querschnittsabmessungen und die Höhenlagen der Spannstähle zur Kontrolle der Eingabedaten auf den Karten 13, 14 und 15. Dann die Querschnittswerte, wobei F_B der reine Betonquerschnitt ist und F_i, YBO = y_{io}, YBU = y_{iu} und I = I_i (vgl. Bild 6.33) ideelle Querschnittswerte sind.

Beim Eigengewicht bezeichnet G1 die Gleichstreckenlast und GO1 die Dreieckslast infolge des Höhenzuwachses der Schicht 3. Auflagerkräfte und Schnittgrößen M und Q für Schnitt 1

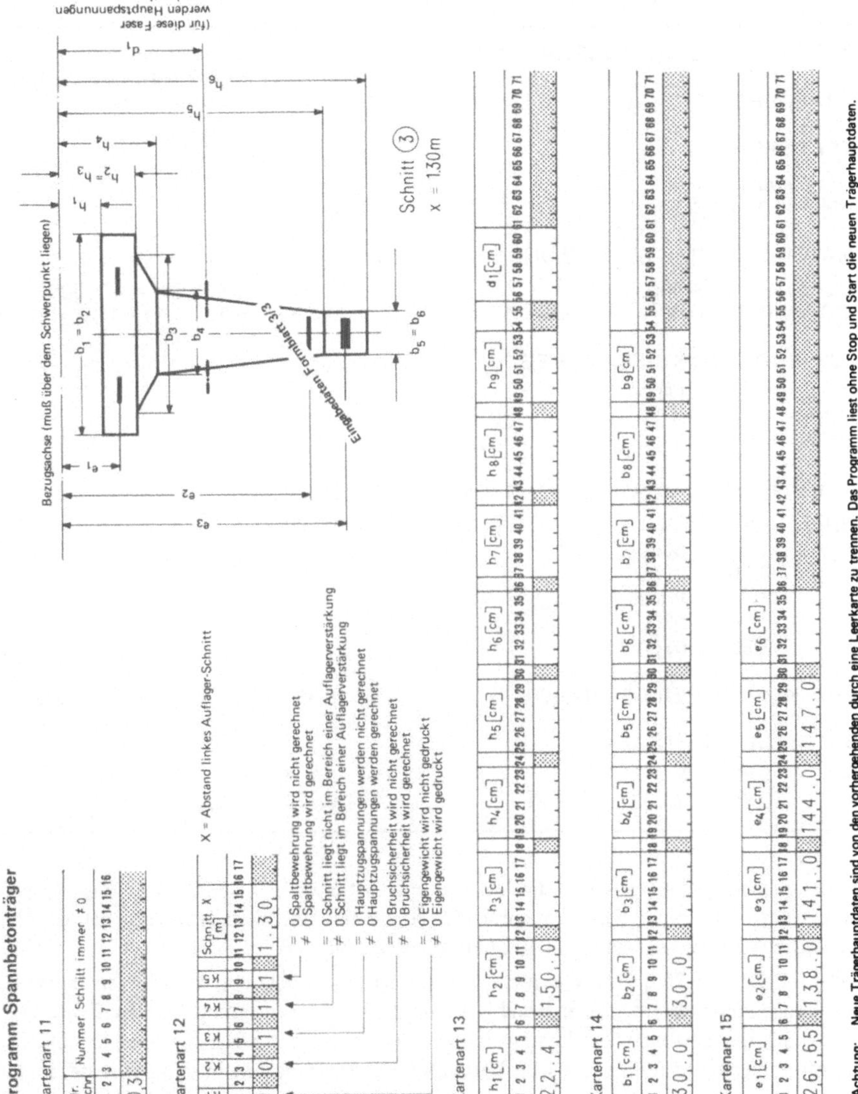

Tafel 6.43c Querschnittsdaten Schnitt 3

Programm Spannbetonträger

Kartenart 11

Nr. Schn	Nummer Schnitt immer ≠ 0
0 3	

Kartenart 12

K1	K2	K3	K4	K5	Schnitt X [m]
1	0	1	1	1	1.30

X = Abstand linkes Auflager-Schnitt

K5: = 0 Spaltbewehrung wird nicht gerechnet; ≠ 0 Spaltbewehrung wird gerechnet
K4: = 0 Schnitt liegt nicht im Bereich einer Auflagerverstärkung; ≠ 0 Schnitt liegt im Bereich einer Auflagerverstärkung
K3: = 0 Hauptzugspannungen werden nicht gerechnet; ≠ 0 Hauptzugspannungen werden gerechnet
K2: = 0 Bruchsicherheit wird nicht gerechnet; ≠ 0 Bruchsicherheit wird gerechnet
K1: = 0 Eigengewicht wird nicht gedruckt; ≠ 0 Eigengewicht wird gedruckt

Kartenart 13

h_1 [cm]	h_2 [cm]	h_3 [cm]	h_4 [cm]	h_5 [cm]	h_6 [cm]	h_7 [cm]	h_8 [cm]	h_9 [cm]	d_1 [cm]
22.4	150.0								

Kartenart 14

b_1 [cm]	b_2 [cm]	b_3 [cm]	b_4 [cm]	b_5 [cm]	b_6 [cm]	b_7 [cm]	b_8 [cm]	b_9 [cm]
30.0	30.0							

Kartenart 15

e_1 [cm]	e_2 [cm]	e_3 [cm]	e_4 [cm]	e_5 [cm]	e_6 [cm]
26.65	138.0	141.0	144.0	147.0	

Achtung: Neue Trägerhauptdaten sind von den vorhergehenden durch eine Leerkarte zu trennen. Das Programm liest ohne Stop und Start die neuen Trägerhauptdaten.

getrennt nach den Lastfällen g_1, g_2 und p, sowie die Überlagerung der Einzelwerte zu $q = g_1 + g_2 + p$ sind tabellarisch ausgedruckt.

Die Steifigkeitswerte α können gemäß Bemerkung zu Lastfall Vorspannung zur Berechnung der Beton- und Stahlspannungen dienen.

Unter „Spannungen" sind für alle Lastfälle (v, g_1, g_2, p, min φ und max φ) die Betonspannungen für den unteren und oberen Querschnittsrand und die Stahlspannungen in allen Spannstahllagen (hier 1 bis 5 nach Bild 6.31) zusammengestellt. Gleichzeitig ist die Überlagerung der Einzelwerte

Tafel 6.44a Ausgabewerte Trägerhauptdaten

```
PROGRAM SPANNBETONTRAEGER                               DATUM 16.06.72
                                                        BEARBEITER SCHROEDER
TRAEGERBEZEICHNUNG             DACHBINDER               TRAEGERNR. 1

TRAEGERART 3

L = 25.00 M
HMIN = 125.0 CM                HMAX = 150.0 CM

MATERIALWERTE (KP/CM2 UND PRO MILLE)
E STAHL = 2100000.                                      E BETON = 400000.
SIGMA STR = 14500.     SIGMA BR = 16000.     EPS STR = 7.2      EPS BR = 80.0

SCHWIND- UND KRIECHWERTE
      PHI1   PHI2   EPS1          EPS2
MIN   1.00   0.00   - 0.000100     0.000000
MAX   1.50   3.00   - 0.000100    - 0.000224

SPANNBEWG. U. VORSPANNUNG (CM2 UND KP/CM2)
NR.   FE     SV
1     3.00   6000.
2     2.00   9250.
3     3.50   9300.
4     4.50   9300.
5     3.50   9300.

LASTKENNZIFFER G2  100000                       LASTKENNZIFFER P  100000

BELASTUNG (MP UND M)
NR.   LAST   B       A                          LAST    B       A
1     0.85   25.00   0.00                       0.375   25.00   0.00
```

zu den ungünstigsten Werten für die Lastfallkombinationen $(v + g_1)$, $(v + g_1 + g_2 + \min \varphi)$ und $(v + g_1 + g_2 + p + \max \varphi)$ ausgedruckt, so daß der Überblick sofort gegeben ist, ob die zulässigen Spannungen nach DIN 4227 eingehalten sind.

Der Lastfall $v + 1{,}75\ q + \max \varphi$ ist erforderlich für die Berechnung der schiefen Hauptzugspannungen unter rechnerischer Bruchlast und ggf. für die Bemessung der schlaffen Bewehrung für die Schubsicherung. Diese Bemessung wird vom Programm nicht durchgeführt. Die Hauptzugspannungen sind für Schnitt 1 im Mittenbereich des Trägers nicht von Interesse, so daß deren Berechnung auf Karte 12 nicht aufgerufen wird (0 in Spalte 5 für Kennziffer K3).

Für die Zugkeildeckung wird die Kraft des Betonzugkeils Z_b = DZ angegeben und die Höhe des Zugkeils a = XO. Liegt der Spannungszuwachs $\Delta\sigma$ = DS $\leqq$ 2000 kp/cm^2 und wird die zulässige Stahlspannung des Spannstahls nicht überschritten, so ist keine schlaffe Bewehrung erforderlich. Für $\Delta\sigma > 2000$ kp/cm^2 wird die erforderliche schlaffe Bewehrung für Stahl IIIb berechnet.

Der Bruchsicherheitsnachweis wird gemäß den Angaben im Berechnungsablauf als Bemessung durchgeführt und die Bruchsicherheit ist gegeben, wenn das berechnete $F_{z\,erf} \leqq F_{z\,vorh}$. Die

Tafel 6.44b Ausgabewerte Spannungen Schnitt 1

SCHNITT NR. 1 X (M) = 10.00

ABMESSUNGEN DES QUERSCHNITTS UND LAGE DER BEWEHRUNGEN (CM)

	H	B		E
1	5.0	30.0	1	17.6
2	25.0	30.0	2	138.0
3	30.0	10.0	3	141.0
4	133.0	10.0	4	144.0
5	138.0	30.0	5	147.0
6	150.0	30.0		

QUERSCHNITTSWERTE (CM, CM2, CM4)

FB	FI	YBO	YBU	I
2190.0	2260.1	70.00	74.99	5762178.

EIGENGEW. (MP/M) G1 = 0.506 GO1 = 0.062

SCHNITTKRAEFTE (MP UND MPM)

	A	B	M	Q	N
G1	6.719	6.719	41.047	1.406	0.000
G2	10.624	10.625	63.749	2.124	0.000
P	4.687	4.687	28.124	0.937	0.000
G1 + G2 + P	22.032	22.032	132.922	4.468	0.000

ALPHA-WERTE

	1	2	3	4	5
1	0.01597	− 0.00194	− 0.00395	− 0.00578	− 0.00504
2	− 0.00291	0.01187	0.02138	0.02827	0.02259
3	− 0.00338	0.01222	0.02201	0.02912	0.02328
4	− 0.00385	0.01256	0.02265	0.02997	0.02397
5	− 0.00432	0.01291	0.02328	0.03081	0.02465

SPANNUNGEN (MP/CM2)

LASTFALL	SBU	SBO	1	2	3	4	5
1 V	− 161.	27.	6059.	8485.	8515.	8494.	8474.
2 G1	53.	− 49.	− 214.	235.	246.	258.	269.
3 G2	82.	− 77.	− 333.	365.	383.	400.	418.
4 P	36.	− 34.	− 147.	161.	169.	176.	184.
5 MINFI	12.	− 2.	− 374.	− 648.	− 655.	− 662.	− 669.
6 MAXFI	25.	0.	− 2370.	− 1472.	− 1450.	− 1428.	− 1405.
7 1+2	− 107.	− 22.	5844.	8721.	8761.	8752.	8743.
3+4+5+7	24.	− 136.	4990.	8599.	8658.	8667.	8676.
3+4+6+7	37.	− 133.	2993.	7775.	7863.	7902.	7940.
1+1.75Q+6	167.	− 254.	2472.	8347.	8463.	8528.	8594.

ZUGKEILDECKUNG

	DZ (KP)	XO (CM)	DS (KP/CM2)	ERF.SCHL.BEW. (CM2)
UNTEN	14404.	31.86	1067.00	0.00
OBEN	0.	0.00	0.00	0.00

BRUCHSICHERHEIT FZ ERF. = 11.30 CM2 XO = 27.0 CM Z = 128.6 CM

Tafel 6.44c Ausgabewerte Spannungen Schnitt 2

SCHNITT NR. 2 X (M) = 1.70

ABMESSUNGEN DES QUERSCHNITTS UND LAGE DER BEWEHRUNGEN (CM)

	H	B		E
1	21.6	30.0	1	26.2
2	41.6	30.0	2	138.0
3	46.6	10.0	3	141.0
4	133.0	10.0	4	144.0
5	138.0	30.0	5	147.0
6	150.0	30.0		

QUERSCHNITTSWERTE (CM, CM2, CM4)

FB	FI	YBO	YBU	I
2024.0	2094.1	61.91	66.48	4209885.

EIGENGEW. (MP/M) G1 = 0.506 GO1 = 0.062

SCHNITTKRAEFTE (MP UND MPM)

	A	B	M	Q	N
G1	6.719	6.719	10.687	5.851	0.000
G2	10.624	10.625	16.834	9.179	0.000
P	4.687	4.687	7.426	4.049	0.000
G1 + G2 + P	22.032	22.032	34.948	19.081	0.000

ALPHA-WERTE

	1	2	3	4	5
1	0.01981	− 0.00277	− 0.00560	− 0.00817	− 0.00710
2	− 0.00416	0.01241	0.02244	0.02977	0.02387
3	− 0.00480	0.01282	0.02319	0.03079	0.02470
4	− 0.00544	0.01323	0.02395	0.03181	0.02553
5	− 0.00609	0.01364	0.02470	0.03282	0.02636

SPANNUNGEN (KP/CM2)

LASTFALL	SBU	SBO	1	2	3	4	5
1V	− 170.	26.	6101.	8452.	8478.	8454.	8430.
2 G1	16.	− 15.	− 76.	72.	76.	80.	84.
3 G2	26.	− 24.	− 120.	114.	120.	126.	133.
4 P	11.	− 10.	− 53.	50.	53.	56.	58.
5 MINFI	17.	− 4.	− 212.	− 813.	− 829.	− 845.	− 861.
6 MAXFI	56.	− 12.	− 1118.	− 2689.	− 2731.	− 2773.	− 2816.
7 1+2	− 153.	10.	6024.	8525.	8554.	8534.	8514.
3+4+5+7	− 97.	− 29.	5638.	7876.	7899.	7872.	7845.
3+4+6+7	− 58.	− 37.	4732.	6000.	5997.	5943.	5890.
1+1.75Q+6	− 16.	− 75.	4545.	6178.	6184.	6141.	6098.

ZUGKEILDECKUNG

	DZ (KP)	XO (CM)	DS (KP/CM2)	ERF.SCHL.BEW. (CM2)
UNTEN	0.	0.00	0.00	0.00
OBEN	1312.	8.27	0.00	0.54

HAUPTZUGSP. (KP/CM2)

	D	TG2A	TAU	SIG1	SIG2
BRUCHL.	83.51	− 1.3567	32.13	16.23	63.60
GEBRL.	83.51	− 0.7725	18.29	6.24	− 53.61

Tafel 6.44d Ausgabewerte Spannungen Schnitt 3

SCHNITT NR. 3 X (M) = 1.30

ABMESSUNGEN DES QUERSCHNITTS UND LAGE DER BEWEHRUNGEN (CM)

	H	B		E
1	22.4	30.0	1	26.6
2	86.2	30.0	2	138.0
3	150.0	30.0	3	141.0
			4	144.0
			5	147.0

QUERSCHNITTSWERTE (CM, CM2, CM4)

FB	FI	YBO	YBU	I
3828.0	3898.1	64.44	63.15	5423840.

EIGENGEW. (MP/M) G1 = 0.506 GO1 = 0.062

SCHNITTKRAEFTE (MP UND MPM)

	A	B	M	Q	N
G1	6.719	6.719	8.305	6.057	0.000
G2	10.624	10.625	13.094	9.519	0.000
P	4.687	4.687	5.776	4.199	0.000
G1 + G2 + P	22.032	22.032	27.177	19.777	0.000

ALPHA-WERTE

	1	2	3	4	5
1	0.01456	− 0.00326	− 0.00633	− 0.00892	− 0.00755
2	− 0.00490	0.00775	0.01409	0.01879	0.01513
3	− 0.00542	0.00805	0.01465	0.01954	0.01575
4	− 0.00595	0.00835	0.01520	0.02029	0.01636
5	− 0.00647	0.00865	0.01575	0.02103	0.01697

SPANNUNGEN (KP/CM2)

LASTFALL	SBU	SBO	1	2	3	4	5
1 V	− 106.	34.	6154.	8760.	8793.	8776.	8758.
2 G1	9.	− 9.	− 48.	41.	43.	45.	48.
3 G2	15.	− 15.	− 76.	64.	68.	72.	76.
4 P	6.	− 6.	− 33.	28.	30.	31.	33.
5 MINFI	8.	− 3.	− 127.	− 603.	− 615.	− 628.	− 641.
6 MAXFI	27.	− 11.	− 610.	− 2082.	− 2121.	− 2161.	− 2201.
7 1+2	− 96.	24.	6106.	8802.	8837.	8822.	8807.
3+4+5+7	− 66.	− 1.	5869.	8292.	8320.	8297.	8275.
3+4+6+7	− 47.	− 9.	5386.	6813.	6814.	6765.	6716.
1+1.75Q+6	− 23.	− 33.	5267.	6914.	6921.	6877.	6834.

ZUGKEILDECKUNG

	DZ (KP)	XO (CM)	DS (KP/CM2)	ERF.SCHL.BEW. (CM2)
UNTEN	0.	0.00	0.00	0.00
OBEN	9362.	25.65	0.00	3.90

HAUPTZUGSP. (KP/CM2)

	D	TG2A	TAU	SIG1	SIG2
BRUCHL.	86.84	− 0.9055	12.88	4.96	− 33.43
GEBRL.	86.84	− 0.5155	7.33	1.77	− 30.24

SPALTBEWG. (ST3)
EINTR.-LAENGE (CM) = 101. FE BUEGEL (CM2) = 17.42

Höhe der Druckzone x = XO und der Hebelarm der inneren Kräfte z werden ebenfalls ausgedruckt.

Für Schnitt 2 (s. Tafel 6.44c), 1,7 m vom Auflager werden die gleichen Nachweise ausgedruckt, nur sind hier für die Schubsicherung zusätzlich in den letzten beiden Zeilen die Hauptzugspannungen für Bruchlast und Gebrauchslast angegeben. Hier gibt D den Abstand der betrachteten Faser von der Bezugsachse an (s. Tafel 6.43), tan 2α = TG2A den Richtungswinkel der Hauptzugspannung, τ = TAU die in der betrachteten Faser vorhandene Schubspannung, σ_I = SIG1 die Hauptzugspannung und σ_{II} = SIG2 die Hauptdruckspannung im Beton.

Die Hauptzugspannung unter Bruchlast $\sigma_I = 16{,}23$ kp/cm$^2 < 24 = \sigma$ zul erfordert also keinen Nachweis der Schubsicherung.

Für Schnitt 3 (s. Tafel 6.44d), der im Verstärkungsbereich des Trägers 1,3 m vom Auflager liegt, wird in der letzten Zeile die erforderliche Spaltzugbewehrung $Fe_{Bü}$ angegeben. Der Bügelquerschnitt errechnet sich hier für St IIIb unter Annahme einer Spaltzugkraft Z = P/3, wobei P die Vorspannkraft des unteren Stranges, also der Bewehrungslagen 2 bis 5, ist. Diese Annahme liefert gegenüber den Ausführungen zum Berechnungsablauf unter 9. etwas höhere Bewehrung. Die Eintragungslänge ist mit 101 cm etwas zu klein, da für die Übertragungslänge ü ein etwas zu knapper Wert von 35 cm zugrundegelegt ist. Die Schubbewehrung am Trägerende wird vom Programm nicht behandelt. Sie kann nach den Angaben zum Berechnungsablauf unter 9. bemessen werden.

Abschließend, nach Betrachtung des Berechnungsablaufes, der Besprechung der Ein- und Ausgabedaten anhand des Berechnungsbeispieles und dem Kommentar zur Ausgabe der Ergebnisse ist festzustellen, daß der Einsatz des Programms für eine so umfangreiche Rechenarbeit einen beachtlichen Zeitgewinn und die Entlastung von Routinearbeit bringt. Das Zeitverhältnis zwischen Programmeinsatz und Berechnung von Hand liegt etwa bei 1 : 6.

6.2. Straßenbau

Für die Erstellung baureifer Planungsunterlagen bestehen auf dem Gebiet des Straßenbaues inzwischen ausgereifte Programmsysteme für mittlere DV-Anlagen. Sie haben gegenüber Einzelprogrammen den Vorteil der unmittelbaren Übernahme von Zwischendaten (Datenfluß). Die Anwendung der DV im Straßenbau bietet gegenüber früheren Handhabungen insbesondere die schnellere, bessere und billigere Möglichkeit, mehrere Varianten zu untersuchen und die Zeichenarbeiten so lange zurückzustellen, bis rechnerisch optimale Endergebnisse vorliegen.

Durch übersichtliche und systematische Auflistung der Berechnungsergebnisse (Absteckwerte, Planumshöhen, Deckenhöhen) und durch den Einsatz programmgesteuerter Zeichentische (z. B. für Längsschnitte, Querprofile, Perspektiven) werden manuelle Zeichenarbeiten reduziert.

Im einzelnen gliedert sich der DV-Einsatz wie folgt:

1. Berechnung der Festpunktkoordinaten (trassennaher Polygonzug)
2. Berechnung der Achsen einschließlich der Sonderfälle (Anschlußstellen, zwei Achsen). Ergebnisse dieser Berechnung sind die Koordinaten der Hauptpunkte, die Bogenelemente und die Stationierung.
3. Berechnung der Absteckmaße für verschiedene Messungsverfahren.
4. Berechnung und Darstellung der Geländeprofile aus Höhenschichtenplänen, photogrammetrischen oder terrestrischen Aufnahmen.
5. Berechnung und Zeichnung der Gradiente und des Rampenbandes.
6. Berechnung und Auflistung der Planums- und Fahrbahndeckenhöhen.
7. Massenberechnung und -verteilung.
8. Überprüfung der Sichtweiten, Darstellung von Perspektiven, Untersuchungen zur Fahrdynamik.

In den folgenden Abschnitten wird die Anwendung der DV und die Programmierung einzelner Aufgaben an Beispielen gezeigt.

6.2.1. Massenermittlung. Durch die rapide technische Entwicklung der Baumaschinen und der Produktionsmittel bei der Bauausführung einerseits und durch den Bedarf an modern ausgebauten Straßen andererseits entstand die Notwendigkeit, auch für das Gebiet der Bauabrechnung und insbesondere der Massenermittlung sich der Datenverarbeitung zu bedienen. Das wird besonders deutlich, wenn man bedenkt, daß beim Bau von Straßen der Erdbau, der Brückenbau und der Deckenbau etwa zu gleichen Teilen an den Baukosten teilhaben und dadurch rund die Hälfte der Baukosten durch die Massenermittlung unmittelbar beeinflußt wird.

Sowohl für den Auftragnehmer als auch für den Auftraggeber bringt der Einsatz von DVA Vorteile: Bei der Bauabrechnung liegt das besondere Merkmal in der häufigen Wiederholung gleichartiger Rechenvorgänge und gerade durch Massenberechnungen werden den Bauunternehmungen und den Auftraggebern hochwertige Personalkräfte durch zeitraubende manuelle Rechnungen gebunden. Die Anwendung der Datenverarbeitung führt zur Entlastung von Fachpersonal, beschleunigt die Arbeiten und spart Kosten. Darüber hinaus werden nunmehr technische Untersuchungen und Rechnungen möglich, denen bisher wegen der aufwendigen manuellen Methoden wirtschaftliche Grenzen gesetzt waren: Die Untersuchung von Varianten in der Linienführung (Massenoptimierung), die rechnerische Berücksichtigung des Schwerpunktabstandes in der Profilfläche und sein Einfluß auf die Massenberechnung aus Profilen bei gekrümmten Bauwerkachsen, das Erstellen von Massenverteilungs- und Massentransportplänen.

Im Zuge dieser Entwicklung wurden bereits im Jahre 1962 von der Forschungsgesellschaft für das Straßenwesen e. V. Verfahrensvorschriften und Programmbeschreibungen [96] herausgegeben und in der Folgezeit ergänzt, die in der Bauwirtschaft zur Einführung einheitlicher und rationeller Methoden in Aufmaß und Abrechnung führen sollen. Diese Bestrebungen werden seitens des Bundesministers für Verkehr sowie seitens der Länder und der Gemeinden durch Erlasse, Richtlinien und Rundschreiben unterstützt. Auf diesem technischen Gebiet beeinflußt die Datenverarbeitung die gesamte Abrechnungstechnik, d. h. die Verfahren der Leistungserfassung, die Aufmaße und Mengenberechnungen und die Rechnungslegung sowie die fachtechnische und rechnerische Prüfung (Prüfprogramme). Das Zusammenwirken von Auftraggeber und Auftragnehmer wird vor neue Aufgaben gestellt hinsichtlich der Datenorganisation, der umfassenderen Berechnungsmöglichkeiten und der Auswahl der Ergebnisse.

In der BRD wurden Programme für die Massenberechnung im Bauwesen entwickelt, die auf den bekannten Methoden für manuelle Rechnungen aufbauen und je nach Maschinenkonfiguration mehr oder weniger komfortabel ausgestattet sind. Obwohl die Tendenz zur Ausnutzung der elektronischen Rechentechnik und damit zur Entwicklung zusammenhängender (komplexer) Abrechnungsverfahren besteht, ist auch der Einsatz von DVA mittlerer Größe und von Kleinrechnern lohnend, weil es sich der Natur nach um häufig wiederkehrende und meist einfache Rechenvorgänge handelt.

Nachstehend ist eine Auswahl von Rechenprogrammen zur Massenermittlung gegeben, die z. Zt. bei den Recheninstituten im Einsatz sind:

1. Massenberechnung aus Profilen. Für langgestreckte Baukörper werden die Massen aus Querschnittsflächen und Profilabständen unter Berücksichtigung der Flächenschwerpunkte und der Krümmungen in den Profilen berechnet.

2. Massenberechnung aus Querprofilen mit polygonal begrenzten Bodenschichten. Das Verfahren gleicht dem unter 1., jedoch werden die Massen verschiedener Bodenarten (Mutterboden, mittelschwerer Boden, Fels, Frostschutzmassen u. dgl.) nach ihren Begrenzungslinien in den Profilen gesondert abgerechnet.

3. Komplexe Massenberechnung. Es wird profilweise abgerechnet, jedoch auf der Grundlage von beliebigen Nivellements und tachymetrischen Aufnahmen. Die Meßdaten werden auf Querprofile transformiert.

4. Massenermittlung aus Prismen. Bei flächenhaft ausgedehnten Erdkörpern wie Kiesgruben, Halden und Seitenentnahmen ist wegen fehlender Bauwerkachse diese Art der Massenberechnung derjenigen aus Längs- und Querprofilen vorzuziehen. Grundlage sind tachymetrische Messungen oder Nivellements.

5. Rauminhalts- und Oberflächenberechnungen für Stollen- und Tunnelbauten. Es wird nach den SOLL-Werten der Profile abgerechnet unter Berücksichtigung weiterer im Leistungsverzeichnis vorhandener Positionen.

6. Allgemeine Bauabrechnung einschließlich Rechnungsschreibung. Der abzurechnende Baukörper wird in einfache geometrische Figuren zerlegt. Die Berechnung erfolgt nach festgelegten Formelnummern und Einheitspreisen.

In den nachstehend mitgeteilten Programmbeispielen werden weniger umfangreiche Aufgaben gewählt, sondern einer vollständigen Darstellung mit Ablaufplan, Programm und Testbeispiel der Vorzug gegeben. Es soll hierbei auch gezeigt werden, daß Kleinrechner auf dem Gebiet der Massenberechnung wirksame Programme abwickeln.

6.2.1.1. Massenberechnung aus Profilen.

Aufgabe. Der zu berechnende Erdkörper ist durch Querprofile und Profilabstände (Stationierung) sowie durch die Krümmungsradien der Achse beschrieben. Im einzelnen sind die Eckpunkte der Profilflächen durch ihre Koordinaten gegeben; dies gilt auch für die Schnittpunkte der Entwurfslinie mit der Geländelinie. Es wird ein (y, z)-Koordinatensystem zugrunde gelegt, bei dem die z-Achse (HOCH) in der Bauwerkachse liegt (Bild 6.46) und die y-Werte (RECHTS) den seitlichen Abstand der Punkte von der z-Achse angeben. In Richtung der Stationierung gesehen erhalten y-Werte von Punkten links der z-Achse negative Vorzeichen.

Bei rechtsläufiger Umfahrung wird dann die Fläche positiv. Bei Profilen mit der Fläche Null (Nullfläche) werden y (1) = 0 und x (1) = 0 eingegeben.

Die Stationierung muß fortlaufend steigend oder fallend sein, die Stationen können positive oder negative Werte annehmen. Fehlstationen dürfen nicht auftreten.

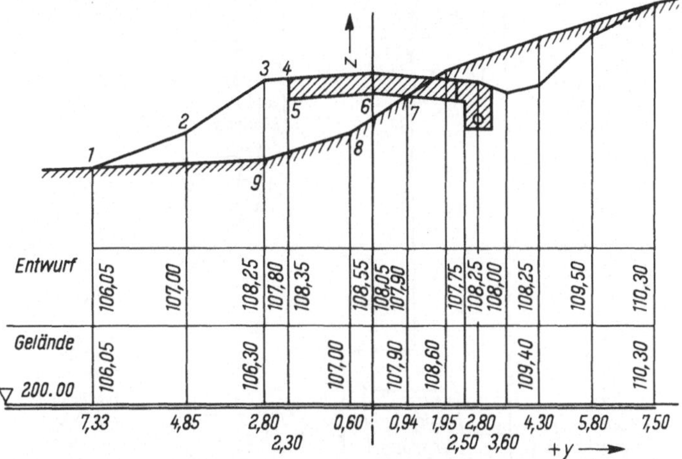

6.46 Querschnittsfläche

Für jede Station wird nur ein Krümmungsradius eingelesen (stetiger Krümmungsverlauf wird vorausgesetzt). In Stationierungsrichtung gesehen ist bei Rechtsbögen (Linksbögen) der Radius positiv (negativ) anzugeben. Bei Profilen im Bereich einer Geraden und im Klotoidenanfangspunkt wird der Radius gleich Null gesetzt.

Auf eine vollständige Übereinstimmung mit den REB-Verfahrensvorschriften [96] wird verzichtet.

Die Berechnung der Massen erfolgt nach DIN 18300, Abschn. 5.1.1.1 (s. Verdingungsordnung für Bauleistungen, Abschnitt C). Hiernach wird das Mittel zweier Profilflächen mit dem Profilabstand multipliziert. In Krümmungen wird als Abstand zwischen den Querschnitten die Länge der gekrümmten Mittellinie zwischen den beiden Flächenschwerpunkten eingesetzt.

F o r m e l n . Profilfläche

$$F = \frac{1}{2} \sum_{i=1}^{n} (z_i \cdot y_{i+1} - z_{i+1} \cdot y_i)$$

Statisches Moment

$$S_z = \frac{1}{6} \sum_{i=1}^{n} (z_i \cdot y_{i+1} - z_{i+1} \cdot y_i)(y_i + y_{i+1})$$

Horizontaler Schwerpunktsabstand

$$y_S = \frac{S_z}{F}$$

Verbesserungsfaktor (profilweise)

$$k = \frac{(R - y_S)}{R}$$

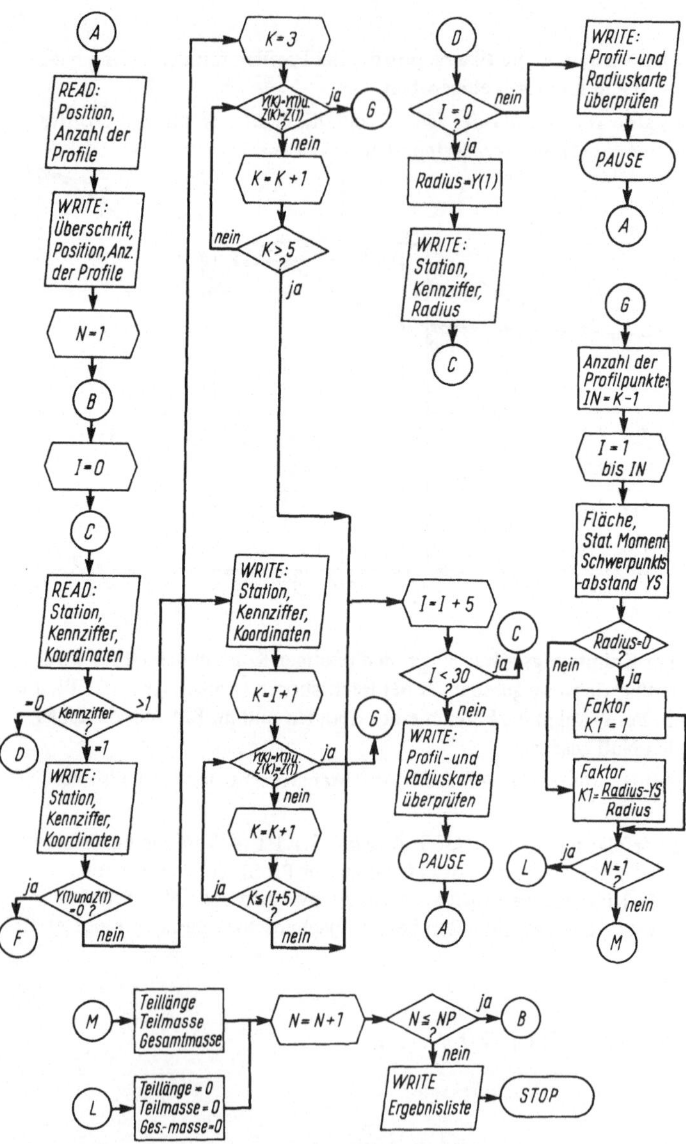

6.47 Ablaufplan zum Programm Massenermittlung aus Profilen

Teilmasse zwischen zwei Profilen mit dem Abstand L

$$M = \frac{1}{4}(F_1 + F_2)(k_1 + k_2)\,L$$

Die Gesamtmasse erhält man dann durch Summierung der Teilmassen.

D a t e n e i n g a b e . Die Daten (Anzahl der Profile, Koordinaten usw.) werden auf den gebräuchlichen 80-spaltigen Lochkarten nach folgender Vorschrift abgelocht:

Tafel 6.48 Massenberechnung aus Profilen

```
C
C       MASSENBERECHNUNG AUS PROFILEN
C
        REAL K1 (100)
        DIMENSION Y (30), Z (30), ST (100), FLAE (100), YS (100),
      1 R (100), TL (100), TM (100), GM (100)
   50   READ (2, 1001) POS, NP
        WRITE (5, 1002)
        WRITE (5, 1003) POS, NP
        N = 1
C
C       EINLESEN DER RADIUS- UND PROFILKARTEN
C
   34   I = 0
    4   READ (2, 1004) ST (N), KZ, Y (I + 1), Z (I + 1), Y (I + 2), Z (I + 2), Y (I + 3),
      1 Z (I + 3), Y (I + 4), Z (I + 4), Y (I + 5), Z (I + 5)
        IF (KZ - 1) 1, 2, 3
    1   IF (I) 20, 51, 20
   51   R (N) = Y (1)
        WRITE (5, 1009) ST (N), KZ, R (N)
        GO TO 4
   20   WRITE (5, 1006)
        PAUSE
        GO TO 50
    2   WRITE (5, 1005) ST (N), KZ, Y (I + 1), Z (I + 1), Y (I + 2), Z (I + 2), Y (I + 3),
      1 Z (I + 3), Y (I + 4), Z (I + 4), Y (I + 5), Z (I + 5)
        IF (Y (1)) 5, 6, 5
    6   IF (Z (1)) 5, 7, 5
    5   K = 3
   11   IF (Y (K) - Y (1)) 8, 9, 8
    9   IF (Z (K) - Z (1)) 8, 10, 8
    8   K = K + 1
        IF (K - 5) 11, 11, 12
    3   WRITE (5, 1005) ST (N), KZ, Y (I + 1), Z (I + 1), Y (I + 2), Z (I + 2), Y (I + 3),
      1 Z (I + 3), Y (I + 4), Z (I + 4), Y (I + 5), Z (I + 5)
        K = I + 1
   15   IF (Y (K) - Y (1)) 13, 14, 13
   14   IF (Z (K) - Z (1)) 13, 10, 13
   13   K = K + 1
        IF (K - I - 5) 15, 15, 12
   12   I = I + 5
        IF (I - 30) 4, 20, 20
C
C       FLAECHE IST GESCHLOSSEN
C
   10   IN = K - 1
        FLAE (N) = 0.0
        SM = 0.0
C
C       FLAECHE UND STATISCHES MOMENT
C
        DO 16 I = 1, IN
        DF = (Z (I) * Y (I + 1) - Z (I + 1) * Y (I))/2.
        FLAE (N) = FLAE (N) + DF
   16   SM = SM + (DF * (Y (I) + Y (I + 1)))/3.
```

```
C
C         SCHWERPUNKTABSTAND UND FAKTOR K1
C
          YS (N) = SM/FLAE (N)
          GO TO 17
    7     FLAE (N) = 0.0
          YS (N) = 0.0
   17     IF (R (N)) 18, 19, 18
   18     K1 (N) = (R (N) - YS (N))/R (N)
          GO TO 23
   19     K1 (N) = 1.0
C
C         BERECHNUNG DER TEILLAENGE, DER TEILMASSE UND DER GESAMT-
C         MASSE
   23     IF (N - 1) 30, 31, 30
   31     TL (N) = 0.0
          TM (N) = 0.0
          GM (N) = 0.0
          GO TO 32
   30     TL (N) = ST (N) - ST (N - 1)
          TM (N) = (FLAE (N) + FLAE (N - 1)) * (K1 (N) + K1 (N - 1)) * TL (N)/4.
          GM (N) = GM (N - 1) + TM (N)
   32     N = N + 1
          IF (N - NP) 34, 34, 33
C
C         AUSGABE DER ERGEBNISSE
C
   33     WRITE (5, 1007)
          WRITE (5, 1008) (ST (N), FLAE (N), YS (N), R (N), K1 (N),
         1 TL (N), TM (N), GM (N), N = 1, NP)
          CALL EXIT
 1001     FORMAT (F7.2, I5)
 1002     FORMAT (1H1, 10X, 29HMASSENBERECHNUNG AUS PROFILEN///11X,
         1 12HEINGABEWERTE/)
 1003     FORMAT (11X, 8HPOSITION, F8.2, I5, 2X, 7HPROFILE//11X, 7HSTATION,
         1 2X, 10HKZ  RADIUS/11X, 7HSTATION, 2X, 2HKZ, 4X, 2HY1, 5X, 2HZ1, 5X,
         2 2HY2, 5X, 2HZ2, 5X, 2HY3, 5X, 2HZ3, 5X, 2HY4, 5X, 2HZ4, 5X, 2HY5, 5X,
         3 2HZ5/)
 1004     FORMAT (F7.2, I2, 10F7.2)
 1005     FORMAT (10X, F8.2, I3, F9.2, 9F7.2)
 1006     FORMAT (10X, 35HPROFIL UND RADIUSKARTE UEBERPRUEFEN)
 1007     FORMAT (1H1, 10X, 31HERGEBNISSE DER MASSENBERECHNUNG///11X,
         1 16HSTATION  FLAECHE, 4X, 2HYS, 3X, 6HRADIUS, 4X, 6HFAKTOR,
         2 3X, 24HLAENGE  T.MASSE  G.MASSE/)
 1008     FORMAT (10X, 3F8.2, F9.2, F8.3, 3F10.2)
 1009     FORMAT (1H0, 9X, F8.2, I3, F9.2)
          END
```

---

1. Position des Leistungsverzeichnisses und die Anzahl der Profile werden auf der ersten Datenkarte in den Spalten 1 bis 7 und 8 bis 12 abgelocht.

2. Für jedes Profil wird vor die Profilkarten mit den Punktkoordinaten eine Radienkarte gelegt:

Spalte 1 bis 7:	Station
Spalte 8 bis 9:	Kennziffer 0
Spalte 10 bis 16:	Radius

Tafel 6.49 Eingabeliste

MASSENBERECHNUNG AUS PROFILEN

EINGABEWERTE

POSITION 12.24 10 PROFILE

STATION	KZ	RADIUS									
STATION	KZ	Y1	Z1	Y2	Z2	Y3	Z3	Y4	Z4	Y5	Z5
920.00	0	−240.00									
920.00	1	−7.30	89.94	−5.55	90.03	−0.50	90.35	0.00	90.42	0.70	90.23
920.00	2	1.80	90.71	2.70	90.97	8.20	91.12	9.25	91.06	7.70	90.02
920.00	3	−7.30	89.94	0.00	0.00	0.00	0.00	0.00	0.00	0.00	0.00
940.00	0	−240.00									
940.00	1	−8.26	89.50	−5.00	89.60	0.00	89.85	0.90	89.90	2.10	89.63
940.00	2	2.90	90.14	3.70	90.34	9.50	90.51	9.90	90.45	7.88	89.13
940.00	3	−7.83	89.21	−8.26	89.50	0.00	0.00	0.00	0.00	0.00	0.00
960.00	0	−360.00									
960.00	1	−8.66	88.64	−5.00	88.73	0.00	89.13	1.20	88.60	2.20	89.17
960.00	2	2.90	89.32	8.30	89.65	9.30	89.42	9.76	89.27	7.85	88.00
960.00	3	−7.79	88.08	−8.66	88.64	0.00	0.00	0.00	0.00	0.00	0.00
980.00	0	−720.00									
980.00	1	−9.26	87.80	−6.20	87.89	−4.80	87.54	−4.30	87.86	−3.60	88.04
980.00	2	0.00	88.32	2.60	88.51	5.00	88.33	10.00	88.36	10.29	88.37
980.00	3	7.85	86.74	−7.79	86.82	−9.26	87.80	0.00	0.00	0.00	0.00
1000.00	0	0.00									
1000.00	1	−8.55	86.03	−5.00	86.27	0.00	86.50	5.00	86.67	9.86	86.78
1000.00	2	7.55	85.24	−7.49	85.32	−8.55	86.03	0.00	0.00	0.00	0.00
1020.00	0	500.00									
1020.00	1	−6.85	84.33	−5.00	84.44	0.00	84.75	5.00	84.84	8.81	84.78
1020.00	2	6.29	83.10	5.25	83.10	4.50	83.60	4.50	83.72	3.60	83.83
1020.00	3	3.60	83.26	−3.60	83.40	−3.60	83.95	−4.50	83.84	−4.50	83.72
1020.00	4	−4.70	83.59	−5.74	83.59	−6.85	84.33	0.00	0.00	0.00	0.00
1040.00	0	250.00									
1040.00	1	−6.50	82.66	−5.00	82.72	0.00	82.29	5.00	82.77	7.79	82.72
1040.00	2	6.35	81.76	5.31	81.76	4.50	82.30	4.50	82.42	3.60	82.53
1040.00	3	3.60	81.96	−3.60	82.10	−3.60	82.65	−4.50	82.54	−4.50	82.42
1040.00	4	−4.80	82.22	−5.84	82.22	−6.50	82.66	0.00	0.00	0.00	0.00
1060.00	0	250.00									
1060.00	1	5.40	80.40	7.85	80.37	7.12	79.95	6.08	79.95	5.40	80.40
1080.00	0	250.00									
1080.00	1	8.01	77.39	10.08	77.13	9.76	76.92	8.72	76.92	8.01	77.39
1100.00	0	250.00									
1100.00	1	10.43	74.68	12.61	74.72	12.01	74.32	10.97	74.32	10.43	74.68

Tafel 6.50 Ergebnisliste

ERGEBNISSE DER MASSENBERECHNUNG

STATION	FLAECHE	YS	RADIUS	FAKTOR	LAENGE	T.MASSE	G.MASSE
920.00	8.98	3.71	– 240.00	1.015	0.00	0.00	0.00
940.00	13.26	2.66	– 240.00	1.011	20.00	225.38	225.38
960.00	17.97	1.93	– 360.00	1.005	20.00	314.91	540.29
980.00	24.68	1.13	– 720.00	1.001	20.00	428.09	968.39
1000.00	20.05	1.22	0.00	1.000	20.00	447.79	1416.18
1020.00	17.98	1.48	500.00	0.997	20.00	379.83	1796.02
1040.00	9.37	1.17	250.00	0.995	20.00	272.53	2068.55
1060.00	0.75	6.60	250.00	0.973	20.00	99.75	2168.31
1080.00	0.50	9.06	250.00	0.963	20.00	12.23	2180.54
1100.00	0.61	11.51	250.00	0.953	20.00	10.68	2191.23

3. Die folgenden Profilkarten enthalten:

Spalte 1 bis 7: Station
Spalte 8 bis 9: Laufende Nummer der Profilkarte
Spalte 10 bis 59: (y, z)-Koordinaten für fünf Profilpunkte

Programmablauf (Bild 6.47). Es werden jeweils Koordinaten von 5 Punkten in einem Datensatz eingelesen. Die Radienkarte wird an der Kennziffer (lfd. Nr.) 0 erkannt. Die Profilfläche ist geschlossen, wenn die Koordinaten eines Punktes mit denen des ersten Punktes übereinstimmen.

Im Beispiel werden die Rechenergebnisse für Station, Fläche, Schwerpunktsabstand usw. indizierten Variablen zugewiesen (ST (N), FLAE (N), YS (N), usw.); dies ist nicht notwendig, wenn eine weitere Verarbeitung der Daten nicht vorgesehen ist.

Die Auflistung der Daten und Ergebnisse erfolgt nach Beendigung der Rechnung. Das Programm ist in FORTRAN geschrieben, das Beispiel wurde auf einer IBM 1130 gerechnet.

6.2.1.2. Massenberechnung aus Prismen

Aufgabe. Als Ergebnis der tachymetrischen Geländeaufnahmen, die vor und nach Durchführung der Erdarbeiten ausgeführt wurden, liegt ein Koordinatenverzeichnis vor. Die aufgenommenen Punkte wurden so ausgewählt, daß ihre Dreiecksmaschen die Geländeoberfläche bzw. die Bodenhorizonte genähert durch ein unregelmäßiges Polyeder darstellen (Bild 6.52). Beide Aufnahmen haben den gleichen Umriß (Bild 6.53).

Die Auf- oder Abtragsmasse ergibt sich aus der Differenz der beiden Erdkörper, deren Oberflächen durch die beiden Polyeder dargestellt werden und deren untere Bezugsebenen übereinstimmen. Die Erdkörper werden durch Summierung der schief abgeschnittenen lotrechten Dreikantprismen berechnet (Bild 6.52).

Das vorliegende Programm wird zwar in Anlehnung an die Verfahrensbeschreibung REB-VB 4.4.2.2.011 aufgestellt, jedoch wird auf eine vollständige sachliche und förmliche Übereinstimmung verzichtet.

Formeln. Grundfläche eines Prismas

$$FP = \frac{1}{2}((X2 - X1)(Y3 - Y1) - (X3 - X1)(Y2 - Y1))$$

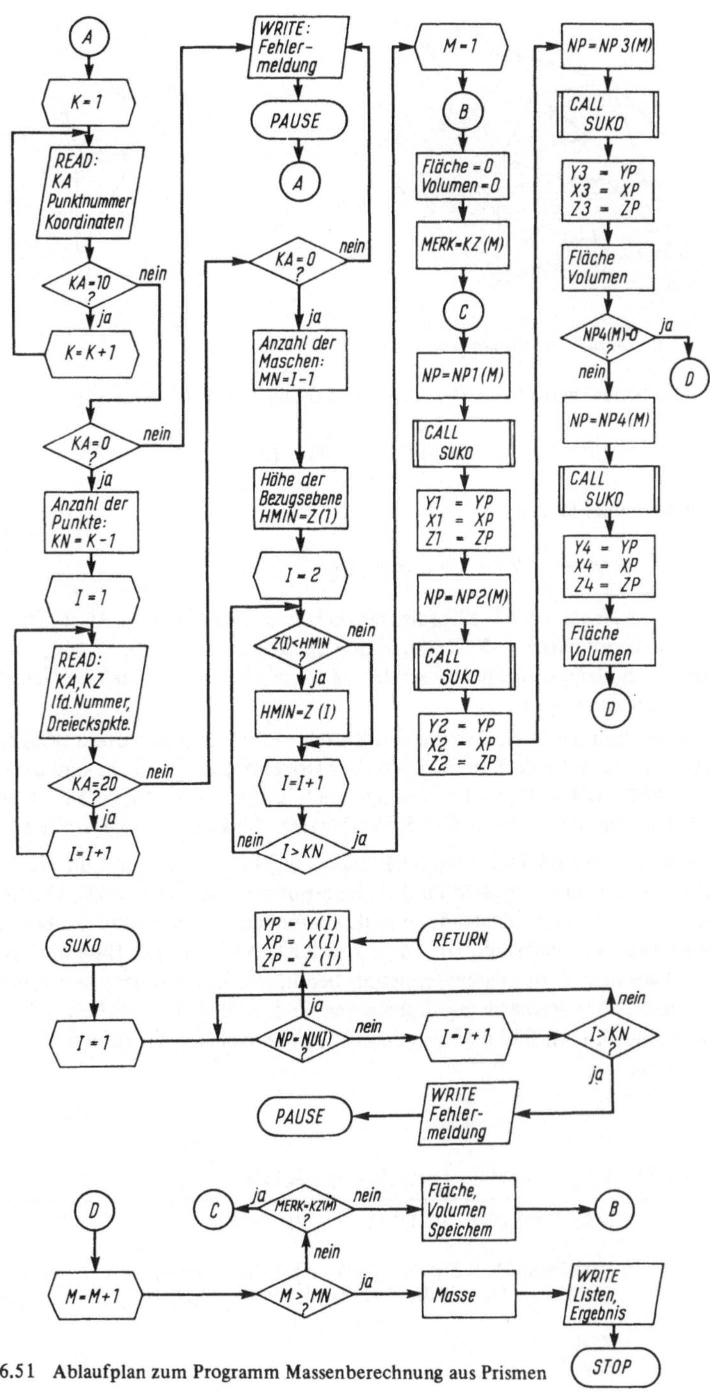

6.51 Ablaufplan zum Programm Massenberechnung aus Prismen

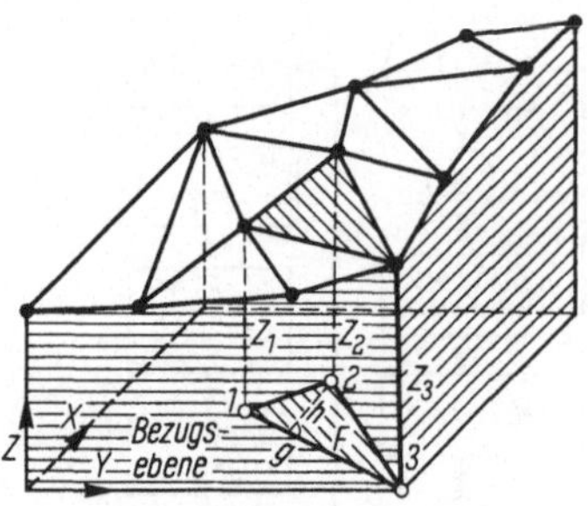

6.52 Unregelmäßiges Polyeder als Begrenzung des Erdkörpers

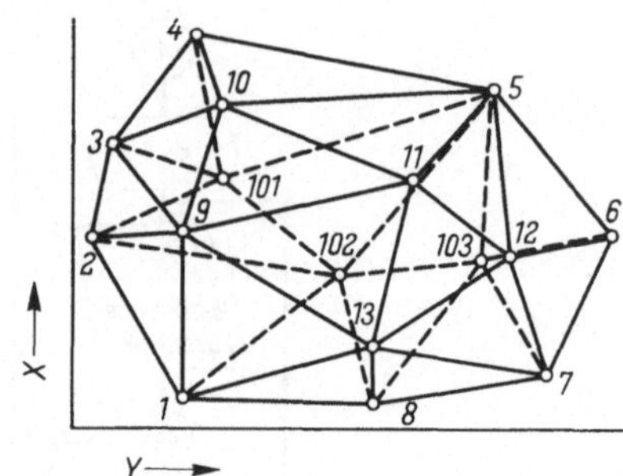

6.53 Dreiecksmaschen

Für das benachbarte Dreieck 3, 2, 4 (Bild 6.54) ergibt sich

$$FP = \frac{1}{2} ((X3 - X4)(Y2 - Y4) - (X2 - X4)(Y3 - Y4))$$

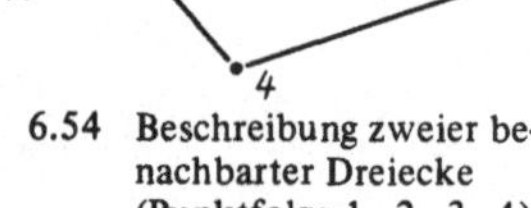

6.54 Beschreibung zweier benachbarter Dreiecke (Punktfolge 1–2–3–4)

Volumen eines Prismas

$$VP = \frac{1}{3} (Z1 + Z2 + Z3) \cdot FP$$

D a t e n e i n g a b e . 1. Koordinatenverzeichnis, Kartenart (KA) 10. Die Punktnummern NU und die Koordinaten Y, X, Z sind in den Spalten 1–2, 14–20, 51–60, 61–70, 71–80 abgelocht. Nach dem Koordinatenverzeichnis sowie nach dem Verzeichnis der Dreiecksmaschen muß eine Leerkarte folgen.

2. Verzeichnis der Dreiecksmaschen, Kartenart 20. Die Kennziffern (KZ) für den Bodenhorizont, die laufende Nummer (NR) der Dreiecke bzw. Vierecke und die Punktnummern (NP1, NP2, NP3, NP4) sind in den Spalten 9 bis 10, 17 bis 20, 24 bis 30, 34 bis 40, 44 bis 50, 54 bis 60 abgelocht. Die in Bild 6.54 erläuterte Punktfolge ist zu beachten.

P r o g r a m m a b l a u f . Nach der Dateneingabe wird zunächst die Höhe der Bezugsebene entsprechend der niedrigsten Punkthöhe ermittelt. Dann werden die Flächen und Volumen der Prismen des alten Zustandes und ihre Summen gerechnet und die Berechnung für den neuen Zustand wiederholt. Die Punktkoordinaten werden mit Hilfe des Suchprogramms SUKO aus dem Koordinatenverzeichnis bereitgestellt. Nach Berechnung der Auf- oder Abtragsmasse (Abtragsmasse negativ) werden die Eingabelisten, die beiden Grundflächen und die Masse ausgedruckt. Bild 6.51 zeigt den Programmablaufplan, Tafel 6.55 das FORTRAN-Programm.

Tafel 6.55 Programm Massenberechnung aus Prismen

```
C         MASSENBERECHNUNG AUS PRISMEN
C
          DIMENSION KZ (200), NP1 (200), NP2 (200), NP3 (200), NP4 (200), NR (200)
          COMMON NU (200), Y (200), X (200), Z (200)
          KEE = 2
          KDE = 5
   100    K = 1
```

```
110   READ (KEE, 1000) KA, NU (K), Y (K), X (K), Z (K)
      IF (KA - 10) 130, 120, 130
120   K = K + 1
      GOTO 110
130   IF (KA) 150, 140, 150
140   KN = K - 1
      GOTO 160
150   WRITE (KDE, 1010)
      PAUSE
      GOTO 100
160   I = 1
170   READ (KEE, 1020) KA, KZ (I), NR (I), NP1 (I), NP2 (I), NP3 (I), NP4 (I)
      IF (KA - 20) 190, 180, 190
180   I = I + 1
      GOTO 170
190   IF (KA) 150, 200, 150
C
C     HOEHE DER BEZUGSEBENE FESTLEGEN
C
200   MN = I - 1
      HMIN = Z (1)
      DO 220 I = 2, KN
      IF (Z (I) - HMIN) 210, 220, 220
210   HMIN = Z (I)
220   CONTINUE
C
C     FLAECHEN- UND MASSENBERECHNUNG
C
      M = 1
230   FLAE = 0.0
      VOL = 0.0
      MERK = KZ (M)
240   NP = NP1 (M)
      CALL SUKO (NP, Y1, X1, Z1, KN)
      NP = NP2 (M)
      CALL SUKO (NP, Y2, X2, Z2, KN)
      NP = NP3 (M)
      CALL SUKO (NP, Y3, X3, Z3, KN)
      FP = ((X2 - X1) * (Y3 - Y1) - (X3 - X1) *(Y2 - Y1))/2.
      VP = (Z1 + Z2 + Z3) * FP/3.
      FLAE = FLAE + FP
      VOL = VOL + VP
      IF (NP4 (M)) 250, 260, 250
250   NP = NP4 (M)
      CALL SUKO (NP, Y4, X4, Z4, KN)
      FP = ((X3 - X4) * (Y2 - Y4) - (X2 - X4) * (Y3 - Y4))/2.
      VP = (Z2 + Z3 + Z4) * FP/3.
      FLAE = FLAE + FP
      VOL = VOL + VP
260   M = M + 1
      IF (M - MN) 270, 270, 290
270   IF (MERK - KZ (M)) 280, 240, 280
280   F1 = FLAE
      V1 = VOL
      GOTO 230
290   AMASS = VOL - V1
```

```
C
C          AUSDRUCK DER LISTEN
C
           WRITE (KDE, 1030)
           WRITE (KDE, 1040) (NU (I), Y (I), X (I), Z (I), I = 1, KN)
           WRITE (KDE, 1050)
           WRITE (KDE, 1060) (KZ (I), NR (I), NP1 (I), NP2 (I), NP3 (I), NP4 (I), I = 1, MN)
           WRITE (KDE, 1080)
           WRITE (KDE, 1070) F1, FLAE, AMASS
           CALL EXIT
    1000   FORMAT (I2, 11X, I7, 30X, 3F10.3)
    1010   FORMAT (1H0, 10X, 15HLEERKARTE FEHLT)
    1020   FORMAT (I2, 6X, I2, 6X, I4, 3X, I7, 3X, I7, 3X, I7, 3X, I7)
    1030   FORMAT (1H1, 19X, 28HMASSENBERECHNUNG AUS PRISMEN//20X,
         1 22HKOORDINATENVERZEICHNIS//20X, 5HP.NR., 8X, 1HY, 11X, 1HX, 11X,
         2 1HZ/)
    1040   FORMAT (20X, I5, 3F12.3)
    1050   FORMAT (1H1, 9X, 15HDREIECKSMASCHEN//10X, 2HKZ, 4X, 7HLFD.NR.,
         1 7X, 7HPUNKT 1,5X, 7HPUNKT 2,5X, 7HPUNKT 3,5X, 7HPUNKT 4/)
    1060   FORMAT (10X, I2, 6X, I4, 4I12)
    1070   FORMAT (1H0, 9X, F9.3, 3X, F9.3, F20.3)
    1080   FORMAT (1H0, 9X, 9H1.FLAECHE, 3X, 9H2.FLAECHE, 15X, 5HMASSE)
           END

           SUBROUTINE SUKO (NP, YP, XP, ZP, KN)
           COMMON NU (200), Y (200), X (200), Z (200)
           KDE = 5
           DO 110 I = 1, KN
           IF (NP - NU (I) 110, 100, 110
     100   YP = Y (I)
           XP = X (I)
           ZP = Z (I)
           RETURN
     110   CONTINUE
           WRITE (KDE, 1000) NP
           PAUSE
           CALL EXIT
    1000   FORMAT (1H0, 10X, 15HKOORDINATEN VON, I7, 3X, 6HFEHLEN)
           END
```

Tafel 6.56 Eingabelisten und Ergebnisse

MASSENBERECHNUNG AUS PRISMEN

KOORDINATENVERZEICHNIS

P.NR.	Y	X	Z
1	17.500	4.460	304.340
2	2.450	30.350	304.800
3	6.000	45.220	306.000
4	19.800	63.000	308.120
5	69.200	54.500	307.900
6	88.800	30.350	307.750
7	79.950	8.000	305.240

8	49.100	3.500	304.600
9	17.600	31.500	315.250
10	23.900	51.840	320.430
11	55.840	40.000	318.800
12	72.000	27.300	315.450
13	49.000	12.850	309.900
101	24.120	40.000	308.000
102	45.500	24.100	308.000
103	67.000	26.800	308.000

DREIECKSMASCHEN

KZ	LFD.NR.	PUNKT 1	PUNKT 2	PUNKT 3	PUNKT 4
21	1	1	2	9	3
21	2	9	3	10	4
21	3	4	5	10	11
21	4	10	11	9	13
21	5	8	1	13	9
21	6	13	11	12	5
21	7	7	12	6	5
21	8	8	13	7	12
28	9	1	2	102	101
28	10	2	3	101	4
28	11	102	101	5	4
28	12	102	5	103	6
28	13	1	102	8	103
28	14	8	103	7	6

1. FLAECHE	2. FLAECHE	MASSE
3879.835	3879.835	– 20379.071

6.2.1.3. Massenbilanz

A u f g a b e . Die in dem Abschnitt zwischen zwei Profilen gewonnenen Massen (Abtrag) werden ganz oder teilweise im gleichen Profilabschnitt zum Einbau (Auftrag) genutzt (quer zu fördernde Massen) und der Massenüberschuß oder das -defizit wird in die nächste Profilstrecke übernommen (längs zu fördernde Massen). Die Summenlinie der längs zu fördernden Massen (Massenkote) gibt einen Überblick über den Massenüberschuß oder -bedarf in jeder Profilstation.

F e s t l e g u n g e n

AB (I)	Abtragsfläche im i-ten Profil
AUF (I)	Auftragsfläche im i-ten Profil
QMASSE	quer zu fördernde Masse
LMASSE	längs zu fördernde Masse
MKOTE	Massenkote

Speicherfunktionen der Register

B/	Profilstation
B	jeweils kleinste Fläche AB oder AUF
C/	Differenz AB–AUF
C	Massenkote
D/	Profilabstand

P r o g r a m m a b l a u f für den Kleinrechner OLIVETTI P 203 [104]. Bild 6.57 zeigt den Programmablaufplan, Tafel 6.58 das Programm. Nach Laden des Programms durch eine Magnetkarte oder seiner Eingabe über Tastatur wird das Programm gestartet. Nach Eingabe der Profil-

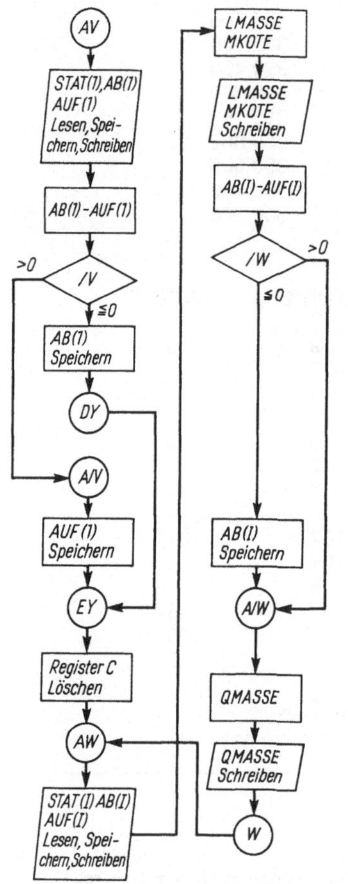

6.57 Ablaufplan zum Programm Massenbilanz

Tafel 6.58 Programmbefehle

Register 1		Register 2		Register F	
1	A V	33	—	65	D / ↑
2	F / S	34	D / ↕	66	:
3	S	35	S	67	D / x
4	←	36	←	68	A ←
5	C ◇	37	C ◇	69	C ←
6	B / ↑	38	↓	70	W
7	S	39	S	71	
8	←	40	←	72	
9	C ◇	41	C ◇	73	
10	↓	42	—	74	
11	S	43	D ↑	75	
12	←	44	C / ↕	76	
13	C ◇	45	C / +	77	
14	—	46	A / ↑	78	
15	C / ↕	47	D / ↑	79	
16	C / ↓	48	:	80	
17	/ V	49	D / x	81	
18	+	50	A ←	82	
19	B ↕	51	C ←	83	
20	D Y	52	C +	84	
21	A / V	53	A ←	85	
22	B ↑	54	C ←	86	
23	E Y	55	C ↕	87	
24	C *	56	C / ↓	88	
25	A W	57	/ W	89	
26	F / S	58	D +	90	
27	S	59	B ↕	91	
28	←	60	A / W	92	
29	C ◇	61	D ↓	93	
30	↓	62	B ↕	94	
31	B / ↕	63	B +	95	
32	↕	64	A / ↑	96	

Tafel 6.59 Ein- und Ausgabeliste Massenbilanz

Station	Abtrag	Auftrag	Längs zu fördernde Masse	Massenkote	Quer zu fördernde Masse
340.00	34.20	6.20			
360.00	26.80	14.20	406.00	406.00	204.00
380.00	12.00	19.40	52.00	458.00	262.00
400.00	6.20	19.20	204.00 –	254.00	182.00

station (STAT) sowie von AB und AUF über die Tastatur wird für jede Profilstation LMASS, MKOTE und QMASS ausgeschrieben (Tafel 6.59).

6.2.2. Trassierung

6.2.2.1. Achsberechnung. Im Bereich des Straßenbaus ist die Entwurfsbearbeitung heutzutage ohne elektronische Datenverarbeitung kaum noch denkbar. Entwurfsbearbeitungen können im Grundriß, im Aufriß und in Querschnitten auftreten. In diesem Abschnitt soll jedoch nur auf die Bearbeitung im Grundriß eingegangen werden und zwar speziell auf die Berechnung der Trasse. In der Praxis wird i. allg. von einem zeichnerischen Entwurf ausgegangen, wobei Folgen von Geraden und Kreisen (meist verbunden durch Klotoiden) grob festgelegt sind. Die sich anschließenden aufwendigen Rechenarbeiten zur Bestimmung der Hauptpunkte (Anfangs- und Endpunkte der Trassierungselemente) und der Kleinpunkte (Zwischenpunkte der Achse) werden einer DVA übertragen, sofern man über geeignete Programme verfügt[1]). Diese Programme benötigen als Eingabe-Elemente Koordinatenwerte von dem Trassenanfangs- bzw. Endpunkt, feste oder genäherte Koordinaten von einigen Zwischenpunkten, sowie Werte für Krümmung und Klotoidenparameter. Außerdem werden gewisse Angaben benötigt, wie die einzelnen Trassierungselemente (Gerade und Kreise) von der DVA rechentechnisch behandelt werden sollen. Die Bezeichnungen Fest-, Puffer-, Koppel- und Schwenk-Element sind üblich. Sie werden im folgenden anhand von drei Aufgaben aus dem Straßenbau zusammen mit der Aufbereitung des Zahlenmaterials und den entsprechenden Ergebnislisten vorgeführt.

Fest- und Pufferelement. Zwischen eine bereits bestehende Gerade und einen gleichfalls festliegenden Kreis (vgl. Bild 6.60) soll ein Kreis von umgekehrter Krümmung eingeschaltet werden. An die Gerade soll sich kein Übergangsbogen anschließen, während die beiden Kreisbögen wie üblich über Klotoiden verbunden werden (Aufgabe 1).

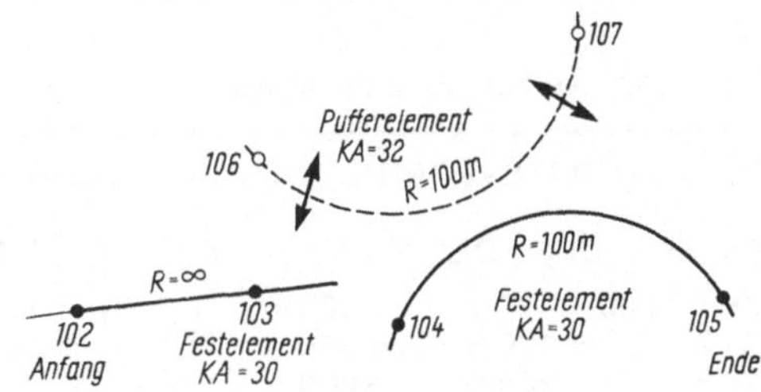

6.60 Fest- und Pufferelement

Die beiden bereits bestehenden Trassierungselemente nennt man Festelemente. Sie sind festgelegt durch die Punkte (s. Tafel 6.61) 102 und 103 (Gerade), und andererseits durch die Punkte 104 und 105 und den Radius + 100,000 m (Kreis). Das Vorzeichen bei dem Kreisradius ist so festgelegt, daß in der Richtung des Trassenverlaufs die Rechtskrümmung mit positivem, die Linkskrümmung mit negativen Zeichen erklärt wird.

[1]) Es werden Programme der Firma IBM verwendet. Die Berechnung erfolgt auf einer IBM 1130.

Tafel 6.61 Koordinatenverzeichnis für Aufgabe 1

Nr.	y	x
102	80 605,000	50 790,800
103	80 652,500	50 795,900
104	80 709,000	50 809,801
105	80 735,432	50 815,481
106	80 760,	50 799,
107	80 685,	50 804,

Der zwischen die Elemente einzulegende Kreisbogen soll so an die gegebenen Festelemente angepaßt werden, daß der Radius r = − 100,000 m und die Klotoidenparameter A = 35,000 m erreicht werden. Von dem neuen Kreisbogen kennt man außer dem Radius nur seine ungefähre Lage durch die Näherungspunkte 106 und 107. Aufgabe des Programmes ist es nun, den Kreis so lange parallel zu verschieben, bis er an die Festelemente anschließt (P u f f e r e l e m e n t).

Bei der Aufbereitung ist nur anzugeben (vgl. Tafel 6.62):

1. KA Elementenkennung, 30 für Festelement, 32 für Pufferelement
2. NR laufende Nummer des Elements
3. 0.000 Station des Anfangspunktes
4. R Radius des Elements, 0.000 für Gerade, − Zeichen für Kreis mit Linkskrümmung
5. DL Länge des Elements (fehlt meist)
6. A1 Parameter der 1. auf das Element folgenden Klotoide, 0.0001 für k e i n e Klotoide
7. A2 Parameter der 2. auf das Element folgenden Klotoide
8. Y1, X1 Rechts- und Hochwert des 1. Elementenpunktes
9. Y2, X2 Rechts- und Hochwert des 2. Elementenpunktes

Tafel 6.62 Aufbereitung für Aufgabe 1

ACHSE 1 ORTSVERBINDUNG BULLENDORF–MUEHLBACH

KA	NR		R	DL	A1	A2	Y1	X1	Y2	X2
30	1	0.000	0.0		0.0001	0.0001	80605.000	50790.800	80652.500	50795.900
32	2		− 100.0		35.000	35.000	80660.000	50799.000	80685.000	50804.000
30	3		100.0		0.000	0.000	80709.000	50809.800	80735.432	50815.481

Nach der richtigen Eingabe ermittelt die DVA die in Tafel 6.63 angegebenen Werte, deren Bedeutung in Bild 6.64 und Tafel 6.65 erläutert ist.

Eine Skizze des endgültigen Trassenverlaufs zeigt Bild 6.66.

D a s K o p p e l e l e m e n t . In der 2. Aufgabe sind 2 Geradenstücke (s. Bild 6.67) vorgegeben (Koordinaten in Tafel 6.68). An die 1. Gerade (204–205) soll über eine Klotoide (A = 80 m) ein Kreis mit dem Radius R = 160 m als Pufferelement angeschlossen werden. Auf dieses Element folgt ein weiterer Kreis ohne zwischenliegende Klotoide (Korbbogen). Das Besondere an diesem 2. Kreis (R = 600 m) ist nun, daß er sich mit seinem nachfolgenden

Tafel 6.63 Ausgabe von Aufgabe 1

ACHSE 1 ORTSVERBINDUNG BULLENDORF–MUEHLBACH

ACHSE NO. 1

STATION STAT-DIFF	R T1	A T2 S	PHI-T D-PHI PHI-S	YH YT YM	XH XT XM
0.000	0.000	0.000	93.1907	80605.000	50790.800
63.270	0.000	0.000	0.0000	0.000	0.000
		63.269	93.1908	0.000	0.000
63.270	– 100.000	0.000	93.1907	80667.908	50797.554
21.287	10.684	10.684	– 13.5519	80678.531	50798.695
		21.247	86.4148	80657.233	50896.983
84.557	– 100.000	– 35.000	79.6388	80688.674	50802.054
12.250	4.085	8.167	– 3.8992	80692.552	50803.335
		12.247	77.0392	80657.233	50896.983
96.807	0.000	35.000	75.7395	80700.134	50806.376
12.250	8.168	4.085	3.8992	80707.715	50809.414
		12.247	77.0392	0.000	0.000
109.057	100.000	0.000	79.6388	80711.594	50810.699
24.374	12.250	12.245	15.5167	80723.222	50814.550
		24.313	87.3957	80743.034	50715.770
133.431	100.000	0.000	95.1555	80735.432	50815.481

Übergangsbogen (A = 200 m) derart an die Gerade (206–207) anschließen soll, daß der Punkt 206 genau der Anfangspunkt des letzten geradlinigen Trassenstückes wird.

Man will also den Kreis R = 600 m an den Punkt 206 des Festelementes ankoppeln, weshalb nun der Kreis als K o p p e l e l e m e n t angesprochen wird. Bei einem derartigen Koppelelement ist außer den anderen Angaben die Länge des Elementes DL = 108 m erforderlich (s. Tafel 6.69).

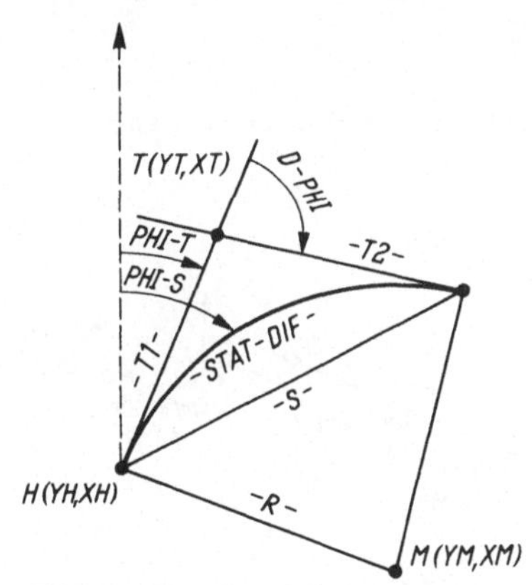

6.64 Erklärung zur Ausgabe

Die Eingabedaten sind wie in der 1. Aufgabe aufgebaut. Unter der Abkürzung KA findet sich die Elementenbezeichnung, wobei mit 30 das Festelement, mit 31 das Koppelelement und mit 32 das bereits bekannte Pufferelement gekennzeichnet ist. Das Koppelelement benötigt neben dem Radius die Angabe der Elementenlänge DL.

In Tafel 6.70 sind die Ergebnisse nachgewiesen. Hier zeigt es sich, daß bei dem Koppelelement als tatsächliche Länge der Wert 107,605 entstanden ist und die Gerade genau mit den Koordinaten von Punkt 206 beginnt (s. auch Bild 6.71).

Tafel 6.65 Erläuterungen zum Ausgabe-Protokoll

1. Zeile	
STATION	Station des Hauptpunktes
R	Radius im Hauptpunkt (– heißt linksgekrümmt)
A	Parameter der auf den Hauptpunkt folgenden Klotoide
PHI-T	Richtungswinkel der Tangente im Hauptpunkt
YH	Rechtswert des Hauptpunktes
XH	Hochwert des Hauptpunktes
2. Zeile	
STAT-DIF	Stationsdifferenz zum nächsten Hauptpunkt (Länge des Elementes)
T1	Länge der auf den Hauptpunkt folgenden Tangente
T2	Länge der auf den Tangentenschnittpunkt folgenden Tangente
D-PHI	Brechungswinkel des Tangentenpolygons
YT	Rechtswert des Tangentenschnittpunktes
XT	Hochwert des Tangentenschnittpunktes
3. Zeile	
S	Länge der Sehne zum nächsten Hauptpunkt
PHI-S	Richtungswinkel der Sehne
YM	Rechtswert des Kreismittelpunktes
XM	Hochwert des Kreismittelpunktes

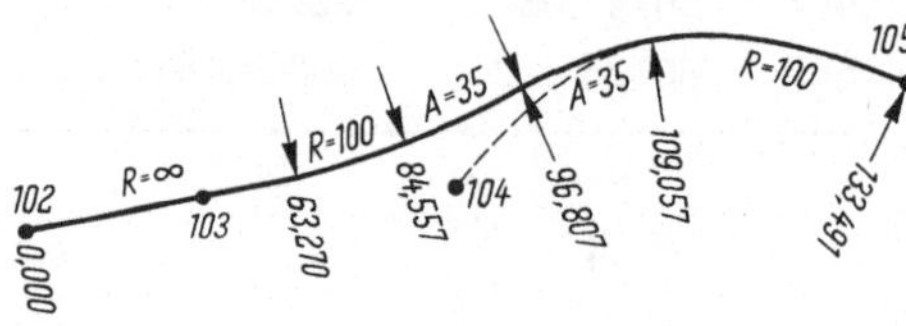

6.66 Trassenverlauf mit Stationierung

Tafel 6.68 Koordinatenverzeichnis für Aufgabe 2

Nr.	y	x
204	80 526.770	62 852.870
205	80 547,500	62 673,150
206	80 499,323	62 582,960
207	80 462,116	62 490,140

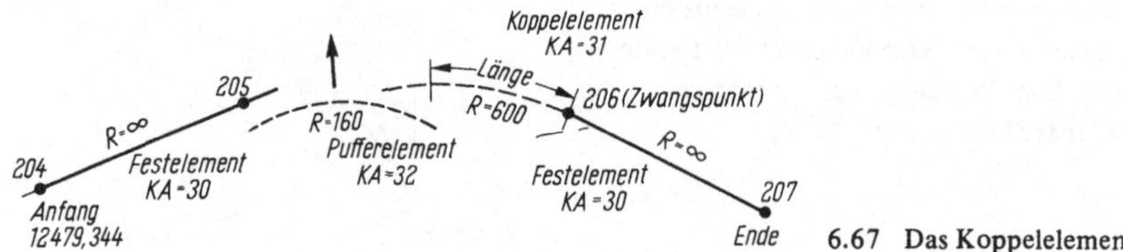

6.67 Das Koppelelement

Tafel 6.69 Aufbereitung für Aufgabe 2

ACHSE 2 VERBINDUNGSSTRASSE BIEBELRIED–AMMERGRUND

KA	NR		DL	R	A1	A2	Y1	X1	Y2	X2
30	1	12479.344		0.	80.	80.	80526.770	62852.870	80547.550	62673.150
32	2			160.	0.0001	0.0001				
31	3		108.0	600.	200.	200.				
30	4			0.			80499.323	62582.960	80462.116	62490.140

Tafel 6.70 Ausgabe von Aufgabe 2

ACHSE 2 VERBINDUNGSSTRASSE BIEBELRIED–AMMERGRUND

ACHSE NO. 2

STATION STAT-DIFF	R T1	A T2 S	PHI-I D-PHI PHI-S	YH YT YM	XH XT XM
12479.344	0.000	0.000	192.6891	80526.770	62852.870
90.001	0.000	0.000	0.0000	0.000	0.000
		90.000	192.6891	0.000	0.000
12569.345	0.000	80.000	192.6891	80537.083	62768.462
40.000	26.688	13.353	7.9577	80540.141	62736.950
		39.972	195.3413	0.000	0.000
12609.345	160.000	0.000	200.6463	80540.005	62723.597
39.567	19.885	19.884	15.7431	80539.803	62703.713
		39.466	208.5184	80380.014	62725.223
12638.912	600.000	0.000	216.3899	80534.740	62684.484
40.939	20.479	20.475	4.3437	80529.526	62664.680
		40.930	218.5617	79954.515	62837.255
12689.850	600.000	− 200.000	220.7337	80522.975	62645.280
66.667	22.229	44.451	3.5367	80515.867	62624.220
		66.657	223.0916	79954.515	62837.255
12756.517	0.000	0.000	324.2705	80499.323	62582.960
100.000	0.000	0.000	0.0000	0.000	0.000
		99.999	224.2705	0.000	0.000
12856.516	0.000	0.000	224.2705	80462.116	62490.140

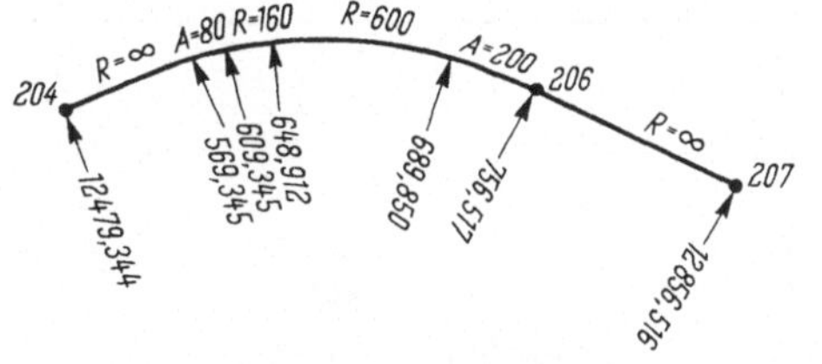

6.71 Trassenverlauf mit Stationierung

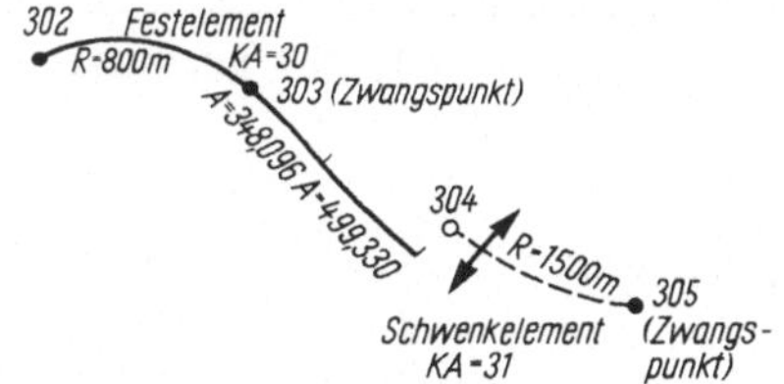

6.72 Das Schwenkelement

Das Schwenkelement. In dieser 3. Aufgabe (s. Bild 6.72) liegen ein Anfangselement (Kreis R = 800 m) und zwei nachfolgende Klotoiden mit unrunden Parametern bereits fest (Koordinaten in Tafel 6.73). Die Klotoidenparameter dürfen durch die Berechnung nicht geändert werden, da sie die Achse einer bereits ausgebauten Straße definieren. An die beiden Klotoiden soll sich ein Kreis (R = 1500 m) anschließen, der verbindlich in dem Punkt 305 enden muß. Hier kann zur Lösung nicht das Pufferelement herangezogen werden, da hierbei der Anfangs- und Endpunkt des Elementes nicht festgehalten werden können. Ebensowenig kann das Koppelelement eine Lösung bringen, weil sich hier die Klotoidenparameter ändern würden. Abhilfe kann nur das Schwenkelement schaffen. Bei diesem Element bleibt stets der zweite Punkt fest, um den dann das Element in die Trasse eingeschwenkt wird.

Aus den Eingabedaten (Tafel 6.74) ist ersichtlich, daß das Schwenkelement die gleiche Elementenkennzeichnung KA = 31 trägt wie das Koppelelement, sich aber von diesem unterscheidet durch die Angabe der Koordinatenwerte und durch Fehlen der Länge DL.

Tafel 6.73 Koordinatenverzeichnis für Aufgabe 3

Nr.	y	x
302	83 304,512	54 486,215
303	83 353,433	54 304,781
304	83 365,- - -	54 153,- - -
305	83 377,250	53 986,650

Tafel 6.75 zeigt die Ergebnisse der Berechnung. Die Punkte 302, 303 und 305 sind als Hauptpunkte ausgewiesen. Gleichfalls sind die unrunden Parameter (A = 348,096 und A = 499,330) der beiden Klotoiden bestehen geblieben.

Tafel 6.74 Aufbereitung für Aufgabe 3

TIEFSTRASSE KREISEL IMMERMANNSTRASSE

KA	NR		DL	R	A1	A2	Y1	X1	Y2	X2
30	1	346.586		800.	348.096	499.330	83304.512	54486.215	83353.433	54304.781
31	2			− 1500.			83365.	54153.	83377.250	53986.650

Tafel 6.75 Ausgabe von Aufgabe 3

TIEFSTRASSE KREISEL IMMERMANNSTRASSE

ACHSE NO. 3

STATION STAT-DIFF	R T1	A T2 S	PHI-T D-PHI PHI-S	YH YT YM	XH XT XM
346.586	800.000	0.000	175.7390	83304.512	54486.215
189.333	95.111	95.111	15.0666	83339.887	54397.928
		188.891	183.2723	82561.904	54188.669
535.919	800.000	− 348.096	190.8056	83353.575	54303.807
151.464	50.530	101.023	6.0265	83360.848	54253.803
		151.403	194.8235	82561.904	54188.669
687.383	− 0.000	499.330	196.8322	83365.873	54152.904
166.220	110.832	55.421	− 3.5273	83371.385	54042.208
		166.197	195.6565	0.000	0.000
853.603	− 1500.000	0.000	193.3049	83377.203	53987.093
0.445	0.000	0.000	− 0.0188	0.000	0.000
		0.445	193.2584	84868.916	54144.551
854.048	− 1500.000	0.000	193.2860	83377.250	53986.650

6.2.2.2. Gradientenberechnung. Aus den verschiedenen Aufgabenstellungen bei der Gradientenberechnung soll nachstehend die Programmierung des Normalfalles mittels Kleinrechner dargestellt werden.

A u f g a b e . Aus der vorgegebenen graphischen Lösung des Längsschnittes werden die Stationen ($x_0, x_1. x_2, \ldots$) und die Höhen ($y_0, y_1, y_2, \ldots$) der Tangentenschnittpunkte sowie die Ausrundungshalbmesser H der Kuppen und Wannen übernommen (Bild 6.76) und über die Tastatur des Kleinrechners eingegeben. Bei Kuppen erhält der Halbmesser negatives, bei Wannen positives Vorzeichen. Es sollen die Steigungen s, die Tangentenlängen t, die Stichmaße f sowie die Stationen und Höhen am Anfang und Ende der Ausrundung (AA, AE) berechnet und aufgelistet werden, ebenso die Höhen der Gradiente in konstanten Abständen x von einer zu wählenden ersten (runden) Station x_R an.

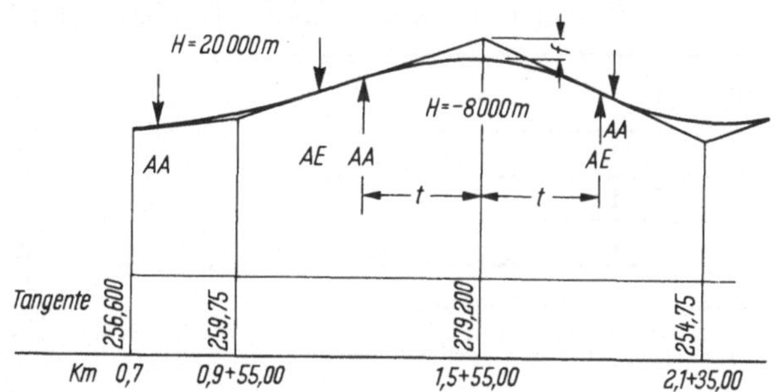

6.76 Längsschnitt

V e r f a h r e n u n d F o r m e l n . Entsprechend den Richtlinien für den Ausbau der Landstraßen (Teil Linienführung) ergeben sich folgende Beziehungen:

Tangentenlänge

$$t = \frac{1}{2} H (s_2 - s_1) \qquad \text{(s Steigung der Tangente (Tangens))}$$

Bogenstich $f = \dfrac{t^2}{2H}$ Höhenordinate $y = \dfrac{x^2}{2H}$

wobei x der horizontale Abstand vom Tangentialpunkt AA bzw. AE bedeutet.

Die Gradientenhöhe für runde Stationen ergibt sich dann zu

$$y_R = y_{AE} + |x_R - x_{AE}| \cdot s$$

für Gradientenpunkte außerhalb der Ausrundungen.

Für Punkte innerhalb der Ausrundungen lautet die Beziehung

$$y_R = y_{AA} + (x_R - x_{AA}) \left(\frac{x_R - x_{AA}}{2H} + s \right)$$

P r o g r a m m a b l a u f . Die Programme sind in der maschinenabhängigen assemblierten Programmiersprache für den OLIVETTI-Bürocomputer P 203/00 geschrieben [104]. Bei den im Ablaufplan und im Programm verwendeten Symbolen AV, AW, AZ, BV handelt es sich um

Ankunftspunkte unbedingter Sprünge im Programm, zu denen die Ausgangspunkte V, W, Z, CV gehören. Die Symbole /V, /Y sind Ausgangspunkte bedingter Sprünge; ist an diesen Stellen im Programm der Inhalt des Operationsregisters A positiv, so wird nach den Marken A/V, A/Y verzweigt. Wenn bei der Abfrage der Registerinhalt negativ oder gleich Null ist, so wird der nächste Programmbefehl ausgeführt.

Zur Maschinenausstattung gehören neben dem Rechner ein Lochstreifenleser und -stanzer.

Das in Tafel 6.77 mitgeteilte Programm veranlaßt die Niederschrift der eingegebenen Daten $(x_0, y_0, x_1, y_1, H_1, \ldots)$ mit Schreibmaschine (Tafel 6.78) und die Ablochung durch den Loch-

Tafel 6.77 Programm für Ablochbeleg

Register 1		
1	A	V
2	F / S	
3		S
4		←
5	B	*
6		S
7		←
8	B	*
9		V

Tafel 6.78 Ablochbeleg

700.000	X0
256.600	Y0
955.000	X1
259.750	Y1
20000.000	H1
1555.000	X2
279.200	Y2
8000.000–	H2
2135.000	X3
254.750	
6000.000	
2754.000	
276.900	
25000.000–	
3100.000	
282.950	

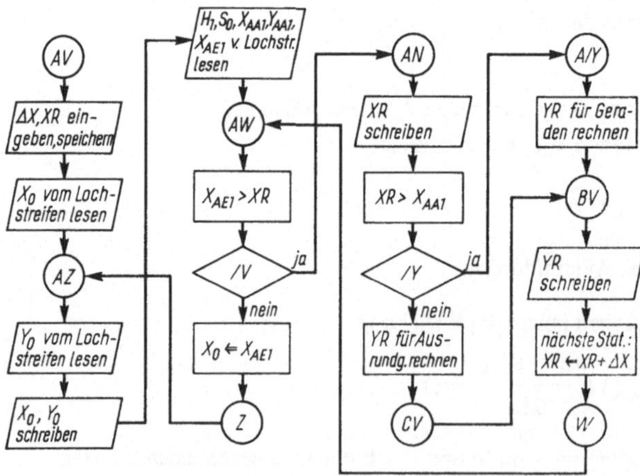

6.79 Ablaufplan Gradientenkleinpunkte

streifenstanzer auf einen ISO-8-Kanal Lochstreifen (Bild 6.79). Der so erstellte Lochstreifen wird über den Lochstreifenleser eingelesen, nachdem das von einer Magnetkarte in den Rechner übernommene Programm „Gradientenhauptpunkte" (Tafel 6.80) durch Druck auf die Taste V gestartet wurde. Es folgt die Berechnung, Niederschrift und Ablochung aller s, t, f, x_{AA}, y_{AA}, x_{AE}, y_{AE} (Tafel 6.81).

Tafel 6.80 Programm Gradientenhauptpunkte

Register 1		Register 2		Register F		Register E	
1	A V	33	C / ←	65	E / ↕	97	F / S
2	F / S	34	C *	66	A +	98	D ′S
3	D / S	35	F / S	67	A :	99	C / ↓
4	A S	36	A S	68	:	100	B / –
5	B / ↑	37	↓	69	E / x	101	C / ↕
6	←	38	A ↕	70	E / x	102	B / ↕
7	B *	39	E / ↕	71	A ←	103	C ↓
8	A S	40	←	72	C ←	104	B ↕
9	B ↑	41	E *	73	F / S	105	D ↓
10	←	42	D / ←	74	D / S	106	D / ↕
11	B *	43	E √	75	B / ↓	107	W
12	F / S	44	D / S	76	E / –	108	
13	D / S	45	A S	77	A ←	109	
14	A S	46	C / ↑	78	B *	110	
15	↓	47	A S	79	D / ↓	111	
16	B / ↕	48	C ↑	80	E / x	112	
17	↕	49	C / ↓	81	A –	113	
18	–	50	B / –	82	–	114	
19	C / ↕	51	D ↕	83	B +	115	
20	A S	52	C ↓	84	A ←	116	
21	↓	53	B –	85	B *	117	
22	B ↕	54	D :	86	D / S	118	
23	↕	55	D ↕	87	B / ↓	119	
24	–	56	D ↓	88	E / +	120	
25	C / :	57	D / –	89	A ←	121	
26	D / ↕	58	A / ↑	90	B *	122	
27	A W	59	D / ↑	91	D ↓	123	
28	B / ←	60	:	92	E / x	124	
29	C *	61	E / x	93	B +	125	
30	B ←	62	A ↕	94	A ←	126	
31	C *	63	A ←	95	B *	127	
32	D / S	64	*	96	F / S	128	

Tafel 6.81 Ergebnisliste Gradientenhauptpunkte

H	x_0 x_i s x_{AA}	y_0 y_i y_{AA}	$x_i - x_{i-1}$ t x_{AE}	f y_{AE}
	700.000	256.600		
	955.000	259.750	255.000	
20000.000	0.0123529		200.636	1.006
	754.364	257.271	1155.636	266.253
	1555.000	279.200	600.000	
8000.000–	0.0324166		298.286	5.560
	1256.713	269.530	1853.286	266.625
	2135.000	254.750	580.000	
6000.000	0.0421551–		233.815	4.553
	1901.184	264.606	2368.815	263.116
	2754.000	276.900	619.000	
25000.000–	0.0357835		228.725	1.046
	2525.275	268.715	2982.725	280.899
	3100.000	282.950	346.000	

Mit diesen Zwischenergebnissen wird zunächst der graphische Entwurf der Gradiente überprüft, bevor man den zweiten Lochstreifen und das Programm „Gradientenkleinpunkte" einliest (Tafel 6.82). In diesem Programmteil werden automatisch alle Gradientenhöhen berechnet und mit Schreibmaschine niedergeschrieben, nachdem man den Stationsabstand Δx und die erste runde Station x_R über die Tastatur eingegeben hat (Tafel 6.83).

6.2.2.3. Automatische Kartierung. Der Einsatz eines automatischen Zeichengerätes ist in Technik und Wissenschaft sinnvoll, wenn man sich einen optischen Eindruck des bereits verarbeiteten Datenmaterials in seiner Gesamtheit verschaffen will. Die Programmierung eines automatischen Zeichners soll nachfolgend anhand eines Beispiels gezeigt werden.

Wie bei jeder Programmierung muß auch hier die Aufgabe präzise und vollständig beschrieben werden. Das heißt bei einem automatischen Zeichengerät, daß nicht nur die Bewegung des Zeichenstiftes gesteuert werden muß, sondern daß man vorher ein Koordinatensystem (Lage des Nullpunktes und Achsmaßstab) definieren muß. Ähnliche zusätzliche Angaben sind bei einer geplanten Textausgabe erforderlich. Neben dem Inhalt des Textes (der gezeichnet wird!) ist der Ort, die Größe und die Richtung der Schrift anzugeben.

Bei dem hier eingesetzten Gerät (Plotter)[1]) steuern 6 Unterprogramme die verschiedenen Funktionen:

1. SCALE (= Maßstab). Speicherung von Angaben für ein Koordinatensystem (Achsmaßstab, Lage des Nullpunktes)
2. EGRID (von grid = Gitter). Zeichnung von Gitterlinien (Koo.-Achsen)
3. EPLOT (von plot = zeichnen). Bewegung des Zeichenstiftes in senkrechter und horizontaler Richtung

[1]) Plotter IBM 1627 der DVA IBM 1130.

Tafel 6.82 Programm Gradientenkleinpunkte

Register 1		Register 2	
1	A V	33	Z
2	F / S	34	A / V
3	S	35	B / ←
4	D / ↑	36	C *
5	S	37	B / ↓
6	B / ↑	38	E / –
7	A S	39	/ Y
8	B ↑	40	+
9	A Z	41	B –
10	A S	42	C x
11	C / ↑	43	C / +
12	B ←	44	C V
13	C *	45	A / Y
14	C / ←	46	A x
15	C *	47	F ↑
16	F / S	48	D ↕
17	A S	49	A +
18	D ↑	50	↕
19	A S	51	D ↕
20	C ↑	52	:
21	A S	53	F ↕
22	E / ↑	54	C x
23	A S	55	F +
24	E ↑	56	E +
25	A S	57	B V
26	F / ↑	58	A ←
27	A W	59	C *
28	F / ↓	60	F / S
29	B / –	61	B / ↓
30	/ V	62	D / +
31	F / ↓	63	B / ↕
32	B ↕	64	W

Tafel 6.83 Ergebnisliste Gradientenkleinpunkte

STATION	HÖHE
700.000	256.600
720.000	256.847
740.000	257.094
760.000	257.341
780.000	257.604
800.000	257.886
820.000	258.189
840.000	258.512
860.000	258.854
880.000	259.217
900.000	259.600
920.000	260.002
940.000	260.425
960.000	260.868
980.000	261.331
1000.000	261.813

4. POINT (= Punkt). Zeichnung von Punktsignaturen (z. B. + oder ×)
5. ECHAR (von character = Zeichen). Speicherung von Angaben zum Malen von Zeichen (Ort, Größe, Richtung)
6. WRITE (= schreiben). Zeichnung von Buchstaben, Ziffern, Sonderzeichen

Bei dem hier vorgeführten Programmbeispiel will der Plotterbenutzer sich ein Bild von einer bereits berechneten Straßentrasse machen. Da ihm die im Abstand von 5 m berechneten orthogonalen Absteckwerte (von Trasse und Fahrbahnrändern) schon in Kartenform vorliegen, sollen lediglich die entsprechenden Kleinpunkte miteinander verbunden werden. Das Lochkartendeck enthält bereits die zusammengehörenden Punkte (jeweils max. 50), die von den anderen durch eine Karte 900 getrennt sind. Am Schluß befindet sich die Karte 999. Ein vollständiger Datensatz (s. Tafel 6.84) umfaßt die folgenden Angaben: Kartenart (001), laufende Nummer (1 oder blank), Punktnummer, Koordinaten X und Y. Der Buchstabe H kennzeichnet einen Achshauptpunkt.

Zur Vorbereitung der Programmierung dienen die in Bild 6.85 festgehaltenen Überlegungen über die Lage des Koordinatenursprungs und über die Skalierung der Koordinatenachsen. Die zu erstellenden Schriftbilder sind lagemäßig und der Größe nach angedeutet.

Tafel 6.84 Vollständiger Datensatz zur Kartierung

001	1	011	00.00	0.00	H
001	1	021	04.98	0.40	
001	1	031	09.97	0.80	
001	1	041	14.95	1.20	
⋮					
001	1	191	84.31	4.50	H
001	1	201	84.75	4.44	
001	1	211	89.68	3.65	
001	1	221	94.60	2.73	
001	1	231	96.37	2.38	H
001	1	241	99.50	1.77	
001	1	251	104.42	0.88	
001	1	261	108.43	0.27	H
001	1	271	109.37	0.15	
001	1	281	114.34	− 0.34	
001	1	291	119.34	− 0.59	
001	1	301	124.34	− 0.58	
001	1	311	129.33	− 0.32	
001	1	321	132.75	− 0.00	H
900					
001	1	012	00.32	− 3.99	H
001	1	022	05.30	− 3.59	
⋮					
900					
⋮					
999					

Nach den Vorüberlegungen kann das Programm (Tafel 6.86) entstehen, das im wesentlichen folgende Arbeiten erledigt:

1. Definition des Koordinatensystems
2. Zeichnen der Gitterlinien
3. Setzen von Überschriften
4. Beschriften der x- und der y-Achse
5. Einlesen und Verbinden der Kleinpunkte

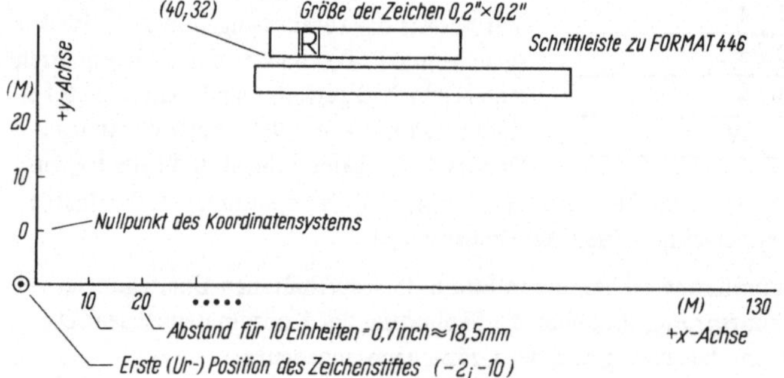

6.85 Bildplanung

Tafel 6.86 Kartierungsprogramm

```
C       ZEICHNEN EINER TRASSE
C       =====================
        DATA KHP/'H'/
        WRITE (1, 444)
  444   FORMAT ('BITTE DEN PLOTTER ANSCHALTEN'/
     1   'DEN STIFT IN DIE UNTERE RECHTE ECKE SETZEN'/
     2   'UND ZWAR ETWA 5 CM VOM RAND ENTFERNT'/
     3   'BITTE DVA-ZENTRALEINHEIT STARTEN***')
        PAUSE
C
C       MASSTABSFESTLEGUNG,KOORDINATENGITTER ZEICHNEN UND BILD-
C       UEBERSCHRIFT
C       ----------------------------------------------------
        CALL SCALE (0.07, 0.07, - 2., - 10.)
C
C       SCALE SETZT MASSTAB UND NULLPUNKT DES KOORDINATENSYSTEMS
C       FEST
C       1. UND 2. ZAHL (0.07) INCH PRO EINHEIT IN X- UND Y-RICHTUNG
C       3. UND 4. ZAHL (- 2. UND - 10.) LETZTE POSITION DES STIFTES
        CALL EGRID (0,0., - 10., 10., 13)
C
C       EGRID ZEICHNET GITTERLINIE EINES KOORDINATENSYSTEMS
C       1. ZAHL = RICHTUNG (0 = + X-RICHTUNG) (1 = + Y)
C       2. UND 3. ZAHL (0., - 10.) ANFANGSPUNKT DER LINIE
C       4. ZAHL (10.) ABSTAND DER QUERSTRICHE
C       5. ZAHL ANZAHL DER QUERSTRICHE - 1
C
        CALL EGRID (1, 0., - 10., 10., 3)
        CALL ECHAR (40., 32., 0.2, 0.2, 0.)
C
C       ECHAR SETZT ORT, GROESSE UND DREHUNG EINES BUCHSTABENS FEST
C       1. UND 2. ZAHL LINKE UNTERE ECKE DES BUCHSTABENS (X, Y)
C       3. UND 4. ZAHL BREITE UND HOEHE DES BUCHSTABENS
C       5. ZAHL DREHUNG DES BUCHSTABENS IN BEZUG AUF POSITIVE X-RICH-
C       TUNG
C
        WRITE (7, 446)
C
C       DIE AUSGABE-EINHEIT 7 IST DER PLOTTER
C
        CALL ECHAR (40., 27., 0.2, 0.2, 0.)
        WRITE (7, 447)
C
C       BESCHRIFTEN DER X-ACHSE
C       -----------------------
        DO 50 I = 1, 13
        J = I * 10
        X = J
        CALL ECHAR (X - 3., - 13., 0.15, 0.15, 0.)
   50   WRITE (7, 445) J
        CALL ECHAR (X + 5., - 13., 0.15, 0.15, 0.)
        WRITE (7, 448)
  445   FORMAT (I3)
```

```
C
C     BESCHRIFTEN DER Y-ACHSE
C     -------------------
      DO 60 I = 1, 3
      J = I * 10 - 10
      Y = J
      CALL ECHAR (- 8., Y - 3., 0.15, 0.15, 0.)
      WRITE (7, 445) J
   60 CONTINUE
  448 FORMAT ( (M) )
      CALL ECHAR (- 8., Y + 5., 0.15, 0.15, 0.)
      WRITE (7, 448)
  446 FORMAT (' -TRASSE 1 - ')
  447 FORMAT ( 'BULLENDORF-MUEHLBACH')
      CALL EPLOT (3, 0., 0.)
C
C     EPLOT BEWEGT DEN ZEICHENSTIFT HOCH UND RUNTER, HIN UND HER
C     1. ZAHL GERADE = STIFT SENKEN UNGERADE = STIFT HEBEN
C     2. UND 3. ZAHL GIBT KOORDINATEN DES NEUEN STIFT STANDPUNKTES AN
C
C
C     KOORDINATEN DER KLEINPUNKTE EINLESEN UND VERBINDEN
C     -----------------------------------------------
   10 DO 20 II = 1, 50
      READ (2, 100) KA, LFN, NP, X, Y, KP
      IF (KA - 900) 41, 11, 43
   41 IF (II - 1) 30, 30, 31
   30 CALL EPLOT (+ 1, X, Y)
      CALL EPLOT (+ 2, X, Y)
      GO TO 25
   31 CALL EPLOT (0, X, Y)
   25 IF (KP - KHP) 20, 32, 20
   32 CALL POINT (1)
C
C     POINT ZEICHNET SIGNATUR AN DER AUGENBLICKLICHEN STELLE
C     1 = KREUZ MALEN
C
   20 CONTINUE
   11 CALL EPLOT (1, 0., 0.)
      GO TO 10
  100 FORMAT (I3, I4, 9X, I3, 6X, F6.0, F6.0, 6X, A2)
   43 CALL EXIT
      END
```

In Bild 6.87 ist der Ablaufplan der in Punkt 5 zu erledigenden Arbeiten dargestellt (im Programm zwischen den Anweisungsnummern 10 und 43).

In Bild 6.88 findet man eine Abbildung der erstellten automatischen Zeichnung. Hier ist erkennbar, daß gekrümmte Linien nicht in einer glatten Kurve, sondern durch ein Aneinanderreihen von Sehnenpolygonen entstehen.

6.2.2.4. Entwurfs- und Absteckfabelle für Knotenpunkte. Beim Entwurf und Ausbau von Knoten werden für die Bordsteinführung sowohl im Landstraßenbau als auch bei der Anlage von Stadtstraßen dreiteilige Korbbögen zugrundegelegt (Bild 6.89a). Für die Konstruktion wie auch für die Absteckung ist die Kenntnis einzelner Bogenelemente (Tangentenlängen, Bogenlängen, Sehnen

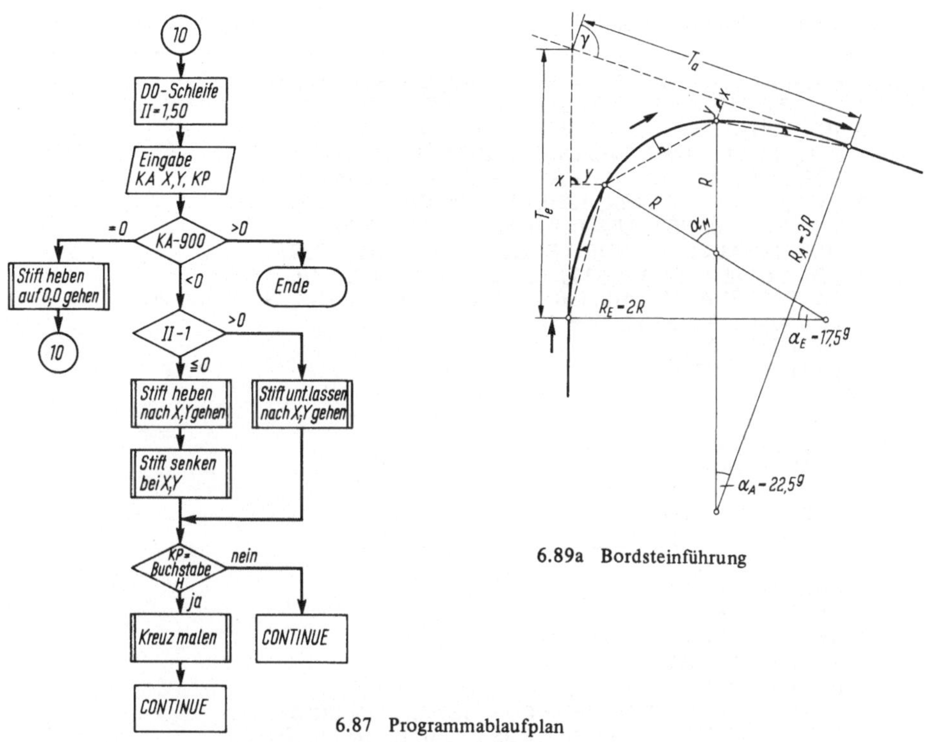

6.89a Bordsteinführung

6.87 Programmablaufplan

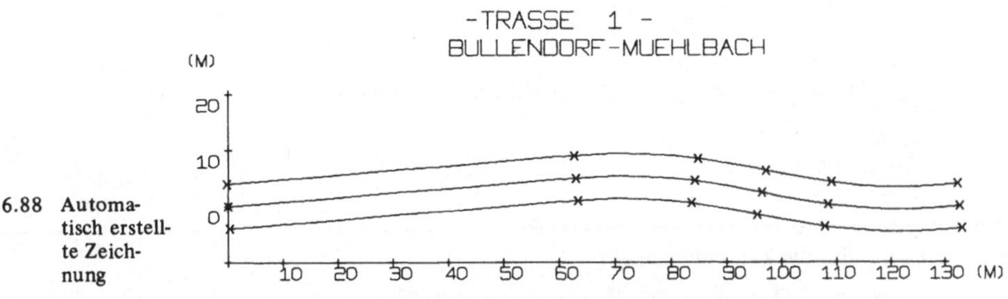

6.88 Automatisch erstellte Zeichnung

usw.) erforderlich. Da die Zentriwinkel der äußeren Bögen konstant sind und die Krümmungsradien meist im Verhältnis $R_E:R:R_A = 2:1:3$ gewählt werden (die Indizes E und A kennzeichnen die Größen für den einleitenden und ausleitenden Bogen), ist die Gesamtkonstruktion nur von den beiden Parametern γ (Tangentenschnittwinkel) und R abhängig.

A u f g a b e . Unter Zugrundelegung der Richtlinien für den Ausbau der Landstraßen (Teil Knotenpunkte) ist eine Tabelle der Einheitswerte (R = 1) für die Bogenlänge (LM), die Sehne (SM), Pfeilhöhe (PFM) des mittleren Hauptbogens sowie für die beiden Tangenten (T_E, T_A) zu drucken, und zwar für Tangentenwinkel γ zwischen 70^g und 120^g und einer Tafeldifferenz von $\Delta\gamma = 0{,}1^g$.

Tafel 6.89b Programm Bordsteinführung

```
1000   FORMAT (1H0, 9X, 25HTABELLE DER EINHEITSWERTE/,
     1 10X, 33HFUER BORDSTEINFUEHRUNG NACH RAL-K/,
     2 10X, 38HALPHA – E = 17,5 GON, ALPHA – A = 22,5 GON/,
     3 10X, 38HVERHAELTNIS DER RADIEN RE/R/RA = 2/1/3//)
1001   FORMAT (1H0, 30X, 28HRADIUS LAENGE SEHNE PFEIL,
     1 5X, 9HX          Y//10X, 19HEINLEITENDER BOGEN,
     2 47H 2,000 0,5498 0,5480 0,0188 0,5428 0,0750/,
     3 10X, 19HAUSLEITENDER BOGEN, 15H 3,000 1,0602,
     4 32H 1,0548 0,0468 1,0383 0,1854////21X, 5HGAMA,
     5 3X, 5HALPHA, 4X, 2HLM, 6X, 2HSM, 6X, 3HPFM, 5X, 2HTE, 6X, 2HTA//)
1002   FORMAT (19X, 2F8.2, 5F8.4)
       WRITE (5, 1000)
       WRITE (5, 1001)

       GAM = 70.
    1  BGAM = GAM * 0.015708
       GAM2 = GAM/2.
       BGAM2 = GAM2 * 0.015708
       ALF = GAM – 40.
       BALF = ALF * 0.015708
       ALF2 = ALF/2.
       BALF2 = ALF2 * 0.015708
       ALF4 = ALF/4.
       BALF4 = ALF4 * 0.015708
       S = 2. * SIN (BALF2)
       F = 2. * SIN (BALF4) * * 2
       EK = (0.123618 – 0.037545 * COS (BGAM))/SIN (BGAM)
       AK = (0.037545 – 0.123618 * COS (BGAM))/SIN (BGAM)
       TAN = SIN (BGAM2)/COS (BGAM2)
       TE = TAN + 0.27144 + EK
       TA = TAN + 0.692234 + AK
       ALF1 = ALF + 0.0001
       GAM1 = GAM + 0.0001
       WRITE (5, 1002) GAM1, ALF1, BALF, S, F, TE, TA
       GAM = GAM + 0.1
       IF (GAM – 120.) 1, 1, 2
    2  CALL EXIT
       END
```

F o r m e l n . Für die Zentriwinkel gilt

$$\alpha_E = 17{,}5^g \qquad \alpha_A = 22{,}5^g \qquad \alpha_M = \gamma - 40{,}0^g$$

Bogenlänge

$$L = R \cdot \alpha \cdot 0{,}015708$$

Sehne

$$s = 2R \cdot \sin \alpha/2$$

Pfeilhöhe

$$f = 2R \cdot \sin^2 \alpha/4$$

Tangenten

$$T_E = R \cdot \tan \gamma/2 + E + e$$

$$T_A = R \cdot \tan \gamma/2 + A + a$$

Tafel 6.90 Tabelle der Einheitswerte

TABELLE DER EINHEITSWERTE FUER BORDSTEINFUEHRUNG NACH RAL–K
ALPHA – E = 17,5 GON, ALPHA – A = 22,5 GON
VERHAELTNIS DER RADIEN RE/R/RA = 2/1/3

	RADIUS	LAENGE	SEHEN	PFEIL	X	Y
EINLEITENDER	2,000	0,5498	0,5480	0,0188	0,5428	0,0750
AUSL. BOGEN	3,000	1,0602	1,0548	0,0468	1,0383	0,1854

GAMMA	ALPHA	LM	SM	PFM	TE	TA
70.00	30.00	0.4712	0.4668	0.0276	1.0038	1.2841
70.10	30.10	0.4728	0.4684	0.0278	1.0048	1.2854
70.20	30.20	0.4743	0.4699	0.0279	1.0059	1.2867
70.30	30.30	0.4759	0.4714	0.0281	1.0069	1.2880
70.40	30.40	0.4775	0.4729	0.0283	1.0080	1.2893
70.50	30.50	0.4790	0.4745	0.0285	1.0090	1.2906
70.60	30.60	0.4806	0.4760	0.0287	1.0101	1.2919
70.70	30.70	0.4822	0.4775	0.0289	1.0111	1.2932
70.80	30.80	0.4838	0.4791	0.0291	1.0122	1.2945
70.90	30.90	0.4853	0.4806	0.0293	1.0133	1.2958
71.00	31.00	0.4869	0.4821	0.0294	1.0143	1.2971
71.10	31.10	0.4885	0.4836	0.0296	1.0154	1.2984
71.20	31.20	0.4900	0.4851	0.0298	1.0164	1.2997
71.30	31.30	0.4916	0.4867	0.0300	1.0175	1.3010
71.40	31.40	0.4932	0.4882	0.0302	1.0186	1.3023
71.50	31.50	0.4948	0.4897	0.0304	1.0196	1.3036
71.60	31.60	0.4963	0.4912	0.0306	1.0207	1.3049
71.70	31.70	0.4979	0.4928	0.0308	1.0218	1.3062
71.80	31.80	0.4995	0.4943	0.0310	1.0228	1.3075
71.90	31.90	0.5010	0.4958	0.0312	1.0239	1.3088
72.00	32.00	0.5026	0.4973	0.0314	1.0250	1.3101
72.10	32.10	0.5042	0.4989	0.0316	1.0260	1.3114
72.20	32.20	0.5057	0.5004	0.0318	1.0271	1.3127
72.30	32.30	0.5073	0.5019	0.0320	1.0282	1.3141

mit $E = R \sin \alpha_E \qquad A = 2R \sin \alpha_A$

$$e = \frac{\Delta R_A}{\sin \gamma} - \frac{\Delta R_E}{\tan \gamma} \qquad a = \frac{\Delta R_E}{\sin \gamma} - \frac{\Delta R_A}{\tan \gamma}$$

$$\Delta R_E = R\,(1 - \cos \alpha_E) \qquad \Delta R_A = 2R\,(1 - \cos \alpha_A)$$

Mit $\alpha_E = 17{,}5^g$ und $\alpha_A = 22{,}5^g$ ergibt sich dann

$$\Delta R_E = 0{,}037545\ R \qquad \Delta R_A = 0{,}123618\ R$$

$$e = \frac{R\,(0{,}123618 - 0{,}037545 \cos \gamma)}{\sin \gamma} \qquad a = \frac{R\,(0{,}037545 - 0{,}123618 \cos \gamma)}{\sin \gamma}$$

$$E = 0{,}271440\ R \qquad A = 0{,}692234\ R$$

P r o g r a m m . Als Programmiersprache wird FORTRAN gewählt. Die Ein- und Ausgabeeinheiten beziehen sich auf den Rechner IBM 1130 mit dem Schnelldrucker IBM 1403.

Nach Ausdruck der Überschriften und der konstanten Bogenelemente für die äußeren Bogen werden für $\gamma = 70{,}0^g$ (GAM) der Zentriwinkel α (ALF) sowie die Teilwinkel $\gamma/2$, $\alpha/2$, $\alpha/4$ (GAM2, ALF2, ALF4) und ihre Bogenmaße (BGAM, BGAM2, . . .) gerechnet. Nach Berechnung von Sehne, Pfeilhöhe, e (EK), a (AK) und Tangenten (TE, TA) werden die Ergebnisse ausgedruckt und die Variable um $\Delta\gamma = 0{,}1^g$ erhöht. Statt des Einschaltens eines Aufrundungsprogramms für die Winkelwerte γ und α mit zwei Nachkommanstellen wird jeweils eine Einheit der 4. Nachkommastelle addiert, um in der ausgedruckten Tabelle runde Werte (70.10, 70.20, usw.) zu erhalten.

In der Ausgabeliste steht LM, SM, PFM für Länge, Sehne und Pfeilhöhe des mittleren Bogens.

6.3. Vermessungswesen

Nachfolgend werden drei charakteristische Beispiele aus dem Vermessungswesen vorgeführt.

In Abschn. 6.3.1 wird ein E i n z e l p r o g r a m m über ein allen Vermessungsingenieuren geläufiges Problem (Kleinpunktberechnung) behandelt. Ein Beispiel (Richtungswinkel und Entfernung) mit einem U n t e r p r o g r a m m wird in Abschn. 6.3.2 gezeigt. Schließlich wird in Abschn. 6.3.3 ein Beispiel vorgeführt, das sich eines i n t e g r i e r t e n P r o g r a m m - s y s t e m s (aus dem Gebiet der Katastervermessung) bedient. Es handelt sich hierbei um eine „Vorausberechnung" nach einem Aufteilungsplan.

6.3.1. Kleinpunktberechnung. Die Problemstellung ist hierbei folgende: G e g e b e n sind die Koordinaten zweier Punkte A (YA, XA)[1]) sowie E (YE, XE) (s. Bild 6.91). G e m e s s e n sind 1. die Entfernung zwischen diesen beiden Punkten SG = SE − SA und 2. die orthogonalen Bestimmungselemente SY_i, SX_i für die i Punkte (Kleinpunkte). Gesucht sind die kartesischen Koordinaten dieser Kleinpunkte Y_i, X_i und zwar in dem Koordinatensystem, dem auch die Koordinaten YA, XA bzw. Ye, Xe angehören. Es handelt sich also bei der vorliegenden Aufgabe um eine Koordinatentransformation von einem örtlichen System (mit der Koordinatenachse A–E) in ein überörtliches („Landes"-) System, kurz bezeichnet mit „Kleinpunktberechnung" oder „Messungslinienberechnung".

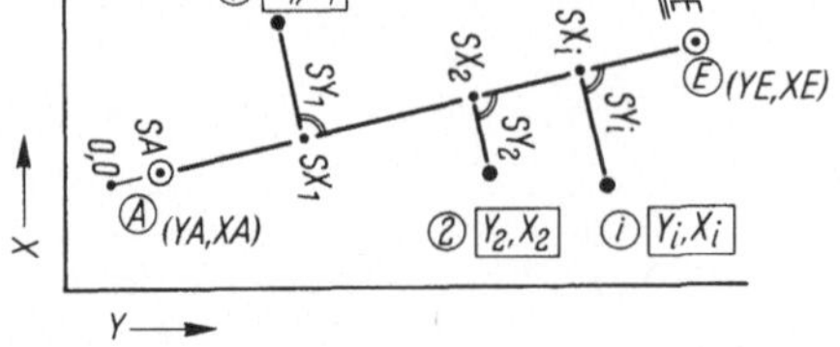

6.91 Kleinpunktberechnung; ( ) Gegeben, ▭ Gesucht;

Zur Berechnung der Kleinpunkte stehen Messungen zur Verfügung, die stets mit unvermeidbaren Fehlern behaftet sind. Diese treten insbesondere dann zutage, wenn gerechnete und gemessene Größen gegenübergestellt werden müssen, wie dies beim Vergleich von

[1]) Bei den Formelgrößen handelt es sich um die im Programm (s. Tafel 6.92) verwendeten FORTRAN-Variablen.

Tafel 6.92 Programm Kleinpunktberechnung

```
C         KLEINPUNKTBERECHNUNG
C         ------------------
          DIMENSION NR (101), X (101), Y (101), SX (101), SY (101)
C         PROGRAMM IST FUER 100 PUNKTE VORGESEHEN
C
          FSZUL (A1, B1, C1) = A1 * SQRT (S) + B1 * S + C1
C         NRR IST DIE LAUFENDE NUMMER DER EINZELNEN BERECHNUNGEN
C
          NRR = 0
  999     NRR = NRR + 1
C         EINGABE VON PUNKT A UND E
C         ---------------------
          READ (2, 100) KA, NRA, YA, XA, SA
          IF (KA - 99) 1, 990, 990
    1     WRITE (3, 118)
          READ (2, 100) KA, NRE, YE, XE, SE
C         KLASS IST DIE GELAENDE-KLASSE
C
          READ (2, 102) KLASS
          IF (KLASS) 22, 22, 24
   22     KLASS = 1
   24     IF (KLASS - 3) 26, 26, 22
C         BEGINN DER RECHNUNG
C         ----------------
   26     SG = SE - SA
C         SG IST DIE GEMESSENE STRECKE
C
          YD = YE - YA
          XD = XE - XA
          SQ = YD * * 2 + XD * * 2
          S = SQRT (SQ)
C         S IST DIE GERECHNETE STRECKE
C
          GOTO (2, 4, 6), KLASS
C         BERECHNUNG DER ZULAESSIGEN STRECKENDIFFERENZ
C         ----------------------------------------
    2     FSZ = FSZUL (0.008, 0.0003, 0.05)
          GOTO 8
    4     FSZ = FSZUL (0.010, 0.0004, 0.05)
          GOTO 8
    6     FSZ = FSZUL (0.012, 0.0005, 0.05)
    8     FS = S - SG
C         BERECHNEN VON O UND A
C         -------------------
          O = YD/SG
          A = XD/SG
          NZ = 0
C         NZ IST DIE ANZAHL DER KLEINPUNKTE
C
C         EINLESEN DER MESSWERTE FUER DIE KLEINPUNKTE
C         ------------------------------------
          DO 14 I = 1, 100
          READ (2, 108) KA, NR (I), SX (I), SY (I)
          IF (KA - 10) 13, 16, 16
```

```
      13   NZ = NZ + 1
      14   CONTINUE
      16   IF (ABS (FS) – FSZ) 10, 10, 12
C          PRUEFUNG OB FS ZULAESSIG
C
      12   WRITE (3, 104)
C          BEI UNZULAESSIGER STRECKENDIFFERENZ ERFOLGT KEINE WEITER-
C          RECHNUNG
           GOTO 999
C          AUSGABE DER GRUNDRECHNUNG
C          ------------------------
      10   WRITE (3, 106) NRR, S, FS, FSZ, KLASS, O, A
C          BERECHNUNG DER KLEINPUNKTE
C          ------------------------
           DO 18 I = 1, NZ
           Y (I) = O * (SX (I) – SA) + A * SY (I)
           Y (I) = YA + Y (I)
           X (I) = A * (SX (I) – SA) – O * SY (I)
           X (I) = X (I) + XA
      18   CONTINUE
           WRITE (3, 114)
C          AUSGABE DER KOORDINATEN
C          ----------------------
           WRITE (3, 110) SA, YA, XA, NRA
           WRITE (3, 110) SE, YE, XE, NRE
           WRITE (3, 116) YD, XD
           WRITE (3, 112)
           DO 20 I = 1, NZ
      20   WRITE (3, 210) SY (I), SX (I), Y (I), X (I), NR (I)
           WRITE (3, 112)
           IF (KA – 99) 999, 990, 990
C          FORMATE
C
     100   FORMAT (I2, I4, 2F11.2, F8.3)
     102   FORMAT (I1)
     104   FORMAT (1H  , 30HUNZULAESSIGE STRECKENDIFFERENZ)
     106   FORMAT (1H  , 10 (1H–)/1H  , 1H/,' NR. ',13,'/' 4HS  =  ,F8.3, 2X, 'FS = 'F
         1 6.3,' ZUL' .F6.3, 1H(,I1,1H)                                   /1H  ,10(1H–)
         2 /1H  , 14X,'O  =  ''F9.6, 2X, 'A  =  ',F9.6//)
     108   FORMAT (I2, I4, 2F8.3)
     110   FORMAT (1H  , 10X, F8.3, 2X, 2 (F11.2, 2X), 4 (1H.), I6)
     112   FORMAT (1H  , 56 (1H–))
     114   FORMAT (1H  , 4X, 2HSY, 8X, 2HSX, 11X, 1HY, 12X, 1HX, 13X, 3HNR.)
     116   FORMAT (1H  , 20X, 2 (F11.2, 2X))
     118   FORMAT (1H1, 16HVERMVORDRUCK    22,4 (1H*), 20HKLEINPUNKT
         1 BERECHNUNG, 4 (1H*)/1H  , 20X, 20 (1H=)//)
     210   FORMAT (1H  , 2 (F8.3, 2X), 2 (F11.2, 2X), 4 (1H.), I6)
     990   CALL EXIT
           END
```

$$SG = SE - SA \quad \text{und} \quad S = \sqrt{(YE - YA)^2 + (XE - XA)^2} \tag{6.13}$$

der Fall ist. Der Unterschied zwischen diesen Größen

$$FS = S - SG \tag{6.14}$$

kann nun in Bezug auf eine (amtlich festgesetzte) empirisch ermittelte Fehlergrenze FSZ noch zulässig sein und muß dann auf die Zwischenwerte proportional verteilt werden, oder aber er ist nicht mehr erlaubt, was ein Indiz für die Unglaubwürdigkeit der gesamten Messung (grober Fehler!) ist und eine Durchrechnung mit den zugehörigen Messungszahlen verbietet.

Die Fehlergrenzformel lautet

$$FSZUL = A1 \cdot \sqrt{S} + B1 \cdot S + C1 \tag{6.15}$$

wobei die hier vorkommenden Koeffizienten A1, B1, C1 je nach Steilheit des Geländes oder dem örtlichen Bodenwert in 3 „Klassen" (KLASS) unterschiedliche Werte annehmen können. Die Fehlergrenzformel ist in dem nachfolgenden Programm zu Beginn als „Formelfunktion" festgelegt; die Größen A1, B1, C1 werden später im weiteren Verlauf des Programmes gemäß der entsprechenden Klasse mit Zahlenwerten gefüllt (s. Anw.-Nummern 2, 4 u. 6).

Die Formeln zur Berechnung der Kleinpunkte sind folgendermaßen aufgebaut

$$\begin{aligned} Y_i &= YA + O \cdot (SX_i - SA) + A \cdot SY_i \\ X_i &= XA + A \cdot (SX_i - SA) - O \cdot SY_i \end{aligned} \tag{6.16}$$

wobei $O = (YE - YA)/SG$ und $A = (XE - XA)/SG$ (6.17)

Tafel 6.93 Eingabedaten Kleinpunktberechnung

01	97	53138.25	71498.52	000.00
01	14	52986.02	71518.40	153.55
02	87	10.04		
02	88	11.43		
02	55	35.06		
10				
01	58	53080.40	71577.39	000.00
01	43	53203.57	71569.56	123.39
02	64	034.28	+ 4.23	
02	65	038.44	+ 0.67	
02	66	045.99	− 6.41	
02	67	048.98		
02	68	074.13	− 4.21	
02	69	089.55		
02	70	112.16		
02	170	112.17	− 0.35	
02	71	121.69	+ 3.48	
99				

Bei diesen Formeln ist zu beachten, daß

1. die Größen SX_i sich jeweils auf den Ursprung der Linie A–E beziehen („durchlaufende Messung")
2. die Werte SY_i mit den entsprechenden Vorzeichen (links von A–E negativ!) versehen sein müssen und
3. durch die Berechnung von O und A (s. Gl. 6.17) die Proportional-Verteilung der unvermeid lichen Fehler vorgenommen wird.

Das hier abgedruckte Programm ist anhand der zahlreichen Kommentarkarten (erkenntlich durch das C in Spalte 1) auch ohne Programmablaufplan verständlich.

Die Größe KA (= Kartenart) übernimmt in dem Programm die Steuerung des Ablaufes. Zu Beginn einer erneuten Berechnung kann die Größe KA = 99 das logische Programmende (hier: CALL EXIT) aufrufen (vor Anw.-Nr. 1). Ist KA = 10, so wird das Ende einer Serie von Meßwerten angezeigt, und es kann eine neue Kleinpunktberechnung erfolgen (vor Anw.-Nr. 13).

Tafel 6.94 Ausgabe-Liste Kleinpunktberechnung

```
VERMVORDRUCK     22****KLEINPUNKTBERECHNUNG****
                       ======================

-------------
/NR. 1/      S = 153.522        FS = - 0.027 ZUL 0.195 (1)
------------
                O = - 0.991403      A = 0.129469

SY                 SX              Y              X                         NR.
                   0.000           53138.25       71498.52       ....       97
                   153.550         52986.02       71518.40       ....       14
                                   - 152.23       19.88
-------------------------------------------------------------------------------
0.000              10.040          53128.29       71499.81       ....       87
0.000              11.430          53126.91       71499.99       ....       88
0.000              35.060          53103.49       71503.05       ....       55
-------------------------------------------------------------------------------

VERMVORDRUCK     22****KLEINPUNKTBERECHNUNG****
                       ======================

-------------
/NR. 2/      S = 123.418        FS = 0.028 ZUL 0.175 (1)
------------
                O = 0.998216        A = - 0.063456

SY                 SX              Y              X                         NR.
                   0.000           53080.40       71577.39       ....       58
                   123.390         53203.57       71569.56       ....       43
                                   123.16         - 7.82
-------------------------------------------------------------------------------
  4.230            34.280          53114.35       71570.99       ....       64
  0.670            38.440          53118.72       71574.28       ....       65
- 6.410            45.990          53126.71       71580.87       ....       66
  0.000            48.980          53129.29       71574.28       ....       67
- 4.210            74.130          53154.66       71576.88       ....       68
  0.000            89.550          53169.79       71571.70       ....       69
  0.000            112.160         53192.36       71570.27       ....       70
- 0.350            112.170         53192.39       71570.62       ....       170
  3.480            121.690         53201.65       71566.19       ....       71
```

Die verschiedenen vorher erwähnten Klassen zur Ermittlung der zulässigen Fehler werden angesteuert über ein „Berechnetes GO TO" (vor Anw.-Nr. 2). Zur Vermeidung einer Über- oder Unterschreitung des Steuerwertes KLASS, wird die Größe der Variablen vor Eingang in das GO TO überprüft und es wird bei Vorhandensein von KLASS = 0 oder KLASS > 3 der Wert KLASS = 1 gesetzt.

Der Streckenfehler FS wird im Programm erst zu dem Zeitpunkt überprüft (Anw.-Nr. 16), zu dem sämtliche Meßwerte bereits eingelesen sind, damit ein Rücksprung (Anw.-Nr. 999) an die logisch richtige Stelle (Beginn einer neuen Messungslinie) erfolgen kann.

In Tafel 6.93 ist die Liste der Eingabedaten dargestellt. Jeder Zeile entspricht einer Lochkarte. Die ersten beiden Ziffern geben die jeweilige Kartenart (KA) an. Die Kartenart 01 enthält die Elemente der beiden b e k a n n t e n P u n k t e A und E der Messungslinie: Punktnummer, Koordinaten Y und X und die zugehörigen Strecken (SA bzw. SE). Die Leerkarte gibt den Zahlenwert für die Größe KLASS an. In dem hier gezeigten Beispiel wird der Wert 0 eingelesen, so daß vom Programm KLASS = 1 gesetzt werden muß. Die Kartenart 02 enthält die Elemente der K l e i n p u n k t e, nämlich neben der Punktnummer, die Zahlenwerte für SX und SY. Deutlich erkennbar die beiden Karten, die den Programmablauf steuern: KA 10 (Ende einer Messungslinie) sowie KA = 99 (Ende der gesamten Rechnung).

In Tafel 6.94 sind zwei Seiten (hier vereinigt) der Ausgabe-Liste abgedruckt. Neben einer Überschrift enthält das Ausgabe-Protokoll als erstes die Grundelemente der Rechnung: die laufende Nummer der Berechnung, die Größen S (gerechnete Strecke) und FS (Streckenfehler), den zulässigen Streckenfehler in der betreffenden Klasse (in Klammern angegeben) und in der Zeile darunter die Umformungskonstanten O und A. Daran schließen sich die Elemente für die einzelnen Kleinpunkte an: SY, SX, Y, X sowie die Punktnummer.

6.3.2. Richtungswinkel-Berechnung. Sehr häufig wird im Vermessungswesen der Richtungswinkel von einem gegebenen Punkt zu einem anderen verlangt (s. Bild 6.95). Die Gleichung zur Bestimmung des Richtungswinkels gewinnt man durch die Umkehrung von

$$\tan t = \frac{\mathrm{DIFY}}{\mathrm{DIFX}} \tag{6.18}$$

nämlich

$$t = \arctan \frac{\mathrm{DIFY}}{\mathrm{DIFX}} \tag{6.19}$$

wobei DIFY = $y_2 - y_1$ und DIFX = $x_2 - x_1$ die Koordinatenunterschiede zwischen den gegebenen Punkten sind.

In den Bibliotheksprogrammen des Betriebssystems einer DVA ist meistens nur die Arcustangens-Funktion für die Hauptwerte vorhanden (s. Bild 6.96). Bei dem zu bearbeitenden Problem sind jedoch die Winkelwerte zwischen 0 und 2π verlangt, was bedeutet, daß man die bereits programmierte Arcustangens-Funktion (hier mit dem FORTRAN-Namen ATAN) zu erweitern hat.

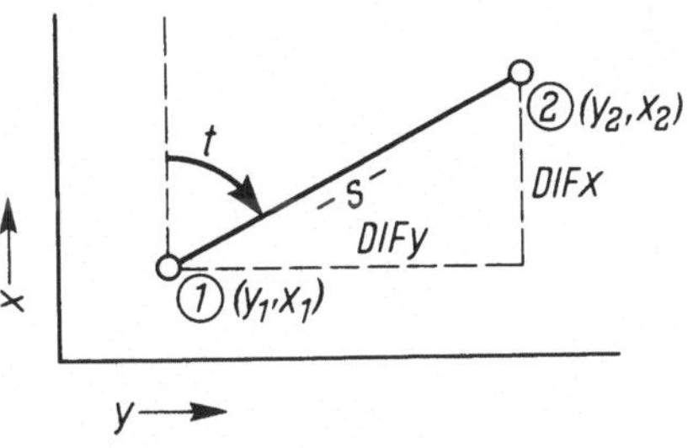

6.95 Der Richtungswinkel

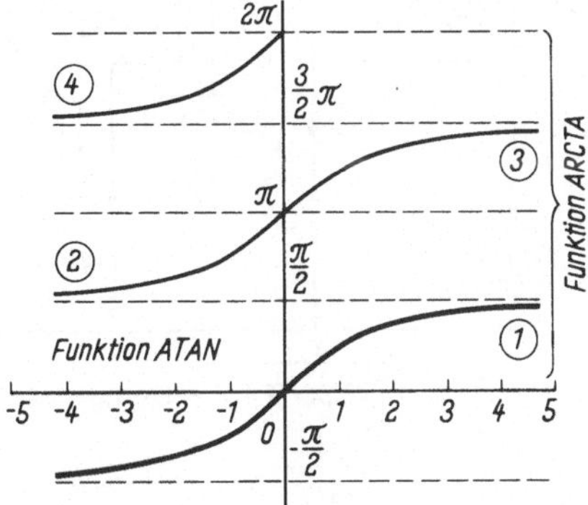

6.96 Die Funktion ARCTA

Tafel 6.97 Vorzeichen des Arcustangens

Quadr.	DIFY	DIFX	t	DIFY	DIFX
1.	>0	>0	0π	$=0$	>0
2.	>0	<0	$1/2\pi$	>0	$=0$
3.	<0	<0	1π	$=0$	<0
4.	<0	>0	$3/2\pi$	<0	$=0$
			falsch	$=0$	$=0$

Diese Umrechnung läßt sich mit Hilfe der Vorzeichen von DIFY und DIFX durchführen. Die Umrechnung ist in dem folgenden Unterprogramm dargestellt. Anhand von Bild 6.96 und Tafel 6.97 läßt sich die „Verwandtschaft" der benötigten Arcustangens-Kurven leicht ermitteln. Die Werte im 2. und 3. Quadranten erhält man nämlich durch Verschieben der Grundkurve um den Betrag π nach oben. Diese Verschiebung hat stets dann zu erfolgen, wenn die Größe DIFX negativ ist (s. Bild 6.98). Ist dieser Wert positiv, so erfolgt die Verzweigung

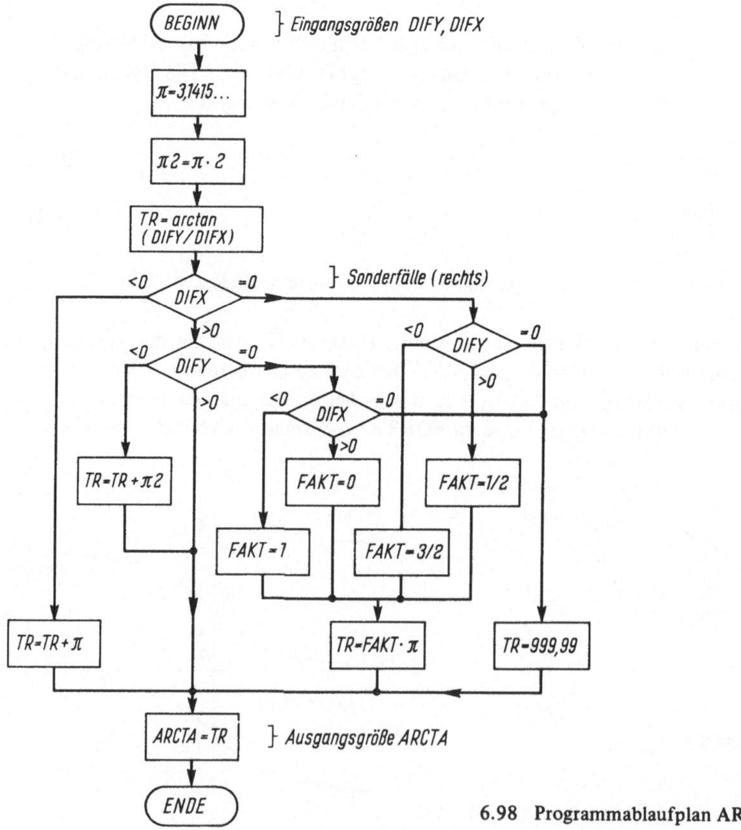

6.98 Programmablaufplan ARCTA

gemäß dem Vorzeichen von DIFY. Ist in diesem Fall DIFY > 0, so behält die Grundkurve ihre Gültigkeit, d. h. es erfolgt keine Verschiebung (1. Quadrant). Ist anderenfalls DIFY < 0, so muß die Grundkurve um den Betrag 2π verschoben werden.

Tafel 6.99 Unterprogramm ARCTA

```
      FUNCTION ARCTA (DIFY, DIFX)
C     EINGANGSGROESSEN SIND DIE KOO.-DIFFERENZEN
      PI = 3.14159265
      PI2 = PI * 2.
C     NORMALFAELLE
C     ===============
      TR = ATAN (DIFY/DIFX)
C     WENN DIFX = 0, RECHNET DIE MASCHINE MIT DIFX = 1
      IF (DIFX) 40, 6, 41
C     2. UND 3. QUADRANT
   40 TR = TR + PI
      GOTO 19
   41 IF (DIFY) 42, 7, 19
C     4. QUADRANT ODER UNVERAENDERT LASSEN (19)
   42 TR = TR + PI2
      GOTO 19
C     SONDERFAELLE
C     ===============
    7 IF (DIFX) 4, 18, 8
C     FAKT IST DER FAKTOR
C     MIT DEM P I MULTIPLIZIERT WERDEN MUSS
    4 FAKT = 1.
      GOTO 16
    8 FAKT = 0.
      GOTO 16
    6 IF (DIFY) 12, 18, 14
   12 FAKT = 1.5
      GOTO 16
   14 FAKT = 0.5
   16 TR = FAKT * PI
      GOTO 19
   18 TR = 999.99999
C     DIESER WERT ENTSPRICHT DEM WERT UNENDLICH
   19 ARCTA = TR
      RETURN
      END
```

Wichtig ist außerdem die Behandlung der Sonderfälle. Nach Gl. (6.19) ergeben sich für DIFX = 0 Unstetigkeitsstellen. Moderne DVA besitzen innerhalb ihres Betriebssystems ein Programm, das den Divisor (d. h. DIFX) im Falle von 0 auf den Wert 1 setzt, so daß der Quotient nicht unendlich groß werden kann. Es sind hier also die Ergebnisse unter Umgehung der Arcustangens-Berechnung vom Programm her festzulegen und zwar je nach Vorzeichen von DIFY auf $(1/2)\,\pi$ oder $(3/2)\,\pi$. Sollte der Zähler DIFY Null sein, so wird gleichfalls vom Programm der feste Zahlenwert (0 oder π) gesetzt, ohne daß das Arcustangens-Programm benutzt wird (keine Rundungsfehler!).

Zum Schluß ist noch der Fall zu behandeln, daß Zähler und Nenner gleichzeitig Null sind. Hier wird es sich in der Regel um einen groben Fehler handeln. Vom Programm her wird das Ergebnis auf eine sehr große Zahl (t = 999,99 rad) gebracht, um anzuzeigen, daß der entstandene Zahlenwert nicht verwendungsfähig ist.

Bei dem beschriebenen Programm (Tafel 6.99) handelt es sich um ein FUNCTION-Unterprogramm mit dem Namen ARCTA. Für das Unterprogramm sind zwei Eingangsgrößen DIFY sowie DIFX erforderlich. Wie bei allen FUNCTION-Unterprogrammen gibt es auch hier nur eine Ausgangsgröße, nämlich ARCTA.

Tafel 6.100 Hauptprogramm Richtungswinkel

```
C          HAUPTPROGRAMM
           REAL NAME1 (3), NAME2 (3)
C          NAME IST DIE PUNKTNUMMER (ALPHA-NUMERISCHE ZEICHEN)
           NR = 0
C          NR IST DER ZAEHLER FUER EINZELNE RECHNUNGEN
           RHO = 63.661977
C          DRUCKEN EINER UEBERSCHRIFT
           WRITE (3, 101)
   101     FORMAT (1H1, 16HVERMVORDRUCK. . .8,17X,30HRICHTUNGSWINKEL
         1 UND ENTFERNUNG/1H  , 33X, 30 (1H=))
   999     NR = NR + 1
C          EINGABE-FELDER
C          SP. 8 BIS 19 PUNKTNAME, SP 20 BIS 31 Y, SP 32 BIS 43 X
           READ (2, 102) KA, NAME1, Y1, X1, KA, NAME2, Y2, X2
   102     FORMAT (I2, 5X, 3A4, 2F12.3/ I2, 5X, 3A4, 2F12.3)
           IF (KA - 99) 200, 800, 800
   200     DX = X2 - X1
           DY = Y2 - Y1
           T = ARCTA (DY, DX) * RHO + 0.00005
C          DIE ADDITION VON 0.00005 BEWIRKT EIN RUNDEN AUF VOLLE SEKUN
C          DEN
           SQ = DX * * 2 + DY * * 2
           S = SQRT (SQ)
           WRITE (3, 103) NAME2, Y2, X2, T, NAME1, Y1, X1, S, NR, DY, DX
   103     FORMAT (1H0, 4X, 3A4, 4X, 2 (F12.3, 4X), 4HT = ,F9.4/1H ,4X, 3A4, 4X,
         1 2 (F12.3, 4X), 4HS = ,F9.3/1H ,10X, 3HNR., I3, 4X, 2 (F12.3, 4X))
           GO TO 999
   800     CALL EXIT
           END
```

In Tafel 6.100 ist das zugehörige Hauptprogramm dargestellt, das im wesentlichen die Eingabe der Koordinaten, die Berechnung der Strecke und des Richtungswinkels und die Ausgabe der Koordinaten und der gerechneten Größen enthält. Die Koordinaten werden mit einer alphanumerischen „Punktnummer" (NAME1 und NAME2) gekennzeichnet. Der Aufruf des Unterprogramms geschieht über die Anweisung T = ARCTA (DY, DX), wobei die Größen DY und DX den Variablen DIFY bzw. DIFX im Unterprogramm entsprechen. Da die vom Unterprogramm berechnete Ausgangsvariable ARCTA im Bogenmaß entstanden ist, muß sie in die Einheit gon durch Multiplikation mit ρ umgeformt werden.

Die Ergebnisliste (Tafel 6.101) zeigt, wie das Programm auf seine Einsatzfähigkeit ausgetestet wird, indem Richtungswinkel in allen Quadranten und in allen Sonderfällen gerechnet werden.

Tafel 6.101 Ergebnisliste

VERMVORDRUCK. . .8 RICHTUNGSWINKEL UND ENTFERNUNG

02	2000.000	2000.000	T = 50.0000
01	1000.000	1000.000	S = 1414.213
NR. 1	1000.000	1000.000	
04	2000.000	− 2000.000	T = 150.0000
03	1000.000	− 1000.000	S = 1414.213
NR. 2	1000.000	− 1000.000	
06	− 2000.000	− 2000.000	T = 250.0000
05	− 1000.000	− 1000.000	S = 1414.213
NR. 3	− 1000.000	− 1000.000	
08	− 2000.000	2000.000	T = 350.0000
07	− 1000.000	1000.000	S = 1414.213
NR. 4	− 1000.000	1000.000	
10	2000.000	0.000	T = 100.0000
09	1000.000	0.000	S = 1000.000
NR. 5	1000.000	0.000	
12	0.000	− 2000.000	T = 200.0000
11	0.000	− 1000.000	S = 1000.000
NR. 6	0.000	− 1000.000	
14	− 2000.000	0.000	T = 300.0000
13	− 1000.000	0.000	S = 1000.000
NR. 7	− 1000.000	0.000	
16	0.000	2000.000	T = 0.0000
15	0.000	1000.000	S = 1000.000
NR. 8	0.000	1000.000	
17	1000.000	1000.000	T = *********
17	1000.000	1000.000	S = 0.000
NR. 9	0.000	0.000	

In der laufenden Nummer (NR) 9 am Schluß der Liste wird ein Richtungswinkel zwischen zwei identischen Punkten bestimmt. Das entstehende Ergebnis zeigt dem Benutzer, daß der gerechnete Wert nicht verwendet werden kann.

6.3.3. Vorausberechnung. In der Praxis wird der Vermessungsingenieur häufig vor die Aufgabe gestellt, eine „Vorausberechnung" nach einem Bebauungsplan (Aufteilungsplan) vornehmen zu müssen. Bei diesem Problem liegt eine graphische Darstellung einer Grundstücksaufteilung zum Zwecke der späteren Bebauung vor. Auf der Grundlage von bekannten Vermessungspunkten müssen nun ohne eine örtliche Messung berechnet werden:

1. die Koordinaten der neuen Grenzpunkte
2. die Flächen der neuen Flurstücke
3. die Absteckelemente für die neuen Grenzen und ggf. für die neuen Bauwerke
4. die Kontrollmaße für die Absteckelemente
5. Außerdem ist stets eine Zeichnung des Planes nach den einschlägigen Katastervorschriften zu erstellen.

Es liegt auf der Hand, daß man die ständig wiederkehrenden Arbeiten einer DVA übertragen will. Grundvoraussetzung sind hierfür geeignete Anlagen und Programme. Die DVA muß mit externen Speichern ausgerüstet sein, die einen möglichst direkten Zugriff gestatten (z. B. Magnetplatte). Es fallen nämlich einerseits sehr große Mengen von abzuspeichernden Daten (Koordinaten der Fest- und Neupunkte) an, und es sind andererseits die Rechen- und sonstigen Hilfsprogramme so umfangreich, daß sie nicht mehr gemeinsam von dem Kernspeicher aufgenommen werden können. Außerdem ist es zweckmäßig, wenn über die nötigen automatischen Kartiergeräte verfügt werden kann, um auch die Zeichenarbeiten maschinell ausführen zu können.

Was den Einsatz der Programme angeht, so muß (unter Würdigung der Wirtschaftlichkeit) ein integriertes Programmsystem vorhanden sein, das sowohl die erforderlichen einzelnen Rechenprogramme enthält, als auch eine Anzahl von Hilfsprogrammen, die ihrerseits die Verwaltung der Einzelprogramme und die Kontrolle des Datenflusses übernehmen.

In dem hier zu behandelnden Beispiel ist der Aufteilungsplan eines Bauingenieurs (Bild 6.102) vorgegeben, der das Flurstück 37/1 aufteilt. Für diesen Plan soll die Vorausberechnung durchgeführt werden.

Die Vorbereitung besteht in der Beschaffung der Festpunktkoordinaten (s. Tafel 6.103).

Die Punkte sind im Koordinatenkataster stets eindeutig numeriert. Hierbei bezieht sich die Numerierung auf einen übergeordneten Numerierungsbezirk (Gemarkung) und in diesem auf den nächst gelegenen Haupt-Vermessungspunkt (Dreiecks- oder Polygonpunkt), der

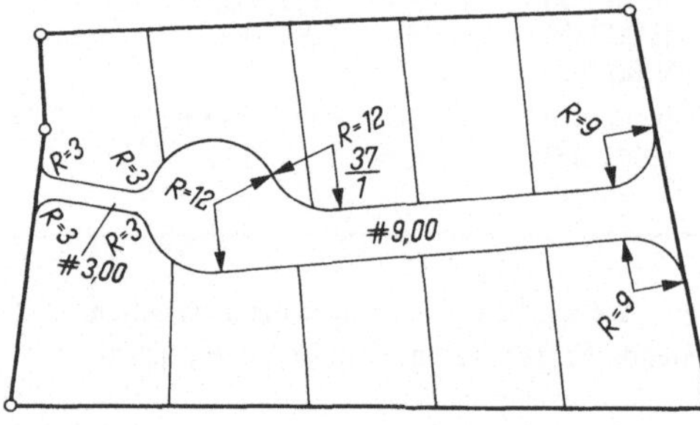

6.102 Aufteilungsplan

Tafel 6.103 Festpunktkoordinaten

Pkt. Nr.	y	x
380/04	65514,74	31048,43
380/05	65502,02	31060,50
380/06	65472,42	31099,96
380/07	65384,75	31014,18
380/08	65441,99	30969,64

als Leitpunkt bezeichnet wird (hier PP 380, s. Bild 6.104). Die benachbarten Grenzpunkte (Folgepunkte) bestehen aus der Nummer des Leitpunktes und einer mehrziffrigen, fortlaufenden Folgenummer (z. B. 380/04). Punkte, die später nicht vermarkt und deren Koordinaten nicht dauerhaft aufbewahrt werden müssen, werden von den übrigen Punkten eindeutig unterschieden (Voranstellung eines Buchstabens z. B. L01). Hat man sich die Koordinaten der Anschlußpunkte beschafft, sind nach Möglichkeit zuerst die alten Grenzen durch örtliche Messungen zu überprüfen. In dem Aufteilungsplan sind die neuen Flurstücke und die neuen Grenzpunkte im Anschluß an die letzte vergebene Nummer sinnvoll zu numerieren. Es entsteht sodann ein überarbeiteter Aufteilungsplan (s. Bild 6.104), der die Grundlage für die weiteren „Aufbereitungsarbeiten" ist.

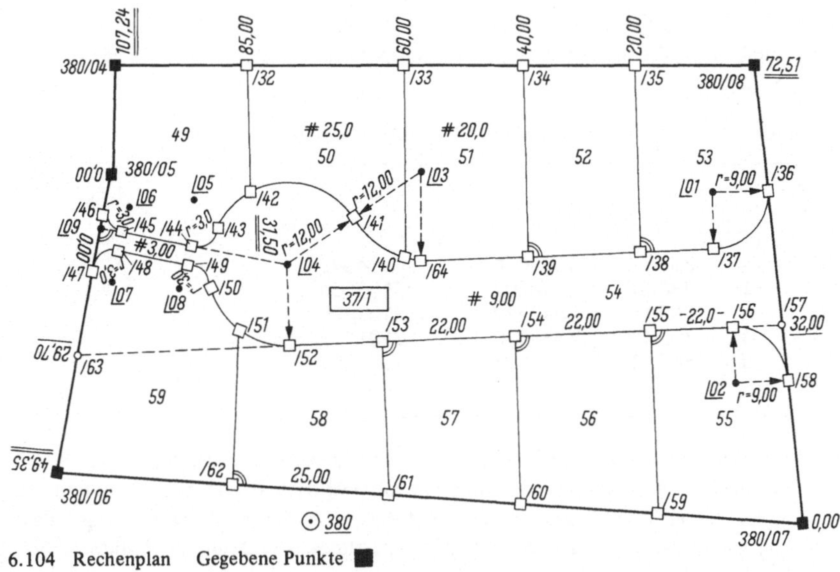

6.104 Rechenplan Gegebene Punkte ■

Im folgenden soll nun der Ablauf der Aufbereitung für ein vorhandenes Programmsystem[1]) verfolgt werden.

Bei Beginn einer völlig neuen Berechnung ist es häufig zweckmäßig, den gesamten F e s t - p u n k t s p e i c h e r zu l ö s c h e n . Hierdurch wird sichergestellt, daß die in den weiteren Arbeitsschritten abzuspeichernden Punkte nicht bereits (u. U. mit anderen Koordinaten) in den Koordinatenspeicher übernommen wurden. Das Löschen geschieht hier lediglich mit einer Steuerkarte: //␣XEQ␣FSLOE (s. Tafel 6.105).

Im nächsten Arbeitsgang werden die benötigten F e s t p u n k t e in den hierfür vorgesehenen Bereich a b g e s p e i c h e r t . Der Aufruf des entsprechenden Programmes lautet: //␣XEQ␣FSPAE. Die Eingabedaten für dieses Programm sind folgendermaßen aufgebaut: die Kartenart (001), die laufende Nummer des Datensatzes, die Punktbezeichnung (alphanumerisch), sowie der Rechts- und Hochwert der Koordinaten. Die Kartenart 999 dient der Beendigung des aufgerufenen Programmes (s. Tafel 6.105).[2])

Wenn nun auf diese Weise die Koordinaten der Festpunkte abgespeichert sind, kann mit der Berechnung der Neupunkts-Koordinaten begonnen werden. Hierbei ist zu Beginn der Ansatz einer (orthogonalen) K l e i n p u n k t b e r e c h n u n g angebracht, weil hiermit die auf den Begrenzungslinien liegenden Zwischenpunkte berechnet werden können. Der Aufruf des Programmes erfolgt über die Steuerkarte //␣XEQ␣KLORT. Die Daten müssen aus den folgenden Elementen bestehen (s. Tafel 6.106): die Kartenart (hier 011), die laufende Nummer des Satzes, die Anfangs- und Endpunktbezeichnung der Messungslinie, das Endmaß, der Kleinpunktnummer, sowie das Abszissen- und das Ordinatenmaß des Kleinpunktes in dem örtlichen System. Ist mehr

---

[1]) Es handelt sich um ein Programmsystem, das für die DVA IBM 1130 und IBM/360 von der Herstellerfirma konzipiert wurde.

[2]) Jeder Zeile des Eingabefeldes entspricht eine Lochkarte.

als ein Kleinpunkt auf der gleichen Linie zu bestimmen, so unterbleibt einfach die Angabe der gleichbleibenden Elemente (Anfangs- und Endpunktnummer, sowie Endmaß) – vgl. lfd. Nr. 3–6 in Tafel 6.106.

Tafel 6.105 Löschen und Füllen des Festpunktspeichers

```
// JOB
// XEQ FSLOE
// XEQ FSPAE
001    1    380/04    6551474    3104843
001    2    380/05    6550202    3106050
001    3    380/06    6547242    3109996
001    4    380/07    6538475    3101418
001    5    380/08    6544199    3096964
999
```

Die erste Zeile in dem Datenfeld der Tafel 6.106 ist so zu lesen, daß der Punkt 380/57 mit dem Abszissenmaß 32,00 m auf der Messungslinie von 380/07 bis 380/08 koordinatenmäßig zu bestimmen ist (vgl. Bild 6.104). Am Ende der gesamten Kleinpunktberechnung – das Ende ist auch hier wieder mit der Kartenart 999 gekennzeichnet – sind nun die Punkte 32 bis 35,

Tafel 6.106 Eingabedaten zur Kleinpunktberechnung

```
// XEQ KLORT
011    1    380/07    380/08     7251    380/57    3200
011    2    380/05    380/06     4935    380/63    2970
011    3    380/08    380/04    10724    380/35    2000
011    4                                 380/34    4000
011    5                                 380/33    6000
011    6                                 380/32    8500
011    7    380/57    380/63.            380/55    2200
011    8                                 380/54    4400
011    9                                 380/53    6600
999
```

53 bis 55, sowie 57 und 63 berechnet und deren Koordinaten in den dafür vorgesehenen Koordinatenspeicher zur weiteren Verwendung übertragen. Die Tafel 6.107 zeigt das Ergebnis-Protokoll, das bei einer Vorausberechnung im wesentlichen nur die etwa anfallenden Fehlerkommentare und den Fortgang der Rechnung aufzunehmen hat (Nebenprotokoll). Die erste Zeile für eine Messungslinie besteht aus den Nummern des Anfangs- und Endpunktes, der gerechneten und der gemessenen Strecke, sowie des vorhandenen und zulässigen Streckenfehlers mit der entsprechenden Geländeklasse. Darunter wird lediglich der bereits gerechnete und abgespeicherte Punkt mit seiner Bezeichnung aufgelistet. Auf die Ausgabe der sonst üblichen Werte (vgl. Abschn. 6.3.2), wie z. B. der Koordinatenwerte, wird hier zugunsten einer schnelleren Bearbeitung der Rechnung verzichtet.

Der nächste Teil der Aufbereitung ist eine Schnittpunktberechnung. Das Programm wird aufgerufen durch //␣XEQ␣SCHBE und ermöglicht die Berechnung von Schnitten zwischen den Elementen: „Gerade–Gerade“, „Gerade–Kreis“ und „Kreis–Kreis“.

Tafel 6.107 Ergebnisprotokoll der Kleinpunktberechnung

// XEQ KLORT

380/07	380/08	72.53	72.51	0.02	0.14	1
	380/57					
380/05	380/06	49.33	49.35	− 0.02	0.12	1
	380/63					
380/08	380/04	107.24	107.24	0.00	0.17	1
	380/35					
	380/34					
	380/33					
	380/32					
380/57	380/63	116.43				
	380/55					
	380/54					
	380/53					

AUSGABE BEENDET

Unter dem Begriff „Gerade" werden verschiedene Möglichkeiten gefaßt (s. Bild 6.108). Eine Grundgerade (Abkürzung G) kann durch zwei Punkte (Fall a) oder durch einen Punkt und den Richtungswinkel (Fall b) vorgegeben sein. Als Gerade gilt auch die Parallele (Abkürzung P) oder das Lot (Abkürzung L) zu einer bekannten Geraden, wobei die Lage der Parallelen oder des Lotes weiter festgelegt werden muß entweder durch die Angabe eines Abstandes (Fall c und Fall e) oder eines Punktes (Fall d und Fall f).

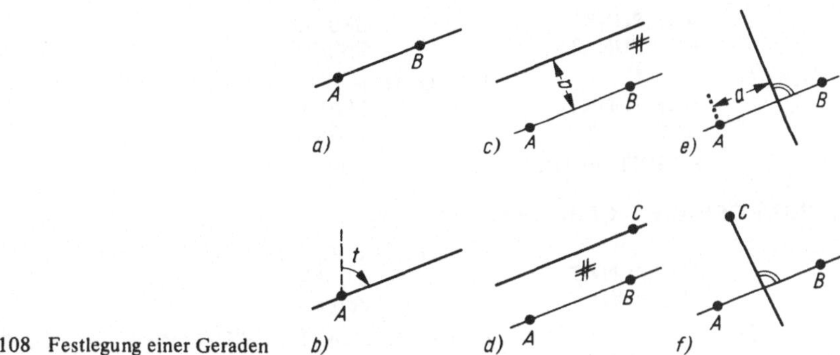

6.108 Festlegung einer Geraden

Als Beispiel soll die Ermittlung des Hilfspunktes L04 (Mittelpunkt des Wendekreises – s. Bild 6.104) herangezogen werden. Dieser Punkt liegt auf einer Parallelen (P) zu der Geraden 380/05–380/06 (linke Begrenzungslinie). Die Parallele hat einen Abstand (links von der Geraden, also negativ!) von 31,50 m. Ferner liegt der zu bestimmende Punkt L04 parallel zur Geraden 380/57–380/63 im Abstand von + 12,00 m (Radius des Wendekreises). Für die Eingabe (s. Tafel 6.109) gilt folgende Vorschrift: zuerst die Kartenart (017), dann die laufende Nummer (sie ist in dem Beispiel jeweils für ein Zeilenpaar gleich), die Bezeichnung des Schnittpunktes, die beiden Punktnummern der Bezugsgeraden, die Abkürzung für das betreffende Schnitt-Element (hier: P), sowie die nähere Lagebeschreibung für dieses Element (hier − 31,50

Tafel 6.109 Eingabedaten zur Berechnung von Geradenschnitten

```
// XEQ SCHBE
017   10        L04   380/05   380/06            P   -3150
017   10        L04   380/57   380/63            P    1200
017   11        L09   380/05   380/06            G
017   11        L09   380/05   380/06        L04 L
017   12   380/38     380/57   380/63            P     900
017   12   380/38     380/57   380/63    380/35  L
```

Tafel 6.110 Ergebnisprotokoll der Geradenschnitt-Berechnung

```
// XEQ SCHBE

SCHNITT GERADE - GERADE LNR  10 - 10
1. GERADE                  PARALLELE IM ABSTAND      -31.50
          ANF.PUNKT                380/05
          END PUNKT                380/06
2. GERADE                  PARALLELE IM ABSTAND       12.00
          ANF.PUNKT                380/57
          END PUNKT                380/63
          SCHNITTPUNKT             L04

SCHNITT GERADE - GERADE LNR  11 - 11
1. GERADE
          ANF.PUNKT                380/05
          END PUNKT                380/06
2. GERADE                  LOT DURCH SEITLICHEN PUNKT        L04
          ANF.PUNKT                380/05
          END PUNKT                380/06
          SCHNITTPUNKT             L09

SCHNITT GERADE - GERADE LNR  12 - 12
1. GERADE                  PARALLELE IM ABSTAND        9.00
          ANF.PUNKT                380/57
          END PUNKT                380/63
2. GERADE                  LOT DURCH SEITLICHEN PUNKT     380/35
          ANF.PUNKT                380/57
          END PUNKT                380/63
          SCHNITTPUNKT             380/38
```

bzw. 12,00). Jede Zeile in dem Eingabefeld legt jeweils ein Schnitt-Element fest; zwei Schnittelemente definieren einen Schnittpunkt.

Als nächstes soll die Schnittpunktberechnung des Punktes L09 verfolgt werden. Der Schnitt wird gebildet durch die Gerade (= G) 380/05–380/06 mit dem Lot (= L) auf diese gleiche Gerade 380/05–380/06, wobei das Lot durch den bereits gerechneten Punkt L04 hindurch läuft (vgl. lfd. Nr. 11 von Tafel 6.109).

Im weiteren Ablauf wird der Schnittpunkt 380/38 (rechts oben an der Straße in Bild 6.104) gebildet aus der Parallelen zur Grundgeraden 380/57–380/63 im Abstand von 9,00 m mit dem Lot auf die gleiche Gerade 380/57–380/63 durch den vorher gerechneten Punkt 380/35 (s. lfd. Nr. 12 von Tafel 6.109).

Ein Auszug aus dem Ergebnisprotokoll wird in Tafel 6.110 gezeigt. Es dient wie bei der Kleinpunktberechnung im wesentlichen nur der Kontrolle im Fortgang der Rechnung.

Wie beim Vorliegen eines Kreises die Aufbereitung des Zahlenmaterials für die Schnittpunktberechnung erfolgt, zeigen folgende Beispiele. Bestimmt werden sollen die beiden Grenzpunkte 380/49 und 380/44 (links in Bild 6.104). An den Wendekreis mit dem Radius 12,00 m schließen sich zwei Ausrundungsbögen mit dem Radius 3,00 m an. Bei der Aufbereitung ist jeweils der Mittelpunkt des Kreises r = 3,00 zuerst zu ermitteln. Zum Beispiel wird der Hilfspunkt L08 einerseits durch den Kreis (= K) um den Punkt L04 mit dem Radius von 12,00 + 3,00 = 15,00 gebildet, andererseits liegt der Schnittpunkt L08 parallel zu der Geraden L09–L04 im Abstand von 3,00 + 3,00 = 6,00.

Tafel 6.111 Eingabe zur Berechnung von Kreis-Geradenschnitten

017	37	L08			L04KMR		1500	
017	37	L08	L09	L04	P		600	
017	38	L05	L09	L04	P		− 300	
017	38	L05			L04KML		1500	
017	39	380/49	L09	L04	P		300	
017	39	380/49	L09	L04	L08L			
017	40	380/44	L09	L04				
017	40	380/44	L09	L04	L05L			
// XEQ KLORT								
011	41	L05	L04	1500		380/43		300
011	42	L08	L04	1500		380/50		300
999								

Die Eingabe (vgl. Tafel 6.111) muß im Falle eines Kreises so aufgebaut sein, daß sämtliche Möglichkeiten der Kreisfestlegung enthalten sind (s. Bild 6.112). Neben der Kartenart (017), der laufenden Nummer des Satzes (hier 37) und der Schnittpunktnummer gibt es in dem Eingabefeld drei Felder für die eventuell vorhandenen 3 Peripheriepunkte (Fall a und b). Damit der u. U. vorhandene Mittelpunkt (Fall c und d) nicht noch ein weiteres Feld beansprucht, ist vorgesehen, daß der Mittelpunkt im Bedarfsfalle in das Feld 3. Bogenpunkt zu setzen ist. Die Punktbezeichnung wird dann durch Anbringung des Buchstabens M als Mittelpunkt gekennzeichnet. Außerdem ist bei einem Schnitt mit dem Element Kreis eine Aussage darüber erforderlich, um welchen von den beiden möglichen Schnittpunkten es sich handelt. Bild 6.113

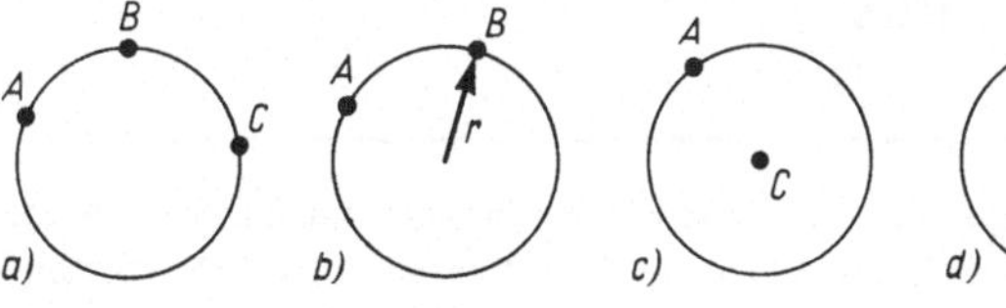

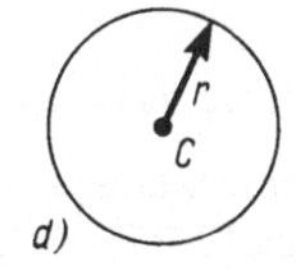

6.112 Festlegung eines Kreises

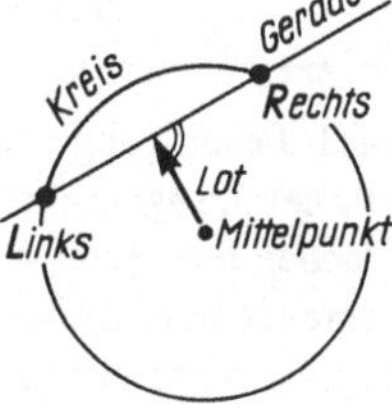

6.113 Schnitt Kreis–Gerade

verdeutlicht die Problemstellung. Die Lösung in dem vorliegenden Programm ist so erfolgt, daß bei dem Schnitt „Kreis–Gerade" das Lot auf die Gerade durch den Mittelpunkt die Schnittpunktlage definiert. Der Schnittpunkt befindet sich entweder links (= L) oder rechts (= R) bezogen auf das vom Mittelpunkt weg gerichtete Lot. In dem Datensatz findet man also u. U. 3 Buchstaben: K gibt das Element „Kreis" an; M erklärt den dritten Bogenpunkt zum Kreismittelpunkt; L oder R legt die Lage des Schnittpunktes fest. Innerhalb des Datensatzes muß natürlich auch ein Feld für den eventuell vorhandenen Radius vorgesehen sein. Dieses befindet sich jeweils am Schluß.

Nach diesen Erläuterungen sind die Angaben in Tafel 6.111 zu lesen. Zum Beispiel bedeutet die erste Zeile, daß der Schnittpunkt L08 auf einem Kreis (Buchstabe K) liegt, der wiederum festgelegt wird durch den „dritten Bogenpunkt" L04 und den Radius 15,00. Der dritte Bogenpunkt wird allerdings erklärt zum Mittelpunkt (Buchstabe M) und von den beiden möglichen Schnittpunkten wird der rechts liegende berechnet (Buchstabe R).

Ähnlich wie der Hilfspunkt L08 wird auch der Punkt L05 bestimmt (s. Bild 6.104): als Schnitt zwischen der Parallelen zu L09–L04 (Kennung P) im Abstand von – 3,00 m (Minuszeich, da links von der Geraden) und dem Kreis um L04 mit dem Radius 15,00 m. In dem entsprechenden Datensatz, der sich auf den Kreis bezieht, findet man ein „L", das die Auswahl aus den beiden Schnittpunktmöglichkeiten trifft.

Der Punkt 380/49 (entsprechend 380/44) kann nun als nächstes ermittelt werden durch das 1. Schnitt-Element: Parallele (= P) zu L09–L04 im Abstand 3,00 m und durch das 2. Schnitt-Element: Lot (= L) auf L09–L04 durch den Punkt L08.

Zum Abschluß dieses Ausschnitts aus der vorliegenden Aufbereitung sei noch die Bestimmung der Punkte 380/50 und 380/43 vorgeführt. Der Punkt 380/50 muß auf der Verbindungslinie L08–L04 liegen, da er beiden Kreisen (Radius r = 12,00 und Radius r = 3,00) angehört. Also kann der Punkt über eine Kleinpunktberechnung (Aufruf: //␣XEQ␣KLORT) ermittelt werden (s. Tafel 6.111).

Tafel 6.114 zeigt einen Ausschnitt aus dem Nebenprotokoll, in dem die Bestimmung des Punktes L08 erläutert wird.

Tafel 6.114 Ergebnisliste zur Berechnung von Kreis-Geradenschnitten

```
SCHNITT GERADE – KREIS LNR  37 – 37
GERADE                          PARALLELE IM ABSTAND          6.00
                ANF.PUNKT              L09
                END PUNKT              L04
KREIS
                MITTELPKT              L04
                RADIUS               15.00
                SCHNITTPUNKT           L08
```

Nach Beendigung der Koordinatenrechnung schließt sich die Flächenberechnung an. Sie beginnt mit dem Programmaufruf //␣XEQ␣FLBER (s. Tafel 6.115). In dem Programm FLBER können Flächen berechnet werden, die durch geradlinige oder kreisförmig verlaufende Kurvenstücke begrenzt sind. Außerdem gestattet das Programm eine Überprüfung der zwischen 2 Eckpunkten liegenden Strecke (durch Vergleich mit der entsprechenden gemessenen Strecke).

Der Datensatz für die Eingabe (s. Tafel 6.115) enthält: 1. die Kartenart (021), 2. die laufende Nummer (z.B. 1), die Kennzeichnung der Fläche, bestehend aus 3. der Blocknummer (37/1), 4. der Blockteilnummer (z. B. 1001) und 5. der Flurstücksnummer (z. B. 59), und außerdem 6. vier weitere Datenfelder, die hauptsächlich die Begrenzungslinie der Fläche näher beschreiben. Die Angaben für die Bezeichnung der Fläche (Blocknummer usw.) können in zusammengehörigen Folgekarten weggelassen werden. Sie müssen nur jeweils bei einem entsprechenden Wechsel neu eingetragen werden.

Tafel 6.115 Eingabedaten zur Flächenberechnung

// XEQ FLBER							
021	1	37/11001	59	380/06	380/47	3000+	380/48
021	2			380/49	3000+	380/50	12000–
021	3			380/51	380/62	380/06	
021	4		58	380/51	12000–	380/52	380/53
021	5			380/61	380/62		
021	6		57	380/53	22000S	380/54	380/60
021	7			380/61	380/53		
021	8		56	380/54	380/55	22000S	380/59
021	9			380/60	380/54		
021	10		55	380/55	380/56	9000+	380/58
021	11			380/07	380/59		
021	12	37/11002	54	380/58	9000–	380/56	380/55
021	13			22000S	380/54	22000S	380/53
021	14			380/52	12000+	380/51	12000+
021	15			380/50	3000–	380/49	380/48
021	16			3000–	380/47	380/46	3000–
021	17			380/45	380/44	3000–	380/43
021	18			12000+	380/42	12000+	380/41
021	19			12000–	380/40	12000–	380/64

Die Datenfelder der Begrenzungslinie tragen im Regelfall die im Uhrzeigersinn aufgeführten Eckpunkte der Fläche. Ist jedoch zwischen zwei Eckpunkten ein Kreis eingeschaltet, so ist in das Datenfeld zwischen den Eckpunkten der Radius einzutragen, der sich von den üblicherweise eingetragenen Eckpunktnummern durch die Anhängung des Zeichens + oder – unterscheiden muß. Welches von diesen beiden Zeichen zu verwenden ist, richtet sich danach, ob das Kreissegment die Fläche vergrößert (+) oder verkleinert (–) (vgl. Tafel 6.115 Flurstücknummer 59). Will man eine Strecke zwischen zwei Eckpunkten überprüfen, so ist in das Datenfeld zwischen diese beiden Eckpunkte die Strecke mit dem Zusatz S einzutragen (vgl. Tafel 6.115 bei Flurstück 57).

Zum Beispiel wird das Flurstück 59 (in Block 37/1 und Blockteil 1001 gelegen) wie folgt berechnet: Vom Punkt 380/06 verläuft die Linie geradlinig zu Punkt 380/47, gefolgt von einem Kreisbogen mit Radius 3,000 m, der die Fläche in Bezug auf die geradlinige Verbindung vergrößert (also Zeichen +) und zum Punkt 380/48 führt. Von dort verläuft die Begrenzung der Fläche geradlinig zu Punkt 380/49. Zwischen den Punkten 380/49 und 380/50 liegt wiederum ein Kreisbogen mit dem Radius 3,000+, wobei sich hieran ein Kreisbogen mit der umgekehrten Krümmung (–) und dem Radius 12,000 anschließt. Die letzten Stücke der Begrenzungslinie der Fläche sind geradlinig.

Die Ausgabe erfolgt in zwei Teilen. Im Teil 1 erscheint als Nebenprotokoll für jedes Flächenstück die Block-, Blockteil- und Flurstücksnummer sowie alle zwischen den Eckpunkten liegenden Strecken. Entsprechend der Eingabe werden die gemessene Strecke, die Differenz zur gerechneten Strecke und der Radius außerdem mit ausgedruckt.

Bei dem Wechsel der Blocknummer erfolgt die eigentliche Ausgabe der Ergebnisse: Für jedes Flurstück die berechnete und die gerundete Fläche und außerdem der Flächeninhalt für jeden Blockteil, zum Schluß ferner noch die zugehörige Blockfläche. Die Blockteil- und die Blockfläche werden durch Aufsummieren der Einzelflächen gebildet (s. Tafel 6.116).

Tafel 6.116 Ergebnisliste Flächenberechnung

BLOCK	BL.TEIL	FLSTNR.	BER.FLAECHE	GER.FLAECHE
37/1	1001	59	867.4126	867.
37/1	1001	58	600.9448	601.
37/1	1001	57	567.3553	567.
37/1	1001	56	617.9695	618.
37/1	1001	55	720.6996	721.
37/1	1001		3374.3821	3374.

Um eine gewisse Verprobung der Flächenberechnung und auch der gesamten Koordinatenberechnung zu erzielen, ist es zweckmäßig, die Fläche der Blockteile und des Blockes getrennt für sich nochmals in Ansatz zu bringen. Diese Flächen müssen dann völlig mit denen der vorher durch Summation der Einzelflächen berechneten Flächen übereinstimmen (Abweichungen nur in den cm^2 zulässig!).

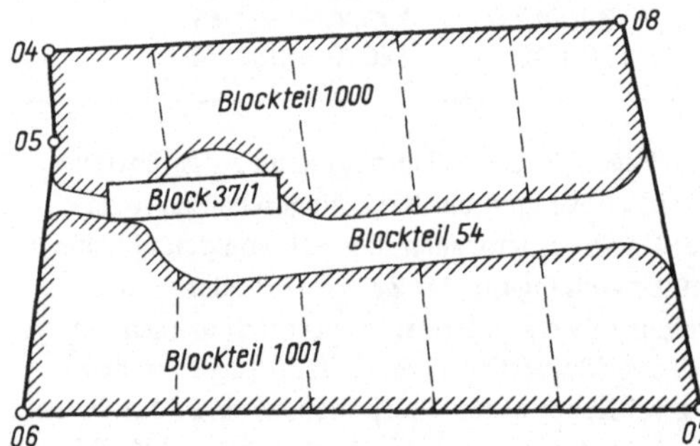

6.117 Block- und Blockteilbildung

Bei dem vorliegenden Beispiel (s. Bild 6.117) werden sämtliche Blockteile als Einzelflurstücke 1000,54 und 1001 in „Block BLOK", und außerdem in „Block A" das Flurstück 37/1 nochmals getrennt von der übrigen Berechnung neu bestimmt (s. Tafel 6.118).

Da man meistens nach einer Vorausberechnung auch die berechneten Punkte in die Örtlichkeit übertragen muß, schließt sich gewöhnlich an die Koordinaten- und Flächenberechnung die Ermittlung der „Absteckelemente" an. Diese können je nach örtlichen Gegebenheiten in polarer oder orthogonaler Form verlangt werden. Bild 6.119 beschreibt den Sachverhalt. Gegeben sind die Koordinaten der Punkte A, E und P. Bezüglich der Linie A–E sind die Koordinaten von P zu transformieren. Von dem vorliegenden Programm wird bestimmt der Richtungswinkel T, die Länge der Linie A–E, die orthogonalen Maße U, V, W, wobei U und W die Abszissen auf der Linie A–E, sowie β_1 und S_1 die polaren Maße bei Punkt A (bzw. β_2 und S_2 bei Punkt E) sind.

Tafel 6.118 Ergebnisliste Block-Flächenberechnung

BLOCK	BL.TEIL	FLSTNR.	BER.FLAECHE
BLOK		1000	3283.2320
BLOK		54	1219.0888
BLOK		1001	3374.3830
BLOK			7876.7039
BLOCK	BL.TEIL	FLSTNR.	BER.FLAECHE
A		37/1	7876.7042

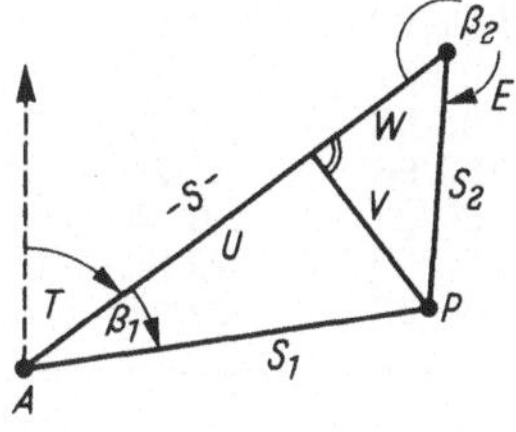

6.119 Absteckungselemente

Da in der vorliegenden Aufbereitung bereits sämtliche Koordinaten berechnet sind, ist die Aufbereitung für die Transformation denkbar einfach (s. Tafel 6.120).

Tafel 6.120 Transformations-Aufbereitung

```
// XEQ TRAME
013   1   380/57   380/63   380/58   380/56   380/37
013   2                     380/55   380/38   380/39
013   3                     380/54   380/64   380/40
013   4                     380/53   380/41   380/52
013   5                     380/51   380/42   380/50
013   6                     380/49   380/43   380/44
013   7                     380/45   380/48   380/47
013   8   380/52   380/46   380/51   380/50   380/49
013   9                     380/44   380/48   380/45
013  10   380/07   380/08   380/58   380/57   380/56
013  11                     380/37   380/36   380/08
013  12                     380/62
013  13   380/05   380/06   380/62   380/06
013  14                     380/46      L09   380/45
013  15                     380/48   380/47   380/63
013  16                     380/06
999
```

Nach dem Programmaufruf //␣XEQ␣TRAME wird in einem Datensatz angegeben: die Kartenart (013), die laufende Nummer (z. B. 1), die beiden Punktnummern von A und E (z. B. 380/57 und 380/63) der Messungslinie und danach die eventuell umzuformenden Punkte (z. B. 380/58). Es erfolgt solange die Transformation auf die angegebene Linie bis erneut 2 Punktnummern einer neuen Linie erscheinen.

In dem Ergebnis-Protokoll werden die oben beschriebenen Absteck-Elemente ausgewiesen (Tafel 6.121).

Tafel 6.121 Ergebnisliste Transformation auf Messungslinien

ANF. PUNKT NR	END PUNKT NR	RIWI. T	S BER.
380/57	380/63	43.9868	116.43

PUNKT NR	U	V	W	BETA 1	S 1	BETA 2	S 2
380/57							
380/58	−0.26	−8.73	116.69	298.1364	8.74	4.7556	117.01
380/56	8.74	0.00	107.69	399.9890	8.74	400.0000	107.69
380/37	9.54	9.00	106.89	48.1345	13.12	394.6523	107.27
380/55	22.00	0.00	94.43	399.9955	22.00	0.0000	94.43
380/38	21.18	9.00	95.25	25.5802	23.01	394.0028	95.68

Zum Abschluß der hier behandelten Vorausberechnung soll ein Verzeichnis erstellt werden, in dem alle berechneten oder vor der Rechnung abgespeicherten Koordinaten erscheinen. Diese Festpunktausgabe soll anhand von 2 Protokollarten erläutert werden, wobei der Programmaufruf jeweils //␣XEQ␣FAUSG lautet.

Zuerst sollen die Koordinaten nach der Einspeicherfolge (d. i. in der Reihenfolge, wie sie gerechnet sind) aufgelistet werden. Bei der Eingabe (s. Tafel 6.122) muß hier nur die Kartenart 006 angegeben werden, worauf ein Koordinatenverzeichnis nach Art der Tafel 6.123 gedruckt wird.

Tafel 6.122 Auflistung der Koordinaten

```
// XEQ FAUSG
006    1
005    2   380/04    380/64      2
005    3      L01       L09      1
999
```

Tafel 6.123 Koordinatenverzeichnis nach Einspeicherfolge

FEST PUNKT NR	RECHTSWERT Y	HOCHWERT X
380/04	65514.74	31048.43
380/05	65502.02	31060.50
380/06	65472.42	31099.96
380/07	65384.75	31014.18
380/08	65441.99	30969.64
380/57	65410.01	30994.52
380/63	65484.21	31084.25
380/35	65455.56	30984.33
380/34	65469.12	30999.03
380/33	65482.69	31013.72
380/32	65499.65	31032.09
380/55	65424.03	31011.48
380/54	65438.05	31028.43
380/53	65452.07	31045.39
L04	65470.96	31049.40
L09	65496.16	31068.31
380/38	65430.44	31005.10

Will man ein Koordinatenverzeichnis erstellen, das nach steigenden Punktnummern sortiert ist (Regelfall!), so besteht der Eingabesatz aus der Kartenart (005), der laufenden Nummer (z. B. 3), dem Anfangs- und dem Endpunkt der zu sortierenden Punktmenge (z. B. L01 und L09), sowie einer Zahl (1), die angibt, auf wieviel (rechtsbündige) Stellen der Sortiervorgang sich zu beziehen hat. Das sich ergebende Koordinatenverzeichnis ist in Tafel 6.124 dargestellt.

Tafel 6.124 Koordinatenverzeichnis nach steigenden Punktnummern

FEST PUNKT NR	RECHTSWERT Y	HOCHWERT X
L01	65429.96	30990.40
L02	65408.64	31006.99
L03	65463.72	31026.52
L04	65470.96	31049.40
L05	65484.52	31055.82
L06	65497.96	31065.91
L07	65490.16	31071.31
L08	65478.36	31062.45
L09	65496.16	31068.31

6.4. Netzplantechnik

6.4.1. Allgemeines. In diesem Abschnitt sollen die Grundgedanken der Netzplantechnik an einem vereinfachten Beispiel dargestellt und die Möglichkeiten der Lösung dieser Aufgabe mit Hilfe der Datenverarbeitung aufgezeigt werden.

Für die in Bild 6.125 skizzierte Brücke soll ein vereinfachter Terminplan aufgestellt werden.

6.125 Skizze eines Brückenbauwerks

Die in Tafel 6.126 aufgeführten Arbeiten sind hierin aufzunehmen. Hierbei können an drei Hauptarbeitsstellen (Widerlager links – Widerlager rechts – Brückenplatte) z. T. gleichartige Arbeiten ausgeführt werden.

Für die Ausführung stehen folgende Kolonnen bzw. Geräte und Hilfsmittel zur Verfügung:

1 Bagger mit Erdkolonne	2 Schalungssätze für die Widerlager
1 Zimmererkolonne (+ Schalarbeiten)	1 Lehrgerüst
1 Betonkolonne (+ Eisenbiegearbeiten)	1 Schalungssatz für die Platte

In jeden Terminplan müssen zumindest die folgenden Bedingungen für die einzelnen Vorgänge aufgenommen werden:

1. Technologische Abhängigkeit bzw. technisch bedingte Einordnung in das Projekt
2. Organisatorisch bedingte Abhängigkeit bzw. arbeitstechnisch bedingte Einordnung in das

Projekt nach Zahl der zur Verfügung stehenden Kolonnen, Geräte und Hilfseinrichtungen
3. Erforderliche Zeitdauer für den ordnungsgemäßen Ablauf der einzelnen Vorgänge und Darstellung der Überschneidungsmöglichkeiten

Der Einfluß dieser Grundbedingungen auf den Ablauf des Gesamtprojektes muß auch bei grafischer Darstellung des Terminplans leicht erkennbar sein. Dies ist besonders bei Bauaufgaben wichtig, wo durch externe Einflüsse zeitliche Verschiebungen im Ablauf häufig vorkommen.

Tafel 6.126 Terminplan einer Brückenbaustelle (Aufgabenstellung)
Widerlager links (Wl), Widerlager rechts (Wr), Platte (PL)

Nr.	Kennbuchstabe	Tätigkeit	Dauer Tage	direkt davor	Bemerkungen
1	A	Baustelleneinrichtung	20	–	
2	B	Bodenaushub Wl	3	A	
3	C	Bodenaushub Wr	3	B	
4	D	Schalarbeiten Wl	14	B	
5	E	Schalarbeiten Wr	14	C, D	
6	F	Betonarbeiten Wl	6	D	
7	G	Betonarbeiten Wr	6	E, F	
8	H	Abbindezeit Wl	8	F	
9	I	Abbindezeit Wr	8	G	
10	K	Abbau der Schalung Wl	3	H, M	
11	L	Abbau der Schalung Wr	3	I, K	
12	M	Aufbau Lehrgerüst und Schalung PL	16	E	
13	N	Bewehrung PL	8	G, M	
14	O	Betonarbeiten PL	3	N	
15	P	Abbindezeit PL	14	O	
16	Q	Hinterfüllen Wl	4	C, K	
17	R	Hinterfüllen Wr	4	L, Q	
18	S	Abbau des Lehrgerüstes	8	L, P	
19	T	Räumen der Baustelle	6	R, S	

Üblicherweise wird der zeitliche Ablauf eines Bauprojektes in Form eines Balkendiagramms dargestellt. (Bild 6.127). Diese Form der Darstellung ist zwar übersichtlich, und die Kontrolle des Ablaufs durch Eintragung der erreichten IST-Werte kann leicht durchgeführt werden. Es ist jedoch schwer, den Einfluß von zeitlichen Verschiebungen im Ablauf einzelner Vorgänge auf die Termine späterer Vorgänge zu erkennen.

Diese Schwierigkeiten treten bei den 1956/58 entwickelten Verfahren der Netzplantechnik nicht auf. Durch Trennung von Abhängigkeiten und Zeitdauer ist der Netzplan in der Lage, die während des Bauablaufs oft variierenden Zeitwerte der einzelnen Vorgänge und ihren Einfluß auf das Gesamtprojekt besser zu überwachen und zu koordinieren.

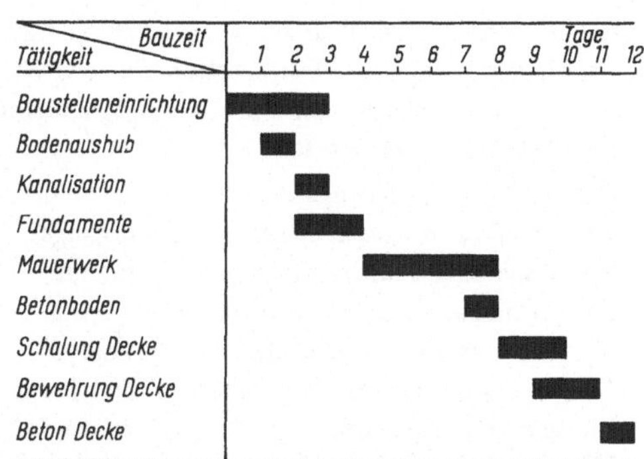

6.127 Skizze eines Balkendiagramms

6.4.2. Voraussetzungen und Verfahren der Netzplantechnik. Zur Aufstellung eines Netzwerks müssen alle für die Durchführung des Projekts erforderlichen Teilarbeiten (Tätigkeiten, Vorgänge) selbst, ihre Zeitdauer und ihre Vorgänger (Teilarbeiten, die im Projekt direkt davor liegen) bekannt sein. Sie werden in eine Liste übernommen (Tafel 6.126).

Ein Netz besteht aus Knoten und Kanten (Verbindungslinien zwischen den Knoten). Bei *kantenorientierten Netzplänen* (*Vorgangspfeilnetzen*) (Bild 6.128) sind die einzelnen Tätigkeiten als gerichtete Kanten (Pfeile) dargestellt. Die dazwischenliegenden Knoten bedeuten Zustände (Ereignisse, Situationen), die nach Abschluß der vorherliegenden Tätigkeiten erreicht werden. Bei *knotenorientierten Netzplänen* (*Vorgangsknotennetze*) (Bild 6.129) werden die Tätigkeiten als Knoten dargestellt. Die verbindenden Pfeile zwischen den Knoten symbolisieren die einzelnen Abhängigkeiten.

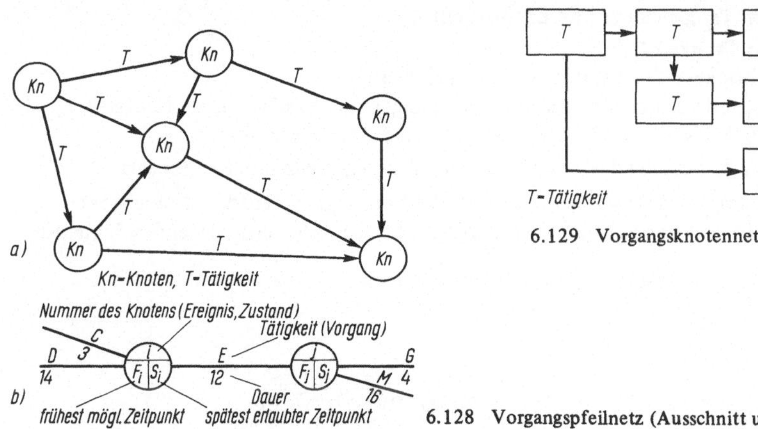

6.129 Vorgangsknotennetz (Ausschnitt)

6.128 Vorgangspfeilnetz (Ausschnitt und Legende)

Beide Verfahren werden in der Praxis verwendet. Das Vorgangsknotennetz (z. B. MPM = *Metra-Potential-Methode*) gewinnt im Bauwesen neuerdings mehr Verbreitung als das Vorgangspfeilnetz (z. B. CPM = *Critical-Path-Method* oder PERT = *Program Evaluation and Review Technique*).

Bei komplexen Produktionsabläufen gibt es Teilarbeiten, bei denen die Einhaltung der geplanten Zeit entscheidend für die Einhaltung des Projektendtermins ist. Andere Teilarbeiten haben mehr Zeit im Plan zur Verfügung, als für die eigentliche Ausführung erforderlich ist. Hier liegen sogenannte Pufferzeiten vor. Der Netzplan gibt an, welche frühesten und spätesten Termine für die einzelnen Vorgänge möglich sind, wenn der Endtermin des Gesamtprojekts nicht gefährdet werden soll.

Verwendete Abkürzungen:

FA Frühest möglicher Start eines Vorgangs
SA Spätest erlaubter Start eines Vorgangs
FE Frühest mögliches Ende eines Vorgangs
SE Spätest erlaubtes Ende eines Vorgangs
GP Gesamte Pufferzeit = Zeit, um die ich einen Vorgang verschieben kann, ohne daß der Endtermin des Gesamtprojektes gefährdet wird
FP Freie Pufferzeit = Zeit, um die ich einen Vorgang verschieben kann, ohne daß der frühest mögliche Beginn einer nachfolgenden Tätigkeit gefährdet wird

Es können beliebige Zeiteinheiten (z. B. Stunden, Tage, Wochen) zur Aufstellung des Netzes gewählt werden. Diese gelten dann für das gesamte Projekt.

6.4.3. Aufstellung und Berechnung von Netzplänen. Für die Aufstellung eines Netzplans wird folgender Weg empfohlen:

1. Aufstellen einer Tätigkeitsliste (Tafel 6.126). Festlegung der ungefähren Reihenfolge zu empfehlen, Erläuterung mit Kennbuchstaben oder Kennzahlen, Beschreibung der Tätigkeit
2. Entwurf des Netzplans: Welcher Teilprozeß geht dem betrachteten unmittelbar voraus? Welche zusätzlichen Voraussetzungen sind für die Durchführung der Teilaufgabe erforderlich? Welche Tätigkeiten können gleichzeitig mit der betrachteten ablaufen? Welche Vorgänge liegen unmittelbar hinter der betrachteten Teilaufgabe?
3. Überprüfung von Tätigkeitsliste und Entwurf auf:
Vollständigkeit der Tätigkeitsliste.
Sachliche und funktionelle Zusammenhänge der Tätigkeiten,
Abgrenzung der Verantwortlichkeit einzelner Abteilungen und Festlegung der Nahtstellen,
Festlegung der Tätigkeitsdauer und Überprüfung durch die Sachbearbeiter
4. Abänderung bzw. Ergänzung des Netzplanes nach Abhängigkeiten und Zeitbedarf
5. Durchrechnung des Netzes von Beginn bis Ende und Eintragung der frühest möglichen Zeiten für die einzelnen Vorgänge und bei Erfordernis für die dazwischen liegenden Ereignisse

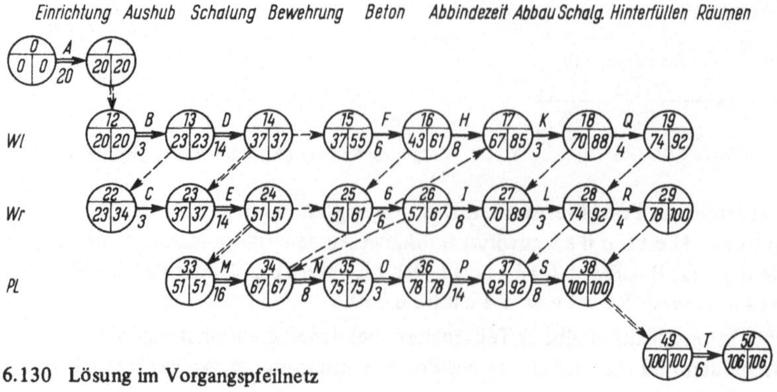

6.130 Lösung im Vorgangspfeilnetz

6. Ermittlung des frühest möglichen Abschlußtermins für das Gesamtprojekt

7. Rückrechnung von Ende bis Beginn und Eintragung der spätest erlaubten Zeiten unter Berücksichtigung des unter 6 ermittelten Abschlußtermins

8. Ermittlung und Eintragung des kritischen Weges, d. h. des Durchlaufs durch den Netzplan, für den keinerlei Zeitreserven vorhanden sind. Hierfür wird die gesamte Pufferzeit gleich Null.

9. Berechnung und Eintragung der Pufferzeiten für alle Vorgänge

10. Tabellarische Auswertung durch die Vorgangs- und Terminliste, den Plan zur Terminüberwachung und die Kalendervergleichsliste.

6.4.3.1. Das Vorgangspfeilnetz (CPM). Im Vorgangspfeilnetz ergibt sich die Lösung der Aufgabe wie in Bild 6.130 dargestellt.

Die für die Knoten geltenden frühesten Termine bestimmen sich aus dem frühest möglichen Abschluß der spätesten Vorgängertätigkeit, die spätesten Termine aus dem spätest erlaubten Beginn des frühesten Nachfolgers. Die Form der Knoten kann unterschiedlich gestaltet werden.

Zur Darstellung von Abhängigkeiten, denen kein echter Vorgang zugrundeliegt, müssen verschiedentlich sogenannte Scheintätigkeiten (unterbrochene Tätigkeitspfeile ohne Zeitdauer) eingeführt werden (Bild 6.131). Schleifen im Netz ergeben keine logische Aussage und müssen bei der Aufstellung vermieden werden (Bild 6.132).

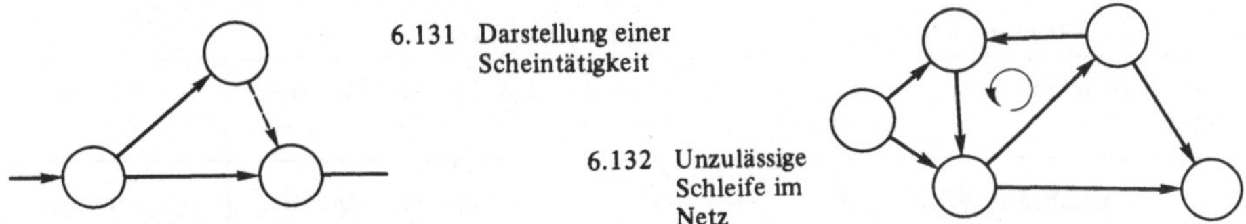

6.131 Darstellung einer Scheintätigkeit

6.132 Unzulässige Schleife im Netz

6.4.3.2. Das Vorgangsknotennetz (MPM). Für ein Vorgangsknotennetz ist die Lösung der Aufgabe in Bild 6.133 dargestellt.

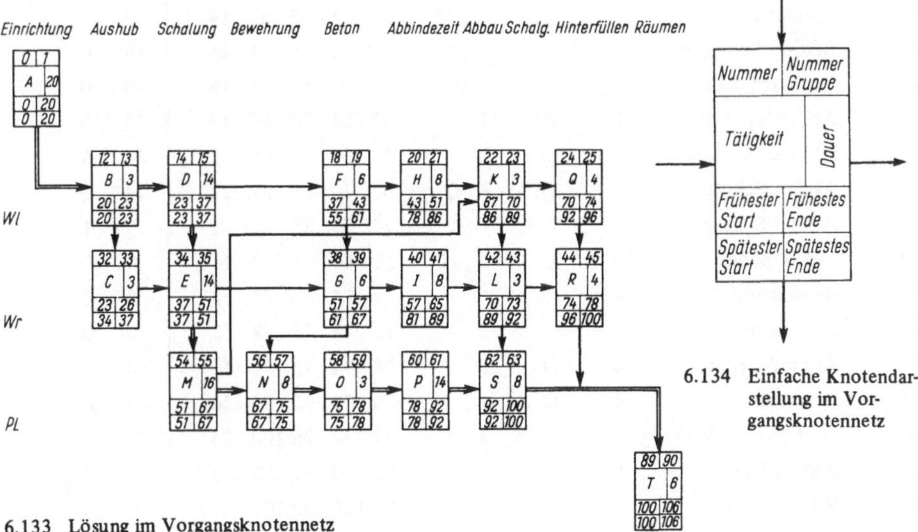

6.133 Lösung im Vorgangsknotennetz

6.134 Einfache Knotendarstellung im Vorgangsknotennetz

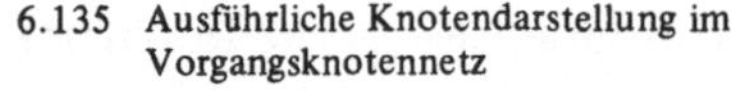

6.135 Ausführliche Knotendarstellung im Vorgangsknotennetz

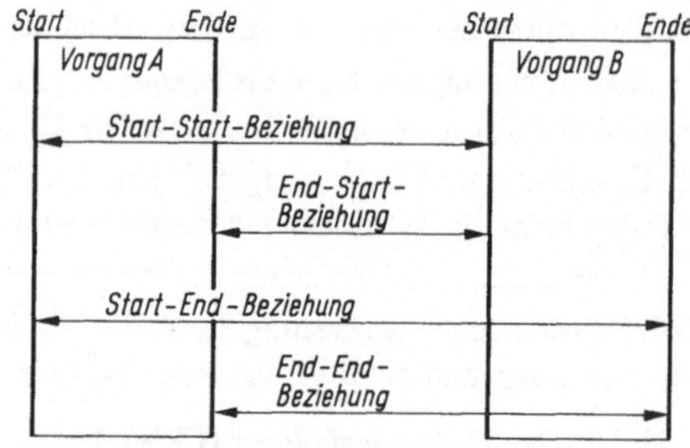

6.136 Möglichkeiten der Abhängigkeit zwischen A und B

Die Form der Knoten kann unterschiedlich gestaltet werden (Bild 6.134 und 6.135). In das Netz können wahlweise verschiedene zeitliche Abhängigkeiten zwischen den einzelnen Vorgängen eingetragen werden (Bild 6.136).

Beispiel: Vorgang B kann 6 Tage nach dem Start des Vorgangs A beginnen (Start–Start = 6) oder Vorgang B muß 15 Tage nach dem Start des Vorgangs A abgeschlossen sein (Start–End = 15).

Tafel 6.137 Vorgangs- und Terminliste einer Brückenbaustelle

Kenn-buchst.	Tätigkeit	Dauer Tage	direkt davor	direkt dahinter	FA	FE	SA	SE	max. Zeit	GP	FP	Bem.
A	Einrichtung BSt.	20	–	B	0	20	0	20	20	0	0	
B	Bodenaush. Wl	3	A	C, D	20	23	20	23	3	0	0	
C	Bodenaush. Wr	3	B	E	23	26	34	37	14	11	11	
D	Schalarb. Wl	14	B	E, F	23	37	23	37	14	0	0	
E	Schalarb. Wr	14	C, D	G, M	37	51	37	51	14	0	0	
F	Betonarbeiten Wl	6	D	G, H	37	43	55	61	24	18	0	
G	Betonarbeiten Wr	6	E, F	I, N	51	57	61	67	16	10	0	
H	Abbindezeit Wl	8	F	K	43	51	78	86	43	35	16	
I	Abbindezeit Wr	8	G	L	57	65	81	89	32	24	5	
K	Abbau Schalg. Wl	3	H, M	L, Q	67	70	86	89	22	19	0	
L	Abbau Schalg. Wr	3	I, K	R, S	70	73	89	92	22	19	1	
M	LG + Schalg. PL	16	E	K, N	51	67	51	67	16	0	0	
N	Bewehrung PL	8	G, M	O	67	75	67	75	8	0	0	
O	Betonarbeiten PL	3	N	P	75	78	75	78	3	0	0	
P	Abbindezeit PL	14	O	S	78	92	78	92	14	0	0	
Q	Hinterfüllen Wl	4	C, K	R	70	74	92	96	26	22	0	
R	Hinterfüllen Wr	4	L, Q	T	74	78	96	100	26	22	22	
S	Abbau LG	8	L, P	T	92	100	92	100	8	0	0	
T	Räumen BSt.	6	R, S	–	100	106	100	106	6	0	0	

Tafel 6.138 Plan zur Terminüberwachung einer Brückenbaustelle

Am Ende d. Tages	FA	FE	SA	SE
0	A		A	
20	B	A	B	A
23	C, D	B	D	B
26		C		
34			C	
37	E, F	D	E	C, D
43	H	F		
51	G, M	E, H	M	E
55			F	
57	I	G		
61			G	F
65		I		
67	K, N	M	N	G, M
70	Q, L	K		
73		L		
74	R	Q		
75	O	N	O	N
78	P	O, R	H, P	O
81			I	
86			K	H
89			L	I, K
92	S	P	Q, S	L, P
96			R	Q
100	T	S	T	R, S
106		T		T

6.4.3.3. Tabellarische Auswertung. Zur Übersicht über die gesamten in einem Netz erfaßten Vorgänge dient die in Tafel 6.137 dargestellte Vorgangs- und Terminliste. Hieraus sind alle frühest möglichen und spätest erlaubten Zeiten für die einzelnen Vorgänge sowie die insgesamt zur Verfügung stehende Zeit und die vorhandenen Pufferzeiten ersichtlich. Der Projektleiter muß alle Tätigkeiten mit dem Gesamtpuffer gleich Null ständig genau überwachen, wenn er den Endtermin des Projektes nicht gefährden will. In zweiter Linie sind dann die Vorgänge mit dem Freien Puffer gleich Null zu kontrollieren, während für Tätigkeiten mit hohen Freien Pufferzeiten eine weniger intensive Terminkontrolle ausreicht.

Der Plan zur Terminüberwachung (Tafel 6.138) ordnet die Angaben über frühest mögliche und spätest erlaubte Zeitpunkte nach fortschreitenden Arbeitstagen bzw. Kalendertagen. Hierdurch wird die Überwachung für den Projektleiter erheblich vereinfacht.

Eine Kalendervergleichsliste (Tafel 6.139) fügt die Arbeitstage in den Kalender des jeweiligen Jahres mit seinen Sonn- und Feiertagen sowie den evtl. arbeitsfreien Samstagen ein, so daß für jedes Projekt der kalendermäßige Ablauf kontrolliert werden kann.

6.4.3.4. Darstellung als Balkendiagramm. Zum besseren Verständnis durch das Baustellenpersonal wird das Ergebnis des Netzplans vielfach als Balkendiagramm dargestellt, aus dem auch die Pufferzeiten zu ersehen sind (Bild 6.140). Soweit sinnvoll können hierbei auch einzelne Abteilungen bzw. Arbeitsgruppen jeweils in einer Zeile angeordnet werden, damit ihre Auslastung durch das Projekt besser erkennbar wird.

6.4.4. Analyse und Optimierung des Programms. Die technologischen Abhängigkeiten eines Programms sind in den meisten Fällen nicht zu verändern. Beeinflußbar sind dagegen die arbeitstechnischen und organisatorischen Bedingungen, z. B. durch gleichzeitigen Einsatz mehrerer Arbeitsgruppen und/oder Geräte, wenn gleiche Arbeiten an verschiedenen Orten des Bauwerks anfallen. Wenn eine Arbeitsgruppe mit Arbeiten, die auf dem kritischen Weg liegen, voll ausgelastet ist, wird der Einsatz einer zweiten Gruppe sicherlich zeitliche Einsparungen bringen. Falls hierdurch zusätzliche Kosten entstehen (Auslösung, Mietgerät usw.), muß die zeitliche Einsparung der Kostenerhöhung gegenübergestellt werden (Vertragsstrafe –

Tafel 6.139 Kalendervergleichsliste

DT = Datum KT = Kalendertag AT = Arbeitstag

		So	Mo	Di	Mi	Do	Fr	Sa	So	Mo	Di	Mi	Do	Fr	Sa
März	DT	5	6	7	8	9	10	11	12	13	14	15	16	17	18
	KT	/	1	2	3	4	5	6	7	8	9	10	11	12	13
	AT	/	1	2	3	4	5	/	/	6	7	8	9	10	/
	DT	19	20	21	22	23	24	25	26	27	28	29	30	31	1
	KT	14	15	16	17	18	19	20	21	22	23	24	25	26	27
	AT	/	11	12	13	14	15	/	/	16	17	18	19	F	/
April	DT	2	3	4	5	6	7	8	9	10	11	12	13	14	15
	KT	28	29	30	31	32	33	34	35	36	37	38	39	40	41
	AT	/	F	20	21	22	23	/	/	24	25	26	27	28	/
	DT	16	17	18	19	20	21	22	23	24	25	26	27	28	29
	KT	42	43	44	45	46	47	48	49	50	51	52	53	54	55
	AT	/	29	30	31	32	33	/	/	34	35	36	37	38	/
	DT	30	1	2	3	4	5	6	7	8	9	10	11	12	13
	KT	56	57	58	59	60	61	62	63	64	65	66	67	68	69
	AT	/	F	39	40	41	42	/	/	43	44	45	F	46	/
Mai	DT	14	15	16	17	18	19	20	21	22	23	24	25	26	27
	KT	70	71	72	73	74	75	76	77	78	79	80	81	82	83
	AT	/	47	48	49	50	51	/	/	F	52	53	54	55	/
	DT	28	29	30	31	1	2	3	4	5	6	7	8	9	10
	KT	84	85	86	87	88	89	90	91	92	93	94	95	96	97
	AT	/	56	57	58	F	59	/	/	60	61	62	63	64	/
Juni	DT	11	12	13	14	15	16	17	18	19	20	21	22	23	24
	KT	98	99	100	101	102	103	104	105	106	107	108	109	110	111
	AT	/	65	66	67	68	69	/	/	70	71	72	73	74	/
	DT	25	26	27	28	29	30	1	2	3	4	5	6	7	8
	KT	112	113	114	115	116	117	118	119	120	121	122	123	124	125
	AT	/	75	76	77	78	79	/	/	80	81	82	83	84	/
Juli	DT	9	10	11	12	13	14	15	16	17	18	19	20	21	22
	KT	126	127	128	129	130	131	132	133	134	135	136	137	138	139
	AT	/	85	86	87	88	89	/	/	90	91	92	93	94	/
	DT	23	24	25	26	27	28	29	30	31	1	2	3	4	5
	KT	140	141	142	143	144	145	146	147	148	149	150	151	152	153
	AT	/	95	96	97	98	99	/	/	100	101	102	103	104	/
August	DT	6	7	8	9	10	11	12	13	14	15	16	17	18	19
	KT	154	155	156	157	158	159	160	161	162	163	164	165	166	167
	AT	/	105	106	–	–	–	–	–	–	–	–	–	–	–

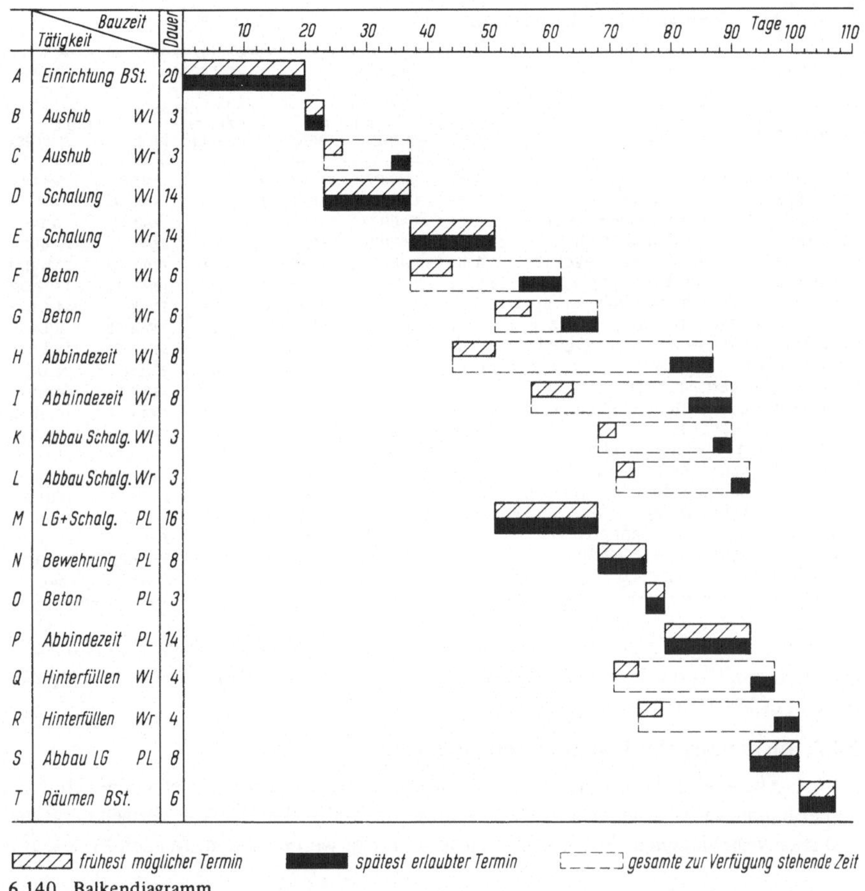

6.140 Balkendiagramm

Prämie). Wenn bei einzelnen Arbeiten große Freie Puffer auftreten, so kann ggf. durch Verminderung der eingesetzten Kapazität eine bessere Einpassung in den Gesamtplan erreicht werden.

Hierdurch ist es in einigen Fällen möglich, eine größere Zahl der Verbindungen als kritische Wege auszubilden (überspanntes Netzwerk) und damit ein theoretisches Kostenoptimum anzustreben.

Im Baubetrieb muß vor solchen überspannten Netzwerken gewarnt werden, da bei den oft auftretenden unvorhergesehenen Einflüssen (Wetter, Lieferschwierigkeiten o. ä.) der Projektleiter mit einer solchen Aufgabe in den meisten Fällen überfordert ist. Es sollten bei größeren Bauobjekten im allgemeinen nicht mehr als 15–25% der Arbeiten auf dem kritischen Weg eingeplant werden.

Beim Einsatz der Arbeitsgruppen ist darauf zu achten, daß die teuersten Kolonnen möglichst voll ausgelastet sind und mit ihren Arbeiten auf dem kritischen Wege liegen.

Eine weitere Optimierung des Programms ist nach Gesichtspunkten des Finanzbedarfs möglich. Die infolge des Arbeitsfortschrittes notwendigen Lohnzahlungen sowie Ausgaben für Bau-

Tafel 6.141 Vorgangs- und Terminliste

NETZWERK NR. 51 HERSTELLEN EINES BRUECKENBAUWERKS VOM 06 MAR 72 BIS 08 AUG 72

TÄTIGKEIT	BESCHREIBUNG	DAUER		START FRÜHEST	START SPÄTEST	START PUFFER	ENDE FRÜHEST	ENDE SPÄTEST	END PUFFER
1	BEGINN DES PROJEKTS	0.0	51	6MAR72	6MAR72	0.0	6MAR72	6MAR72	0.0
2	BAUSTELLENEINRICHTUNG	20.0	51	6MAR72	6MAR72	0.0	4APR72	4APR72	0.0
12	BODENAUSHUB WIDERLAGER LINKS	3.0	51	5APR72	5APR72	0.0	7APR72	7APR72	0.0
13	SCHALUNG WIDERLAGER LINKS	14.0	51	10APR72	10APR72	0.0	27APR72	27APR72	0.0
22	BODENAUSHUB WIDERLAGER RECHTS	3.0	51	10APR72	25APR72	11.0	12APR72	27APR72	11.0
23	SCHALUNG WIDERLAGER RECHTS	14.0	51	28APR72	28APR72	0.0	19MAI72	19MAI72	0 0
33	LEHRGERUST UND SCHALUNG PLATTE	16.0	51	23MAI72	23MAI72	0.0	14JUN72	14JUN72	0.0
15	BETONARBEITEN WIDERLAGER LINKS	6.0	51	28APR72	29MAI72	18.0	8MAI72	6JUN72	18.0
25	BETONARBEITEN WIDERLAGER RECHTS	6.0	51	23MAI72	7JUN72	10.0	30MAI72	14JUN72	10.0
34	BEWEHRUNG PLATTE	8.0	51	15JUN72	15JUN72	0.0	26JUN72	26JUN72	0.0
35	BETONARBEITEN PLATTE	3.0	51	27JUN72	27JUN72	0.0	29JUN72	29JUN72	0.0
16	ABBINDEZEIT WIDERLAGER LINKS	8.0	51	9MAI72	30JUN72	35.0	19MAI72	11JUL72	35.0
36	ABBINDEZEIT PLATTE	14.0	51	30JUN72	30JUN72	0.0	19JUL72	19JUL72	0.0
26	ABBINDEZEIT WIDERLAGER RECHTS	8.0	51	31MAI72	5JUL72	24.0	12JUN72	14JUL72	24.0
17	ABBAU SCHALUNG WIDERL. LINKS	3.0	51	15JUN72	12JUL72	19.0	19JUN72	14JUL72	19.0
27	ABBAU SCHALUNG WIDERL. RECHTS	3.0	51	20JUN72	17JUL72	19.0	22JUN72	19JUL72	19.0
18	HINTERFUELLUNG WIDERL. LINKS	4.0	51	20JUN72	20JUL72	22.0	23JUN72	25JUL72	22.0
37	ABBAU SCHALUNG U. LEHRGERUST PLATTE	8.0	51	20JUL72	20JUL72	0.0	31JUL72	31JUL72	0.0
28	HINTERFUELLUNG WIDERL. RECHTS	4.0	51	26JUN72	26JUL72	22.0	29JUN72	31JUL72	22.0
49	RAEUMUNG DER BAUSTELLE	6.0	51	1AUG72	1AUG72	0.0	8AUG72	8AUG72	0.0

stoffe und sonstige Forderungen müssen mit den Zahlungseingängen abgestimmt werden, damit die Liquidität der Firma erhalten bleibt. Dies ist vor allem über eine Ausnutzung der Freien Pufferzeiten möglich.

6.4.5. Auswertung über Datenverarbeitungsanlagen

6.4.5.1. Allgemeines. Der Einsatz einer DVA für die Darstellung von Netzplanergebnissen ist immer dann zweckmäßig, wenn viele Vorgänge mit zahlreichen Verknüpfungen dargestellt und nach verschiedenen Gesichtspunkten ausgewertet werden sollen. Je nach Verknüpfungs-

Tafel 6.142 Balkendiagramm

HERSTELLEN EINES BRUECKENBAUWERKS

• DAUER, X KRITISCHE DAUER, – PUFFER

BESCHREIBUNG DER TÄTIGKEIT	TÄTIGKEIT	MDMDFSS 06MAR72	MDMDFSS	MDMDFSS 20MAR72	MDMDFSS	MDMDFSS 03APR72	MDMDFSS	MDMDFSS 17APR72	MDMDFSS	MDMDFSS 01MAI72
BEGINN DES PROJEKTS	1	I	I	I	I	I	I	I	I	I
BAUSTELLENEINRICHTUNG	2	XXXXX	XXXXX	XXXXX	XXXXX	XX	I	I	I	I
BODENAUSHUB WIDERLAGER LINKS	12	I	I	I	I	I XXX	I	I	I	I
SCHALUNG WIDERLAGER LINKS	13	I	I	I	I	I	XXXXX	XXXXX	XXXX	I
BODENAUSHUB WIDERLAGER RECHTS	22	I	I	I	I	I	•••––	–––––	––––	I
BETONARBEITEN WIDERLAGER LINKS	15	I	I	I	I	I	I	I	I	•••••
SCHALUNG WIDERLAGER RECHTS	23	I	I	I	I	I	I	I	I	XXXXX
ABBINDEZEIT WIDERLAGER LINKS	16	I	I	I	I	I	I	I	I	I
BETONARBEITEN WIDERLAGER RECHTS	25	I	I	I	I	I	I	I	I	I
LEHRGERUST UND SCHALUNG PLATTE	33	I	I	I	I	I	I	I	I	I
ABBINDEZEIT WIDERLAGER RECHTS	26	I	I	I	I	I	I	I	I	I
ABBAU SCHALUNG WIDERLAGER LINKS	17	I	I	I	I	I	I	I	I	I
BEWEHRUNG PLATTE	34	I	I	I	I	I	I	I	I	I
HINTERFUELLUNG WIDERLAGER LINKS	18	I	I	I	I	I	I	I	I	I
ABBAU SCHALUNG WIDERLAGER RECHTS	27	I	I	I	I	I	I	I	I	I
HINTERFUELLUNG WIDERLAGER RECHTS	28	I	I	I	I	I	I	I	I	I
BETONARBEITEN PLATTE	35	I	I	I	I	I	I	I	I	I
ABBINDEZEIT PLATTE	36	I	I	I	I	I	I	I	I	I
ABBAU SCHALUNG UND LEHRGERUST PLATTE	37	I	I	I	I	I	I	I	I	I
RAEUMUNG DER BAUSTELLE	49	I	I	I	I	I	I	I	I	I

grad und Auswertungsgesichtspunkten ist der Einsatz von DVA etwa ab 100 Vorgängen zu empfehlen.

Für diese Auswertung gibt es unterschiedliche Programme der verschiedenen Herstellerfirmen. Die nachfolgenden Darstellungen basieren auf dem „Project Control System" der Firma IBM. Der Durchlauf erfolgte auf einer IBM 1130.

Für die Bearbeitung unseres Beispiels, das die Nummer 51 erhält, werden folgende Listen eingegeben:

A Ablaufkontrollkarte
B Netzplan-Titelkarte
C Kalenderkarte
D Einsatzmittel-Beschreibungskarte
E Einsatzmittel-Gruppierungskarte
F Ausgabe-Anforderungskarte
G Karten der einzelnen Vorgänge
H Karten der jeweiligen Vorläufer
I Plankarte
J Fortschrittsmeldekarte
K Einsatzmittelkarte
L Meilensteinkarte

Die Form und Ausfüllung der Eingabekarten kann der IBM-Schrift „1130 Project Control System, Program Number 1130–CP–05X" entnommen werden. Aus der Fülle der möglichen Ausgabelisten (s. IBM-Schrift) sollen nachfolgend dargestellt werden:

6.4.5.2. Vorgangs- und Terminliste (Tafel 6.141). Hier sind die terminlichen Zusammenhänge für jeden einzelnen Vorgang dargestellt. Die Liste dient als Grundlage für die Steuerung des jeweiligen Projekts.

6.4.5.3. Balkendiagramm (Tafel 6.142). In dieser Darstellung ist die Dauer der einzelnen Vorgänge mit einem X angegeben, sofern es sich um kritische Vorgänge handelt. Die Länge der Balken entspricht der Dauer des jeweiligen Vorgangs, wobei jedes Zeichen einem Tag entspricht. Sind die Vorgänge nicht kritisch, d. h. treten Pufferzeiten auf, so erscheint als Zeichen für die früheste Ausführungsmöglichkeit ein *, während die vorhandenen Pufferzeiten durch ein – ausgedrückt werden.

In der Datumszeile werden die mit ihren Anfangsbuchstaben abgekürzten Wochentage fortlaufend angegeben, wobei der Montag jeder zweiten Woche als Datum ausgedruckt ist.

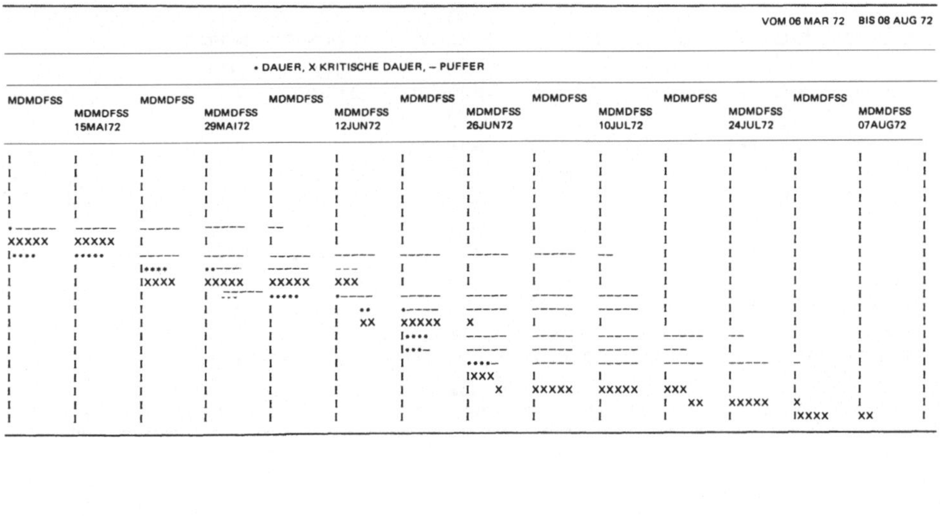

```
                                                                                        VOM 06 MAR 72   BIS 08 AUG 72

                                   • DAUER, X KRITISCHE DAUER, – PUFFER

MDMDFSS         MDMDFSS         MDMDFSS         MDMDFSS         MDMDFSS         MDMDFSS         MDMDFSS
        MDMDFSS         MDMDFSS         MDMDFSS         MDMDFSS         MDMDFSS         MDMDFSS         MDMDFSS
        15MAI72         29MAI72         12JUN72         26JUN72         10JUL72         24JUL72         07AUG72

I       I       I       I       I       I       I       I       I       I       I       I       I       I       I
I       I       I       I       I       I       I       I       I       I       I       I       I       I       I
I       I       I       I       I       I       I       I       I       I       I       I       I       I       I
I       I       I       I       I       I       I       I       I       I       I       I       I       I       I
I       I       I       I       I       I       I       I       I       I       I       I       I       I       I
•-----  -----   -----   -----   --      I       I       I       I       I       I       I       I       I       I
XXXXX   XXXXX   I       I       I       I       I       I       I       I       I       I       I       I       I
I••••   •••••   -----   -----   -----   -----   -----   -----   -----   --      I       I       I       I       I
I       I       I••••   ••---   -----   ---     I       I       I       I       I       I       I       I       I
I       I       IXXXX   XXXXX   XXXXX   XXX     I       I       I       I       I       I       I       I       I
I       I       I       I ----- •••••   •----   -----   -----   -----   -----   I       I       I       I       I
I       I       I       I       I       I   ••  •----   -----   -----   -----   I       I       I       I       I
I       I       I       I       I       I   XX  XXXXX   X       I       I       I       I       I       I       I
I       I       I       I       I       I       I••••   -----   -----   -----   -----   --      I       I       I
I       I       I       I       I       I       I•••-   -----   -----   -----   ---     I       I       I       I
I       I       I       I       I       I       I       ••••-   -----   -----   -----   -----   -       I       I
I       I       I       I       I       I       I       IXXX    I       I       I       I       I       I       I
I       I       I       I       I       I       I       I   X   XXXXX   XXXXX   XXX     I       I       I       I
I       I       I       I       I       I       I       I       I       I       I   XX  XXXXX   X       I       I
I       I       I       I       I       I       I       I       I       I       I       I       IXXXX   XX      I
```

Tafel 6.143 Kalendervergleichsliste

HERSTELLEN EINES BRUECKENBAUWERKS (51)

SONNTAG	MONTAG	DIENSTAG	MITTWOCH	DONNERSTAG	FREITAG	SAMSTAG
0	1	2	3	4	5	6
5MAR72	6MAR72	7MAR72	8MAR72	9MAR72	10MAR72	11MAR72
7	8	9	10	11	12	13
12MAR72	13MAR72	14MAR72	15MAR72	16MAR72	17MAR72	18MAR72
14	15	16	17	18	19	20
19MAR72	20MAR72	21MAR72	22MAR72	23MAR72	24MAR72	25MAR72
21	22	23	24	25	F 26	27
26MAR72	27MAR72	28MAR72	29MAR72	30MAR72	31MAR72	1APR72
28	29	30	31	32	33	34
2APR72	3APR72	4APR72	5APR72	6APR72	7APR72	8APR72
35	36	37	38	39	40	41
9APR72	10APR72	11APR72	12APR72	13APR72	14APR72	15APR72
42	43	44	45	46	47	48
16APR72	17APR72	18APR72	19APR72	20APR72	21APR72	22APR72
49	50	51	52	53	54	55
23APR72	24APR72	25APR72	26APR72	27APR72	28APR72	29APR72
56	F 57	58	59	60	61	62
30APR72	1MAI72	2MAI72	3MAI72	4MAI72	5MAI72	6MAI72
63	64	65	66	F 67	68	69
7MAI72	8MAI72	9MAI72	10MAI72	11MAI72	12MAI72	13MAI72
70	71	72	73	74	75	76
14MAI72	15MAI72	16MAI72	17MAI72	18MAI72	19MAI72	20MAI72
77	F 78	79	80	81	82	83
21MAI72	22MAI72	23MAI72	24MAI72	25MAI72	26MAI72	27MAI72
84	85	86	87	F 88	89	90
28MAI72	29MAI72	30MAI72	31MAI72	1JUN72	2JUN72	3JUN72
91	92	93	94	95	96	97
4JUN72	5JUN72	6JUN72	7JUN72	8JUN72	9JUN72	10JUN72
98	99	100	101	102	103	F 104
11JUN72	12JUN72	13JUN72	14JUN72	15JUN72	16JUN72	17JUN72
105	106	107	108	109	110	111
18JUN72	19JUN72	20JUN72	21JUN72	22JUN72	23JUN72	24JUN72
112	113	114	115	116	117	118
25JUN72	26JUN72	27JUN72	28JUN72	29JUN72	30JUN72	1JUL72
119	120	121	122	123	124	125
2JUL72	3JUL72	4JUL72	5JUL72	6JUL72	7JUL72	8JUL72
126	127	128	129	130	131	132
9JUL72	10JUL72	11JUL72	12JUL72	13JUL72	14JUL72	15JUL72
133	134	135	136	137	138	139
16JUL72	17JUL72	18JUL72	19JUL72	20JUL72	21JUL72	22JUL72
140	141	142	143	144	145	146
23JUL72	24JUL72	25JUL72	26JUL72	27JUL72	28JUL72	29JUL72
147	148	149	150	151	152	153
30JUL72	31JUL72	1AUG72	2AUG72	3AUG72	4AUG72	5AUG72
154	155	156	157	158	159	160
6AUG72	7AUG72	8AUG72	9AUG72	10AUG72	11AUG72	12AUG72

6.4.5.4. Kalendervergleichsliste (Tafel 6.143). Hier werden die für das Gesamtprojekt erforderlichen Kalendertage mit ihrem jeweiligen Datum ausgedruckt. In unserem Beispiel sind das 156 Kalendertage, die sich aus der Summe von 106 Arbeitstagen, 22 Samstagen, 22 Sonntagen und 6 Feiertagen, die nicht auf einen Samstag oder Sonntag fallen, ergeben.

6.4.5.5. Weitere Angaben. Von den sonstigen Listen sind die Meilensteinberichte interessant, die in Ergänzung der Vorgangs- und Terminlisten eine bessere Kontrolle des Ablaufs ermöglichen, sowie die Einsatzmittelpläne, in denen die einzusetzende Kapazität an Arbeitskräften und Betriebsmitteln erscheint. Weiterhin wichtig sind die Kostenberichte, die es erlauben, die tatsächlich angefallenen Kosten den vorgeschätzten Kosten gegenüberzustellen und für Abschlagsrechnungen auszuwerten. Diese Auswertung kann monatlich oder auch in Zusammenfassung bis zu einem vorgegebenen Berichtstermin ausgedruckt werden.

6.4.6. Zusammenfassung. Die Netzplantechnik bietet eine gute Möglichkeit, auch komplizierte Projekte bis ins Detail zu planen und ihre Ausführung zu überwachen. Detailprobleme können hierbei in Teilnetzen gelöst und später zu einem Gesamtnetz zusammengefügt werden.

Je mehr Verknüpfungen in einem Netz vorhanden sind und je mehr Auswertungslisten gefordert werden, um so eher ist der Einsatz von DVA zu empfehlen und auch von der Kostenseite her zu vertreten.

Besonders bei großen Bauprojekten kann durch schnelle Berücksichtigung der Auswirkung von evtl. eintretenden Zeitverschiebungen und vor allem durch beschleunigte Abrechnung insgesamt ein besserer Ablauf ermöglicht werden, bei dem viele organisatorische Reibungen durch den Einsatz von DVA vorab zu entschärfen sind.

Weiterführendes Schrifttum

Grundzüge der Datenverarbeitung

[1] Bauer, F. L.; Heinhold, J.; Samelson, K.; Sauer, R.: Moderne Rechenanlagen. Stuttgart 1965

[2] Bauer, F. L.; Goos, S.: Informatik I, II. Eine einführende Übersicht. Berlin–Heidelberg–New York 1971

[3] Dotzauer, E.: Einführung in die Grundlagen der Datenverarbeitung. Bd. I. Informationsträger, Strukturen, Algorithmen und methodische Mittel. Bd. II. Informationsdarstellung, maschinengebundene Abläufe, Formate und peripherer Datenverkehr. München 1968/71

[4] Dworatschek, S.: Einführung in die Datenverarbeitung. 4. Aufl. Berlin 1971

[5] Klaus, G.: Wörterbuch der Kybernetik 1, 2. Frankfurt 1969

[6] Löbel, G.; Müller, P.; Schmid, H.: EDV-Taschenlexikon. 2. Aufl. München 1970

[7] Henze, E.; Homuth, H. H.: Einführung in die Informationstheorie. 3. Aufl. Braunschweig 1970

[8] Raisbeck, G.: Informationstheorie. München 1970

[9] Steinbuch, K.: Taschenbuch der Nachrichtenverarbeitung. 2. Aufl. Berlin–Heidelberg–New York 1967

Rechneraufbau

[10] Bernhard, J.-H.: Klein-Computer. I. Grundlagen. Würzburg 1972

[11] Dosse, J.: Der Transistor. 4. Aufl. München 1962

[12] Dworatschek, S.: Schaltalgebra und digitale Grundschaltungen. Berlin 1970

[13] Föllinger, O.; Weber, W.: Methoden der Schaltalgebra. 4. Aufl. München 1967

[14] Fricke, H.; Lamberts, K.; Schuchardt, W.: Elektrische Nachrichtentechnik. Bd. 1: 2. Aufl. 1971. Bd. 2: 1967. Stuttgart

[15] Glaser, W.; Kohl, G.: Mikroelektronik. Würzburg 1970

[16] Isernhagen, R.: Logischer Entwurf von Digitalschaltungen. Hamburg 1968

[17] Kunsemüller, H.: Digitale Rechenanlagen. Eine Einführung in Struktur, Aufbau und Arbeitsweise. Stuttgart 1971

[18] Marsal, D.: Kleincomputer. München 1972

[19] Lunderstädt, R.: Technik und Anwendung von Datensichtgeräten, Automatik (10, 11) 1969

[20] Möller, F.; Fricke, H.: Grundlagen der Elektrotechnik. 14. Aufl. Stuttgart 1971

[21] Mösl, G.: Elektronische Tischrechenautomaten. Berlin 1970

[22] Neumann, H.: Steuerungslehre. Eine programmierte Unterweisung. Bd. 1 Schaltalgebra. Boolesche Systeme. Bd. 2 Speicher. Optimierung. Bd. 3 Code und Bausteingruppen. Stuttgart 1970

[23] Pressmann, A. I.: Digitale Schaltungen mit Transistoren. Stuttgart 1964

[24] Rausch, F.: Magnetomotorische Speicher. In: Taschenbuch der Nachrichtenverarbeitung, S. 573

[25] R e c h e n b e r g , P.: Grundzüge digitaler Rechenautomaten. 2. Aufl. München 1968

[26] S c h m i t t , E.: Elektronische Schalter und Kippstufen. München 1967

[27] S p e i s e r , A. P.: Digitale Rechenanlagen. 2. Aufl. Berlin–Heidelberg–New York 1967

[28] W e y h , U.: Elemente der Schaltalgebra. 4. Aufl. München 1966

[29] W e y h , U.: Aufgaben zur Schaltalgebra. München 1970

[30] W h i t e s i t t , J. E.: Boolesche Algebra und ihre Anwendungen. Braunschweig 1965

Mathematische Methoden

[31] A b r a m o w i t z , M.; S t e g u n , I. A.: Handbook of Mathematical Funktions. New York 1965

[32] F a d d e j e w , D. K.; F a d d e j e w a , W. N.: Numerische Methoden der linearen Algebra. 2. Aufl. München–Wien 1970

[33] F a d d e e v a , V. N.: Computational Methods of Linear Algebra. New York 1959

[34] R a l s t o n , A.; W i l f , H.: Mathematische Methoden für Digitalrechner I, II. München 1968/72

[35] S a u e r , R.; S z a b o , I.: Mathematische Hilfsmittel des Ingenieurs, Bd. 3. Berlin–Heidelberg–New York 1968

[36] S t i e f e l , E.: Einführung in die numerische Mathematik. 4. Aufl. Stuttgart 1970

[37] S t u m m e l , F.; H a i n e r , K.: Praktische Mathematik. Stuttgart 1971

[38] W e r n e r , H.: Praktische Mathematik I. Berlin–Heidelberg–New York 1970

[39] W i l k i n s o n , J. H.: Rundungsfehler. Berlin–Heidelberg–New York 1969

[40] W i l k i n s o n , J. H.; R e i n s c h , G.: Handbook for Automatic Computation Vol. II. Berlin–Heidelberg–New York 1971

[41] Z u r m ü h l , R.: Praktische Mathematik für Ingenieure und Physiker. 5. Aufl. Berlin–Heidelberg–New York 1965

Programmieren

[42] B a t e s , F.; D o u g l a s , M. L.; G r i t s c h , P.: PL/I. 3. Aufl. München 1971

[43] B a u m a n n , F.: ALGOL-Manual der ALCOR-Gruppe. München 1965

[44] B a y e r , G.: Einführung in das Programmieren. I. Programmieren in ALGOL. II. Programmieren in einer Assemblersprache. Berlin 1969/70

[45] B a y e r , G.: Programmierübungen in ALGOL 60. Berlin 1970

[46] C h o r a f a s , D. N.: Programmiersysteme für Elektronisches Rechenanlagen. München 1967

[47] G e r m a i n , C. G.: Das Programmierbuch der IBM/360. München 1969

[48] G r o ß e , D. W.: Programmieren mit ALGOL. Weinheim 1971

[49] H e i n r i c h , W.; S t u c k y , W.: Programmierung in ALGOL 60. Stuttgart 1971

[50] H e r s c h e l , R.: Anleitung zum praktischen Gebrauch von ALGOL 60. 5. Aufl. München 1971

[51] H e r s c h e l , R.: ALGOL-Übungen. München 1968

[52] PROSA 300 für Prozeßautomatisierung.
I. H ö p p l , H.: Einführung.
II. O t t o , J. Ch.; O t t o , V.; H o f f a r t , E.: Einfache Anwendungen.
III. E r n s t , M.; H e n s e l , H.; H o f f a r t , E.; O t t o , V.; O t t o , J. Ch.; W i c z o r k e , M.: Programmierung magnetischer Externspeicher.
Betriebs- und Programmiersysteme.
Berlin–München 1969/71

[53] IBM-System/360 OS PL/I-Handbuch I, II. IBM 1970

[54] IBM-System/360 DOS/TOS PL/I Subset Reference Manual. 2. Aufl. IBM 1969
[55] Kerner, I. O.; Zielke, G.: Einführung in die algorithmische Sprache ALGOL. 4. Aufl. München–Berlin 1970
[56] Komarnicki, O.: Programmiermethodik. Berlin–Heidelberg–New York 1971
[57] Kreis, P.: COBOL-Praxis. München 1968
[58] Kussl, V.: Datenverarbeitung mit PL/I. Düsseldorf 1971
[59] Maurer, H.: Theoretische Grundlagen der Programmiersprachen. Mannheim 1969
[60] McCracken, D. D.: FORTRAN in der Technischen Anwendung. München 1970
[61] Mrachacz, H. P.; Peetz, G.: Taschenbuch für Programmierer. München 1971
[62] Opler, A.: Das IBM-System/360 und seine Programmiertechniken. 2. Aufl. München–Wien 1972
[63] Payne, W. H.: Machine, Assembly and Systems Programming for the IBM/360. New York 1969
[64] Saxon, J. A.: Einführung in COBOL. München 1969
[65] Spieß, W. E.; Rheingans, F. G.: Einführung in das Programmieren in FORTRAN. Berlin 1970
[66] Struble, G.: Assembler Language Programming: The System/360. Reading, Mass. 1969
[67] Weyh, U.; Schecher, H.: Ziffernrechenautomaten. München 1968
[68] Wolters, M. F.: FORTRAN IV mit Anlagen zum Lehrprogramm. Siemens 1970

Operations Research

[69] Brandenberg, J.; Konrad, R.: Netzplantechnik. Zürich 1965
[70] Collatz, L.; Wetterlin, W.: Optimierungsaufgaben. 2. Aufl. Berlin–Heidelberg–New York 1971
[71] Dantzig, G. B.: Lineare Programmierung und Erweiterung. Berlin–Heidelberg–New York 1966
[72] Frank, W.: Mathematische Grundlagen der Optimierung. München 1969
[73] Henn, R.; Künzi, H. P.: Einführung in die Unternehmensforschung I, II. Berlin 1968
[74] Jurecka, W.: Netzwerkplanung im Baubetrieb. Wiesbaden 1967
[75] Krelle, W.; Künzi, H. P.: Lineare Programmierung. Zürich 1958
[76] Künzi, H. P.; Krelle, W.: Nichtlineare Programmierung. Berlin 1962
[77] Künzi, H. P.; Tzschasch, H. G.; Zehnder, C. A.: Numerische Methoden der mathematischen Optimierung. Stuttgart 1967
[78] Müller-Merbach, H.: Operations Research. Berlin 1969
[79] Nef, W.: Die Auflösung linearer Programme ohne Kenntnis einer zulässigen Ausgangslösung. Unternehmensforschung 8 (1964)
[80] Nemhauser, G. L.: Einführung in die Praxis der dynamischen Programmierung. München 1969
[81] Niemeyer, G.: Einführung in die lineare Planungsrechnung. Berlin 1968
[82] Piehler, J.: Einführung in die lineare Optimierung. Zürich und Frankfurt/Main 1964
[83] Stahlknecht, P.: Operations Research. 2. Aufl. Braunschweig 1971
[84] Suchowitzki, S. I.; Awdejewa, L. I.: Lineare und konvexe Programmierung. München 1969
[85] Vajda, St.: Einführung in die Linearplanung und die Theorie der Spiele. München 1966

[86] W a g n e r , G.: Netzplantechnik in der Bauwirtschaft. 2. Aufl. Wiesbaden 1966

[87] W i l l e , H.; G e w a l d , K.; W e b e r , H. D.: Netzplantechnik I: Zeitplanung. München 1966

Bauwesen

[88] C h w a l l a , E.: Die neuen Hilfstafeln zur Berechnung von Spannungsproblemen der Theorie II. Ordnung und von Knickproblemen, Sonderdruck aus Der Bauingenieur 34/1959, Hefte 4, 6, 8

[89] F l e ß n e r , H.; K n o p f , E.: Programmiersprachen und Dateneingabe mit Anwendungen, Konstruktiver Ingenieurbau, Berichte. Heft 5, Essen 1969

[90] K l e i n l o g e l , A.; H a s e l b a c h , A.: Mehrfeldrahmen, Bd. I, 7. Aufl. Berlin 1959

[91] L e o n h a r d t , F.: Spannbeton für die Praxis. 2. Aufl., Berlin 1966

[92] M e h m e l , A.: Vorgespannter Beton. 2. Aufl. Berlin/Göttingen/Heidelberg 1963

[93] R a m m , H.; W a g n e r , W.: Praktische Baustatik, Teil 4. 3. Aufl. Stuttgart 1972

[94] R ü s c h , H.; K u p f e r , H.: Bemessung von Spannbetonbauteilen. In: Betonkalender 1971, Teil I. Berlin 1971

[95] Vorläufige Richtlinien für das Aufstellen und Prüfen elektronischer Standsicherheitsberechnungen; z. B. Erlaß des Bayerischen Staatsministeriums des Inneren vom 4.1.1966 (abgedruckt im Min.-Amtsblatt S. 34/1966)

[96] Forschungsgesellschaft für das Straßenwesen: Sammlung REB. Richtlinien für die elektronische Bauabrechnung. Verfahrensbeschreibung zur REB. Erlasse. Köln.

[97] Konstruktiver Ingenieurbau. Berichte. Hefte 3 u. 5. Essen 1969

Programmieranleitungen im Bauwesen

[98] IBM 1130 – ALGOL (Programmieranleitung). IBM-Form 79 984

[99] IBM 1130 – Allgemeine statisch unbestimmte Rechnungen nach dem Kraftgrößenverfahren. IBM-Form 80 591

[100] IBM 1130 – Berechnung allgemeiner Stabwerke (STRESS), Programmbeschreibung. IBM-Form H 20-0340 (englisch)
IBM-Form H 12-2000 (deutsch)

[101] IBM 1130 – FORTRAN System. IBM-Form 74 938

[102] IBM 1130 – Spannbetonträger (Vorspannung mit Verbund). IBM-Form 80700

[103] Student Language Compiler For IBM 1130 System. IBM-Form 1130 03.2.002

[104] Handbuch für OLIVETTI-Bürocomputer P 203

Nachtrag

[105] A l e f e l d , G.; H e r z b e r g e r , J.; M a y e r , O.: Einführung in das Programmierung in ALGOL 60. Mannheim 1972

[106] B r a u c h , W.: Programmierung mit FORTRAN. Stuttgart 1972

[107] C u t t l e , G.; R o b i n s o n , Ph.: Aufbau von Betriebssystemen. München 1972

[108] D i r l e w a n g e r , W. u. a.: Einführung in Teilgebiete der Informatik I. Berlin–New York 1972

[109] G r i g o r i e f f , R. D.: Numerik gewöhnlicher Differentialgleichungen. I Einschrittverfahren. Stuttgart 1972

[110] H a a c k e , W. u. a.: Datenverarbeitung für Ingenieure der Elektrotechnik und des Maschinenbaus. Stuttgart 1973

[111] Haas, P.; Markowski, H.: Übersetzer für elektronische Rechenautomaten. München 1971

[112] Hackl, C.: Schaltwerk- und Automatentheorie I. Berlin–New York 1972

[113] Hahn, W.: Elektronik-Praktikum für Informatiker. Berlin–Heidelberg–New York 1971

[114] Heinrich, W.; Stucky, W.: Programmierung mit ALGOL 60. Stuttgart 1971

[115] Higman, B.: Programmiersprachen. München 1972

[116] Hotz, G.: Informatik: Rechenanlagen. Stuttgart 1972

[117] Kandzia, P.; Langmaack, H.: Informatik: Programmierung. Stuttgart 1973

[118] Kunsemüller, H.: Betriebsprogramme in Rechenanlagen. Stuttgart 1973

[119] Mertens, P.: Angewandte Informatik. Berlin–New York 1972

[120] Müller, B.-G.; Haas, V.: Elektronische Datenverarbeitung im Bau- und Vermessungewesen I, II. Düsseldorf 1971

[121] Noltemeier, H.: Datenstrukturen und höhere Programmiertechniken. Berlin–New York 1972

[122] Walsh, D. A.: Anleitung zur Software-Dokumentation. München 1972

[123] Werner, H.; Schaback, R.: Praktische Mathematik II. Berlin–Heidelberg–New York 1972

[124] Wirth, N.: Systematisches Programmieren. Stuttgart 1972

Sachverzeichnis

Weitere Teubner-Baufachbücher

Buchenau/Thiele: **Stahlhochbau**
Neubearbeitet von A. Thiele

Band 1: 18., erweiterte Auflage. VI, 192 Seiten
mit 257 Bildern und 28 Tafeln. Kart. DM 32,–. ISBN 3-519-15207-X

Band 2: 15., neubearbeitete und erweiterte Auflage.
VIII, 213 Seiten mit 374 Bildern und 11 Tafeln.
Kart. DM 34,–. ISBN 3-519-15208-8

Haacke/Hirle/Maas: **Mathematik für Bauingenieure**

Band 1: Grundlagen. Lineare Algebra. Reelle Funktionen
VII, 293 Seiten mit 282 Bildern, 285 Beispielen und 241
Aufgaben. Kart. DM 32,–. ISBN 3-519-05227-X

Band 2: Differentialrechnung. Integralrechnung. Angewandte Mathematik
Unter Mitwirkung von W. Burghardt
VII, 295 Seiten mit 243 Bildern, 235 Beispielen und
168 Aufgaben. Kart. DM 36,–. ISBN 3-519-05228-8

Volquardts/Matthews: **Vermessungskunde**
für die Fachgebiete Hochbau, Bauingenieurwesen und Vermessungswesen
Von K. Matthews

Band 1: 23., überarbeitete Auflage. VI, 135 Seiten mit
209 Bildern und 16 Tafeln im Text und Anhang. Kart. DM 16,–
ISBN 3-519-15213-4

Band 2: 12., überarbeitete und erweiterte Auflage. VIII,
186 Seiten mit 275 Bildern und 29 Tafeln im Text und im
Anhang. Kart. DM 24,–. ISBN 3-519-15214-2

Wendehorst/Muth: **Bautechnische Zahlentafeln**
Von H. Muth

17., neubearbeitete und erweiterte Auflage. 347 Seiten mit
zahlreichen Bildern. Daumenregister. Geb. DM 29,–
ISBN 3-519-15219-3

Wetzell: **Technische Mechanik für Bauingenieure**

Band 1: Statisch bestimmte Stabwerke
194 Seiten mit 196 Bildern. Kart. DM 7,80 (Teubner Studienskripten)
ISBN 3-519-00014-8

Band 2: Festigkeitslehre, Teil 1
210 Seiten mit 160 Bildern. Kart. DM 8,80 (Teubner Studienskripten)
ISBN 3-519-00015-6

Band 3: Festigkeitslehre, Teil 2
(Teubner Studienskripten) ISBN 3-519-00016-4

Band 4: Statisch unbestimmte Stabwerke
(Teubner Studienskripten) ISBN 3-519-00017-2

Preisänderungen vorbehalten.

B. G. Teubner Stuttgart